露天矿山和大型土石方工程安全手册

赵兴越　主编

方启华　许汉杰　罗远闯

周军成　开俊俊　刘英德　编

U0341796

北　京

冶 金 工 业 出 版 社

2019

内 容 提 要

本书主要内容包括：露天矿山和大型土石方工程企业各级管理部门和岗位安全生产职责、安全生产管理办法等13项安全管理制度、露天矿山和大型土石方工程施工各种设备安全操作规程和岗位作业规程、现场混装炸药系统生产安全技术和混装炸药地面站安全管理及操作规程、露天矿山工程环境保护制度和环境保护措施、生产安全事故综合应急预案、各类专项应急预案以及各项现场应急处置方案等。

本书可作为露天矿山和大型土石方工程企业、混装炸药生产企业安全管理的工具书或企业员工安全教育培训教材，也可供其他工程领域的企业安全管理部门和有志于从事工程安全管理工作的读者学习和使用。

图书在版编目（CIP）数据

露天矿山和大型土石方工程安全手册/赵兴越主编. —
北京：冶金工业出版社，2019.12
　ISBN 978-7-5024-8312-8

　Ⅰ.①露…　Ⅱ.①赵…　Ⅲ.①露天矿—矿山安全—
安全管理—手册　②土方工程—工程施工—安全管理—
手册　③石方工程—工程施工—安全管理—手册
Ⅳ.①TD7　②TU751

　中国版本图书馆 CIP 数据核字（2019）第 274540 号

出 版 人　陈玉千
地　　址　北京市东城区嵩祝院北巷 39 号　邮编　100009　电话　(010)64027926
网　　址　www.cnmip.com.cn　电子信箱　yjcbs@cnmip.com.cn
责任编辑　程志宏　王梦梦　美术编辑　吕欣童　版式设计　孙跃红
责任校对　卿文春　责任印制　李玉山
ISBN 978-7-5024-8312-8
冶金工业出版社出版发行；各地新华书店经销；固安华明印业有限公司印刷
2019 年 12 月第 1 版，2019 年 12 月第 1 次印刷
787mm×1092mm　1/16；22.5 印张；545 千字；347 页
67.00 元

冶金工业出版社　投稿电话　(010)64027932　投稿信箱　tougao@cnmip.com.cn
冶金工业出版社营销中心　电话　(010)64044283　传真　(010)64027893
冶金工业出版社天猫旗舰店　yjgycbs.tmall.com
（本书如有印装质量问题，本社营销中心负责退换）

前　言

《中华人民共和国矿山安全法》于 1992 年 11 月 7 日通过，自 1993 年 5 月 1 日起实施，至今已有 27 年。这一时期正值国家露天采矿工程快速发展、大型土石方工程全面开花的黄金时段。为满足工程建设的需求，在《中华人民共和国矿山安全法》指导和引领下，这一时期有关露天采矿和土石方开挖工程安全管理、安全技术的配套法规在相关职能部门领导下也逐步建立和完善，各矿山企业则依据法规结合实际制定和完善自身的企业制度、施工作业安全管理办法。这一整套包括国家法律、相关职能部门的法规以及企业制定的管理制度在内具有中国特色的强制安全生产保障体系下接地气上通天庭，囊括了矿山生产和土石方工程安全的方方面面，这一套法律、法规和管理制度的执行，有力促进了露天采矿和土石方工程安全生产的健康发展，标志着我国露天采矿业和土石方行业走上了法治化、规范化的轨道。几十年的经历告诉我们，实现依法治国，令行禁止，社会才能安定，百姓才有安全感，人民的生命财产才能得到保障，国家才能繁荣昌盛；企业实行了按规范治理，人人遵纪守法，才能调动员工的积极性，让每个人都能充分展现自己的才华，才能实现岗位公平竞争，企业才能发展壮大。对一个企业而言，保证生产安全是安身立命的根本，企业一旦发生严重的事故，不但要承受巨大经济损失，更有甚者企业还面临停业整顿或强制关闭、员工失业，甚至企业主要负责人、安全负责人和主管领导可能要面临牢狱之灾，直至殃及上级主管领导和地方政府官员。

露天矿山开采和大型土石方开挖工程是国民经济发展和基本建设的重要支柱，据统计该领域每一天矿岩爆破工程量就达约 3000 万立方米，消耗工业炸药上万吨，年均 GDP 达人民币 5000 亿元，算上配套及辅助工程的产值，年均 GDP 过万亿元，故确保其安全生产是国民经济和发展的重要一环，属国之大计。

露天矿山开采和土石方工程开挖属高风险作业，要使用大量工业炸药。因此实现安全生产作业的基本条件是：保证有完整的配套机械设备，有足够的作业工作面以摆开作业机械，机械耗材要供应充足且质量达标，设备操作人员持证上岗且技术能力合格，辅助设施齐全且设备完好并保持高的作业率。

作者长年投身于露天矿和露天开挖工程安全工作，通过总结经验和教训，深刻体会到企业要在下述五个方面（但不限于这五个方面）做好制度性的建设工作，并相互有机融合，组成一个你中有我、我中有你的制度整体，才可能形成企业自身安全保障体系和纲领。这五个方面包括：

1. 有合法、合规、完整、详实、结合实际、有自己特色的安全制度。

2. 通过安全培训（包括自我培训）和各种形式的竞赛、考核，让所有人都了解、认知公司和基层单位的安全制度，熟悉并自觉遵守与自己工作岗位有关的法规并使制度落地生根。

3. 坚持常年安全监督检查和针对性的检查发现问题及时处理，做到防患于未然。

4. 各级职能部门要保证计划内的安全投入，使安全管理工作和安全技术工作按照既定方针正常运作。

5. 将安全生产所产生的效益和因责任事故造成的经济损失与职工在安全方面的贡献以及应承担事故的责任挂钩，并在个人年收入中体现出来。

实践证明，在这五方面落实到位并建立起安全管理体系且正常运行，安全事故就会降到最低。

安全管理是一个系统工程，作者在多年从事安全工作中，参阅并整理了国内外有关部门、公司，甚至承包商、项目部乃至班组所制订的大量安全规章制度，经反复研读、借鉴和试用，取其中精华，越发感觉这些以鲜血和生命代价换来的现场实践结晶的宝贵，作者将这些业界共同财富择优收录本书，使本书内容越发丰富，适用性也更强。

全书共分为六章，其中赵兴越撰写第一章的部分内容；方启华撰写第二章的部分内容；许汉杰撰写第三章，罗远闯撰写第二章的部分内容以及第五章第一节、第二节和术语及其定义；刘英德撰写第一章的部分内容；周军成撰写第六章；开俊俊撰写第四章。全书由赵兴越策划、审核、统稿并担任该书主编。

本书可用于大学本科相关安全管理专业教学，也适合露天矿和露天土石方工程的安全技术人员和管理人员阅读参考，更可以供露天矿及土石方等项目在初建安全制度借鉴，或者作为从事矿山、爆破、土石方开挖等企业操作人员安全培训的教学用书以及自我培训的自学教材。

　　本书全面覆盖露天矿山和露天土石方开挖工程安全体系，可谓集大成之作，认真阅读并举一反三并结合本企业就可以建立起自己企业的安全体系，您就成为本企业的安全专家。本书的出版谨为明天的安全专家抛砖引玉，铺路搭桥。不妥之处，请读者指正。

作　者

2019 年 8 月

目 录

术语及其定义

安全　是指通过持续的危险识别和风险管理过程，将人员伤害或财产损失的风险降低并保持在可接受的水平或其以下的状态。

安全生产　是指在生产经营活动中，为了避免造成人员伤害和财产损失的事故而采取相应的事故预防和控制措施，使生产过程在符合规定的条件下进行，以保证从业人员的人身安全与健康，设备和设施免受损坏，环境免遭破坏，保证生产经营活动得以顺利进行的活动。

企业安全生产标准化　企业通过落实企业安全生产主体责任，通过全员全过程参与，建立并保持安全生产管理体系，全面管控生产经营活动各环节的安全生产与职业卫生工作，实现安全健康管理系统化、岗位操作行为规范化、设备设施本质安全化、作业环境器具定置化，并持续改进。

企业主要负责人　有限责任公司、股份有限公司的董事长、总经理，其他生产经营单位的厂长、经理、矿长，以及对生产经营活动有决策权的实际控制人。

安全风险　发生危险事件或有害暴露的可能性，与随之引发的人身伤害，健康损害或财产损失的严重性组合。

风险评价　是指评价风险程度并确定其是否存在可承受风险范围的全过程。

本质安全　又叫本质化安全，本质安全型。狭义的本质安全是指机器、设备、环境本身所具有的，即使人为操作失误也不会发生事故的安全状态。广义的本质安全还包括人的安全行为，指从业人员按照标准、规程作业，消除事故风险，和物的安全状态一起构成"人—机"系统的安全。

危险源　是指一个系统中具有潜在能量和物质释放危险的、可造成人员伤害、财产损失或环境破坏的、在一定的触发因素作用下可转化为事故的部位、区域、场所、空间、岗位、设备及其位置。

危险源辨识　是指识别危险源的存在并确定其性质的过程。

安全隐患　是指生产经营单位违反安全生产法律、法规、规章、标准、规程、安全生产管理制度的规定，或者其他因素在生产经营活动中存在的可能导致不安全事件或事故发生的物的危险状态、人的不安全行为和管理上的缺陷。从性质上分为一般安全隐患和重大安全隐患。

重大危险源　是指长期或者临时生产、搬运、使用、储存危险物品，且危险物品的数量等于或者超过临界量的单元（包括场所和设施）。"重大危险源"这一概念有三层含义：一是同一类场所或设施（合称单元）；二是生产、搬运、使用或者储存危险物品的数量等于或者超过临界量的场所、设施；三是重大危险源分为生产场所重大危险源和贮存区重大危险源两种，其确定方法基本相同。

重大事故隐患　是指生产经营单位在生产设施、设备以及安全管理制度等方面存在的可能引发重大事故发生的自然或者人为的因素。包括人的不安全行为、物的不安全状态和管理上的缺陷等。重大事故具有伤亡人数多、经济损失严重、社会影响大的特征。

三同时　是指生产经营单位在新、改、扩建项目和技术改造项目中的环境保护设施、职业健康与安全设施，必须与主体工程同时设计、同时施工、同时验收投入生产和使用。

安全生产"五要素"　是指安全文化、安全法制、安全责任、安全科技、安全投入。

安全生产"五落实"　是指组织落实、制度落实、责任落实、资金落实、措施落实。

"四不伤害"　是指不伤害别人、不伤害自己、不被别人伤害、保护他人不受伤害。

"三违"行为　是指安全生产工作中的违章指挥、违章作业、违反劳动纪律，可能引起事故的行为或现象。

安全整改"五定原则"　定整改措施、定整改完成时间、定整改责任人和验收人、定整改资金、定整改标准。

安全事故"四不放过原则"　是指事故原因不查清不放过、责任人员未处理不放过、整改措施未落实不放过、责任人员和群众未受到教育不放过。

爆破作业环境　泛指爆区及其周围影响爆破安全的自然条件、环境状况。

浅孔爆破　炮孔直径小于或等于 50mm，深度小于或等于 5m 的爆破作业。

深孔爆破　炮孔直径大于 50mm，并且深度大于 5m 的爆破作业。

预裂爆破　沿开挖边界布置密集炮孔，采取不耦合装药或装填低威力炸药，在主爆区之前起爆，从而在爆区与保留区之间形成预裂缝，以减弱主爆孔爆破对保留岩体的破坏并形成平整轮廓面的爆破作业。

光面爆破　沿开挖边界布置密集炮孔，采取不耦合装药或装填低威力炸药，在主爆区之后起爆，以形成平整的轮廓面的爆破作业。

起爆网路　向多个起爆药包传递起爆信息和能量的系统，包括电雷管起爆网路、导爆管雷管起爆网路、导爆索起爆网路、混合起爆网路和数码电子雷管起爆网路等。

爆破振动　指爆破引起传播介质沿其平衡位置作直线或曲线往复运动的过程。

二次破碎　是指采场爆破后将大块矿岩再次破碎至合格块度的作业。

间隔装药　炮孔中的炸药分成数段装药，其段间用填塞物或空气隔开的装药结构。

连续装药　是指药包连续地装入炮孔中的装药结构。

预装药　是指大量深孔爆破时，在全部炮孔钻完之前，预先在验收合格的炮孔中装药或炸药在孔内放置时间超过 24 小时的装药作业。

残孔　是指爆破后残留的一段炮孔。

爆破作业单位　持有爆破作业单位许可证从事爆破作业的单位，分非营业性和营业性两类。非营业性爆破作业单位是指为本单位的合法生产活动需要，在限定区域内自行实施爆破作业的单位；营业性爆破作业单位是指具有独立法人资格，承接爆破作业项目设计施工、安全评估、安全监理的单位。

爆破作业人员　指从事爆破作业的爆破工程技术人员、爆破员、安全员和保管员。

爆破工程技术人员　是指具有爆破专业知识和实践经验并通过考核，获得从事爆破工作资格证书的技术人员。

开采高度　是指露天采场内开采最高点标高至最低点标高的垂直高差，也称开采深度。

台阶坡面　是指连接上、下台阶平面的坡面。

安全平台　是指在边坡上为保持帮坡稳定和阻挡塌落物而设置的平台。

山坡型排土场　是指固体废弃物初始沿山坡对方，逐步向外扩大对方，最终形成的排土场。

平地型排土场 是指在平缓的地面修筑较低的初始路堤，然后交替排气固体废弃物形成的场所。

内部排土 是指将剥离物直接排入本矿采空区的排土作业。

尾矿库 是指筑坝拦截谷口或者围地构成，用以贮存金属非金属矿山进行矿石选别后排出尾矿或其他工业废渣的场所。

相关方 工作场所内外与企业安全生产绩效有关或受其影响的个人或单位，如承包商、供应商等。

供应商 为企业提供材料、设备或设施及服务的外部个人或单位。

承包商 是指在企业的工作场所按照双方协定的要求向企业提供服务的个人或单位。

应急预案 为有效预防和控制可能发生的事故，最大程度减少事故及其造成损害而预先制定的工作方案。

应急演练 是指对可能发生的事故情景，依据应急预案而模拟开展的应急活动。

应急演练评估 是指围绕演练目标和要求，对参演人员表现、演练活动准备及其组织实施过程做出客观评价，并编写演练评估报告的过程。

应急响应 是指针对发生的事故，有关组织或人员采取的应急行动。

应急救援 是指在应急响应过程中，为最大限度地降低事故造成的损失或危害，防止事故扩大，而采取的积极措施或行动。

应急准备 是指针对可能发生的事故，为迅速、科学、有序地开展应急行动而预先进行的思想准备、组织准备和物资准备。

矿山生态环境保护 是指采取必要的预防和保护措施，避免或减轻矿产资源勘探和采选造成的生态破坏和环境污染。

矿山生态环境恢复 是指对矿产资源勘探和采选过程中的各类生态环境破坏和环境污染采取人工促进措施，依靠生态环境的自我调节能力与组织能力，逐步恢复与重建其生态功能。

个体防护装备 是指为防御物理、化学、生物等外界因素伤害所穿戴、配备和使用的各种护品的总称。（在生产作业场所穿戴、配备和使用到的劳动防护用品也称个体防护装备）

检查记录 是指在检查过程中，用文字、图片、声音、影响等对检查活动和用人单位状况进行记载。

职业病 是指企业、事业单位和个体经济组织（以下统称用人单位）的劳动者在职业活动中，因接触粉尘、放射性物质和其他有毒、有害物质等因素而引起的疾病。

职业病危害因素 是指在职业活动中产生和（或）存在的、可能对职业人群健康、安全和作业能力造成不良影响的因素或条件，包括化学、物理、生物等因素。

职业病危害因素监测 是指对工作场所劳动者接触的职业病危害因素进行采样、测定、测量和分析计算。

职业健康检查 是指通过医学手段和方法，针对劳动者所接触的职业病危害因素可能产生的健康影响和健康损害进行临床医学检查，了解受检者健康状况，早期发现职业病、职业禁忌证和可能的其他疾病和健康损害的医疗行为。职业健康检查是职业健康监护的重要内容和主要的资料来源。职业健康检查包括上岗前、在岗期间、离岗时健康检查。

职业病防护设施 是指消除或者降低工作场所的职业病危害因素的浓度或者强度，预防和减少职业病危害因素对劳动者健康的损害或者影响，保护劳动者健康的设备、设施、装置、建构筑物等的总称。

职业禁忌证　是指从事特定职业或者接触特定职业危害因素时，比一般职业人群更易遭受职业危害和易患职业病，或者可能导致原有自身疾病病情加重，或者在从事作业过程中诱发可能导致对他人健康构成危险的特殊生理或病理状态。

有害作业　是指在施工生产环境和过程中存在的可能影响身体健康的因素（包括化学因素、物理因素和生物因素等）。

责任事故　是指可预见、抵御和避免，但由于人的原因没有采取措施预防而造成的事故。

非责任事故　是指现有科学技术和经验不能预防，不可抵御的自然灾害以及受科学技术限制，安全防范知识、条件未能达到应有的水平和能力而无法避免的事故。

伤亡事故　是指员工在生产、工作过程中，发生的人身伤害、急性中毒。按伤害程度分为：轻伤、重伤、死亡。

第一章 安全生产责任制

摘要：《中华人民共和国安全生产法》第四条：生产经营单位必须遵守本法和其他有关安全生产的法律、法规，加强安全生产管理，建立、健全安全生产责任制和安全生产规章制度，改善安全生产条件，推进安全生产标准化建设，提高安全生产水平，确保安全生产。

安全生产责任制是企业各级领导、职能部门、工程技术人员、岗位操作人员在生产过程中对安全生产层层负责的制度，是企业最基本的一项安全制度，也是企业安全生产管理的核心。

实践证明，凡是建立、健全了安全生产责任制的企业，各级领导重视安全生产工作，切实贯彻执行党的安全生产、劳动保护方针和政策以及国家的安全生产法律法规，在认真负责地组织生产的同时，积极采取措施，改善劳动条件，工伤事故和职业性疾病就会减少。反之，就会职责不清，相互推诿，使安全生产、劳动保护工作无人负责，无法进行，工伤事故与职业病就会不断发生。为此，企业必须制定各部门各岗位安全生产职责，并自上而下层层签订安全生产责任制，做到横向到边，纵向到底，并通过考核保证各安全职责有效落实，从而保障生产安全。

根据露天矿山工程企业和大型土石方工程企业的建设单位与施工单位的管理性质和组织机构不同，本章分工程建设单位和工程施工单位两部分编写，供相关企业参照，相关企业在编制本单位安全生产责任制时，应根据本单位的管理模式和机构设置的实际情况进行编写。

第一节 工程建设单位安全生产责任制

一、机构安全生产职责

机构安全生产职责是企业实现效益的保障，必须认真制定和落实。

（一）安全生产委员会安全生产职责

安全生产委员会（下称"安委会"）是公司安全生产的最高组织领导和决策机构。公司董事长担任安委会主任，公司负责人担任副主任，公司其他领导担任安委会成员。安委会办公室设在安全管理部门，负责安委会日常安全管理工作，具体职责包括：

（1）认真贯彻执行国家和地方政府的法律、法规、标准以及公司的安全生产规章制度，组织开展安全生产各项管理活动，落实各时期的安全生产管理措施。

（2）审议公司年度安全生产工作计划。

（3）召开安全生产工作会议，听取相关部门和分、子公司安全生产工作汇报，分析、研判公司安全生产工作形势，研究措施和办法，协调、解决、决策重大安全生产事项。

（4）定期组织公司安全生产检查。

（5）检查、审核属下生产单位安全生产费用的提出和使用情况。

（6）组织公司权限内的生产安全事故调查处理工作。

（二）采矿部门安全生产职责

露天矿山工程企业采矿部门的安全生产职责包括：

（1）认真贯彻执行国家和地方政府的法律、法规、标准以及公司的安全生产规章制度。

（2）编制或修订公司生产技术操作规程、生产工艺技术标准，并须符合安全生产的要求。对技术操作规程、生产工艺技术标准执行情况进行检查、监督和考核。

（3）在制定长远发展规划、编制公司技术措施计划和进行技术改造时，应有确保安全和改善劳动条件的措施，不得以任何理由削减安全技术项目。

（4）促进生产的同时必须保证安全，从而保证生产计划的可靠性。在计划、布置、检查、总结、评比生产指标的同时，要进行计划、布置、检查、总结、评比安全工作。必须把安全技术措施计划纳入计划同时下达。

（5）新建、改建、扩建工程项目，要认真执行"三同时"制度，负责推广先进的生产和安全技术。

（6）指导工程技术人员在各项工程设计中，应有安全方面的要求。在审批各项工程设计的同时，审查工程项目的安全措施是否符合法规要求。

（7）及时掌握公司安全生产动态，在保证安全的前提下组织指导生产。发生重伤以上事故时，负责通知事故单位保护好现场，立即报告有关领导及安全环保部，同时派人参与抢救、调查和处理。

（8）负责检查指导施工队爆破器材的加工运输、保管、发放、使用、销毁等工作。协同安全环保部对爆破人员进行安全技术知识教育和培训。

（9）按时参加公司组织的安全大检查，对检查出的重大安全隐患，要提出整改措施，监督整改，无法立即解决且需要资金的，要列入工程计划，并要采取有效的临时措施组织生产。

（10）将安全指标纳入年、季、月生产计划内，并与生产指标同时下达。

（11）负责对生产采掘计划、采掘比例、采掘顺序进行检查，按安全规程要求提出调整意见，合理安排生产。

（12）负责组织公司调度会，及时传达公司有关安全生产指示，随时掌握安全生产动态，对生产中的安全问题要及时组织解决。

（13）本部门的其他安全职责。

（三）安全管理部门安全生产职责

安全管理部门的安全生产职责包括：

（1）认真贯彻执行国家和地方政府的法律、法规、标准以及公司的安全生产规章制度，负责公司的安全生产、环境保护及安全监督检查工作。

（2）参与拟订本单位安全生产规章制度、操作规程和生产安全事故应急救援预案。

（3）参与本单位安全生产教育和培训，如实记录安全生产教育和培训情况。

（4）督促落实本单位重大危险源的安全管理措施。

（5）参与本单位应急救援演练。

（6）检查本单位的安全生产状况，及时排查生产安全事故隐患，提出改进安全生产管理的建议。

（7）制止和纠正违章指挥、强令冒险作业、违反操作规程的行为。

（8）督促落实本单位安全生产整改措施。

（9）本部门的其他安全职责。

（四）设备管理部门安全生产职责

设备管理部门的安全生产职责包括：

（1）认真贯彻执行国家和地方政府的法律、法规、标准以及公司的安全生产规章制度。

（2）对因设备长期失修、设备安全装置缺陷、防护罩不齐全造成的设备事故和人身伤亡事故负管理责任。

（3）负责公司的机电等设备的安全管理，保证安全装置和附件齐全、灵敏、可靠。按照安全规程的要求，定期进行检查和检验，使全部设备保持完好状态。

（4）在组织设备的迁移、安装、改装以及检修工作时，检查是否符合安全、卫生要求，原有的安全防护装置要保持完好，对缺少的安全防护装置提出解决方案，组织实施。

（5）定期组织有关人员进行机电设备安全检查和参加公司组织的安全大检查。对不符合安全规程标准的及时解决。对无法立即解决的，必须采取可靠的防范措施，方可运转，并将其列入整改计划，限期整改解决。

（6）会同有关部门对压力容器、锅炉等特种设备作业人员进行安全教育、技术培训和考核。

（7）负责组织机电设备事故调查分析、处理，提出对责任者处理意见和整改措施。

（8）参加制定和修改有关机电运转的安全操作规程，检查安全操作规程的执行情况。

（9）参加安全生产检查，及时解决设备、动力等方面的隐患。

（10）本部门的其他安全职责。

（五）保卫部门安全生产职责

保卫部门的安全生产职责包括：

（1）认真贯彻执行国家和地方政府的法律、法规、标准以及公司的安全生产规章制度。

（2）对易燃、易爆、剧毒等危险品的采购、运输、储存、发放、使用应严格遵守国家和上级有关部门颁发的各项安全规定，确保安全。

（3）负责检查公司范围内的安全防火工作，经常检查公司各区域消防器材是否齐全并保持完好状态，及时消除火灾隐患，杜绝火灾事故的发生。

（4）做好员工宿舍的安全管理，搞好防火工作，杜绝火灾事故的发生。

（5）负责公司防火工作的宣传教育工作。

（6）负责消防器材的管理，搞好消防器材的合理配备和布局摆放，并定期进行检查更换。

（7）组织公司的消防安全检查，参加公司组织的安全大检查及伤亡事故的调查分析与处理工作。

（8）参与新建、改建、扩建工程的消防设施、设备、防雷装置的验收工作。

（9）本部门的其他安全职责。

（六）选矿部门安全生产职责

选矿部门的安全生产职责包括：

（1）认真贯彻执行国家和地方政府的法律、法规、标准以及公司的安全生产规章制度。

（2）建立健全本部门安全管理制度，制定、发布本部门安全责任制、安全操作规程，并监督落实。

（3）参与各项生产计划、工程时，应同时考虑安全生产，职业卫生防尘降尘。尾矿库的环境治理问题。

（4）采用新工艺、新设备、新技术必须同时考虑安全措施，并会同安全管理部门研究制定管理办法及操作规程。

（5）负责编制本部门年度安全措施计划，经公司审批后组织实施。

（6）组织开展本部门的安全教育培训活动，落实"三级安全教育"、换岗培训、特殊工种培训等安全教育培训，努力提高员工全员安全素质。

（7）负责所辖区域安全隐患排查工作，落实好安全检查制度及隐患排查制度，对发现的安全隐患按要求落实整改，形成安全隐患闭环管理。

（8）负责所辖区域危险源点的安全风险分级管控，确保各危险源点安全风险可控、在控。

（9）负责本部门防尘、防噪声、防高（低）温等职业卫生管理工作，监督各车间对危废物质的规范管理，监督各车间科室及所辖施工单位安全、环保设施的完好和正常运行，督促员工按规定正确使用劳动保护用品。

（10）参与公司权限内伤亡事故的调查、分析、处理工作。

（11）建立健全本部门安全管理档案，及时收集、整理、分类归档各类安全管理文件、记录、签名等资料。

（12）本部门的其他安全职责。

（七）供销部门安全生产职责

供销部门的安全生产职责包括：

（1）认真贯彻执行国家和地方政府的法律、法规、标准以及公司的安全生产规章制度。

（2）负责编制本部门年度安全措施计划，经公司审批后组织实施。

（3）组织开展本部门的安全教育培训活动。

（4）负责本部门安全隐患排查工作，落实好安全检查制度及隐患排查制度，对发现的安全隐患按要求落实整改，形成安全隐患闭环管理。

（5）参与公司权限内伤亡事故的调查、分析、处理等工作。

（6）建立健全本部门安全管理档案，及时收集、整理、分类归档各类安全管理文件、记录、签名等资料。

（7）本部门的其他安全职责。

（八）财务部门安全生产职责

财务部门的安全生产职责包括：

（1）认真贯彻执行国家和地方政府的法律、法规、标准以及公司的安全生产规章制度。

（2）按国家规定和要求将安全技术措施经费和环境保护费用，纳入公司生产经营预算，并建立专用账户，专款专用。对不按计划拨付安全与环保经费或挪用，且又不进行监督管理而造成的事故负管理责任。

（3）监督检查安全技术措施计划的完成情况，合理支付劳动保护用品、保健食品等费用的开支，同时实行财务监督。

（4）保证安全设施和设备购置、事故隐患治理、安全宣传和教育费用，确保资金到位。

（5）审核各类事故的处理费用支出，并将其纳入公司经济活动分析内容。

（6）在审定额编制公司基本建设和工程项目费用时，应留足安全技术措施费用，并负责监督、检查工程项目的安全措施费用使用情况。

（7）在编制公司年度全面预算中，应有安全技术措施经费预算，并负责监督实施。

（8）本部门的其他安全职责。

（九）资源管理部门安全生产职责

资源管理部门的安全生产职责包括：

（1）认真贯彻执行国家和地方政府的法律、法规、标准以及公司的安全生产规章制度。

（2）负责对本部门辖区内的各项安全工作，制定本部门的安全各项计划、措施、总结、汇报工作。

（3）定期传达上级各项安全文件精神和召开本部安全会议。

（4）组织开展本部门的安全教育培训活动，努力提高员工全员安全素质。

（5）负责本部门辖区内的防雷、防汛、防火、防电等安全检查工作。

（6）及时做好辖区内的安全隐患上报和整改工作。

（7）负责本部门辖区内的治安管理和资源保护巡逻工作，确保公司矿产资源、生产生活物资不流失。协助公安机关侦破偷盗、破坏等治安事件的调查、处理和上报工作。

（8）及时掌握化解矿地矛盾纠纷，防止群体性事件发生。

（9）负责外委队伍的安全监督管理，加强外委队伍人员的安全学习、教育、培训相关安全技能。

（10）本部门的其他安全职责。

（十）后勤综合管理部门安全生产职责

后勤综合管理部门的安全生产职责包括：

（1）认真贯彻执行国家和地方政府的法律、法规、标准以及公司的安全生产规章制度。

（2）协助公司领导贯彻上级有关安全生产指示，及时转发上级主管部门和国家、省、地方安监部门的安全生产文件、资料。做好公司安全会议组织安排，对有关安全方面的材料，及时组织会审、打印、下发。

（3）制定并落实领导干部节假日值班制度，制定节假日领导干部值班表。

（4）负责制定车辆管理、行车、餐饮、住宿安全管理制度，检查、监督客车、小车队、招待所落实安全管理制度情况。

（5）负责对临时来矿山参观学习、办事人员检查登记，联系安全管理部和人力资源部进行必要的安全教育。

（6）在安排、总结工作时，同时安排、总结安全工作。

（7）制定并实施员工食堂卫生安全管理制度，保障员工食堂的食品安全。

（8）在制定年度经济责任制时，要根据安全部门的意见，把安全指标分解落实到各单位（部门），作为经济责任制的一项重要考核内容。

（9）对外承包工程项目时，应先审核承包单位的营业执照、资质等级证书、安全生产许可证等材料，在按规定进行招投（议）标时，确保招投（议）标文件应包含安全管理要求的内容。

（10）本部门的其他安全职责。

（十一）人力资源部门安全生产职责

人力资源部门的安全生产职责包括：

（1）认真贯彻执行国家和地方政府的法律、法规、标准以及公司的安全生产规章制度。

（2）在编制公司人力资源发展规划时，同时编制劳动保护和安全管理人员规划。

（3）在进行人力资源组织与"三定"时，选择具有一定专业知识、工作经验、管理能力、工作认真负责的要求作为专（兼）职安全管理人员，并保持相对稳定。

（4）制定公司年度培训计划时，应包含安全培训教育内容。

（5）落实新员工上岗"三级培训"和换岗前安全培训等制度。

（6）负责特种作业人员的培训考核、持证上岗、证件年审和继续教育。

（7）负责编制和组织实施员工体检计划，并建立员工健康档案。

（8）负责按国家法律的规定办理公司职业病人的有关事宜。

（9）根据安全部门和监察部门的考核呈报情况，对单位或个人进行奖罚。

（10）负责按国家法律的规定办理公司员工工伤保险，参与员工工伤事故的调查、分析和处理，办理工伤员工的工伤保险事宜。

（11）本部门的其他安全职责。

二、各岗位安全生产职责

在确立机构安全生产责任的同时，还要制定和明确各岗位安全生产职责，包括公司最高领导，以保证法律、法规和政策的落实。

（一）党委书记安全生产职责

党委书记安全生产职责包括：

（1）认真贯彻执行国家和地方政府的法律、法规、标准以及公司的安全生产规章制度。

（2）落实"一岗双责"，在履行本岗位职责的同时履行相应的安全职责。

（3）在公司思想政治工作中，把搞好安全生产作为一项重要任务，及时了解掌握员工的思想动态，把思想政治工作落实到安全生产工作中。

（4）把安全生产融入党建工作中，在考核时把安全生产作为标准之一。

（5）组织党群部门在制定年度工作计划的同时，围绕《中华人民共和国安全生产法》的相关要求，制定具体的保证实现公司安全目标的工作内容。

（6）充分发挥党群组织对安全生产的保证监督作用，组织纪检监察等部门对各部门、单位安全生产责任制的执行情况进行检查、督促，将安全生产责任制的执行情况纳入考核内容。

（7）动员和组织党员、团员积极参加安全生产活动，充分发挥党、团、工会对安全生产的保证监督作用，充分发挥党、团在安全生产中的模范带头作用。

（8）本岗位的其他安全职责。

（二）董事长（总经理、公司负责人）安全生产职责

董事长（总经理、公司负责人）的安全生产职责包括：

（1）认真贯彻执行国家和地方政府的法律、法规、标准以及公司的安全生产规章制度，对本单位的安全生产工作者负全面责任。

（2）建立、健全本单位安全生产责任制。

（3）组织制定本单位安全生产规章制度和操作规程。

（4）组织制定并实施本单位安全生产教育和培训计划。

（5）保证本单位安全生产投入的有效实施。

（6）督促、检查本单位的安全生产工作，及时消除生产安全事故隐患。

（7）组织制定并实施本单位的生产安全事故应急救援预案。

（8）及时、如实报告生产安全事故。

（9）法律、法规规定的其他安全职责。

（三）分管生产副总经理的安全生产职责

分管生产副总经理的安全生产职责包括：

（1）认真贯彻执行国家和地方政府的法律、法规、标准以及公司的安全生产规章制度，按谁主管谁负责的原则，在履行本岗位职责的同时履行相应的安全职责。

（2）领导和组织员工学习和贯彻安全生产法规、标准及有关文件，主持制定公司的安全生产管理制度和操作规程，并负责组织实施，定期组织有关部门对各单位的执行情况进行检查。

（3）协助公司负责人实现公司的年度安全生产目标，负责制定公司安全生产规划和安全技术措施计划，并组织实施。

（4）主持召开公司的安全生产例会，对例会决定的安全事项负责组织贯彻落实，并部署安全生产有关事项。

（5）负责组织有关部门定期开展各种形式的安全检查和季度安全大检查，发现重大安全隐患，立即组织有关人员研究解决或向公司负责人及上级有关部门报告，在上报的同时，组织制定可靠的临时安全措施。

（6）发生重伤或死亡事故，迅速组织有关人员查看现场，及时准确地向公司负责人及上级报告，主持事故调查、分析，找出发生事故的原因，确定事故责任，并提出对事故责任者的处理意见。

（7）定期检查生产单位的安全生产情况及安全环保部的工作情况。

（8）指导责成有关部门和单位对新员工、特种作业人员的安全教育和培训工作，督促安全环保部积极开展安全监督指导工作。

（9）领导制定公司的安全生产事故应急救援预案，研究安全奖惩事宜，按有关安全环保的法律、法规，负责组织并参加有关部门对各项工程的设计、审批和验收工作。

（10）本岗位的其他安全职责。

(四) 分管经营副总经理的安全生产职责

分管经营副总经理的安全生产职责包括：

(1) 认真贯彻执行国家和地方政府的法律、法规、标准以及公司的安全生产规章制度，按谁主管谁负责的原则，在履行本岗位职责的同时履行相应的安全职责。

(2) 牢固树立"安全第一"的思想，组织制定经营方面的安全生产规章制度，并监督检查规章制度的执行情况。

(3) 认真贯彻"五同时"原则，保证劳动保护、安全技术措施和隐患整改项目资金到位，并监督专款专用。

(4) 组织分管范围内人员的安全生产意识的增强和技能的学习，提高员工的整体安全素质。

(5) 把安全管理工作纳入经营管理工作中，各项经营管理工作必须有明确的安全生产指标，定期召开分管部门的安全工作会议，分析经营动态，发现事故隐患，制定整改措施，并监督及时解决。

(6) 主持分管部门的伤亡事故和重大未遂事故调查分析，按照"四不放过"原则，提出预防事故的有效措施和对事故责任者的处理意见。

(7) 本岗位的其他安全职责。

(五) 分管机电工程副总经理安全职责

分管机电工程副总经理安全职责包括：

(1) 认真贯彻执行国家和地方政府的法律、法规、标准以及公司的安全生产规章制度，按谁主管谁负责的原则，在履行本岗位职责的同时履行相应的安全职责。

(2) 主持制定机电设备安全管理规章制度和安全操作规程，并负责组织实施。

(3) 负责组织有关管理部门，定期开展机电设备安全大检查，发现事故隐患，要立即组织有关人员研究解决，或向公司负责人报告，在上报的同时，要组织制定可靠的临时安全措施。

(4) 在分管的范围内发生安全事故，要迅速组织有关人员察看现场，并及时准确地向公司负责人或上级有关部门报告，同时主持事故调查、分析，找出事故原因，确定事故责任，提出事故责任者的处理意见。

(5) 组织对机电设备使用人员的安全教育和培训工作，以及对外来检修人员和工程施工人员的安全教育工作，督促落实有关管理部门制定的机电设备"大、中"检修计划。

(6) 定期召开分管范围内的安全生产工作会议，分析研究设备安全运行状态，及时解决存在的安全问题，研究分管范围内的安全奖惩事宜。

(7) 本岗位的其他安全职责。

(六) 总工程师安全生产职责

总工程师安全生产职责包括：

(1) 认真贯彻执行国家和地方政府的法律、法规、标准以及公司的安全生产规章制度，按谁主管谁负责的原则，在履行本岗位职责的同时履行相应的安全职责。

(2) 负责组织制定公司安全、技术规章制度并认真贯彻执行。

（3）主持召开有关部门会议，研究解决安全技术方面的问题，保证安全技术措施项目按期实施，做到专款专用。

（4）在采用新技术、新工艺的同时研究和采取安全防护措施，设计和制造新的生产设备，要有符合国标要去的安全生产防护措施，新建、改建、扩建工程项目，要认真执行"三同时"制度。

（5）参加安全生产大检查，对检查中发现的重大技术隐患，负责组织制定整改措施，并组织有关部门按整改措施实施。

（6）发生伤亡事故、重大设备事故时，要参加指挥救援，并参与事故调查，组织对事故发生的技术原因分析、鉴定，形成书面报告，提出整改意见。

（7）对采用的新技术、新工艺、新材料、新设备要制定相应的安全技术措施和安全操作规程。

（8）本岗位的其他安全职责。

（七）财务负责人安全生产职责

财务负责人安全生产职责包括：

（1）认真贯彻执行国家和地方政府的法律、法规、标准以及公司的安全生产规章制度，按谁主管谁负责的原则，在履行本岗位职责的同时履行相应的安全职责。

（2）认真执行国家关于企业安全技术措施资金提取使用的有关规定，做到专款专用，并监督执行，切实保证对安全生产的投入，保证安全技术措施和隐患整改项目费用到位。

（3）执行财政部《企业安全生产费用提取使用管理规定》，保证安全技术措施费用和事故隐患整改费用到位。

（4）审查公司经营计划时，要同时审查安全费用计划，并检查执行情况。

（5）把安全管理纳入经济责任制，分析单位安全生产经济效益，支持开展安全生产竞赛活动，审核各类安全费用支出。

（6）发生重大生产安全事故时，服从公司应急总指挥的安排，积极参加事故救援、善后处理工作，以及配合事故调查处理工作。

（7）本岗位的其他安全职责。

（八）工会主席安全生产职责

工会主席安全生产职责包括：

（1）认真贯彻执行国家和地方政府的法律、法规、标准以及公司的安全生产规章制度，按谁主管谁负责的原则，在履行本岗位职责的同时履行相应的安全职责。

（2）负责组织建立健全公司工会劳动安全和职业卫生监督体系，对公司劳动安全和工业卫生群众监督工作全面负责。

（3）贯彻国家及总工会有关安全、劳动保护和职业卫生的方针、政策，并监督执行，充分发挥群众监督在安全生产工作中的作用。

（4）组织工会或员工代表，对公司各部门、各单位贯彻执行国家有关劳动安全卫生的政策、法规及上级有关规定的情况进行检查、监督。

（5）组织有关部门、单位监督检查有毒有害作业环境的治理情况，搞好员工的劳动保护，逐步改善员工作业环境。

（6）参与员工因工死亡、伤残和职业病的调查、分析和处理，监督检查基层单位落实预防措施的实施情况。

（7）监督检查公司女工的劳动保护工作的开展情况。

（8）本岗位的其他安全职责。

（九）地质管理人员安全生产职责

地质管理人员安全生产职责包括：

（1）认真贯彻执行国家和地方政府的法律、法规、标准以及公司的安全生产规章制度，做好本职范围内的安全工作。做到安全生产与工程技术的统一，确保地质技术工作的安全可靠。

（2）在编制计划、设计时，要有安全措施，对所负责的工程，要在技术上保证施工安全，并经常到现场指导。

（3）参加安全生产检查工作，对检查中发现的不安全问题，负责从专业技术上提出整改措施。

（4）对有地下水威胁的生产区域，要制定安全防范措施，经安全环保部或总工程师批准后方可施工，并负责监督检查安全防范措施的执行情况。

（5）本岗位的其他安全职责。

（十）测量技术人员安全生产职责

测量技术人员安全生产职责包括：

（1）认真贯彻执行国家和地方政府的法律、法规、标准以及公司的安全生产规章制度。

（2）对所提供的测量技术资料负责，资料数据必须保证准确，符合精度要求，经专业技术负责人签字后生效。

（3）定期或不定期地进行排土场、边坡和尾矿库等进行监测，并做好记录。

（4）参加安全生产检查，对检查中发现的不安全问题，负责从专业技术上提出整改措施。

（5）本岗位的其他安全职责。

（十一）采矿管理人员安全生产职责

采矿管理人员安全生产职责包括：

（1）认真贯彻执行国家和地方政府的法律、法规、标准以及公司的安全生产规章制度，加强安全技术管理，从采矿技术上对安全工作负责。

（2）在编制采矿设计、工程计划、专业技术方案时，同时拟定安全技术措施及安全注意事项说明，并检查执行情况。

（3）指导采矿作业人员，并对其进行操作技术及安全生产知识教育，听取他们提出的有关安全技术方面的合理化建议，以改进技术设计和施工管理。

（4）参加有关事故调查、分析，查明原因，提出防范措施，防止事故重复发生，并及时向分管领导和有关部门汇报。

（5）本岗位的其他安全职责。

（十二）　选矿技术人员安全生产职责

选矿技术人员安全生产职责包括：

（1）认真贯彻执行国家和地方政府的法律、法规、标准以及公司的安全生产规章制度，加强安全技术管理，做好本员工作范围内的安全管理，从技术上对安全工作负责。

（2）编制选厂生产计划、工艺流程设计、生产重大问题改革、专业技术方案的同时，要拟定安全技术措施及安全注意事项说明，并负责检查执行情况。

（3）负责制定修改选矿个工种的安全操作规程，经常检查选矿生产操作人员的工作，并对他们进行操作技术和安全生产知识的教育和培训。

（4）深入选矿生产现场，检查指导生产，发现事故隐患及时提出整改措施，按"四不放过"原则处理，从技术上保证生产正常进行。

（5）参加公司组织的安全生产大检查，从技术上解决安全事故隐患，提出改善作业条件和增加劳动保护的意见。

（6）参加有关事故调查，分析查明事故原因，从技术上提出防范措施，防止事故重复发生。

（7）本岗位的其他安全职责。

（十三）　设备管理员安全生产职责

设备管理员安全生产职责包括：

（1）认真贯彻执行国家和地方政府的法律、法规、标准以及公司的安全生产规章制度。

（2）负责公司机械设备的技术与安全管理工作，全面掌握机械设备状况和运转使用情况。

（3）负责对基建、大中修、自制设备、技措、安全措施等工程机械部分的设计和材料计划编制工作。

（4）深入现场调查了解施工中出现的不安全问题，及时解决设备上存在的不安全因素。

（5）负责巡查机械设备运转情况，发现设备非正常运转，有权停止，应立即报告有关部门，并督促协助解决。

（6）参加设备事故或设备引发的伤亡事故的调查分析，协助有关部门查清事故原因，制定预防事故重复发生的措施，提出对事故责任者的处理意见。

（7）负责制定、修改有关机械设备方面的安全操作规程和安全规章制度，并督促检查执行情况。

（8）负责对机械设备操作人员的机械设备保养、使用及技术知识的教育和培训，提高技术水平，避免违章作业。

（9）参加公司组织的安全生产大检查，对检查中发现的机械设备存在的不安全因素，及时提出整改措施，预防事故发生。

（10）本岗位的其他安全职责。

（十四）　电气管理人员安全生产职责

电气管理人员安全生产职责包括：

（1）认真贯彻执行国家和地方政府的法律、法规、标准以及公司的安全生产规章制度。

（2）按国家及公司有关电气技术规定要求，负责编制用电、基建、大中修、技措、安全措施等工程的电气技术及设计计划。

（3）做好供电技术管理及线路检修安全管理工作，负责监督检查电工执行电气安全技术操作规程情况。

（4）参加公司由电气事故而引发的各类事故的调查分析，协助有关部门查明事故原因，制定防范措施，提出对责任者的处理意见。

（5）参加制定、修改电气安全技术管理制度，并对电工进行电气技术知识教育，定期进行技术考核，坚持电工持证上岗制度。

（6）负责对新安装的电气工程进行调试、质量评估、鉴定验收等工作，对不符合电气安全技术规定的不予验收，不准投产使用。

（7）负责提出电气设备及装置不完善的改进意见和预防电气事故的安全技术措施。

（8）参加公司组织的安全生产大检查，并对检查中发现的电气方面的问题，提出安全防范措施。

（9）本岗位的其他安全职责。

（十五）专职安全管理人员安全生产职责

专职安全管理人员安全生产职责包括：

（1）认真贯彻执行国家和地方政府的法律、法规、标准以及公司的安全生产规章制度。

（2）积极宣传贯彻执行国家的安全生产方针和有关劳动保护方面的政策、法令、法规及上级有关部门下达的安全生产指示，认真执行公司的安全生产规章制度和安全操作规程，并接受上级部门的业务指导。

（3）负责对新员工（含实习生、参观人员等）进行安全教育和考试，并定期对员工进行安全宣传教育。

（4）协助领导组织定期或不定期的安全、职业健康大检查，或组织有关人员进行专业性检查活动，并负责日常巡查任务，对查出的事故隐患提出整改措施并监督有关单位按期整改。

（5）协助领导修订、修改安全管理制度、岗位安全操作规程，编制安全措施计划。

（6）认真监督检查员工对安全生产规章制度和安全操作规程的执行情况，制止违章作业和违章指挥，对于危及员工生命安全的重大隐患，有权停止作业，并立即报告有关部门，及时排除隐患，保证生产正常进行。

（7）参加公司权限内的生产安全事故的调查分析，查清事故原因，制度预防措施，按"四不放过"原则，提出对事故责任者的处理意见。

（8）负责安全生产的统计上报，督促检查个人劳动保护用品及防护用品的使用情况，及时纠正员工的错误使用行为。

（9）负责安全技术培训工作，对兼职安全员进行业务指导。

（10）本岗位的其他安全职责。

（十六）工段长安全生产职责

工段长安全生产职责包括：

（1）认真贯彻执行国家和地方政府的法律、法规、标准以及公司的安全生产规章制度。

（2）组织本工段员工学习并贯彻执行公司的安全生产规章制度和安全技术操作规程，教育员工遵章守纪，杜绝违章行为。

（3）贯彻执行公司和本单位对安全生产的指令和要求，全面负责本工段的安全生产工作。

（4）组织并参加班组安全活动及其他安全活动。坚持班前讲安全，班中查安全，定期检查总结安全生产工作。

（5）负责对新员工（包括实习人员等）进行岗位安全教育和培训。

（6）负责本工段日常安全检查，发现不安全因素及时消除。无法立即解决的，要及时报告有关领导，采取有效防范措施。

（7）发生事故立即报告，积极组织抢救，保护好现场，做好详细记录，参加事故调查分析，落实防范措施。

（8）负责生产设备、安全装置、消防设施、防护器材等检查维护工作，使其经常保持完好和正常运转状态。督促教育员工正确使用劳动保护用品、用具和灭火器材。

（9）负责本工段班组的安全培训和教育，提高班组安全管理水平。保持生产作业现场整齐、清洁，实现文明生产。

（10）本岗位的其他安全职责。

（十七）班（组）长安全生产职责

班（组）长的安全生产职责包括：

（1）认真贯彻执行国家和地方政府的法律、法规、标准以及公司的安全生产规章制度。

（2）对本班组人员在生产劳动过程中的安全和健康负责。

（3）根据生产任务、生产环境和员工的情绪状况，具体布置安全工作，合理分配生产任务，对新员工进行现场安全教育，制定专人负责，未经安全考试合格证，不得让其正式上岗。

（4）组织本班组员工学习安全生产规章制度和安全操作规程，并检查执行情况，保证本人不违章指挥，并教育本班组人员不违章操作，发现违章现象立即制止。

（5）经常检查作业现场安全情况，发现隐患及时处理，对解决不了的隐患，要采取临时有效措施，并及时上报有关领导。

（6）组织开好班前会，讲清当班生产任务中的安全注意事项，分析当班作业中可能遇到的安全问题及应对措施。

（7）负责组织并参加本班组的安全活动、本班组人员日常安全教育。

（8）认真执行交接班制度，负责安全和消防设施、设备的检查维护工作。督促和教育员工合理使用劳动护用品，正确使用各种防护器材。

（9）发生事故要做好详细记录，立即按规定上报，保护好事故现场，并如实向调查人员提供发生事故的有关情况。要组织好全班组人员认真分析，吸取教训，提出防范措施。

（10）本岗位其他安全职责。

（十八）员工安全生产职责

员工安全生产职责包括：

（1）认真贯彻执行国家和地方政府的法律、法规、标准以及公司的安全生产规章制度。

（2）认真学习并严格遵守各项安全规章制度，不违章作业，并劝阻制止他人违章作业。

（3）交接班必须交接安全生产情况，交班人员要为接班人员创造良好的安全生产条件。

（4）正确分析、判断和处理各种事故苗头，把事故消灭在萌芽状态。发生事故时，要果断正确处理，及时、如实上报，并严格保护现场，做好详细记录。

（5）作业前认真做好安全检查工作，发现异常情况，及时处理和报告。

（6）加强设备维护，保持作业现场整洁，做到文明生产。

（7）加强自我保护意识，上岗前必须按规定穿戴劳动保护用品，妥善保管、正确使用各种安全装置和消防器材。

（8）积极参加各项安全活动。

（9）有权拒绝违章作业的指令和安排。

第二节　施工单位安全生产责任制

一、公司管理机构安全生产职责

为保障职工在施工作业中的安全和健康，制定施工单位安全生产责任制并具体到每个机构是必须的。

（一）公司安全生产委员会职责

安全生产委员会是公司安全生产最高权力机构，全面领导公司的安全生产管理、安全保卫、职业卫生管理、环境保护工作。具体职责包括：

（1）认真贯彻执行国家和地方政府的法律、法规、标准以及公司的安全生产规章制度。

（2）总结、分析公司安全生产情况，组织制定、实施安全生产规章制度、作业规程、安全生产措施、安全生产计划、安全生产事故应急预案。

（3）推进公司安全生产标准建设工作。

（4）负责全公司安全生产、目标管理。

（5）指导、协调、研究解决安全生产方面存在的重大问题。

（6）定期组织公司安全生产检查工作，监督生产单位安全隐患排查及整改工作。

（7）组织、指导和开展安全生产方面的技改、经验交流工作。

（8）表彰、奖励安全工作先进单位和优秀人员。

（9）组织、协调公司权限内的生产安全事故、职业病例、环境污染事件的调查处理工作，发布全公司安全生产信息。

（二）营销部安全生产职责

营销部安全生产职责包括：

（1）认真贯彻执行国家和地方政府的法律、法规、标准以及公司的安全生产规章制度。

（2）在编制工程预算时，保证安全生产费用投入。

（3）负责投标资质（工程发包方）审核。

（4）在与工程发包方签订工程施工合同时签订安全生产协议。

（5）负责对客户资料及客户相关文件进行备份保存，以防丢失，并做好营销过程中的保密工作，防止公司的商业机密外泄。

（6）本部门的其他安全职责。

（三）生产部安全生产职责

（1）贯彻安全生产"五同时"原则，即在计划、布置、检查、总结、评比生产工作的同时，进行安全计划、布置、检查、总结、评比工作。

（2）在保证安全的前提下组织生产运营，随时掌握安全生产动态，检查督促各项目部生产过程中落实安全生产制度、规程、措施，完善安全生产条件。

（3）督促在建项目安全生产费用的投入和使用。

（4）负责工程分包商资质审核工作，考核、评价分包商安全生产情况。

（5）参与公司组织的安全生产应急预案演练。

（6）参加公司组织的安全大检查，督促项目部及时完成安全隐患整改。

（7）对负责采购的原材料、设备必须是符合有关安全、技术标准或规范的合格产品。国家有明确规定的，则必须采购有相应规定资质的生产、经营单位产品，并索取质量保证书和安全技术说明书。

（8）参加由公司处理权限的安全生产事故（包括职业病、环保事故等）的调查处理工作。

（9）本部门其他安全职责。

（四）技术部安全生产职责

技术部安全生产职责包括：

（1）在制订公司科技发展规划时，要有职业安全、卫生的内容，要积极引进、推广职业安全卫生新技术。

（2）坚持"安全第一，预防为主、综合治理"的方针，在技术研发、编制、审核《施工组织设计》和《施工方案》时，认真贯彻执行国家和各级政府颁发的有关安全生产的方针、政策、法律、法规、规范标准，从技术措施上保证安全生产，并督促落实。

（3）负责组织制定和修订安全技术操作规程。

（4）对采用的新技术、新工艺、新材料、新设备要制定相应的安全技术措施和安全操作规程。

（5）指导监督项目部做好危险源辨识、评价及预控工作。

（6）督促检查项目部安全技术交底和安全技术培训。

（7）参加公司的安全检查，对检查发现的事故隐患，提出技术整改措施并监督落实。实地指导落实重大安全隐患的整改，做出书面评价。

（8）参加公司权限内生产安全事故的调查处理工作，针对事故原因提出技术措施。

（9）本部门其他安全职责。

（五）混装部安全生产职责

混装炸药生产部门的安全生产职责包括：

（1）贯彻执行国家和地方政府有关安全生产法律、法规以及公司的安全管理制度，有效保证混装炸药生产经营活动的安全。

（2）贯彻安全生产"五同时"原则。在计划、布置、检查、总结、评比生产工作的同时，计划、布置、检查、总结、评比安全工作。

（3）负责建立健全混装业务中心的各项安全管理制度、安全技术操作规程和安全技术措施计划。

（4）负责编制、修订《混装炸药生产安全事故应急预案》，定期参与应急演练。

（5）在地面站人员调配时要考虑人选满足安全生产管理要求。

（6）在保证安全的前提下组织生产，随时掌握安全生产动态，检查督促各地面站生产过程中落实安全生产制度、规程、措施，完善安全生产条件。

（7）督促各地面站安全生产费用的投入和使用。

（8）参加公司组织的安全大检查，随时掌握安全生产动态，对检查发现的事故隐患跟踪服务，对各生产单位的安全生产情况举措及时给予表扬或批评。

（9）参与生产安全事故救援，并配合事故调查。负责权限内的生产安全事故调查处理工作。

（10）公司权限内生产安全事故的调查处理工作。

（11）本部门其他安全职责。

（六）人力资源部安全生产职责

人力资源部安全生产职责包括：

（1）负责组织对新入职员工（包括毕业生、实习生）及全体员工进行考核，经考核合格后方可分配到工作岗位。

（2）组织做好新员工体检工作。根据职业禁忌证的要求，做好新老员工工种的分配和调整，并认真执行有害工种定期轮换、定期脱离岗位的规定。

（3）贯彻执行员工劳动纪律管理规定，负责对员工劳动纪律的教育和检查、考核。

（4）把安全工作业绩纳入员工晋级和奖励考核内容。

（5）在办理临时用工协议时，应有安全方面的条款，并且把雇用方首先应承担安全责任作为雇用的先决条件。

（6）负责组织与公司生产经营相关的职业资格证的考试（包括继续教育）的报名、证书领取（更换、变更）、保管、借用工作，保证各类证书有效使用并满足相应法律法规的要求。

（7）监督指导项目部、地面站依法用工及做好员工入场（站）资格审核工作。

（8）参加公司权限内的生产安全事故的调查和处理工作，办理事故责任者的惩处手续，参加工伤鉴定处理工作。

（9）本部门的其他安全工作。

（七）安全部安全生产职责

安全部安全生产职责包括：

（1）参与制定公司的安全生产制度并具体组织实施。

（2）协助公司领导组织安全生产岗位检查、日常安全检查和专业性安全检查，并每季度至少参加一次安全生产全面检查。

（3）制止和纠正违章指挥、违规操作等违反安全生产规定的行为，具体落实事故防范及重大危险源监控、职业病危害防治措施。

（4）监督项目部及时完成安全隐患整改。

（5）组织开展安全生产宣传、教育和培训。

（6）指导项目部建立安全管理体系，开展安全管理活动。

（7）监督公司及项目部落实职业健康、卫生管理规定。

（8）督促各部门及安全生产管理人员履行安全生产职责，组织安全生产考核，提出奖惩意见。

（9）协助公司领导组织并参加生产安全事故应急预案演练。

（10）参加公司权限内生产安全事故的调查处理工作。

（11）本部门的其他安全职责。

（八）财务部安全生产职责

财务部安全生产职责包括：

（1）按规定负责落实安全生产技术措施经费，并对上级拨给本公司的安全生产资金进行执行、监督，保证资金用在安全生产当中且不得挪用。

（2）在审定和编制本公司工程项目计划费用时，应留足相应计划中安全技术措施费用。确保资金到位，并负责监督、检查该项计划的安全措施费用的专款开支状况。

（3）保证安全生产设施建设和设备购置、事故隐患治理、安全教育费用，确保资金到位。

（4）负责审核各类事故处理费用支出，并将其纳入本单位经济活动分析内容。

（5）保证全体员工劳动保护用品、防暑降温饮料的开支费用。

（6）本部门其他安全职责。

（九）企划部门安全生产职责

企划部门安全生产职责包括：

（1）认真执行职业健康、安全与环保的法规、标准，把职业健康、安全与环境管理纳入企业管理中。

（2）在编制公司生产经营发展战略规划时，应有安全生产方面的内容和目标。

（3）在进行部门和生产单位考核时，把安全工作列为首要考核条件。

（4）本部门的其他职责。

（十）综合管理部（总经理办公室）安全生产职责

综合管理部门（总经理办公室）的安全生产职责包括：

（1）协助公司领导贯彻上级有关安全生产指示，及时转发上级和有关部门的安全生产文件、资料。做好公司安全会议记录，对安全部门的有关材料及时组织会审、打印、下发。

（2）负责对临时来公司参观学习、办事人员检查登记。

（3）负责建立本部门的安全职责、规章制度。

（4）遵守国家及上级有关防火的法规、制度，配备符合规定的防火和消防设施，保持良好性能。定期对各类消防器材、设施进行检查，确保其符合规范。

（5）负责本部门的安全工作，组织安全检查、安全教育和隐患治理。负责行政、生活设施、所属库房、电气设备及其他设备等的安全防火管理工作，防止火灾、触电。

（6）遵守交通安全的规定，负责公司本部机动车辆人的年检和驾驶员的年审、安全教育和考核工作；负责做好公司本部机动车辆维修保养工作，确保行车安全。

（7）开展灭鼠防虫害活动，保持各类资料完好无损。

（8）负责文件保密和防盗工作，防止档案资料失窃。

（9）本部门的其他安全职责。

二、公司管理岗位安全生产职责

确立施工企业岗位安全生产责任制可增强各岗位生产人员的安全意识，明确承担的责任并调动其安全生产的积极性。

（一）党委书记安全生产职责

党委书记安全生产职责包括：

（1）认真贯彻执行党的安全生产方针，保证党和国家安全生产方针、政策、法规、条例以及上级有关安全生产的指示、规定在企业及时传达贯彻，并认真执行。

（2）落实"一岗双责"，在履行本岗位职责的同时履行相应的安全职责。

（3）认真抓好全体员工的安全思想教育工作，不断提高员工的安全生产自觉性。

（4）主动参加安全办公会议，分析研究安全工作，提出改进安全工作的建议和措施。

（5）支持行政领导集中精力抓好安全生产，组织落实行政安全生产决议，加强对工会、共青团领导，定期召开员工代表大会，审议安全工作。

（6）发生生产安全事故时，服从公司应急总指挥的安排，积极参加事故救援、善后处理工作，以及配合事故调查处理工作。

（7）本岗位的其他安全职责。

（二）董事长（总经理、公司负责人）安全生产职责

董事长（总经理、公司负责人）的安全生产职责包括：

（1）认真贯彻执行国家和地方政府的法律地方政府的法律、法规、标准以及公司的安全生产规章制度，对本单位的安全生产工作者负全面责任。

（2）建立、健全本单位安全生产责任制。

（3）组织制定本单位安全生产规章制度和操作规程。

（4）组织制定并实施本单位安全生产教育和培训计划。

（5）保证本单位安全生产投入的有效实施。

（6）督促、检查本单位的安全生产工作，及时消除生产安全事故隐患。

（7）组织制定并实施本单位的生产安全事故应急救援预案。

（8）及时、如实报告生产安全事故。

（9）法律、法规规定的其他安全职责。

（三）工会主席安全生产职责

工会主席安全生产职责包括：

（1）负责组织员工劳动安全竞赛活动，搞好员工的劳动保护。

（2）按照国家有关规定，定期组织员工进行身体检查，健全员工健康档案。

（3）参与监督检查各项安全规程的执行情况，监督检查有毒有害作业环境的治理情况。

（4）发生重大生产安全事故时，服从公司应急总指挥的安排，积极参加事故救援、善后处理工作，以及配合事故调查处理工作。

（5）参与员工因工死亡、工伤和职业病的调查、分析和处理，监督检查基层单位落实预防措施情况，协同公司领导做好善后工作。

（6）监督检查本单位女工的劳动保护工作。

（7）本岗位的其他安全生产职责。

（四）分管安全副总经理安全生产职责

分管安全副总经理安全生产职责包括：

（1）对公司安全生产工作负直接监督责任。

（2）指导制定公司的安全生产管理制度并指导组织实施。

（3）每季度至少组织一次安全生产全面检查，听取安全生产管理机构和安全生产管理人员工作汇报，及时研究解决安全生产存在问题，并向公司负责人报告安全生产工作情况。

（4）组织落实事故防范、重大危险源监控、隐患排查整改和职业危害防治措施。

（5）每半年至少组织和参与一次事故应急救援演练。

（6）负责组织公司权限内生产安全事故（包括职业病）的调查处理工作。

（7）发生生产安全事故时，服从公司应急总指挥的安排，积极参加事故救援、善后处理工作，以及配合事故调查处理工作。

（8）本岗位的其他安全生产职责。

（五）分管营销副总经理安全生产职责

分管营销副总经理安全生产职责包括：

（1）按照"谁主管谁负责"原则，在履行岗位业务工作职责的同时，履行安全生产工作职责。

（2）认真贯彻执行国家有关安全生产的方针、政策、法律、法规。

（3）监督营销中心在编制工程预算时，保证安全生产费用投入。

（4）监督营销中心做好投标资质（工程发包方）审核。

（5）监督营销中心认真落实执行公司的各项安全生产管理制度，及时纠正工作中的失职和违章行为。

（6）监督营销中心在签订工程合同时签订安全协议。

（7）本岗位的其他安全生产职责。

（六）分管生产副总经理安全生产职责

分管生产副总经理安全生产职责包括：

（1）按照"谁主管谁负责"原则，在履行岗位业务工作职责的同时，履行安全生产工作职责，对公司生产运营及员工安全职业卫生负直接领导责任。

（2）认真贯彻执行国家有关安全生产的方针、政策、法律、法规。

（3）监督分管的职能部门、生产单位认真落实执行公司的各项安全生产管理制度和安全措施，及时纠正生产中的失职和违章行为。

（4）贯彻安全生产"五同时"原则，在计划、布置、检查、总结、评比生产工作的同时，进行安全计划、布置、检查、总结、评比工作。

（5）每季度至少参加一次安全生产全面检查，及时掌握安全生产情况。

（6）参加公司权限内生产安全事故的调查处理工作。

（7）发生生产安全事故时，服从公司应急总指挥的安排，积极参加事故救援、善后处理工作，以及配合事故调查处理工作。

（8）本岗位的其他安全生产职责。

（七）分管设备副总经理安全生产职责

分管设备副总经理安全生产职责包括：

（1）按照"谁主管谁负责"原则，在履行岗位业务工作职责的同时，履行安全生产工作职责，对公司自有设备安全管理负直接领导责任。

（2）认真贯彻执行国家有关安全生产的方针、政策、法律、法规。

（3）监督分管的职能部门、生产单位认真落实执行公司的各项安全生产管理制度和安全措施，及时纠正生产中的失职和违章行为。

（4）贯彻安全生产"五同时"原则，在计划、布置、检查、总结、评比生产工作的同时，进行安全计划、布置、检查、总结、评比工作。

（5）每季度至少参加一次安全生产全面检查，及时掌握安全生产情况。

（6）参加公司权限内生产安全事故的调查处理工作。

（7）发生生产安全事故时，服从公司应急总指挥的安排，积极参加事故救援、善后处理工作，以及配合事故调查处理工作。

（8）本岗位的其他安全生产职责。

（八）分管混装业务副总经理安全生产职责

分管混装业务副总经理安全生产职责包括：

（1）按照"谁主管谁负责"原则，在履行岗位业务工作职责的同时，履行安全生产工作职责。

（2）认真贯彻执行国家有关安全生产的方针、政策、法律、法规。

（3）每季度至少参加一次安全生产全面检查，及时掌握安全生产情况。

（4）每半年组织并参加一次地面站的安全生产事故应急演练。

（5）监督分管的职能部门员工认真遵守公司的各项安全生产管理制度。

（6）贯彻执行国家及有关部门制定的安全生产法律、法规及行业标准，遵守公司安全规章制度，坚持生产与安全的"五同时"，杜绝"三违"和"四超"现象。

（7）督促混装事业部所属各地面站依法履行安全生产责任，组织人员参与公司季度安全生产大检查和专项安全检查，对检查发现的生产安全隐患，督促相关单位严格按照"五落实"原则实施整改，及时消除安全隐患，确保安全生产。

（8）发生生产安全事故时，服从公司应急总指挥的指挥，积极参加事故救援、善后处理工作，以及配合事故调查处理工作。参加公司权限内生产安全事故的调查处理工作。

（9）本岗位的其他安全生产职责。

（九）总工程师安全生产职责

总工程师安全生产职责包括：

（1）按照"谁主管谁负责"原则，在履行岗位业务工作职责的同时，履行安全生产工作职责。

（2）贯彻执行公司安全生产管理规章制度，主持制定、修订设备安全操作规程及其岗位安全作业规程。

（3）主持新开工项目施工组织设计、特殊复杂工程项目施工方案、专业性较强的工程项目施工方案的编制、会审并批准。

（4）负责审批在建项目施工方案、专项安全技术措施及作业指导书。

（5）主持危险性较大工程安全专项施工方案的专家论证会。

（6）组织安全技术攻关活动，及时解决施工中的各类安全技术问题。在采用新技术、新工艺、新设备时，负责制定相应的安全技术措施。负责对公司建设项目的安全设施"三同时"技术审核。

（7）负责组织对公司重点危险源辨识、评价和风险控制的策划和实施管理工作。

（8）参加安全生产大检查，发现安全生产事故隐患，提出技术整改措施。对重大安全隐患应实地指导落实整改，做出技术结论。

（9）检查、指导下级技术负责人对分包商及员工进行安全技术培训和安全技术交底。主持重大项目安全技术交底。

（10）参加生产安全事故调查与处理，做出技术分析鉴定，制定并落实安全防范措施。

（11）发生生产安全事故时，服从公司应急总指挥的安排，积极参加事故救援、善后处理工作，以及配合事故调查处理工作。

（12）本岗位的其他安全生产职责。

（十）财务负责人安全生产职责

财务负责人安全生产职责包括：

（1）按照"谁主管谁负责"原则，在履行岗位业务工作职责的同时，履行安全生产工作职责。

（2）认真执行国家关于企业安全技术措施经费提取使用的有关规定，做到专款专用，并监督执行，切实保证对安全生产的投入，保证安全技术措施和隐患整改项目费用到位。

（3）执行财政部《企业安全生产费用提取使用管理规定》，保证安全技术措施费用和事故隐患整改费用到位。

（4）审查公司经营计划时，要同时审查安全费用计划，并检查执行情况。

（5）把安全管理纳入经济责任制，分析单位安全生产经济效益，支持开展安全生产竞赛活动，审核各类安全费用支出。

（6）发生生产安全事故时，服从公司应急总指挥的安排，积极参加事故救援、善后处理工作，以及配合事故调查处理工作。

（7）本岗位的其他安全生产职责。

三、公司各生产机构安全生产职责

（一）项目部安全环保部安全生产职责

项目部安全环保部安全生产职责包括：

（1）监督项目部各部门及员工认真执行有关安全管理、劳动保护、环境保护方面的方针、政策、法令、规章、制度，监督检查岗位安全生产责任制、安全操作规程、安全技术措施的贯彻落实情况，预防事故发生。对项目工程劳动保护、文明施工和安全生产的监督、检查负直接责任。

（2）接受公司安全管理部门的业务指导和监督，协助项目经理贯彻执行国家和上级有关安全生产方针政策、法规、规章制度和标准，并检查执行情况。负责协调、处理安全生产领导小组的日常工作；指导项目部安全管理人员的业务工作。

（3）协助项目经理建立健全项目安全管理体系。依据公司安全生产管理制度，结合本工程施工特点主持编制项目安全生产管理制度。负责项目各级安全生产责任制、安全管理制度、作业规程的汇总和内部审核会签工作，参加审查施工组织设计、作业规程、安全技术措施及有关生产技术会议。

（4）负责主持对项目全员进行安全教育、考核，组织并参加项目工程的安全技术培训、安全技术交底。负责项目部各种安全技术文件、资料的档案管理和竣工后交公司存档工作。

（5）参加审查施工方案和工程验收工作。登记、核对特种作业人员岗位安全操作证及资料备份工作。

（6）负责编制项目应急救援预案并参加演练。

（7）负责填写项目工程《重点危险源（点）清单》、检查台账，安全隐患检查整改记录台账及违章、违制、违纪检查处理记录台账等。

（8）负责项目工程的日常安全监督检查。协助项目部领导，组织并参加月度安全检查及各种形式的定期与不定期的安全检查，发现问题及时排除隐患。做好项目工程周、月、季、年的安全工作计划、布置、检查、评价考核与总结工作，并持续改进。

（9）负责推动本质安全型项目部的建设工作，监督安全标准化的建设和执行。

（10）监督劳保用品发放情况，检查并指导作业人员正确使用劳保用品。

（11）负责对复杂、危险性较大工程安全专项施工方案的现场实施情况进行监督。

（12）及时且如实报告安全事故。参加项目工程各类事故的调查、分析、处理工作。协助有关部门提出防止事故的措施，并督促责任部门、责任人按时落实。参加工伤鉴定，建立项目工程事故档案。

（13）定期向项目安全领导小组及公司安全监管中心汇报安全工作，及时传达公司、项目部安全决策、指示精神，并督促落实。做好安全信息反馈工作。

（14）负责做好项目部各部门（单位）、岗位的安全生产责任制的月度考核评价工作，对安全生产工作中有贡献者和事故责任者提出奖惩意见。坚持安全否决权。

（15）本部门的其他安全职责。

（二）项目部技术质量部安全生产职责

项目部技术质量部安全生产职责包括：

（1）对项目工程的劳动保护、文明施工和安全生产技术负责。

（2）认真宣传、贯彻国家和上级有关安全生产的方针、政策、法规、标准和各项安全生产管理制度。严格按照国家和公司有关安全技术规程、标准编制设计、施工、工艺等技术文件，制定相应的安全技术、文明施工和劳动保护措施。

（3）负责编制项目施工组织设计、作业规程、施工方案，编制特殊、专项施工安全技术方案。对新技术、新设备、新工艺要制定相应的安全措施和安全操作规程。负责解决施工中疑难问题，从技术措施上保证安全管理。

（4）检查施工组织设计和施工方案实施情况的同时，检查安全技术措施的实施情况，对施工中涉及的安全技术问题提出解决办法。

（5）依据公司制定的岗位操作规程，结合本工程的特性、特点主持编制本项目安全操作规程。负责安全设备、仪器仪表等技术鉴定的办理。

（6）负责对项目工程危险源（点）进行辨识、评价，确定重点危险源（点）名录。并对项目工程范围内以及可能受其影响的周边建、构筑物的危险源进行识别、监测、评价及控制策划，并制定预防控制措施和应急预案。主持安全技术交底、岗位安全技术培训、教育等工作。

（7）参加项目部安全生产检查，对施工中存在的安全隐患，从技术上提出整改意见和消除办法。参加公司组织对本项目出现的各类安全隐患现场会诊、分析及研究工作，并提出处理意见。

（8）参与事故应急救援工作，为控制事故扩大或防止二次伤害提供技术支持。参加或配合工伤及未遂事故的调查，从技术上分析事故发生原因，提出防范措施和整改意见。

（9）本部门的其他安全职责。

（三）项目部工程管理部安全生产职责

项目部工程管理部安全生产职责包括：

（1）负责对项目工程施工安全、文明施工和劳动保护措施的组织和实施。

（2）督促检查施工班组班前会、交接班制度的执行情况，对"三违"行为和人员予以制止和处理。遇大风、雷电、雾、雨、冰、雪等影响到施工安全的恶劣气候时，应下令暂停施工。

（3）对危险源点要加强监视和检查，发现问题，及时解决，遇有各类险情时，应立即组织人员、机械设备撤离现场，并及时向主管领导报告。及时组织处理现场发现的安全事故隐患，处理不了的应立即安排做好防护措施，并向主管领导报告。

（4）组织、协调爆破、排险施工等危险工序作业，加强与建设单位和相邻施工单位的现场工作联系，参与安全警戒，做好安全生产协同配合工作。负责项目工程施工（调度）日记、交接班记录的填写与保存，工程竣工时提交有关部门收存、备查。

（5）发生生产安全事故时，及时向上级报告，积极组织本部门人员参加事故应急救援工作，保护现场，参加或配合事故的调查。

（6）本部门的其他安全职责。

（四）项目部综合办公室安全生产职责

项目部综合办公室安全生产职责包括：

（1）协助项目负责人贯彻公司有关安全生产指示，及时转发公司领导和有关部门的安全生产文件、资料。认真做好项目部安全生产会议记录，对安全管理方面的有关文件、材料及时安排打印上报下发或外部报送。

（2）负责项目部员工进、离场职业健康体检和人员信息统计、工伤保险办理工作。

（3）建立健全项目安全保卫、消防制度，做好项目部生活区域的安全保卫、防火、防中毒、防寒和安全用电工作。

（4）负责做好办公、生活区环境卫生、员工饮食卫生管理工作。

（5）负责制定项目部公用车辆使用管理制度，坚决制止非专职司机驾驶公用车辆，杜绝公车私用现象的发生。

（6）负责公司和项目部信息对外的保密监察工作，做好本项目部办公设施的日常维护保养工作。

（7）参与事故救援工作及领导交办的其他安全工作。

（8）本部门的其他安全职责。

（五）项目部财务部安全生产职责

项目部财务部安全生产职责包括：

（1）对本项目部安全生产、文明施工和劳动保护资金的投入保证与监督使用负直接责任。

（2）负责项目安全费用的收支管理，并监督合理使用。及时扣除或督促"三违"人员缴纳被处罚的罚款。

（3）监督审核本项目部及分包施工队安全技术措施、劳保用品、防暑降温、防寒保暖、保健等费用的开支情况，保证安全费用的实际需要。

（4）负责项目部安全风险抵押金的收缴，每季度安全奖的制表与发放。

（5）负责因工伤发生的一切费用报销工作（必须验明有医院证明和安全部门签署意见后方能报销）。

（6）本部门的其他安全职责。

（六）项目部合同成本部安全生产职责

项目部合同成本部安全生产职责包括：

（1）负责本项目生产经营计划、合同、统计、预算、定额的业务归口管理工作，把生产安全放在首位，突出安全生产工作。

（2）负责编制本部门工作业务范围内的年度、季度、单项安全投入计划，并督促实施。

（3）对工程施工按阶段、项目进行结算时，未经安全监督部门审核签字，不得结算。

（4）在签订工程分包合同时，必须有安全生产文明施工的明确要求，并经安全管理部门审核同意后，方可签约。对于录用的分包队伍应签订安全责任书，并督促其认真履行安全责任书。

（5）在招用分包单位时，必须对其安全资质进行审查。未经安全资质审查或审查不合格的分包单位严禁录用。

（6）对本项目的分包单位应定期进行安全业绩和安全资质的评价，确保其业绩和资质满足施工安全需求。对于管理混乱或上年度发生过人身死亡事故的分包单位，按照分包商管理办法进行处理。

（7）本部门其他安全职责。

（七）项目部设备管理部安全生产职责

项目部设备管理部安全生产职责包括：

（1）对机械设备、设施和工机具的进出场（转场）验收鉴定及投入施工时定期检修、维护保养的计划、安全检查、建档负直接责任。

（2）贯彻落实执行国家、地方、行业及公司有关机械设备规程规范、标准和管理制度。负责制定本项目部机械设备、设施及操作人员管理制度、作业规程，并组织实施。

（3）负责主持项目部机械设备、设施操作工的岗位技能培训、安全教育及安全技术交底，督促、指导正确安全操作和保养机械设备、设施。检查、判断机械设备、设施故障，组织安排检修作业。

（4）负责主持制定项目部机械设备、设施施工安全技术措施、防护措施，编制检修、维护保养计划，审核、督促办理机械设备、设施的安全认证，并验证归档、备查。

（5）主持组织设备基础、油库及维修厂的施工及验收，对"三防"（防火、防电、防雷）等安全配套装置的防护性能进行检测认证。对"三废"（废水、废料、废油）安全排放、堆集，按国家规范、标准要求进行处理。

（6）负责合格供应商供应的安全防护用品（具）等物资的质量验收、取证、记录工作，并做好验收状态标识，按规定妥善储存。负责对进场材料按场容标准要求分类堆放，消除事故隐患。

（7）负责施工机械设备和器材、库、场危险源辨识的汇总，针对重大风险制定纠正与预防措施，并对实施情况进行检查。

（8）主持并参加定期与不定期的机械设备、设施安全及施工运行环境安全检查，对存在的问题进行整改落实。参加机械设备事故调查、分析，提出措施，落实整改。

（9）本部门的其他安全职责。

（八）项目钻爆大队安全生产职责

工程项目钻爆大队安全生产职责包括：

（1）对本工程的爆破作业过程安全和爆破器材（混装炸药除外）的使用（包括领用、送达现场、现场作用、退库等）安全负直接责任。

（2）贯彻执行国家以及上级有关安全生产的法律法规、标准、规范和各项规章制度，服从上级的安全管理。

（3）组织本部门人员参加爆破业务学习、爆破安全培训、三级安全教育安全技术培训（包括劳动保护用品、安全工器具、安全防护用品的使用），以及再培训活动，保证爆破作业人员必须持证上岗。

（4）监督爆破工程技术人员、作业人员严格按照爆破设计图、施工安全技术措施等进行施工，严格遵守《操作规程》《岗位安全作业规程》。

（5）监督本部门爆破工作人员执行安全规章制度，组织领导钻爆大队安全检查，确保工程质量，按期完成安全管理部门下发的隐患整改。每次爆破作业前，组织参与爆破施工作业人员进行技术交底和安全交底。认真开展班前安全活动。

（6）现场安全管理要做到：作业标准化。设备（设施）、工器具（材料）、现场施工环境本质安全化。物料、工器具摆放定置化。防护用品穿戴、安全标志规范化。安全管理制度化。个人无"三违"，岗位无隐患，班组无事故。

（7）定期召开本部门的安全生产会议，贯彻落实项目部和业主的安全生产要求，总结、分析前阶段本队的安全生产情况，部署下一阶段的安全生产工作。

（8）定期召开本队的安全生产会议，贯彻落实项目部或业主的安全生产要求，总结、分析前阶段本队的安全生产情况，部署下一阶段的安全生产工作。

（9）组织开展本部门早班会、安全活动日及其他安全活动并监督实施情况。认真做好班组各项安全工作原始记录，记录必须详细、完整，不得撕毁缺漏，并按上级规定予以妥善保管或上交。

（10）负责对钻孔、爆破作业各个环节进行巡查、监督，发现"三违"行为立即制止。

（11）组织对新进爆破器材性能测试，并监督实施。

（12）发生安全事故（含险肇事故）时，应立即向上级报告，不得拖延或隐瞒，并积极参加事故抢救、协助调查分析。

（13）本队的其他安全职责。

（九）施工队（专业班组）安全生产职责

施工队（专业班组）安全生产职责包括：

（1）对本班组（施工队，下同）的安全生产、文明施工和劳动保护负直接责任。

（2）贯彻执行国家以及上级有关安全生产的法规、规程、规范和各项规章制度，服从上级的安全管理。

（3）严格按照施工技术图纸、安全技术措施、作业规程和施工安全技术交底组织本班组人员施工。

（4）班组安全管理要做到：作业标准化。设备（设施）、工器具（材料）、现场施工环境本质安全化。物料、工器具摆放定置化。防护用品穿戴、安全标志规范化。安全管理制度化。个人无"三违"，岗位无隐患，班组无事故。

（5）班组长、班组安全员和班组成员必须经过三级安全教育，接受相应的安全技术培训，并主动参加再培训活动。特殊工种必须持证上岗。

（6）负责落实上级有关安全生产工作计划、措施，确保安全活动内容（班前会等），认真做好班组交接班检查、班中巡回检查和定期检查，发现隐患立即整改，对整改不了的，应做好现场安全防护，及时报告上级。

（7）认真做好班组各项安全工作原始记录，记录必须详细、完整，不得撕毁缺漏，并按上级规定予以妥善保管或上交。

（8）班组发生安全事故（含险肇事故）时，应立即向上级报告，不得拖延或隐瞒，并积极参加事故抢救、协助调查分析。

（9）本队（班组）其他安全职责。

四、公司生产部门各岗位安全生产职责

（一）项目经理安全生产职责

项目经理安全生产职责包括：

（1）项目经理应认真贯彻执行国家和上级有关安全生产的方针、政策、法规、标准和各项安全生产管理制度，对本单位的安全生产工作负全面责任，对本项目部职业病防治工作负总责，是本单位安全生产的第一责任人。

（2）项目经理必须经过专门的安全培训考核，取得相应安全生产资格证书，方可上岗。

（3）牢固树立"安全第一，预防为主，综合治理"的思想，在本单位的生产经营活动中，认真执行安全生产"五同时"（在计划、布置、检查、总结、评比生产经营建设工作的同时计划、布置、检查、总结、评比安全工作）。

（4）组织召开本单位安全生产领导小组会议，确定年度安全生产目标，并组织实施。组织编制本单位、施工组织设计，审定安全生产规划和年度技术措施计划，保证本项目部安全生产资金的有效投入和实施。

（5）督促，检查副经理、各部门领导的安全生产管理工作，负责健全本单位各级安全生产责任制，并逐级签订责任书。负责对各副经理执行"安全生产责任制"情况的检查、督促和指导。

（6）组织建立本单位的安全管理体系，健全本项目部安全生产管理机构，组织编制本单位的安全生产规章制度、安全操作规程和管理标准，并监督落实实施，审定对安全生产工作的表扬、奖励和处分。

（7）保证本单位安全生产费用适时投入、有效使用。

（8）定期组织并参加各种形式安全生产检查工作，落实上级提出的安全隐患（问题）整改要求，督促、检查本单位安全管理过程中存在或发现的安全问题、隐患的整改情况。

（9）保证分包施工单位在签订《分包施工安全合同》《分包施工安全协议》，以及进场施工人员通过健康体检、"三级"安全教育并考核合格、进行安全技术交底后，才安排进场施工。

（10）组织并参加项目部召开的安全生产例会、安全专题会，及时研究解决安全生产问题认真听取员工代表意见，接受监督。

（11）组织本单位的安全考核、评比工作。

（12）组织编制《生产安全事故应急救援预案》，并组织本单位的应急预案演练。

（13）发生生产安全事故时，必须履行应急指挥职责，组织应急救援工作，并按规定及时、如实向公司、当地政府安监部门报告，积极组织配合事故的调查。

（14）本岗位的其他职责。

（二）项目生产副经理安全生产职责

项目生产副经理安全生产职责包括：

（1）认真贯彻执行国家和上级有关安全生产的方针、政策、法规、标准和各项安全生产管理制度，对本项目部的安全生产、文明施工、劳动保护和职业防治工作负直接负责，是本项目部安全生产的直接责任人。

（2）认真贯彻"安全第一，预防为主，综合治理"的方针，在本项目部的生产经营活动中，认真执行安全生产"五同时"（在计划、布置、检查、总结、评比生产经营建设工作的同时计划、布置、检查、总结、评比安全工作）。

（3）负责组织对进场施工机械的检验工作。

（4）负责主持工程项目总体和施工各阶段安全生产工作规划以及各项安全技术措施、方案的组织实施工作。

（5）领导生产管理部门、安全管理部门开展生产安全管理工作，对负责人执行"安全生产责任制"情况的检查、督促和指导。

（6）参加项目部组织的安全生产检查及各项安全管理活动。

（7）主持并参加每周一次安全生产例会，在总结、布置生产任务的同时，总结、布置安全工作。

（8）参加本项目部的生产安全事故应急救援演练，参与重大安全生产奖惩事宜。

（9）发生生产安全事故时，必须履行自己职责，积极参加应急救援工作，配合公司、当地政府安监部门做好事故的调查工作。

（10）本岗位其他安全职责。

（三）项目总工程师安全生产职责

项目总工程师安全生产职责包括：

（1）项目总工程师对本单位的安全生产、劳动保护、文明施工和职业病防护的技术工作负总的责任。

（2）贯彻落实国家安全生产方针政策，严格执行安全技术规程、规范、标准和各项安全生产管理制度，监督执行安全生产"五同时"（在计划、布置、检查、总结、评比生产经营建设工作的同时计划、布置、检查、总结、评比安全工作）。

（3）组织编制本工程危险性较大的专项方案。（须报公司总工程师批准）。

（4）负责组织编制本工程项目的施工方案、安全技术措施、作业规程，并负责审批工作。

（5）根据工程特点和性质，组织、主持项目整体及阶段性安全技术交底。

（6）参加或主持编制施工组织设计、作业规程。在编制、审查施工方案时，必须制定、审查安全技术措施，保证其可行性和针对性。主持制定季节性、专项性施工方案的同时，必须制定相应的安全技术措施并监督执行，及时解决执行过程中出现的安全技术问题。

（7）负责组织主持本单位技术人员对工程项目范围内危险源（点）进行辨识、评价。主持本项目部《生产安全事故应急救援预案》的编制工作，并负责审核工作。

（8）负责本单位应用新技术、新材料、新工艺前向公司报批工作。负责主持对应用新技术、新材料、新工艺的施工人员、分包施工队进行安全技术培训、考核工作。负责组织新技术、新材料、新工艺试用阶段的监控工作，预防因应用新工艺、新材料、新工艺可能诱发生产安全事故发生。

（9）主持本单位施工机械设备、设施及安全防护设备、设施的进场和安装验收，督促设备管理建立机械设备进场验收台账和运转检查台账。严格控制不符合安全标准要求的施工机械设备、设施和安全防护设备、设施的投入使用。参加每旬一次机械设备、设施安全运转定期检查，发现问题，及时处理。

（10）参加安全生产领导小组组织的安全生产检查工作及各项安全管理活动，对施工中存在的事故隐患和不安全因素，从技术上提出整改意见和消除办法。

（11）参加本单位的周安全生产例会。

（12）发生生产安全事故时，必须履行自己职责，积极参加应急救援工作，配合公司、当地政府安监部门做好事故的调查工作。

（13）本岗位的其他安全职责。

（四）项目部职能部门负责人安全生产职责

项目部职能部门负责人安全生产职责包括：

（1）职能部门负责人是本部门安全生产第一责任人，对本部门职能范围内的安全生产全面负责。

（2）保证国家安全生产法规和公司规章制度在本部门贯彻执行，把安全工作列入部门工作首位，落到实处。

（3）负责主持制定、修订本部门职责范围内的有关安全生产规章制度、技术措施、作业规程和技术标准。

（4）负责落实与本部门有关的工程项目劳动保护、文明施工和安全生产的措施、标准、规章制度。

（5）经常保持部门内以及部门与部门之间信息交流、沟通，及时处理从中获得的安全工作意见。负责制定本部门岗位人员安全生产责任制及组织考核工作，并报本单位安全生产领导小组审核备案。

（6）了解和掌握现场安全生产动态，对检查发现存在违章违制现象的单位和个人进行教育和处理。

（7）按规定参加安全检查、安全培训、安全会议、安全应急演练等活动。

（8）岗位的其他安全职责。

（五）项目专职安全员安全生产职责

项目专职安全员安全生产职责包括：

（1）协助建立、完善安全生产制度，拟定年度安全生产工作计划，审核所在单位上报的有关安全生产报告、安全生产资金投入计划及资金落实和使用情况，并具体检查督促实施。

（2）每月至少参加一次班组安全生产检查，督促生产技术部门加强对生产设备、安全设施等进行定期检查维护，并督促部门负责人和员工进行生产岗位安全检查。

（3）做好日常安全检查工作，对检查发现的事故隐患，应当提出整改意见，并及时报告安全生产负责人，督促落实整改，并将检查整改情况记录在案。监督实施各项安全措施、安全技术交底，制止纠正或查处违章指挥、违章操作和违反劳动纪律的行为和人员。遇有严重险情，有权暂停施工并组织人员撤离，及时报告领导处理，对不听劝阻的，可越级反映。监督、检查作业人员劳保用品佩戴情况。

（4）根据现场情况确定危险部位和过程，确定监控对象、监控措施和监控方式。对危险作业实施重点监控，必要时实行旁站连续监控。负责监控内容的制定，建立监控记录，及时进行监控结果的反馈。按有关规定要求，交流、搜集、整理、保管相关安全资料。

（5）指导分包施工队、项目部专业施工队、作业班组的专兼职安全管理人员开展安全监督与检查工作。会同有关人员做好新入职员工、分包施工队的入场教育、安全技术培训及变换岗位教育。

（6）参加项目部安全生产例会，并督促、指导、检查各施工班组、分包施工队开好班前会。

（7）参加项目部组织的生产安全事故应急演练。

（8）参加施工机械设备、设施及安全防护设备、设施的进场和安装验收工作，参加项目组织的对机械设备、设施安全运转定期检查，对存在安全隐患的机械、设备，禁止投入项目工程施工。

（9）发生生产安全事故时，服从项目经理的指挥，积极参加事故救援、善后处理工作，以及配合事故调查处理工作。

（10）参与公司权限内的事故调查，并对公司受委托组织事故调查的调查报告提出审查意见。

（11）本岗位的其他安全职责。

（六）施工队负责人安全生产职责

施工队负责人安全生产职责包括：

（1）施工队负责人是本队安全生产第一责任人，对本队安全生产负全面领导责任。

（2）严格履行工程施工合同、施工安全协议中有关安全生产、文明施工和劳动保护方面的权利和义务，对不服从项目安全管理导致的安全事故负主要责任。

（3）认真执行安全生产的各项法规、规定和生产单位各项规章制度及安全操作规程，合理安排组织施工班组人员上岗作业，保证施工机械设备的安全运转，对本队人员在施工生产中的安全和健康负责。

（4）严格履行各项劳务用工手续，做到证件齐全，特种作业持证上岗。做好本队人员的岗位安全培训、教育工作，经常组织学习安全操作规程，监督本队人员遵守劳动、安全纪律，做到不违章指挥，不违章作业。

（5）必须保持本队人员的相对稳定，人员变更须事先向生产单位有关部门报批，新进场人员必须按规定办理各种手续，并经入场和上岗安全培训、教育考核合格后，方可上岗。

（6）施工机械设备、设施进场必须办理报验手续，经验证合格后方可投入项目工程施工。

（7）组织本队人员开展各项安全生产活动，根据上级的交底向本队各施工班组、岗位人员进行书面交底，针对当天施工任务、作业环境等情况，开好班前安全会，说明当班安全工作要点，注意事项，施工中发现问题，应及时解决。

（8）参加项目部每周召开的安全生产例会。

（9）每日组织检查本队施工作业现场的安全生产状况，发现不安全因素，及时整改，发现各类安全事故隐患应立即停止施工，并上报有关领导，严禁冒险蛮干。

（10）对各项安全检查中发现的隐患（问题），必须严格按要求组织完成整改。

（11）发生因工伤亡或未遂事故，组织保护好事故现场，做好抢救工作和防范措施，并立即上报，不准隐瞒、拖延不报，主动配合事故调查组的调查工作。

（12）本岗位的其他安全职责。

（七）施工调度员安全生产职责

施工调度员安全生产职责包括：

（1）代表项目生产副经理，行使当值班次的现场施工安全、文明施工和劳动保护的具体组织、指挥、协调和控制权力，并负直接责任。

（2）传达贯彻本单位有关安全生产的指示。针对当班施工任务特点，向班组（分包施工队）进行书面安全技术交底，履行签字手续。经常检查施工人员执行操作规程、技术要求、安全措施、情况，及时纠正违章作业。

（3）对当值班次现场施工区域的作业环境、设备和安全防护设施的安全状况要经常检查，发现问题及时纠正、解决，做到不违章指挥。

（4）督促施工班组（分包施工队）认真开展班前安全活动和做好交接班工作。及时制止和处理违章指挥、违章操作、违反劳动纪律行为和人员。遇大风、雷电、雾、雨、冰、雪等影响到施工安全的恶劣气候时，应及时下令停止现场施工，并向主管领导报告。

（5）对当班的危险源点的应加强监视和检查，发现问题，及时解决，遇有各类险情时，应立即组织人员、机械设备撤离现场，并及时向主管领导报告。对现场检查发现的安全事故隐患，能处理的应立即组织处理，处理不了的应立即组织做好防护措施，并向主管领导报告。

（6）当班遇有爆破、排险施工时，应按规定程序组织指挥施工人员、机械设备撤离至指定的安全区域躲避，并参与安全警戒工作。

（7）当班施工任务的区域及开始和完成时间、安全生产要点、人员及机械设备数量和作业运转安全状况、发现问题和处理结果、接班应注意的安全事项等内容应详细在《施工日志》记录。

（8）当班发生因工伤亡或未遂事故必须停止施工并立即上报，积极参加抢救工作，主动配合事故调查组的调查工作。

（9）本岗位的其他安全职责。

（八）爆破技术负责人安全生产职责

爆破技术负责人安全生产职责包括：

（1）对爆破设计、安全技术措施的制定，安全技术交底、施工和总结负直接责任。

（2）应持有中级以上（含中级）安全作业证。负责制定项目爆破工程的全面工作计划。

（3）负责主持每次爆破的设计和总结，指导施工和爆破质量检查。制定爆破安全技术措施、盲炮处理技术措施、爆破安全警戒方案等，并监督、检查实施。

（4）负责主持编制项目工程总的爆破施工技术方案，并完成审批程序，在此基础上，必须对每炮进行单独设计，经审核、批准后，监督实施。设计内容包括：图表、参数、安全措施、交底单、爆后总结等。

（5）主持制定各类或特殊条件下爆破工程的安全操作细则及相应的管理规章制度。监督爆破作业人员执行安全规章制度，对违章作业、违章指挥、违反劳动纪律的行为予以坚决制止，并提出处理意见。发现不适合继续从事爆破作业者，应向上级提出调离报告。

（6）组织、主持对爆破作业人员的安全、技术培训，不断提高作业人员工作技能。负责对下级爆破技术人员进行技术指导、业务培训和考核。

（7）督促涉爆人员严格执行作业规程，监督检查民爆器材的运输、储存保管、领用发放与回收、销毁工作。负责爆破施工的各种原始记录、安全技术资料的收集、整理和保管。

（8）参加公司权限内爆破事故的调查和处理。

（9）本岗位的其他职责。

（九）设备管理员安全生产职责

设备管理员安全生产职责包括：

（1）严格遵守相关的职业健康安全法律、法规和其他要求及本企业规章制度。落实施工机械设备的安全技术措施。

（2）负责施工机械设备（包括自带和租赁）的进场验收和日常安全管理。

（3）负责机械设备操作人员的日常安全教育工作和新型机械设备的技能培训，检查持证上岗和安全操作规程执行情况，制止违章操作。

（4）负责施工现场机械设备的安全巡检，确保其安全防护装置齐全、灵敏、有效。

（5）参加每周安全检查，发现隐患制定整改措施，并对落实情况进行检查。

（6）监督、指导机械设备日常维护保养工作，并认真填写各类机械档案资料。

（7）负责机械设备危险源辨识工作，针对重大风险制定控制措施和应急救援预案，并对实施情况进行监督。

（8）发生机械设备安全事故，立即报告项目经理，保护现场，抢救伤员。参与事故原因调查，制定纠正与预防措施，并认真落实。

（9）本岗位的其他安全职责。

（十）地面站站长安全生产职责

地面站站长安全生产职责包括：

（1）贯彻执行国家的法律、法规，行业的标准、规范及公司现行安全生产的管理制度。落实安全生产"五同时"，有效保证混装炸药生产经营活动的安全，是地面站安全生产的第一责任人。

（2）落实地面站安全生产责任制，明确安全生产职能部门职责，依法配备专（兼）职安全生产管理人员，确保安全生产信息畅通。

（3）组织编制地面站安全生产管理制度和生产安全技术操作规程，经公司批准后，组织实施并督促落实相关制度及规程。

（4）组织编制地面站生产安全事故应急预案，经公司审批通过后报相关主管部门备案，并按要求定期组织人员进行应急演练和总结。

（5）组织编制地面站年度安全教育培训计划、设备维修保养计划、应急演练计划，并组织地面站人员按计划进行员工（新员工）安全生产技术培训考核、设备维修保养、应急演练。

（6）组织安全生产工作会议，研究解决生产过程中难点、热点的问题，消除事故隐患，确保安全生产。

（7）落实并保证安全生产费用的投入。

（8）参加劳保用品发放标准的编制工作，并监督指导员工合理使用防护用具用品，制定防止伤亡事故、职业病、职业中毒的安全技术措施。

（9）落实地面站安全设施"三同时"及设备更新的安全防护措施要求和相关工作。

（10）组织全地面站安全检查，落实隐患整改，保证生产设备、安全装置、消防设施、防护器材和急救器具等处于完好状态，教育员工正确使用和定期维护。

（11）发生安全事故后，及时报告公司发生的安全事故，组织安全事故的应急抢险工作，保护好现场。

（12）参与地面站安全事故的调查、处理，负责权限内的生产安全事故调查处理工作。

（13）本岗位的其他安全职责。

（十一）地面站副站长安全生产职责

地面站副站长安全生产职责包括：

（1）贯彻执行国家的法律、法规，行业的标准、规范及公司现行安全生产的管理制度。落实安全生产"五同时"，有效保证混装炸药生产经营活动的安全，是地面站安全生产的直接责任人。

（2）认真落实地面站安全生产责任制，明确安全生产职能部门职责，依法配备专（兼）职安全生产管理人员，确保安全生产信息畅通。

（3）负责编制地面站安全生产管理制度和生产安全技术操作规程、负责相关制度和规程的具体落实。

（4）参与编制地面站生产安全事故应急预案，并按要求进行应急演练和总结。

（5）编制地面站年度安全教育培训计划、设备维修保养计划、应急演练计划，并按要求组织人员落实相关计划。

（6）参加安全生产工作会议，提出生产过程中难点、热点的问题，消除事故隐患的意见，确保安全生产。

（7）组织开展生产安全管理工作，责任人执行"安全生产责任制"情况的检查、督促和指导。

（8）参加全地面站安全检查，落实隐患整改，保证生产设备、安全装置、消防设施、防护器材和急救器具等处于完好状态，教育员工正确使用和定期维护。

（9）参加地面站生产安全事故应急救援演练，参与重大安全生产奖惩事宜。

（10）发生生产安全事故时，必须履行自己职责，积极参加应急救援工作，配合公司、所在地政府安监部门做好事故的调查工作。

（11）本岗位其他安全职责。

（十二）地面站安全员（技术员）安全生产职责

地面站安全员（技术员）安全生产职责包括：

（1）落实上级有关部门的有关安全生产、劳动保护工作等的政策、规定和公司、地面站有关制度的贯彻执行，确保安全生产。

（2）参与地面站新建、扩建、改建工程及设备更新的安全防护措施的论证、竣工验收。

（3）参与编制地面站安全生产管理制度、生产安全技术操作规程、生产安全事故应急预案并实施。

（4）参与编制地面站年度安全生产培训计划、设备维修保养计划、应急演练计划，并对地面站员工进行安全培训，对新调入的员工、工种变动、实习人员的进行安全教育，并组织考核，参与设备维修保养、应急演练。

（5）参与地面站性安全大检查、专业性安全检查，对查出的问题下发整改通知书，监督整改措施实施。

（6）监督、检查安全生产和防护情况，发现不安全问题及时解决，重大问题及时报告地面站负责人研究处理。

（7）指导班组兼职安全员的业务和安全培训工作。

（8）参与地面站安全事故的抢险救援及安全事故的调查、分析。

（9）负责安全资料的统计、上报、建档等管理工作。

（10）本岗位的其他安全职责。

（十三）员工安全生产职责

员工安全生产职责包括：

（1）员工应在每天工作前进行本岗位安全检查，确认安全后方可进行操作。岗位安全检查主要包括如下事项：

1）设备的安全状态良好，安全防护装置有效。

2）规定的安全措施落实。

3）所用的设备、工具符合安全操作规定。

4）作业场地以及物品堆放符合安全规范。

5）个人防护用品、用具齐全、完好，并正确佩戴和使用。

6）操作要领、操作规程明确。

（2）员工发现安全隐患应当停止操作、采取措施解决，对无法自行解决的隐患应当及时向主管人员或者安全生产管理机构报告，主管人员或者安全生产管理机构应当及时解决。

（3）遵守本单位安全生产规章制度和安全操作规程。

（4）接受安全生产教育和培训，参加应急演练。

（5）在当天生产活动结束后，员工应当对本岗位负责的设备、设施、电器、电路、作业场地、物品存放等进行安全检查，防止非生产时间发生事故。

（6）发生事故时，应及时报告和处置。紧急撤离时，服从现场统一指挥。

（7）配合事故调查，如实提供有关情况。

（8）工作岗位其他安全职责。

第二章 安全管理制度

摘要：《中华人民共和国安全生产法》第四条：生产经营单位必须遵守本法和其他有关安全生产的法律、法规，加强安全生产管理，建立、健全安全生产责任制和安全生产规章制度，改善安全生产条件，推进安全生产标准化建设，提高安全生产水平，确保安全生产。依照现行安全生产法律法规要求，矿山工程及大型土石方工程企业应建立下述一系列安全管理制度，并按照《企业安全生产标准化基本规范》的规定每年至少评审一次，根据评审结果进行修订，保证安全管理制度的合规、充分和有效。

由于企业没有扣罚员工工资的权利，为此，安全管理中的罚款只能从员工的绩效奖金扣除，同时按照"一事不两罚，就重不就轻"原则处罚。

下述制度中的"公司"是指露天矿山和大型土石方工程企业的法人单位，"生产单位"是指露天矿山和大型土石方工程企业属下的区（队）、车间、工段、项目部和地面站等。

第一节 安全生产管理办法

提要：本制度是纲领性、强制性文件，是企业及其各级人员必须遵守执行的安全生产管理规定和要求。

一、总则

（1）为明确公司的安全生产责任，并得以有效落实和履行，加强安全生产工作，防止和减少生产安全事故和职业病危害，保障员工的人身安全与健康，推动企业安全发展，根据《中华人民共和国安全生产法》《中华人民共和国职业病防治法》《中华人民共和国环境保护法》等法律法规，结合本公司的实际，制定本办法。

（2）本办法适用公司及属下各生产单位。

（3）本办法属于公司安全管理纲领性、强制性文件，是公司和生产单位各级管理者和全体员工在生产经营活动中必须遵守的准则。

（4）安全生产工作坚持"以人为本"，坚持"安全发展"，坚持"安全第一、预防为主、综合治理"的安全生产方针，建立安全生产、职业健康管理长效机制。

（5）安全生产工作必须遵循"管业务必须管安全，管生产必须管安全"，做到"一岗双责"，全体员工必须认真落实安全生产责任，做到"安全生产，人人有责"。

二、安全生产责任

（1）公司从事生产经营活动必须履行安全生产、职业健康管理和环境保护责任，具备法律、法规、规章和国家标准、行业标准规定的安全生产条件、职业卫生标准；不具备条件的，不得从事生产经营活动。

（2）公司的主要负责人对安全生产、职业病防治工作全面负责。主要负责人对安全生产工作负有下列职责：

1）建立、健全本单位安全生产责任制。

2）组织制定本单位安全生产规章制度和操作规程。

3）组织制定并实施本单位安全生产教育和培训计划。

4）保证本单位安全生产投入的有效实施。

5）督促、检查本单位的安全生产工作，及时消除生产安全事故隐患。

6）组织制定并实施本单位的生产安全事故应急救援预案。

7）及时、如实报告生产安全事故。

（3）公司应建立与生产相适应的安全生产管理机构（包含安全保卫机构、职业卫生管理和环境保护机构），按要求配备安全管理、职业健康管理人员、配备注册安全工程师，增强安全管理队伍的实力。安全管理机构及安全管理人员职责：

1）组织或者参与拟订本单位安全生产规章制度、操作规程和生产安全事故应急救援预案。

2）组织或者参与本单位安全生产教育和培训，如实记录安全生产教育和培训情况。

3）督促落实本单位重大危险源的安全管理措施。

4）组织或者参与本单位应急救援演练。

5）检查本单位的安全生产状况，及时排查生产安全事故隐患，提出改进安全生产管理的建议。

6）制止和纠正违章指挥、强令冒险作业、违反操作规程的行为。

7）督促落实本单位安全生产整改措施。

8）法律、法规规定的其他安全生产职责。

（4）公司应明确各职能部门的具体安全生产管理职责，各职能部门应当将安全生产管理职责具体分解到相应岗位。所有员工应当履行下列基本职责：

1）严格遵守本公司的安全生产规章制度和操作规程。

2）接受安全生产教育和培训，参加应急演练。

3）检查作业岗位（场所）事故隐患和不安全因素并及时报告。

4）发生事故紧急撤离时，服从现场统一指挥。

5）法律、法规规定的其他义务。

（5）公司应建立健全安全生产责任制体系，制定安全生产操作规程，并建立和实施（但不限于）下列安全生产制度：

1）安全生产责任和安全生产考核、奖惩制度。

2）安全生产检查和安全隐患排查与治理制度。

3）安全会议及交接班、生产单位领导值带班制度。

4）安全生产检查评价及奖惩考核制度实施细则。

5）危险源辨识与评价及危险有害因素管控制度。

6）安全生产费用提取和使用管理制度。

7）危险场所危险作业管理制度。

8）安全生产教育、培训和持证上岗制度。

9）生产安全事故及职业病报告和调查处理制度。

10）从业人员职业健康管理制度。

11）安全生产管理台账、档案制度。

12）工程施工组织设计与专项技术安全方案编制审批制度。

13）气象灾害安全管理制度。

三、安全生产保障要求

（1）公司应建立安全生产的长效机制，制订安全生产发展规划，并把安全生产工作纳入企业发展战略和规划的整体布局，同步规划、同步实施、同步发展。

（2）各生产单位应在公司的安全生产许可范围内开展业务，并按照相关要求办理手续；不得超范围开展生产经营活动。

（3）公司及各生产单位要按规定，足额提取安全生产费用；安全生产投入必须纳入年度经费预算，并确保专款专用。

（4）公司应当按照《职业病防治法》等规定落实职业病防治管理措施，及时、如实将职业危害因素向所在地人民政府负有职业卫生管理职责的部门申报，并接受职业卫生监督管理部门的监督检查。同时应当委托具有相应资质的中介技术服务机构，按照相关法律规定，定期进行职业危害因素检测和职业危害现状评价。定期检测、评价结果应当存入职业危害防治档案，向员工公布，并向所在地安全生产监督管理部门报告。

对接触职业危害的员工，应当按照国家有关规定组织上岗前、在岗期间和离岗时的职业健康检查，并将检查结果如实告知员工。应当为员工建立职业健康监护档案，并按照规定的期限妥善保存。

（5）依法与员工签订劳动合同，在劳动合同载明有关保障员工劳动安全、防止职业危害的事项；为员工办理工伤社会保险的事项；为员工提供合格的劳动防护用品，并监督、教育其正确佩戴和使用。

（6）公司及各生产单位应按照安全教育培训制度开展安全教育培训工作，主要负责人和安全生产管理人员，应当具备与所从事的生产经营活动相适应的安全生产知识和管理能力。主要负责人和安全生产管理人员应当依法持证上岗和接受继续教育；特种作业人员必须持证上岗。未经安全生产教育和培训合格的员工，不得上岗作业。

公司应当按照下列要求对员工进行安全生产教育和培训：

1）制定本单位安全生产教育和培训计划。

2）对在岗的员工进行经常性的安全生产教育和培训。

3）对调换工种或者采用新工艺、新技术、新材料以及使用新设备的员工进行专门的安全生产教育和培训。

4）培训内容和时间应当符合国家、省的有关规定。

5）建立员工安全生产教育和培训档案，记录员工安全生产教育和培训经历。

6）法律、法规、规章规定的其他培训事项。

（7）公司安排新员工进行"三级"安全生产教育和培训，按规定告知作业场所和工作岗位存在的危险因素、防范措施及事故应急措施；建立员工安全生产教育和培训档案。未经安全生产教育和培训合格的从业人员，不得上岗作业；特种作业人员和特种设备作业人员必须接受专门的安全作业培训，取得相应的资格后方可上岗作业。

各级领导的安全培训以贯彻法律法规、强化安全意识、增强安全知识为主要内容；管理人员的安全培训以强化责任意识、掌握管理方法、增强安全技能为主要内容；操作人员的安全培训以强化安全意识和提升安全风险识别能力、安全操作能力、应急处置和自救互救能力为主要内容。

使用被派遣劳动者的，应当将被派遣劳动者纳入公司从业人员统一管理，对被派遣劳动者进行岗位安全操作规程和安全操作技能的教育和培训。

访客和临时外来人员应有正式的安全告知方式。

（8）存在危险有害因素、易发生事故的工作场所和设备或者工作岗位设置明显安全警示标识，明确公示和标识危险有害因素、防范措施、应急措施等。安全警示标识的制作和设置应当符合国家或行业相关标准和公司相关制度，并保持完好。

（9）公司及各生产单位不得使用国家明令淘汰、禁止使用的危及生产安全的工艺、设备；应当及时淘汰陈旧落后及安全保障能力下降的安全防护设施、设备与技术；采用新工艺、新技术、新材料、新装备应掌握其安全技术特性，经公司同意方可投入使用。

（10）生产经营场所及其设备、设施，应当符合安全生产和职业卫生法律、法规、规章及国家和行业标准的要求，日常按照有关规定和标准对安全设施、设备进行维护、保养和定期检测，保证安全设施、设备正常运行。维护、保养、检测工作应建立管理台账记录。

特种设备以及危险物品的容器、运输工具应当依法登记并经依法批准的特种设备检验检测机构等专业资质的机构定期检测检验，取得安全使用证或者安全标志，方可投入使用。

（11）公司应当加强安全生产风险辨识和评估工作，制定重大危险源的监控措施和管理方案，确保重大危险源始终处于受控状态：

1）建立健全重大危险源管理制度，制订和落实重大危险源场所、设备、设施的安全操作规程。

2）建立和完善重大危险源监控系统，对重大危险源的安全状况进行实时监控，并做好记录。

3）定期对重大危险源进行安全评价。

4）重大危险源场所应当设置醒目的安全警示标志，安全警示标志包括重大危险源基本情况、主要危害和应急措施等内容。

5）定期对重大危险源场所及其仪器、仪表、设备、设施进行安全检查、检测检验和维护、保养，确保完好，并在台账中记录。

6）制定应急预案。

7）建立重大危险源管理台账，并按照国家有关规定将本公司重大危险源及有关安全措施、应急措施报所在地人民政府负有安全生产监督管理职责的部门备案。

8）法律法规等规定要求对重大危险源实施的其他监控措施。

（12）工程项目施工必须编制《施工组织设计》，危险性较大的分部分项工程应编制《安全专项施工方案》。《施工组织设计》和《安全专项施工方案》应当按制度进行评审、批准后实施。实施前，编制人员或项目技术负责人应当向现场管理人员和作业人员进行安全技术交底。

（13）进行吊装、危险区动火、临时用电作业、高处作业等及其他危险作业时，应当遵循下列规定：

1）开展作业前风险分析，制定预防和控制措施，并按规定审批，按经批准的作业方案管理和实施。

2）明确作业人员的职责、安全作业规程或者标准。

3）对参加作业人员应进行安全交底，交底双方须签名确认；作业人员应当具有相应的资格，了解作业范围和风险，具备危险作业能力。

4）安排专门人员负责现场安全监控，告知作业人员安全注意事项，及时纠正违章作业行为，现场管理人员不得擅离职守。

5）委托其他单位进行危险作业的，应当选择具备相应资质的企业作为承包单位，并在承包合同或者签订的安全生产管理协议中明确各自的安全生产职责。在承包单位进行危险作业前，公司应当告知承包单位作业现场安全情况，并对承包单位的安全作业规程、施工方案和应急预案进行核查。

两个以上承包（分包）单位在同一作业区域内进行生产经营活动，可能危及对方生产安全的，应当签订安全生产管理协议，明确各自的安全生产管理职责和应当采取的安全措施，并指定专职安全生产管理人员进行安全检查与协调。

（14）公司应按照隐患排查治理制度，每季度应组织不少于1次安全大检查，对各生产单位的安全生产状况进行检查，对排查出的事故隐患要落实负责人，按时完成整改，并保证过程安全。

能够立即治理的隐患必须立即组织治理，不能立即完成治理的必须制定有效的管控措施；隐患治理完成后，应组织隐患治理效果评估，并建立隐患治理档案。

（15）公司和各生产单位应严格遵守环境保护相关的法律、法规的要求开展安全生产经营活动，及时消除可能对环境造成污染的废弃物，做好预防预控工作，杜绝环境污染事件发生。

（16）公司不得将生产经营项目、场所、设备发包或者出租给不具备安全生产条件或者相应资质的单位或者个人。

生产经营项目、场所、设备发包或者出租，应当与承包或者承租单位签订安全生产管理协议，或者在承包合同、租赁合同中约定各自的安全生产职责，并对承包单位、承租单位的安全生产工作统一协调、管理。与承包、承租单位的承包合同、租赁合同或安全生产管理协议应当包括以下安全生产管理事项：

1）双方安全生产职责、各自管理的区域范围。

2）作业场所安全生产管理。

3）在安全生产方面各自享有的权利和承担的义务。

4）对安全生产管理奖惩、生产安全事故应急救援和善后赔偿、安全生产风险抵押金的约定。

5）对生产安全事故的报告、配合调查处理的约定。

6）其他应当约定的内容。

（17）公司应当针对季节气候变化、国家节庆、重大政治活动等各类重要时期安全特点，落实危险源排查治理和监控措施，防范自然灾害引发生产事故等各类事故，确保各类重要时期的安全。

（18）公司应当根据有关法律、法规和国家有关规定，结合公司的危险源状况、危险性分析情况和可能发生的事故特点，制定相应的应急预案，并报安全生产监督管理部门备案。公司应当至少每半年组织1次生产安全事故应急救援预案演练，并将演练情况报送所在地县级以上地方人民政府负有安全生产监督管理职责的部门。

各生产单位应结合自身情况，编制应急预案，并报公司审批。每年组织开展综合预案、专项预案、现场处置方案等演练，并根据演练情况及时修订。

（19）公司应当不断改进安全生产管理，开展安全文化创建活动，积极采用信息化等先进的安全管理方法和手段，在生产经营的各环节、各岗位开展安全标准化建设工作，落实各项安全防范措施，营造安全文化氛围，提高全员安全意识和应急处置能力。

（20）公司及各生产单位应按照安全生产考核、奖惩和事故责任追究制度，对安全生产业绩进行考核，加大安全生产奖惩力度，按照事故处理"四不放过"原则，严肃查处每起安全生产事故，依照有关法律法规规定追究有关责任人的责任，促进安全生产责任制的全面落实。

四、员工安全管理要求

（1）公司应当加强员工日常安全行为管理，教育和督促员工严格执行公司的安全生产规章制度、安全操作规程和劳动纪律，并依法保障其享有下列权利：

1）依法享受工伤保险待遇。

2）参加安全生产教育和培训。

3）了解作业场所、工作岗位存在的危险有害因素及防范和应急措施，获得工作所需的合格劳动防护用品。

4）对本单位安全生产工作提出建议，对存在的问题提出批评、检举和控告。

5）拒绝违章指挥和强令冒险作业，发现直接危及人身安全紧急情况时，有权停止作业或者采取可能的应急措施后撤离作业场所。

6）因事故受到损害后依法要求赔偿。

7）法律、法规规定的其他权利。

（2）公司与员工签订劳动合同，应当在劳动合同载明有关保障员工劳动安全、防止职业危害的事项，以及依法为员工办理工伤社会保险的事项。不得隐瞒或欺骗，不得以任何形式与员工订立协议，免除或者减轻其对员工因生产安全事故伤亡依法应承担的责任。

（3）公司和各生产单位应当严格按照劳动防护用品管理制度，为员工无偿提供符合标准、在使用期限内的劳动防护用品，并培训、监督员工按照使用规则正确佩戴、使用。禁止以发放货币等形式代替发放劳动防护用品。购买和发放劳动防护用品应做好记录并保存。

（4）员工应当遵守安全生产法律法规、规章制度和操作规程，服从安全生产管理，及时报告生产安全事故和事故隐患，积极参加生产安全事故抢险救援。

（5）公司工会应当依法组织职工参与安全生产工作的民主管理和民主监督，督促公司落实安全生产责任制以及隐患排查、治理等制度，参与安全检查和公司权限内的事故调查等安全生产工作，并提出建议、批评和意见，维护员工的合法权益；依法对建设项目安全设施和职业病防护设施"三同时"规定落实进行监督，提出意见。

（6）公司应对安全生产工作有突出贡献或在生产活动当中表现突出的安全生产工作人员进行奖励和表彰，鼓励员工参与安全管理工作；公司应鼓励安全管理工作创新，不断完善安全管理体系，丰富安全管理方法，不断提高公司安全管理水平。

五、生产安全事故处置与报告

（1）发生生产安全事故后，公司负责人应当立即启动相应级别的生产安全事故应急预案，采取有效安全措施，组织抢救，防止事故扩大，减少人员伤亡和财产损失，有效防止衍生和次生事故。

（2）属于公司调查处理权限内的生产安全事故，公司负责人应按照《生产安全事故及职业病报告和调查处理制度》要求进行事故上报和事故调查处理。

第二节　安全生产检查和安全隐患排查及治理制度

提要：安全生产检查和安全隐患排查及治理是执行"预防为主"的重要体现，企业不但要制定本项制度，更要严格落实，以确保生产安全。

一、总则

（1）为贯彻落实"安全第一、预防为主、综合治理"的安全生产方针，规范公司的安全生产检查工作，及时消除安全隐患，防止事故发生，特制定本制度。

（2）本制度适用公司及属下各生产单位。

二、日常安全检查规定

（1）设备使用人员日常检查。

1）生产单位的各种生产机械设备、车辆操作人员、驾驶员，每班应对自己所使用的机械设备、车辆进行"三检"（班前检、班中检、班后检）。

2）"三检"结果必须如实、认真记录在《设备点检记录本》上。

3）检查发现机械设备、车辆存在问题，必须立即维修，严禁设备、车辆带故障使用。

4）如因车辆驾驶员、机械设备操作人员不认真履行"三检"制度，造成车辆、机械设备发生安全事故，驾驶员或设备操作员应承担相应的责任。

（2）各生产单位应根据生产规模配备足够的现场安全员，负责施工现场的安全生产监控，履行如下工作：

1）每班开工前，检查本单位作业环境是否存在安全隐患，作业人员是否存在不良的安全情绪。

2）监督本单位作业人员在施工过程中严格遵守安全操作规程及安全管理制度。

3）及时发现施工过程中出现的安全隐患，纠正、制止"三违"行为。

（3）生产单位每一作业班次必须安排专职安全员在施工现场巡视、检查，履行如下工作：

　　1）监督施工队认真组织、开展班前安全活动。

　　2）巡查现场施工环境，检查作业人员遵章守纪，及时发现施工过程中存在的安全隐患。

　　3）检查结果应在《施工安全管理日志》中如实记录。

三、季节性（雨季、台风季、夏季、冬季）检查规定

　　（1）在台风、暴雨、暴风雪到来之前，各生产单位负责人应组织安全管理部门和生产管理部门的人员对施工现场的工作面、边坡、排土场、施工道路、施工车辆和设备停放位置、供电线路、厂房、仓库（包括民爆器材库、油库，下同）、办公区、生活区等进行检查，对存在问题及时整改；台风、暴雨、暴风雪过后，应对前述位置进行检查，排除安全隐患后才能开始作业。

　　（2）夏季应检查防暑降温措施落实情况，冬季应检查防寒防冻、防施工道路结冰路滑措施等落实情况。

四、专项检查规定

　　生产单位应根据实际情况，不定期组织安全、生产、设备等管理部门相关人员对施工机械、车辆、生产设备、厂房、仓库等重点危险源进行检查。

五、月度及节假日安全大检查规定

　　（1）各生产单位每月至少组织一次全面安全大检查，此外，节假日前后还必须进行安全大检查。月度安全大检查和节假日前后安全检查由生产单位负责人主持，主管安全生产的副经理组织实施，安全生产领导小组成员参加。

　　（2）生产单位每月初制定当月检查计划，经生产单位负责人审批后执行。

　　（3）月度安全大检查结果应以书面形成通报材料下发到本单位属下各职能部门、生产班组和上报上级主管单位（部门）。

六、公司对生产单位的季度安全检查规定

　　（1）公司每季度至少一次组织职能部门相关人员对下属生产单位进行安全生产检查、考核。季度安全检查应制定计划，检查结果应以书面形式通报并下发各部门和各生产单位。

　　（2）季度安全检查应包括如下内容：

　　1）查思想。检查管理人员和作业人员安全意识强不强，对安全管理工作的认识是否明确，贯彻执行安全生产方针、政策、法律法规的自觉性高不高。

　　2）查管理。在生产管理中对安全生产工作是否做到了"五同时"（即在计划，布置，检查，总结，评比生产工作的同时，要计划，布置，检查，总结，评比安全工作）。

　　3）查制度。安全管理制度是否健全及执行情况。

　　4）查隐患。施工现场、宿舍区、办公室、修理工场、仓库（油库、民爆器材库、器材库、日用品库）等存在哪些安全隐患，包括人的不安全行为和物的不安全状态。

七、公司本部办公楼的安全检查规定

公司本部办公楼的防火（包括消防器材购置、检查、维护、更新等）、防盗的日常检查和管理工作由公司后勤管理部门负责，公司安全管理部门负责监督。

八、安全隐患治理规定

（1）各级组织安全检查发现的安全隐患，视风险程度制定相应整改措施，对当班能及时完成整改的隐患一般不下《安全隐患整改通知书》，整改完毕后报当班现场安全员复查确认，对当班不能及时整改或需要制定具体整改措施或方案的隐患，应下达《安全隐患整改通知书》（样例参见图2-1）。

安全隐患整改通知书

年 月 日   编号：

责任部门（单位）		负责人	
存在隐患：			
整改措施及要求：			
责任部门（单位）负责人签字：		检查组长签字：	

图2-1 《安全隐患整改通知书》样例

（2）重大安全隐患由生产单位技术部门制定整改方案，生产单位总工程师审核，报公司总工程师批准后，由生产单位技术部门、生产管理部门、安全管理部门等共同组织落实。

必要时，公司派出技术人员、安全管理人员协助生产单位做好重大安全隐患的整改。

（3）安全隐患整改验收：

1）作业班组人员自查发现的小隐患，当班安全员监督该作业班组立即整改，并由当班安全员负责验收，做好记录。

2）由生产单位的安全管理部门下发《安全隐患整改通知书》的安全隐患完成情况，由安全管理部门的人员负责验收。

3）公司对生产单位季度安全监督检查发现的安全隐患，由公司安全管理部门负责对整改情况进行验收，并做好验收记录。

4）重大安全隐患整改完成情况由公司派出技术人员、安全管理人员配合生产单位做好重大安全隐患验收工作，并做好验收记录。

（4）安全隐患整改实行销案制

安全隐患整改责任单位完成隐患整改后，应填写《安全隐患整改报告书》(样例参见图 2-2)，并连同整改完成凭证报送《安全隐患整改通知书》下达部门，《安全隐患整改通知书》下达部门接到隐患责任单位送来的《安全隐患整改报告书》后，应及时安排人员对隐患整改完成情况进行检查验收，经检查达到整改要求的项目，验收人在《安全隐患整改报告书》上签字认可，对未按要求完成的整改项目，在《安全隐患整改报告书》上写明理由，并根据复查完成程度重新下发《安全隐患整改通知书》，直至所有隐患按整改要求完成整改、并经检查验收合格才能销案。经销案的《安全隐患整改通知书》和《安全隐患整改报告书》必须及时归档保存。

安全隐患整改报告书

报告单位：　　　　　　　　　　　　　　　　　　　　　　　　　　编号：

工程名称	
整改完成情况	责任人： 年　月　日
复查意见	复查负责人： 年　月　日

图 2-2 《安全隐患整改报告书》样例

九、罚则

（1）各级安全检查人员必须严格履行职责，如实向上一级主管领导汇报检查过程中发现的安全隐患（问题）。根据"谁检查、谁签字、谁负责"原则，检查人员对检查结果负责；对玩忽职守造成生产安全事故发生者，按事故责任划分追究相关人员责任，并按《生产安全事故及职业病报告和调查处理制度》规定处罚。

（2）对检查发现的安全隐患，必须按隐患通知书的整改要求完成整改，对不按时按质完成整改的生产单位进行书面通报批评，并对生产单位负责人做出 500~1000 元/项相应处罚，对相关责任人处罚 300~500 元/项。

第三节 安全会议及交接班、生产单位领导值班制度

提要： 只有及时、准确地获取和掌握安全生产信息，才能正确做出安全管理决策，保证生产安全。为此，企业生产人员必须严格遵守交接班制度，生产单位领导应带班、值班，公司和各生产单位应定期组织召开安全生产会议。

一、总则

（1）为加强安全生产管理工作的沟通，及时掌握、解决安全生产存在的问题，特制定本制度。

（2）本制度适用公司及属下各生产单位。

二、安全生产会议制度

（1）公司应于每年年初召开安全生产工作会议，总结、分析上一年度安全生产管理工作所取得的成绩及存在的问题，部署新一年安全生产管理工作。年度安全会议由公司安全委员会组织，公司的领导班子、安全总监、安全管理部门全体人员、各职能部门负责人、各生产单位负责人和公司员工代表参加。

（2）公司安全生产委员会应及时传达安全生产相关的最新法律、法规、上级主管部门下发的安全管理文件和安全生产会议精神。

（3）公司安全生产委员会每月组织召开一次安全生产会议，总结分析公司的安全生产情况，解决安全生产方面存在的问题，部署安全生产工作要求。

（4）生产单位负责人每周应组织召开安全例会，贯彻落实上级有关安全生产的指示、要求，分析安全生产情况，解决安全生产存在的问题，部署安全生产工作。

（5）发生安全事故后，必须及时召开安全分析会，事故分析会必须执行"四不放过"原则。（由政府部门组织调查处理的安全事故，公司相关部门、人员配合调查组调查）

（6）参加安全会议人员必须签到，签到表和会议记录必须保存完好。

（7）开会前应宣布会议要求，应包括以下内容：

1）会议纪律要求（如会议期间禁止吸烟、将手机调为振动或静音、如有重要电话应到室外接听等）。

2）会议室内及周围安全设施的分布情况（如灭火器、安全出口、紧急集合点等）。

3）突发事件应对要点（如可能发生的突发事件类型、相应的应对措施等）。

三、班前安全活动制度

（1）班前安全活动是安全管理的一个重要环节，是做到遵章守纪、实现安全生产的途径，各作业班组必须认真开展班前会活动。

（2）每个作业班组每班上班前，由班组长组织全班人员开展安全活动，总结前一天（班）安全施工情况，结合当天任务的特点、本班作业中风险点、危险源和应采取的对应措施等，进行作业安全交底，并做好交底记录，全体出勤人员必须在记录本上签字。

（3）采用新工艺、新技术、新设备或特殊部位的施工，应组织参加施工的全体人员学

习相应的安全技术操作规程及安全生产要求。

（4）工程项目开工前（包括停工复工前）应对使用的机械设备、施工机具、安全防护用品、设施、周围环境等进行认真检查，确认安全完好，才能使用和进行作业。

（5）班组的安全活动应认真记录。

（6）班组长在每月 5 日前将上个月安全活动记录交给生产单位专职安全员，专职安全员检查登记并提出相应的意见。班前活动记录本应保存完好，随时接受上级或有关部门检查。

四、交接班制度

（1）每台施工机械（车辆，下同）操作人员、现场生产调度员必须在下班时与下一班的接班人员做好交接班。

（2）施工机械操作人员交接班记录内容包括：设备的完好状态、设备的维护和保养记录、设备运转中的不良反应、设备在运行位置中应该注意的事项等。

（3）现场生产调度员的交接班记录内容包括：施工的进度、施工方式、施工中应该注意的事项和存在的安全隐患及处理意见等。

（4）交接班记录必须简洁、清楚、一目了然。

（5）对于不了解的问题应该在现场给予完整、清楚的解释。

（6）交接班人必须在记录上签字确认。

五、值班制度

（1）公司领导值班规定包括：公休日和节假日，公司应安排领导轮流值班，以保证发生突发事件能及时处理。

（2）生产单位调度室必须实行 24 小时值班制度，随时掌握生产情况和协调相关工作。

（3）正常生产期间，生产单位领导值班规定包括：

1）由生产单位领导和生产单位各职能部门负责人轮流值班，负责夜间突发事件的处理工作。

2）值班时间表由生产单位属下的综合部（办公室，下同）负责统筹安排。

3）值班人员可在宿舍或办公室值班。值班期间，应保持通讯畅通，遇突发事件，应立即到达现场，并及时向公司值班领导（或公司负责人）报告。

4）值班人员应认真履行职责，原则上不能请假，因事不能承担值班任务时，应事先妥善安排其他人员代其值班，并告知综合部，由综合部通知相关人员。

（4）节假日工地放假休息或工地较长时间停工的值班规定包括：

1）由生产单位领导安排人员留守值班，负责生产单位的设备、物资、民爆器材库、油库等的安全保卫工作。

2）留守值班人员应坚守岗位，不得离岗脱岗，确保生产单位的设备、物资安全。

3）发现异常情况或突发事件，值班人员应及时向生产单位领导报告。

六、罚则

（1）未严格执行班前会制度，不召开班前会进行班前交底的，对生产单位负责人罚款5000 元；对班组长罚款 200 元。

（2）不执行交接班制度者，一经发现，处罚 200 元/次。

（3）公司和生产单位领导值班没有严格履行职责，处罚当天（班）的值班领导 1000 元/次。

第四节 安全生产检查评价及奖惩考核制度

提要：企业必须定期对其属下生产单位进行安全检查和评价、考核，并做到"有奖有罚，奖罚分明"，这样才能保证各项安全管理制度、安全措施得到有效落实，从而确保生产安全。

检查考核内容包括：目标职责、法规制度、教育培训、运行控制、场所管理、选矿厂、尾矿库、过程控制、风险预控、应急救援、文明卫生、事故查处、持续改进、安全奖励、安全创新。在实际应用时，企业可参考本书附录 1 并结合本单位的实际进行检查考核（"附录 1：露天矿山和大型土石方工程安全检查评分表"中所设定的分值可供企业参考制订自己的评分办法）。

一、总则

（1）为贯彻落实"安全第一、预防为主、综合治理"的方针，规范公司对工程项目的安全生产检查工作，使安全检查工作规范化、程序化、标准化，有效预防工程施工过程中各类安全事故的发生，从而获得优良的职业健康与安全、环境保护的管理绩效。

（2）本制度适用于公司及各生产单位。

二、安全检查基本程序

建立企业安全生产检查的基本程序可参照图 2-3。

（1）成立检查组，公司安委会主任为组长，安委会成员为组员，同时，根据检查需要，抽调公司职能部门人员或生产单位人员作为检查组成员，参加检查工作。

（2）检查组开展检查前召开内部会议，议题包括：

1）明确检查目的、检查内容。

2）阅读以往的安全检查报告，讨论以往安全检查的经验和存在问题。

3）强调检查的纪律和检查组的作风。

4）检查组内部分工，熟悉检查过程，准确把握检查重点。

5）熟悉检查地方的情况，做好准备工作。

（3）召开检查前会议，其要求包括：

1）会议由检查组组长主持。

2）与会者签到，检查组所有成员、被检查生产单位主要领导班子成员、部门负责人等。

3）人员介绍。

4）被检查生产单位负责人介绍本单位概况及汇报前一阶段安全生产情况。

5）检查组组长说明本次检查的目的、范围、方法、程序和要求。

（4）开展安全检查工作：

1）分组进行检查，被检生产单位选派相对应的人员配合检查。

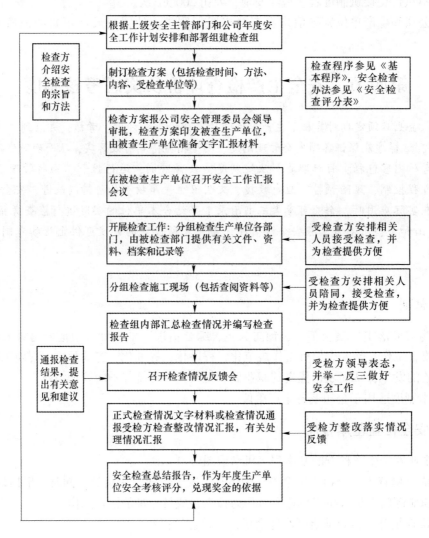

图 2-3　建立安全生产检查的基本程序

2）被检查生产单位应为检查组人员提供必要的安全防护用品。

3）检查人员通过现场检查、现场询问、查阅项目有关文件和记录、现场抽样验证等方式获取信息，作为安全检查评价的依据。

（5）检查组内部沟通。

1）组员汇报检查情况。

2）讨论应该肯定的被检查生产单位的好做法、好经验，予以推广。

3）讨论确定较突出的安全生产管理问题。

4）编写安全检查情况报告。

（6）召开检查情况反馈会。

1）会议由检查组组长主持。

2）通报检查结果和评语。

3）提出整改要求。

4）被检查生产单位负责人表态。

（7）安全检查总结报告。

1）安全检查总结报告的内容包括：

① 简述被检查单位概况。

② 根据检查结果对该生产单位的安全生产状况做总结评价。

③ 指出检查发现的生产安全事故隐患和提出的整改要求。

④ 提炼出一些先进经验或共性问题以指导后续的工作。

⑤ 有关意见和建议。

2）安全检查总结报告由组长审核确认并签名，并报安全生产委员会存档备案，作为生产单位年度安全考核评比的依据。

（8）整改措施跟踪与整改效果检查。

1）被检查生产单位负责人应根据检查组提出的意见、建议和要求，落实措施，落实整改责任人和资金投入，在限定的时间内完成整改。

2）重大安全隐患整改必须制定相应的应急预案，并经公司总经理批准后方可实施整改工作。

3）被检查单位应将整改情况按检查组提出的时间要求反馈给公司安委办。

4）公司安委会应安排人员对检查发现的安全隐患整改结果进行验证。

（9）安全检查考核评价。

1）安全检查评价考核时间：按公司安全检查制度规定，每季度对生产单位进行一次安全检查和评价、考核。考核得分结果作为生产单位年度安全绩效奖励的依据。

2）安全检查评价具体内容可参考本手册的附录1：露天矿山和大型土石方工程安全检查评分表，并将得分填写在如表2-1所示的安全标准化综合评分表中，计算出综合得分A。

3）考核得分不低于90分，考核等级为优良；考核得分为75~90分（包括75分），考核等级为合格；考核得分为低于75分，考核等级为不合格。

表2-1　安全标准化综合评分表

生产单位名称：　　　　　工程类型：　　　　　在册人数：　　　　　负责人：

序号	考核项目	标准分	扣减分	实得分	扣分原因
1	目标职责	50			
2	法规制度	80			
3	教育培训	70			
4	运行控制	490			
5	场所管理	150			
6	选矿厂	260			
7	尾矿库	240			
6	过程控制	225			
7	风险预控	160			
8	应急救援	55			

序号	考核项目	标准分	扣减分	实得分	扣分原因
9	文明卫生	140			
10	事故查处	50			
11	持续改进	30			
12	安全奖励	0			
13	安全创新	0			
合　计		2000			

公式一：综合得分 A[①] ＝各分项实得分之和/各分项标准分之和×100-事故扣分[③] ＝

公式二：遇有缺项时综合得分 A[②] ＝各分项实际得分之和/实际得分项满分总和×100-事故扣分[③] ＝

评定等级：	评价结果：	
检查人：	检查日期：	被检查单位负责人：
评价人：		评价负责人：

① 在考核时段内如发生死亡安全事故，本季度综合得分 A 为 0 分；

② 缺项则该项分值在总分中扣除，计算综合得分按公式二计算；

③ 发生轻伤事故扣分为 20 分/起；发生重伤事故扣分 40 分/起。

三、安全绩效奖励标准

为在生产单位实施安全奖励办法，首先应制订安全绩效奖励标准，制订的原则包括：

（1）生产单位的年度绩效奖金的 30% 作为安全绩效奖励为基数。

（2）考核满分为 100 分，被考核生产单位年度综合考核得分为：四个季度实际得分之和除以 4。

（3）当生产单位年度综合考核得分 ≥90 分时，年度安全绩效奖金数额为：生产单位的年度绩效奖金总额×30%×100%。

（4）当生产单位年度综合考核得分为 75～90 分（包括 75 分）时，年度安全绩效奖金数额为：生产单位的年度绩效奖金总额×30%×年度综合考核得分%。

（5）当生产单位年度综合考核得分为低于 75 分时，年度安全绩效奖金数额为：生产单位的年度绩效奖金总额×30%×0。

（6）年度考核评定等级为不合格的生产单位，该生产单位和负责人不得参加公司当年度先进单位和先进个人评选。

四、安全奖励

（1）对在安全生产工作中，具有下列情况之一的员工或生产单位（部门）给予奖励：

1）防止或避免事故，使职工生命和国家财产免受重大损失的。

2）进行技术革新、发明创造或提出合理化建议实施后使安全状况有明显好转的。

3）在事故抢险救护中，防止事故扩大，做出突出贡献的。

4）一贯重视安全工作，多次发现事故隐患，经常制止他人违章，爱护安全装置，自觉遵守安全生产中的各项规章制度，在安全工作中积极努力，表现突出的。

5）在安全工作中成绩显著的生产单位（部门）。

（2）对员工进行安全奖励的方式为：

1）行政给予晋升，加薪。

2）授予安全生产先进工作者荣誉称号。

3）奖金。

（3）举报"三违"行为应给予的奖励：

1）公司员工和分包商员工，均有权和义务向生产单位安全管理部门或公司安全管理部门举报他人"违章指挥、违章操作、违反劳动纪律"的行为。

2）对举报他人"三违"行为，经查属实的，接报部门根据所举报的违规行为性质轻重，给予举报者 50～500 元奖励。

3）对举报生产单位发生安全事故隐瞒不报、谎报、迟报漏报的，经查属实的，给予举报者 1000 元奖励。

（4）安全奖励申报及审批程序：员工奖励申报由其所属部门或生产单位上报事迹材料，经公司安全生产委员会审议批准；单位奖励申报由单位上报事迹材料，公司安全生产委员会审议批准。

五、报复举报人行为的处罚

对举报人采取报复手段，经查属实的，公司给予报复者处罚 500～5000 元，同时根据情节轻重，给予报复者警告（含）以上等级行政处分。

第五节 危险源辨识与评价及危险有害因素管控制度

提要： 安全生产管理归根到底就是把本单位各生产环节和部位的危险有害因素辨识出来，依法依规制定相应的管控措施，管控措施实施过程还要通过检查验证是否充分、有效、可行，发现问题及时整改。为此，企业必须制定本项制度并认真执行。

一、总则

（1）依据《中华人民共和国安全生产法》的要求，为持续、有效地对公司生产经营范围内的所有危险源进行辨识、风险评价和风险控制，消除事故隐患，确保安全生产，特制定本制度。

（2）本制度适用于本公司及属下生产单位。

二、部门及岗位工作职责

（1）安全管理部门是公司危险源管理的归口部门，在分管安全副总经理的组织下，负责公司本部办公楼的危险源辨识与评价、监督指导生产单位开展危险源辨识与评价工作，督促各生产单位及时上报危险源台账。

（2）生产单位的危险源辨识评价工作由生产单位负责人组织，生产单位总工程师主持，地面站的危险源辨识评价工作由地面站负责人组织。

（3）必要时公司派人指导、协助生产单位开展危险源的辨识与评价工作。

（4）安全管理部门和各生产单位应建立危险源台账，制定危险有害因素防控措施，并及时评审、修订、更新。

（5）安全管理部门负责制定公司本部办公楼的危险有害因素防控措施；生产单位的危险有害因素防控措施由技术人员负责制定。

（6）生产单位的危险源台账（包括更新后的台账）应及时报公司安全管理部门备案。

（7）生产单位负责人对本单位危险源辨识与评价、安全风险分级及管控工作负全面责任。

（8）重大（重点）危险源责任人对其本人负责的重大（重点）危险源负直接管理责任。

（9）公司本部办公楼的危险有害因素防控措施由后勤管理部门落实并负责检查，安全管理部门监督。

（10）生产单位必须严格落实危险有害因素防控措施并定期检查，确保危险源保持安全可控状态。

（11）公司安委会定期组织对生产单位危险源的管控情况进行监督检查。

三、危险源辨识与安全风险评价

（一）危险源辨识和风险评价过程

危险源辨识和风险评价过程为：

确定生产过程和涉及的场所→识别危险源→安全风险评价→登记重大安全风险

（二）危险源的辨识内容

（1）工作环境：包括周围环境、工程地质、地形、自然灾害、气象条件、资源交通、抢险救灾支持条件等。

（2）平面布局：功能分区（生产、管理、辅助生产、生活区）；高温、有害物质、噪声、辐射、易燃、易爆、危险品设施布置；建筑物、构筑物布置；风向、安全距离、卫生防护距离等。

（3）运输路线：施工便道、各施工作业区、作业面、作业点的贯通道路以及与外界联系的交通路线等。

（4）施工工序：物资特性（毒性、腐蚀性、燃爆性）温度、压力、速度、作业及控制、事故及失控状态。

（5）施工机具、设备：高温、低温、腐蚀、高压、振动、关键部位的备用设备、控制、操作、检修和故障、失误时的紧急异常情况；机械设备的运动部件和工件、操作条件、检修作业、误运转和误操作；电气设备的断电、触电、火灾、爆炸、误运转和误操作，静电、雷电。

（6）危险性较大设备和高处作业设备：如提升、起重设备等。

（7）特殊装置、设备：锅炉房、危险品库房等。

（8）有害作业部位：粉尘、毒物、噪声、振动、辐射、高温、低温等。

（9）各种设施：管理设施（指挥机关等）、事故应急抢救设施（医院卫生所等）、辅助生产、生活设施等。

（10）劳动组织生理、心理因素和人机工程学因素等。

（三）危险有害因素分类

为了便于进行危险源辨识和分析，首先应对危险有害因素进行分类。分类可任选以下两种方法中的一种：

1. 第一种分类方法

按导致事故和职业危害和直接原因进行分类共分为6类。

（1）物理性危险有害因素：

1）设备、设施缺陷（强度不够、刚度不够、稳定性差、密封不良、应力集中、外形缺陷、外露运动件、制动器缺陷、设备设施其他缺陷），如：脚手架、支撑架强度、刚度不够、厂内机动车辆制动不良、起吊钢丝绳磨损严重。

2）防护缺陷（无防护、防护装置和设施缺陷、防护不当、支撑不当、防护距离不够、其他防护缺陷），如：梭矿传动链条无防护罩、硐内爆破作业安全距离不够等。

3）电危害（带电部位裸露、漏电、雷电、静电、电火花、其他电危害），如：电线接头未包扎、穿着化纤服装在易燃易爆环境中产生静电。

4）噪声危害（机械性噪声、电磁性噪声、液体动力性噪声、其他噪声），如：爆破噪声，手风钻、空压机、通风机工作时发生噪声。

5）振动危害（机械性振动、电磁性振动、液体动力性振动、其他振动），如：手风钻工作时的振动、爆破振动。

6）电磁辐射（电离辐射：X射线、γ射线、α粒子、β粒子、质子、中子、高能电子束等；非电离辐射：紫外线、激光、射频辐射、超高压电场），如：核子密度仪、激光导向仪发出的辐射。

7）运动物危害（固体抛射物、液体飞溅物、反弹物、岩土滑动、堆料垛滑动、气流卷动、冲击地压、爆破飞石、其他运动危害）。

8）明火。

9）能造成灼伤的高温物质（高温气体、高温固体、高温液体、其他高温物质），如：气割。

10）能造成冻伤的低温物质（低温气体、低温固体、低温液体、其他低温物质），如：氮、氧气泄漏。

11）粉尘与气溶胶（不包括爆炸性、有毒性粉尘与气溶胶），如：洞内二氧化硅粉尘。

12）作业环境不良（作业环境不良、基础下沉、安全过道缺陷、采光照明不良、有害光照、通风不良、缺氧、空气质量不良、给排水不良、涌水、强迫体位、气温过高、气温过低、气压过高、气压过低、高温高湿、自然灾害、其他作业环境不良）。

13）信号缺陷（无信号设施、信号选用不当、信号位置不当、信号不清、其他信号缺陷）。

14）标志缺陷（无标志、标志不清楚、标志不规范、标志选用不当、标志位置缺陷、其他标志缺陷）。

15）其他物理性危险因素与危害因素。

（2）化学性危险有害因素：

1）易燃易爆性物质（易燃易爆性气体、易燃易爆性液体、易燃易爆性粉尘与气溶胶、其他易燃易爆性物质），如：爆破器材、瓦斯、汽油、柴油、氧气、乙炔等。

2）自燃性物质，如：煤。

3）有毒物质（有毒气体、有毒液体、有毒固体、有毒粉尘与气溶胶、其他有毒物质），如：沥青熔化过程中产生毒气。

4）腐蚀性物质（腐蚀性气体、腐蚀性液体、腐蚀性固体、其他腐蚀性物质），如：充电液中的硫酸。

5）其他化学性危险因素与危害因素。

（3）生物性危险有害因素：

1）致病微生物（细菌、病毒、其他致病微生物）。

2）传染病媒介物。

3）致害动物。

4）致害植物。

5）其他生物性危险有害因素。

（4）心理、生理危险有害因素：

1）负荷超限（体力负荷超限、听力负荷超限、视力负荷超限、其他负荷超限）。

2）健康状况异常。

3）从事禁忌作业。

4）心理异常（情绪异常、冒险心理、过度紧张、其他心理异常）。

5）辨识功能缺陷（感知延迟、辨识错误、其他辨识功能缺陷）。

6）其他心理、生理性危险因素与危害因素。

（5）行为性危险有害因素：

1）指挥错误（指挥失误、违章指挥、其他指挥失误）。

2）操作失误（误操作、违章作业、其他操作失误）。

3）监护失误。

4）其他错误。

（6）其他行为性危险有害因素。

2. 第二种分类方法

参照事故类别和职业病类别进行分类共分为20类。

（1）物体打击，是指失控物体的惯性力造成人身伤亡事故。如落物、滚石、锤击、碎裂、砸伤和造成的伤害，不包括机械设备、车辆、起重机械、坍塌、爆炸引发的物体打击。

（2）车辆伤害，是指本企业机动车辆引起的机械伤害事故。如机动车在行驶中的挤、压、撞车或倾覆等事故，在行驶中上下车、搭乘电瓶车、矿车或放飞车引起的事故，以及车辆挂钩、跑车事故。

（3）机械伤害，是指机械设备与工具引起的绞、碾、碰、割、戳、切等伤害。如工具或刀具飞出伤人，切削伤人，手或身体被卷入，手或其他部位被刀具碰伤，被转动的机具缠压住等。不包括车辆、起重机械引起的伤害。

（4）起重伤害，是指从事各种起重作业时引起的机械伤害事故。不包括触电、检修时制动失灵引起的伤害，上下驾驶室时引起的坠落。

（5）触电，指电流流经人身，造成生理伤害的事故，包括雷击伤亡事故。

（6）淹溺，包括高处坠落淹溺，不包括矿山、井下、隧道、洞室透水淹溺。

（7）灼烫，是指火焰烧伤、高温物体烫伤、化学灼伤（酸、碱、盐、有机物引起的体内外灼伤）、物理灼伤（光、放射性物质引起的体内外灼伤），不包括电灼伤和火灾引起的烧伤。

（8）火灾：指造成人员伤亡的企业火灾事故，不包括非企业原因造成的火灾。

（9）高处坠落：是指在高处作业中发生坠落造成的伤亡事故，包括脚手架、平台、陡壁施工等高于地面和坠落，也包括由地面坠入坑、洞、沟、升降口、漏斗等情况，不包括触电坠落事故。

（10）坍塌：是建筑物、构筑物、堆置物等倒塌以及土石塌方引起的事故。适用于因设计或施工不合理而造成的倒塌，以及土方、岩石发生的塌陷事故。如建筑物倒塌、脚手架倒塌，挖掘沟、坑、洞时土石塌方等情况，不适用于矿山冒顶片帮和爆炸、爆破引起的坍塌。

（11）冒顶片帮：指隧道、硐室矿井工作面、巷道侧壁由于支护不当、压力过大造成的坍塌，称为片帮；拱部、顶板垮落为冒顶。二者常同时发生，简称冒顶片帮。

（12）透水：指矿山、地下隧道、硐室开采或其他坑道作业时，意外水源带来的伤亡事故。

（13）放炮：是指爆破作业中发生的伤亡事故。

（14）瓦斯爆炸：指可燃性气体瓦斯、煤尘与空气混合形成了达到爆炸极限的混合物，接触火源时，引起的化学性爆炸事故。

（15）火药爆炸：是指火药、炸药及其制品在生产、加工、运输、贮存和使用过程中发生的爆炸事故。

（16）锅炉爆炸：指锅炉发生的物理性爆炸事故。

（17）容器爆炸：容器（压力容器、气瓶的简称）是指比较容易发生事故，且事故危害性较大的承受压力载荷的密闭装置。容器爆炸是指压力容器破裂引起的气体爆炸即物理性爆炸。包括容器内盛装的可燃性液化气在容器破裂后，立即蒸发，与周围的空气形成爆炸性气体混合物，遇到火源时形成的化学爆炸，也称容器的二次爆炸。

（18）其他爆炸：不属于上述爆炸的事故。

（19）中毒和窒息：指人体接触有毒物质，如在误吃有毒食物或吸入有毒气体引起的人体急性中毒事故，或在废弃的坑道、横通道、暗井、涵洞、地下管道等不通风的地方工作，因为氧气缺乏有时会发生突然晕倒，甚至死亡的事故称为窒息。不适用于病理变化导致的中毒和窒息事故，也不适用于慢性中毒和职业病导致的死亡。

（20）其他伤害：凡不属于上述伤害的事故均称为其他伤害。如扭伤、跌伤、冻伤、野兽咬伤、钉子扎伤等。

（四）危险源辨识准备

在危险源辨识与评价前，组织此项工作的部门或单位应做好充分准备：

（1）要高度重视危险源辨识与评价工作，在人员、时间、和其他资源上给予支持和保证。

（2）必须由懂专业、有经验的人员组成辨识小组，如项目经理、项目总工程师、生产经理、安全员、施工队长、工程师、技术员、班组长、司机、管库员、调度员、现场施工人员。

（3）识别和应用的法律法规要全，覆盖本单位的所有生产环节、场所、设施设备、工艺、岗位人员。

（4）参加辨识的员工掌握辨识范围和类别的基本情况，了解法律法规对本项目安全具体要求。

（5）资料准备齐全。

（6）确定业务活动内容及活动场所，然后开始对危险源及其潜在风险进行辨识。

（五）危险源辨识方法

（1）调查法：辨识小组按上述内容在现场进行调查、辨识。

（2）安全检查表法：辨识小组按辨识内容编制安全检查表，进行辨识。

（3）经验法：辨识小组按辨识内容，结合以往经验进行辨识。

（4）现场观察：对作业活动、设备运转进行现场观测，分析人员、过程、设备运转中存在的危害。

（5）座谈：召集安全管理人员、专业技术人员、管理人员、操作人员，讨论分析作业活动、设备运转中存在的危害，对现场观察分析得出的危害进行补充和确认。

（6）预先危害分析：新设备或新过程采用前，预先对存在的危害类别、危害产生的条件、事故后果等概略地进行模拟分析和评价。

无论用哪种辨识方法，经辨识的危险源应填入如图2-4所示的《危险源调查表》内。

（六）重大危险源辨识

重大危险源是指能导致重大事故发生的危险因素，具有伤亡人数众多、经济损失严重、社会影响大的特征：

（1）危险源一般出现在钻孔、露天爆破、挖装、运输、排弃、基础开挖、起吊作业、多人高处作业、高压电气、锅炉压力容器、油料、民用爆炸物品（包括原材料）贮运等作业环节，甚至办公、生活区以及职工食堂都可能存在危险因素，都必须实施辨识、评价与管控，具体内容参见附录2。

（2）危险源的确定要防止遗漏，不仅要分析正常施工、操作时的危险因素，更重要的是要充分考虑组织活动的三种时态（过去、现在、将来）和三种状态（正常、异常、紧急）下潜在的各种危险，分析支护失效，设备、装置破坏及操作失误可能产生严重后果的危险因素。

（七）风险评价方法

LEC定量评价法：

$$D = LEC$$

式中　D——风险值；

　　　L——事故发生的可能性大小；

　　　E——暴露于危险环境的频繁程度；

　　　C——发生事故产生的后果。

L、E、C分值分别按照表2-2～表2-4确定。

（1）事故发生的可能性如表2-2所示。

表 2-2　事故发生的可能性（L）

分数值	事故发生的可能性	分数值	事故发生的可能性
10	完全可以预料	0.5	很不可能
6	相当可能	0.2	极不可能
3	可能，但不经常	0.1	实际不可能
1	可能性小，完全意外		

注：事故发生的可能性是指存在某种情况时发生事故的可能性有多大，而不是指这种情况在本生产单位出现的可能性有多大。如：车辆带病运行时，出现事故的可能性有多大（L 值应为 6 或 10），而不是指本生产单位车辆带病运行的可能性有多大（此时 L 值为 3 或 1）。

（2）暴露于危险环境的频繁程度如表 2-3 所示。

表 2-3　暴露于危险环境的频繁程度（E）

分数值	频繁程度	分数值	频繁程度
10	连续暴露	2	每月一次暴露
6	每天工作时间内暴露	1	每年几次暴露
3	每周一次	0.1	非常罕见地暴露

（3）发生事故产生的后果如表 2-4 所示。

表 2-4　发生事故产生的后果（C）

分数值	可能出现的结果	
	经济损失/万元	伤亡人数
100	200 以上	死亡 10~29 人、重伤 50 人以上
40	100~200	死亡 3~9 人、重伤 10~49 人
15	50~100	死亡 1~2 人、重伤 3~9 人
7	10~50	一次重伤 1~2 人
3	1~10	多人轻伤
1	1 以下	少量人员轻伤

（4）危险源风险评价结果分为极其危险、高度危险、显著危险、一般危险、稍有危险五个等级，分别用红、橙、黄、蓝、蓝标识。具体划分如表 2-5 所示。

表 2-5　风险值等级划分

D 值	危险程度	评价等级
$D>320$	极其危险，不能继续作业	极其危险-红
$160<D\leqslant320$	高度危险，需立即整改	高度危险-橙
$70<D\leqslant160$	显著危险，需要整改	显著危险-黄
$20<D\leqslant70$	一般危险，需要注意	一般危险-蓝
$D<20$	稍有危险，可以接受	稍有危险-蓝

注：$D>70$ 的危险源即为重大安全风险。

（八）危险源辨识和风险评价的实施

（1）组织危险源辨识评价人员对危险源进行识别，填写《危险源调查表》，样例如图2-4所示。

（2）对已识别危险源进行评价和分级，将重大安全风险（红、橙级）汇总填写《重大安全风险清单》，样例如图2-5所示。

（3）制定危险有害因素防控措施。

（4）建立危险源台账。生产单位的危险源台账经本单位负责人审批后，报公司安全管理部门备案。

危险源调查表（LEC 定量评价法）

序号	场所	作业内容	危险源	事故发生的可能性（L）	暴露于危险环境的频繁程度（E）	发生事故产生的后果（C）	风险值（D）	备注
1								
2								
3								
⋮								

调查员：　　　　　　　　　　　　　　　　　　　　　　　　　　日期：

图 2-4　《危险源调查表（LEC 定量评价法）》样例

重大安全风险清单

序号	危险因素	风险等级	主要（岗位）责任人	直接管理人员	监管人员	监管领导	管理措施
1							
2							
3							
⋮							

图 2-5　《重大安全风险清单》样例

四、危险源管控

（1）风险控制的策划

1）风险控制的策划应首先考虑消除或减少危险源，其次考虑采取措施降低风险，最后考虑个体保护。

2）重大安全风险控制：

① 在一段时期内需采取专门措施控制时，应建立详尽的实施计划（即职业健康与安全管理方案）。

② 紧急情况下的重大安全风险，应制定应急预案。

③ 建立和完善安全制度，编制相关安全操作规程或作业指导书。

④ 监控各项安全制度和措施的落实。

⑤ 对有关人员进行安全教育和培训。

⑥ 加强有关设备、设施的检查和维护。

3）一般风险控制。对一般风险危险源，对职工进行安全风险教育，有关部门完善现有制度和措施，加强运行监控。

（2）通过综合或专项危险源辨识，参考作业场所、受威胁人数、危险物质、诱发原因、伤害方式等因素，依照相应的安全风险评估方法和标准，明确安全风险。

（3）针对评估出的安全风险，生产单位要编制危险源辨识、安全风险明细表，对安全风险因素，从重到轻划为"红、橙、黄、蓝"四个等级，并制定针对性有效安全措施，进行分级管控。对存在的重大危险源或重大安全隐患，要及时上报公司，生产单位内部要进行公示公告，由项目经理挂牌督办。对不可控风险的，要停止施工作业，撤出人员，制定整改措施，整改完成隐患消除方可恢复施工作业。

（4）危险源辨识、评估、分级工作完成后，生产单位要编写安全评估说明或列表，明确辨识的时间、区域、参加人员、存在的风险及等级、制定的管控措施及建议。

五、危险源更新

当出现以下情况之一时，必须开展危险源更新工作：

（1）相关法律法规变化时。

（2）在工作程序将发生变化时。

（3）开展新的活动之前（如新建工程等）。

（4）采用新设备、新设施前或设备技术改造后投入使用前。

（5）采用新的物质。

（6）发现新的危险源时。

六、罚则

（1）未开展危险源辨识、风险管控工作的，对责任单位罚款5000～10000元，对主要负责人罚款1000～3000元。

（2）危险源辨识、风险管控工作开展不积极、不认真、不及时，不结合本生产单位实际的，对责任单位罚款3000～5000元，对主要负责人罚款1000～2000元，对分管业务副经理罚款500～1000元。

（3）职能部门未按职责分工进行危险源辨识、风险管控的，对分管业务副经理罚款500～1000元，对主要责任人罚款100～500元。

（4）对危险源辨识、风险管控未采取有效安全措施的，对责任人员罚款500～1000元，导致事故的，按公司有关规定考核。

第六节　安全生产资金投入和设备、设施保障制度

提要：企业要保证生产安全，必须投入一定的安全生产费用，国家对企业安全生产费用的投入和使用有规定，企业必须制定相应制度并严格执行。

一、总则

（1）为贯彻执行《中华人民共和国安全生产法》《企业安全生产费用提取和使用管理办法》，保证各项安全生产措施得以有效落实，确保生产安全，特制定本制度。

（2）本制度适用本公司及属下生产单位。

二、安全生产资金投入

（1）安全生产费用是指生产单位按照规定标准提取，在成本中列支，专门用于完善和改进企业安全生产条件的资金。

（2）露天金属矿山按原矿单位产量每吨提取 5 元；露天非金属矿山每吨提取 2 元，小型露天采石场每吨提取 1 元；土石方工程和地面站（混装炸药生产）按《企业安全生产费用提取和使用管理办法》具体规定提取。

（3）提取安全费用应当专户核算，按规定范围安排使用，不得挪用。年度结余下年度使用，当年计提安全费用不足的，超出部分按正常成本费用渠道列支。

（4）为员工提供的职业病防治、工伤保险、医疗保险所需费用，不在安全费用中列支。

（5）在工程项目实施之前，预算核定部门应将安全费用投入按提取标准纳入预算，并列入工程项目成本中。

（6）工程项目实施过程中，公司和各生产单位应制定安全费用投入计划认真落实，整理并保存相关的安全费用投入证明材料。

（7）公司财务部门对生产单位的安全费用提取、管理、使用进行监督检查，保证安全费用投入的合理性使用，切实满足项目安全生产的需求。

（8）安全费用应当按照以下规定范围使用。

1）完善、改造和维护安全防护设备、设施支出：

① 矿山企业安全设备设施是指矿山综合防尘、地质监控、防灭火、防治水、危险气体监测、通风系统，支护及防治边帮滑坡设备、机电设备、供配电系统、运输系统等。

② 危险品生产企业安全设备设施是指车间、库房等作业场所的监控、监测、防晒、调温、防火、灭火、泄压、防毒、消毒、中和、防雷、防腐、防渗漏等设施设备。

③ 道路交通运输安全设备设施是指运输工具安全状况检测及维护系统、运输工具附属安全设备等。

2）安全生产检查与生产条件评价支出。

3）重大危险源、重大事故隐患的评估、监控、整改支出。

4）配备必要的应急救援器材、设备投入支出。

5）进行应急救援演练和应急预案维护、物资维护保养支出。

6）从业人员安全防护用品（包括安全帽、安全带、防护服装、手套、口罩等劳动保护用品）支出。

7）从业人员安全技能培训教育费用。

8）购买安全生产责任险费用。

9）其他与安全生产直接相关的支出：

① 安全事故调查分析处理及预防措施的实施费用，安全技术课题研究费用，调研费用等。

② 生产生活区的消防器材（灭火器、消火栓、消防水池等），职业卫生安全防护，现场厨房、厕所、沐浴室及"三废"处理（废水、废弃物、废油处理），现场急救药品、急救器械配置开支，各项安全措施实施时发生的人工费用等。

三、设备、设施保障

（1）公司和生产单位必须配备充分的设备、设施，严禁使用国家明令淘汰、禁止使用的危及生产安全的设备。

（2）新建、改建、扩建工程项目的安全设施必须与主体工程同时设计、同时施工、同时投入生产使用。

（3）矿山建设项目和用于生产、储存危险物品的建设项目，应当分别按照国家有关规定进行安全评价。

（4）矿山建设项目和用于生产、储存危险物品的建设项目的安全设计，应当按照国家有关规定报经政府有关部门审查，并按照批准的设计施工。

（5）矿山建设项目和用于生产、储存危险物品的建设项目投入生产或者使用前，必须依照有关法律、法规对安全设施进行验收合格后，方可投入生产或者使用。

（6）安全设备的设计、制造、安装、使用、检测、维修、改造和报废，应当符合国家标准或行业标准，必须进行经常性维修、保养、检验。

（7）特种设备、以及危险物品的容器、运输工具，必须按照国家有关规定，必须由专业生产经营单位生产。并经取得专业资质的检测、检验机构检验合格，取得安全使用证或者安全标志，方可投入使用。

第七节　危险场所和危险作业管理制度

提要： 露天矿山工程的危险场所和危险作业较多，尾矿库、民爆器材库、油库、爆破作业、用电作业、排土作业、高边坡作业、高温区作业、采空区作业等，安全风险高且管理难度大。是矿山工程施工企业安全管理工作的重中之重。企业必须制定切实、有效、可行的管理制度加以控制，方能保证危险场所和危险作业安全。

一、总则

（1）为贯彻执行《中华人民共和国安全生产法》，保证危险作业场所人员的生命安全，防止危险作业场所人员在工作中失误而造成人员伤亡和财产损失，特制定该制度。

（2）本制度适用本公司属下生产单位。

（3）危险场所为：民爆器材（雷管、炸药，混装炸药原料）库、油库等；危险作业为：爆破作业、用电作业、高段排土作业、高边坡作业、尾矿库、高温区作业、采空区作业等。

二、民爆器材库安全管理规定

（1）民爆器材（雷管、炸药，混装炸药原料）库选址、建设应符合《民用爆破器材工程设计安全规范》（GB 50089—2007）和《小型民用爆破器材仓库安全标准》（GB 15745—1995）的规定，防雷设施、消防器材、人防、技防、犬防等符合相关要求，并通过公安机关的批准、验收合格后方可投入使用。

（2）库区标志设置：

1）进入库区大门明显处应设置"库房重地、闲人免进"标志牌，警示闲杂人等远离库区。

2）库区大门口应张挂入库人员须知，明确进入库区人员资格、进入库区注意事项。

3）值班室、炸药库、雷管库门牌标识清楚。

4）值班室悬挂民用爆炸物品管理制度、库房管理人员岗位职责和权限、安全操作规程等标牌。

5）库区合适位置设置多处防火标识。

（3）爆破器材的购买和运输入库：

1）民爆器材购买要首先填写爆炸物品购买申请表，填写购买品种、规格和数量，然后经辖区公安部门付款后，公安机关给予开具购买证，持购买证到民爆公司购买。

2）通过公对公转账方式给民爆公司交钱开出库单，持出库单到民爆公司炸药库领取民爆器材。

3）运输由具有相应资质的民爆运输公司负责送货，直接送到库房入库。

（4）炸药、雷管储存：

1）炸药堆放高度不超过 1.8m，与墙的距离保持在 0.2~0.4m 之间，堆垛之间保留 0.6m 通道。

2）雷管箱摆放在木架上并严禁叠放，其总高度不应超过 1.6m，与墙的距离保持在 0.2~0.4m 之间。

3）库房内设置库存标识牌，详细列明库存产品名称、规格、数量、生产厂家。

（5）爆破器材的使用：

1）领用人必须是持有公安部门核发爆破员证的爆破员。

2）领用民用爆炸物品必须办理填写《民用爆炸物品领用申请表》，经爆破队负责人、生产单位技术负责人和专职安全员签字确认。

3）到库房后填写《出入库人员登记本》，然后开始办理领用手续并签字确认。

4）爆破器材领出后，必须使用爆破器材专用车辆运输，且雷管和炸药分开运输。

（6）爆破器材库的管理：

1）民爆器材库至少配备两名经公安机关培训合格的持证库管员，以确保库房实行双锁制；同时配备安保人员。

2）值班需设"四本三表"，即《出入库人员登记本》《炸药类出入库登记本》《雷管类出入库登记本》《索类出入库登记本》以及《爆炸物品领用申请表》《爆炸物品退库登记表》《爆炸物品现场使用登记表》。

3）每天盘点，做到账、卡、物相符。

（7）爆破器材库房管理规定：

1）爆破器材库必须远离其他建筑物，保持通风良好，严禁无关人员进入。

2）库房工作人员必须熟悉所管物品的性能，掌握相应的安全知识。不得把火种和其他火源及无关的器具带入库内，库内严禁烟火。

3）爆破器材必须按规程规定摆放，分别存放在专用仓库中，不得随意乱放。

4）库内储存的爆破器材不得超过核定储存数量。

5）严格执行定期检查制度，对过期变质的爆破材料及时申报处理。

6）爆破器材的收、发必须建立清晰的登记台账，且手续完备。

7）必须配备充分、完好、合用的消防器材并置于醒目和便于取用的地点。

8）库内必须按设计规范采用密闭防爆型设备，并定期检查，确保安全。

9）库区内不得存放与管理工作无关的工具和杂物。

10）预警系统必须保持良好，并定期检查，确保有效。

（8）爆破器材运输管理规定：

1）运送爆破器材沿途须距离火种5m以上。

2）装卸和运输爆破器材，应穿戴防静电服（或棉制工作服），严禁吸烟、携带发火物品及移动通讯工具。

3）炸药和雷管必须分装分运。

4）运输爆破器材必须有人押运，并按指定线路行驶，非押运人员不得乘坐运输车辆。

5）禁止用翻斗车、电机车、拖拉机、拖车、摩托车、推土机、三轮车和自行车运输爆破器材。

6）车厢的金属部分应用木板或胶皮衬垫（用木箱或纸箱包装除外），且爆破物品的装载高度不得高出车厢边缘，汽车排气管宜设在车前下侧，并应配备隔热和熄灭火星的装置。

7）运输车辆只能由熟悉爆破器材性能，具有安全驾驶经验的驾驶员驾驶，驾驶员出车前应认真检查车辆状况。

8）汽车行驶速度：能见度良好时车速不得超过20km/h，在扬尘、起雾、大雨、暴风雪天气时速度酌减。

9）在平坦道路上行驶时，前后两部汽车距离不应小于50m，上山或下山不小于300m。

10）遇有雷雨时，车辆应停在远离建筑物的空旷地方。

11）在雨天或冰雪路面上行驶时，应采取防滑安全措施。

12）车上应配备灭火材料，并按规定配挂明显的危险标志。

13）严禁一人同时携带雷管和炸药；雷管和炸药应分别放在专用背包（木箱）内，不得放在衣袋内。

14）当班领取爆破材料后，应直接送到爆破地点，不得在人群聚集的地方停留，爆破地点的爆破物品必须有专人看守。

15）一人一次搬运的爆破材料数量不得超过：

雷管	5000发
拆箱（袋）搬运炸药	20kg
背运原包装炸药	1箱（袋）
挑运原包装炸药	2箱（袋）

16）用手推车运输爆破器材时，载重量不应超过300kg，运输过程中应采取防滑、防摩擦和防止产生火花等安全措施，卸炸药时严禁抛掷。

（9）爆破器材储存、收发管理办法：

1）爆破器材储存，除遵守本节前述的雷管、炸药储存规定外，还应遵守如下规定。

①库房储存爆破器材的数量，不超过库房设计允许的最大储存量。

②爆破器材应码放整齐、稳当，不倾斜。

③库房内外要保持整洁、防潮和通风良好，不得堆放其他任何无关工具、杂物，杜绝鼠害。

④ 进入库区禁带烟火及其他引火物，禁止穿带钉鞋和易产生静电的衣服，禁止使用会产生火花的工具开启炸药雷管箱。

⑤ 库区的消防设备、通讯设备、警报装置和防雷装置，要定期检查，确保灵敏可靠。

⑥ 爆破器材库房的管理，严格执行治安保卫制度、防火制度、保密制度、领取与当班用剩当班清退制度，分区分库分品种储存，分类管理。

⑦ 应经常测定库房的温度和湿度，发现硝化甘油类炸药箱渗油、冻结和硝铵类吸潮结块，应及时处理。

2）爆破器材的收发管理。

① 对新购进的爆破材料，应逐一检查包装情况，并按规定作性能检测。

② 建立完善的爆破器材收发台账，定期核对账目，做到账物相符。

③ 变质的、过期的和性能不详的爆破材料，不得发放使用。

④ 爆破材料应按出厂时间和有效期的先后顺序发放使用。

（10）爆破器材使用管理办法：

1）物资部门或钻爆大队要建立健全爆破器材领用制度，定期核对账目，做到账、卡、物相符，严禁无证人员领用爆破器材。

2）生产单位安全管理部门要检查落实爆破人员对安全规章制度的执行情况，发现问题及时处理。

3）钻爆大队严格执行出入登记等管理制度，并会同安全管理部门组织对爆破器材管理进行专项检查。

4）生产单位安全管理部门专职安全员对爆破器材领取、使用和退库的全过程进行跟踪监督检查。由爆破员、安全员和当班爆破组长每天对爆破器材的使用情况进行签字确认。每天将爆破器材使用情况登记表送回炸药库与库管员对爆破器材出入库情况进行统计、核对。

5）从事爆破作业的人员必须持证上岗。

6）炸药、雷管的领用必须指定两人以上专人负责管理，建立领用台账，账目清楚，数据准确。

7）当天使用的炸药、雷管，爆破结束后，必须将剩余部分交回炸药库，严禁库外过夜。

8）领用爆破器材，使用单位必须派专人押运。

9）爆破作业过程中，炸药、雷管不得混放，严禁无关人员进入爆破现场。

三、爆破作业管理规定

（1）爆破规模据《爆破安全规程》（GB 6722—2018）规定：露天土岩爆破个别飞石对人员的最小安全距离不得小于300m，建（构）筑物的爆破地震安全性应满足安全震动速度的要求，土窑洞、土坯房、毛石房屋安全震动速度为1.0cm/s；新建工业设施和民用建筑布置在露天爆破安全警戒线以外。另外，加强员工安全教育，让员工事先知道警戒范围、警戒标志、声响信号的意义。爆破采用定时爆破，让员工有规律地避炮，合理、安全地安排劳作时间；在爆破警戒线外设置明显标志，爆破前同时发出音响和视觉信号，使危险区内的人员能清楚地听到和看到；爆破时派专人负责警戒，严禁任何人员进入爆破警戒线范围以内。严格按照以上措施实施完全能保证该露天矿生产安全。

（2）上述未涉及的按《爆破安全规程》及国家相关管理规定执行。

1）中深孔爆破作业程序：

爆破设计—台阶布孔—炮孔检查—填写爆破审批表—装药施工—网路连接—现场检查—撤离现场—按时起爆—爆后检查

2）具体做法：

① 爆破设计：在电脑上做爆破设计交项目技术负责人审定，审定合格后方可布孔施工。

② 台阶布孔：各炮的布孔须一次完成，然后根据测定的台阶高度在现场标定设计的孔深，特殊地段要标明孔向。钻机工应按设计要求钻孔。

③ 炮孔检查：穿孔过程中，爆破工程技术人员要随时向钻机工了解矿岩情况，并指导钻孔。穿孔完毕，要逐个检查孔况，对超深过多的孔要填渣，并以此检查孔况是否有溶洞。

④ 填写爆破审批表：测定实际孔网参数后，根据不同地段矿岩的可爆性和爆破条件，确定实际药量，填写《爆破审批表》，上报批准后方可装药施工。（特殊爆破开爆破会议，各事项取得协调后，确定爆破日期，并做好施工准备工作。）

⑤ 装药施工：爆破工程技术人员须提前到现场向施工人员作施工交底。提前处理水孔、溶洞孔，并安排熟练的爆破员装难装的孔，妥善保管好备用材料。要严格按设计药量分发药量装药，不得随意更改。分发完药后方可装填，装下第一包药和装到剩最后一袋药时，须请现场爆破工程师测量，认为没有问题后方可继续装填。

⑥ 网路连接：炮孔装完药并堵塞后，及时安排爆破员按要求连接爆破网路。

⑦ 现场检查：施工完后技术员须对现场进行认真检查，重点检查网路连接是否正确，剩余爆破器材及时退还民爆器材库。

⑧ 撤离现场（清场警戒）：经检查，爆区内无任何危险后，响第一声警报，指挥人员和设备及时撤离。警戒人员到达警戒点进入警戒状态，爆破指挥员与各警戒点警戒人员确认警戒情况。

⑨ 按时起爆：起爆前5分钟，响第二声警报响后，确认爆区内无任何危险后，爆破指挥员下达"起爆破器充电"命令，负责起爆的爆破员接到命令后立即给起爆器充电，充电完毕后，负责起爆的爆破员向爆破指挥员报告"充电完毕"，爆破指挥员下达"起爆倒计时，10、9、8、7、6、5、4、3、2、1，起爆"命令，负责起爆的爆破员即按下起爆按钮起爆。

⑩ 爆后检查：起爆后5~15分钟（具体时间视现场炮烟消散情况），由1名有经验的爆破员进入爆区检查是否存在盲炮和爆破效果，确认无危险后，响第三声警报，爆破指挥员宣布解除警戒。爆破结束后，要到现场检查，自行总结，填写《爆后检查记录表》。

四、高温区爆破作业

（1）一般规定。

1）在表面温度较高或可能存在高温的区域进行钻孔作业时，应使用石棉等隔热垫，防止人员烫伤、施工机械着火烧毁。

2）严禁将爆破器材直接堆放在高温区的地面上。

3）高温爆破作业人员应经过专门培训，且形成固定搭配。

4）高温爆破温度低于80℃时，应选用耐高温爆破器材或隔热防护措施，温度超过80℃时，必须对爆破器材采取隔热防护措施。

5）装药前应测定工作面与孔内温度，掌握孔温变化规律；温度计应进行标定，确保测温准确。

6）高温爆破作业面附近的非爆破工作人员，应在装药前全部撤离。

7）装药时，应按从低温孔到高温孔的顺序装药；在既有高温孔又有常温孔的爆区，应先把常温孔装填好之后，再实施高温孔装药。

8）装药时，应根据孔温限定装药至起爆的时间，并做好人员应急撤离方案，在限定时间内所有人员撤离到安全地点。

9）装药时，应安排专人监督，发现炮孔逸出棕色浓烟等异常现象时，应迅速组织撤离。

10）在高温区或可能存在高温的区域作业时，应配备足够的灭火器材。

11）在钻孔、测温、挖装等过程中发现作业区域温度异常，应立即停止作业，及时向高温区施工安全管理负责人汇报，采取措施处理后方可继续作业。

（2）高温岩石爆破。

1）装药前应做好以下准备工作：

① 降低炮孔温度。

② 测温并掌握温度上升规律。

③ 爆破器材隔热防护。

2）降温应遵守以下规定：

① 每次降温后，应重新测量孔深并监测升温过程，如果炮孔变浅或坍塌，应及时调整该炮孔及其周围炮孔的装药量。

② 对回温较快的炮孔应采取进一步的降温措施，并注意观测温度变化。

③ 装药前爆破员要对炮孔的温度、孔深进行测量并做好记录。

④ 高温区和高温炮孔灌水降温作业必须严格执行高温区专项施工方案的要求，灌水作业人员必须做好个人防护，防止烫伤和气体中毒。

3）装药前的测温应遵守以下规定：

① 测温应两人同时进行，并在装药前将孔温在现场标注清楚。

② 按高温区专项施工方案，需测量孔温的区域钻完炮孔后及装药前，均须由高温区专职管理员和钻爆队指定的负责测孔温人员使用两种不同类型的测温仪同时进行，并分别做好记录。

③ 当同一炮孔两台测温仪测得的温度不一致时，应以温度高的数值为准。测孔温时应注意防止烫伤。

④ 当装药前测量的炮孔温度比炮孔钻完后测量温度高时，负责测量炮孔温度的人员应及时报高温区施工安全管理负责人，采取措施处理后再进行下一工序。

4）露天台阶高温爆破应采用垂直炮孔。

5）高温爆破时不得在高温炮孔内放置雷管，应采用孔内敷设导爆索、孔外使用电雷管和导爆管雷管的起爆方式；应将导爆索捆在起爆药包外，不得直接插入药包内；装药时两人一孔。

6）应严格控制一次高温爆破的炮孔数目，确保在规定的时间内完成装药、填塞及起爆工作。

7）高温孔的装药应在炮孔的填塞材料全部备好，所有作业人员分工明确并全部到位，孔外起爆网路全部连接好后进行。

8）在装药过程中如发生堵孔，在规定时间内不能处理完毕，应立即放弃该孔装药，并注意观察。

五、尾矿库安全管理制度

（一）尾矿库筑坝安全管理制度

（1）职责：施工单位必须严格按设计要求和作业计划精心施工、做好记录，监理公司负责监督工程的进度、质量、安全，由选矿厂安排相关人员监督管理。

（2）内容及要求：

1）严格按照设计技术参数和筑坝方式进行筑坝，尾矿坝的内外坡比不得陡于设计规定，尾矿库采用一次性建坝形成库容、库后和库周边放矿、拦挡主坝前尾矿水澄清工艺。

2）尾矿坝筑坝材料选用风化土料筑坝。水上筑坝土料选用露采剥离的表层风化土（含砾石黏土）；水下填筑料采用将干填粉质黏土或砾石黏土填筑水下坝身，围堰采用袋装黏土；坝体上、下游护坡及下游坝脚外购石料压坡。

3）坝体堆筑完毕，按下列内容进行质量检查，检查记录需经主管技术人员签字后存档备查。

① 坝体长度、剖面尺寸、轴线位置及内外坡比。

② 坝体的坝顶及内坡趾滩面高程、库内水位。

③ 尾矿筑坝质量。

4）坝体出现裂缝、滑坡、渗漏、管涌等现象时，相关技术人员应通过现场观测和分析，判明其成因、种类，提出相应的处理措施加以整治。

5）坝外坡面维护工作（包括筑沟、覆土、种草）应按设计要求进行，防止坝坡冲刷、尾矿流失污染环境。

6）严禁在库区范围内放牧、开垦、爆破、采石和建筑，滥挖尾矿、取水，外来尾矿、废水和废弃物入库等一切违章行为。

7）每年至少测绘一次尾矿库现状地形图，检查坝标高、内外坡比、平整度等参数是否符合设计要求。

（二）排放安全管理制度

（1）职责：尾矿库技术管理人员须编制尾矿库运行状态相对应的尾矿库年、季作业计划和详细运行图表，统筹安排和实施尾矿输送、分级和排放，选矿厂组织尾矿工认真落实尾矿排放计划，尾矿工严格按放矿点、放矿方法的要求精心操作，认真检查，排除故障。

（2）内容及要求：

1）尾矿库采用一次性建坝形成库容、库后和库周边放矿、拦挡主坝前尾矿水澄清工艺。尾矿工必须严格按年、季、月度排尾作业计划，在库区范围内认真实施放矿工作，放矿时应有专人管理、不得离岗，并做好记录。

2）由于尾矿库库区可能有岩溶的存在，可能会对尾矿库运行带来一定的影响，为防止这些不利因素的影响，良好放矿工艺是必不可少的，放矿过程中，在保证回水水质的前提下，将尾矿库内的水位尽量抽低。

3）尾矿工必须加强放矿的日常检查、维护等管理工作，及时按要求调整放矿地点、处理故障。

4）尾矿坝滩顶高程必须满足生产、防汛、冬季冰下放矿和回水要求。尾矿坝堆积坡比不得陡于设计规定。

5）尾矿排放时，及时做好监控，控制好库内水位，确保坝体稳定和调洪库容。

6）坝体较长时应采用分段交替作业，使坝体均匀上升，应避免滩面出现侧坡、扇形坡或细粒尾矿大量集中沉积于某端或某侧。

（三）尾矿库水位控制安全管理制度

（1）职责：有回水设施的尾矿库由水泵工协同尾矿工控制库水位，一般情况由安环部指导尾矿工根据气象、回水、浸润线水位、坝坡渗流情况控制库水位。

（2）内容及要求：

1）控制尾矿库内水位必须遵循以下原则：

① 在满足回水水质和水量要求前提下，尽量降低库内水位。

② 在汛期必须满足设计对库内水位控制的要求。

③ 当尾矿库实际情况与设计不符时，应在汛前进行调洪演算。

④ 当回水与尾矿库安全对澄清距离和安全超高的要求有矛盾时，必须保证尾矿库安全。

⑤ 水边线应与坝轴线基本保持。

⑥ 岩溶或裂隙发育地区的尾矿库，应控制库内水深，防止落水洞漏水事故。

2）汛期前，尾矿库安全管理人员应对排洪设施进行检查、维修和疏浚，清除排洪口前水面漂浮物，确保排洪设施畅通。

3）库内设清晰醒目的水位观测标尺，每天做好正常运行水位的观测记录。

4）排出库内蓄水或大幅度降低库内水位时，应注意控制流量，非紧急情况不宜骤降。

5）非紧急情况，未经技术论证，不得用常规子坝挡水。

6）洪水过后，应对坝体和排水井、排水涵洞、截洪沟等排洪构筑物进行全面认真的检查与清理，发现问题及时修复。同时，采取打开排水井预制件或投入大功率水泵抽水等措施降低库水位，防止连续降雨后发生垮坝事故。

7）由生产技术部定期测量库内水边线、坝体的沉降位移，并核准当年尾矿库的实际调洪能力，确保库内积水水下库容，生产回水、沉淀悬浮物的存水高度，调洪高度、坝体安全超高。

（四）尾矿库防汛措施和排洪设施安全管理制度

（1）职责：

1）防汛工作实行行政领导负责制，选矿车间（厂）成立防汛领导小组。车间主任（厂长）任组长、分管生产的车间副主任（副厂长）任副组长，成员由选矿车间属下各级单位、职能部门的负责人组成，实行统一指挥，分单位、部室管理，落实防汛岗位责任制。防汛领导小组办公室（简称防汛办）设在安全管理部门，安全管理部门负责人兼办公室主任。

2）选矿车间（厂）属下各二级单位必须成立防汛小组，遵照"谁主管、谁负责"原则，具体负责管辖区内的日常防汛工作，并制定本单位的防汛措施。

3）选矿车间（厂）成立防汛突击队，由车间（厂）职能部门全体成员组成，安全管理部门负责人任队长，负责队员召集、突击任务分派。选矿车间（厂）属下各二级单位要成立防汛抢险应急队伍，制定抢险方案，定人员、定地段、定措施，明确各自的职责和任务，做到招之即来、来之能战。

（2）内容及要求：

1）原则与奖惩。

① 防汛工作实行"安全第一、预防为主、综合治理"的方针，遵循团结协作和局部利益服从全局利益的原则。

② 对防汛工作抓得好的单位和个人，给予表彰，差的给予批评教育，造成严重后果的要追究法律责任。

2）联系与预警。

① 防汛办应加强与当地气象部门的联系，随时掌握和传达气象信息，并按相应预警信号落实应急防范工作。尾矿库值班室应配置电视机，便于尾矿工随时掌握天气情况。

② 应在库区内适当位置或排水构筑物设置清晰醒目的水位观测标尺，由尾矿工每天进行观测和记录。

③ 出现蓝色暴雨预警信号时，安环部主任要落实相关部门，按照职责做好防暴雨准备工作，各职能部门（单位）负责人要组织落实应急防范措施，落实应急物资。

④ 出现黄色暴雨预警信号时，公司负责人要组织相关部门负责人立即赶赴现场，落实应急防范措施，库区工作人员和相关部门按照职责做好防暴雨工作，选矿车间（厂）安全管理部门专门负责尾矿库度汛。

⑤ 出现橙色暴雨预警信号时，公司负责人要迅速赶赴现场组织落实应急防范措施，并亲自调度和协调指挥，公司分管生产负责人应督促落实，指定公司安全管理部门和技术部门具体负责尾矿库度汛工作。

⑥ 出现红色暴雨预警信号时，公司负责人要立即赶赴现场，根据需要和可能适时启动《尾矿库应急救援预案》，停止其他一切生产作业，举全矿应急之力全力以赴做好抗洪抢险工作。公司分管生产负责人具体负责落实尾矿库度汛工作，确保人员安全。

⑦ 汛期防汛抗洪领导小组成员一律不得关机，确保手机24小时处开机状态，便于成员间及时联络，信息顺畅。

3）准备与处置。

① 汛前选矿车间（厂）属下各二级单位应对排洪排水设施进行检查、维修和疏浚，确保排洪设施畅通，加强库坝巡回检查，发现问题及时处理，并将发生的问题和处理意见报防汛办。

② 选矿车间（厂）属下各二级单位应准备好必要的抢险物资，交通运输、通讯工具，安全带、救生衣，供电设备和照明器材等，及时维修上坝公路，以便防洪抢险。

③ 选矿车间（厂）属下各二级单位要强化尾矿库护坝人员责任心教育与操作技能培训，督促检查其工作质量和防范意识。

④ 选矿车间（厂）属下各二级单位要加强对尾矿库的护坝工作，要维护、完善好尾矿库防汛设施和制定防汛措施，建立原始观察记录。

⑤ 汛期实施尾矿库值班巡查制，要有专人负责，专人巡坝查险，做到24小时不少于2人值守巡查，电话24小时开通；发现险情必须立即采取抢护措施，并及时报告防汛办。

⑥ 汛期清除排洪口前水面漂浮物；排出库内蓄水或大幅度降低库内水位时，应注意控制流量，非紧急情况不宜骤降；不得在尾矿滩面或坝肩设置泄洪口；非紧急情况，未经技术

论证，不得用常规子坝挡水。

⑦ 当险情威胁人身安全时，紧急抢险过程中，选矿车间（厂）属下各二级单位应先组织受灾群众迅速撤离到安全地带，并做好生活安排；保卫部门要加强治安管理和安全警戒工作。

⑧ 洪水过后应对坝体和排洪构筑物进行全面认真的检查与清理，发现问题及时修复。

⑨ 灾害发生后，选矿车间（厂）属下各二级单位、部室要深入灾害点，做好抢险救灾物资的供应，并积极组织恢复生产，同时收集灾情情况报告防汛抗洪领导小组，由防汛办上报市防汛指挥部。

4）暴雨预警信号。

① 蓝色：12h 内降雨量将达 50mm 以上，或者已达 50mm 以上且降雨可能持续。

② 黄色：6h 内降雨量将达 50mm 以上，或者已达 50mm 以上且降雨可能持续。

③ 橙色：3h 内降雨量将达 50mm 以上，或者已达 50mm 以上且降雨可能持续。

④ 红色：3h 内降雨量将达 100mm 以上，或者已达 100mm 以上且降雨可能持续。

5）排洪设施安全管理。

① 公司根据设计文件构建尾矿库排洪设施，满足尾矿库防洪要求。

② 尾矿库排洪设施的施工及验收应按《尾矿设施施工及验收规程》和其他有关规程进行。

③ 尾矿库主管技术人员、尾矿工应加强排洪设施的日常检查、维护和疏通工作。

④ 尾矿库排水构筑物停用后，必须严格按设计要求及时封堵，并确保施工质量。严禁在排水井井筒上部封堵。

（五）尾矿库渗流控制和排渗设施安全管理制度

（1）职责：

1）由选矿车间（厂）负责尾矿库运行期间须进行坝体浸润线的观测，注意坝体浸润线出逸点的位置、形态、流量及含砂量的变化情况和分布状态，严格按设计要求进行观测和控制。

2）尾矿库矿库运行过程中，如坝体浸润线超过控制线，应经技术论证和安全部门批准增设或更新排渗设施，由生产技术部负责组织实施。

（2）内容及要求：

1）公司根据设计文件采取下列措施控制渗流：

① 尾矿筑坝地基设置排水棱体、水平排渗管（沟）及溢洪道等。

② 尾矿坝马道位置设置排水沟（渠）。

③ 与山坡接触的坝肩处设置截水沟（渠）等。

④ 适当降低库内水位，确保调洪库容满足防洪的要求。

2）当坝面或坝肩出现集中渗流、流土、管涌、大面积沼泽化、渗水量增大或渗水变浑等异常现象时，可采取下列措施处理：

① 在渗漏水部位铺设土工布或天然反滤料，其上再以堆石料压坡。

② 增设排渗设施，降低浸润线。

③ 尾矿库排渗设施包括排水棱体、内贴坡反滤层及坝排渗管等。

3）排渗设施属隐蔽工程，施工期间必须每天去现场检查施工质量，技术人员则应经常亲临现场进行检查，遇到技术难题时必须要在现场，施工时必须按设计要求精心选料、精心施工，施工材料由工程部、选矿厂与施工单位共同检验，不合格材料严禁使用，工程部须仔细填写隐蔽工程施工和验收记录，并存档。

4）尾矿库各种排渗设施施工后均交付选矿厂使用，其维护、保养及保护工作由尾矿工负责。运行过程中如发现丢失、损坏等情况应及时报告选矿车间（厂）、设备部、工程部等相关部门。

5）坝面排水沟、坝肩沟及截洪沟的清理工作由护坝工每天进行一次。汛期特别要加强巡视和及时清理，确保安全畅通。

6）坝体浸润线观察由选矿车间（厂）负责，每月一次，结果报生产技术部、安环部。

7）专业技术人员应对观察成果及时进行整理分析，绘制图表。如有异常现象应通知进行复查，并提出处理意见和措施。

8）技术部门每年年终应进行资料汇编分析。分析意见和主要参数应做出书面报告，并存档。

9）尾矿工应每天检查各排渗设施外观情况、排渗设施周边区域渗漏情况和坝肩沟出口等异性材料接触处渗流情况。遇有局部隆起、坍陷、流土、管涌、渗水量增大或渗漏水混浊等异常情况，应立即采取抗渗、疏导、快速固结等相应的有效措施，同时加强观测，并报主管领导和调度室、安环部、生产技术部等，由技术部门组织有关部门分析、处理。

10）公司安全管理部门组织季度安全检查时，应对上述项目进行认真检查，并做好记录。针对检查中查出的隐患，组织有关部门研究对策，确定整改方案，并监督实施。

（六）尾矿库防震与抗震安全管理制度

（1）职责：

1）公司技术门负责编制防震抗震计划，组织相关部门进行震前安全检查，组织防震抗震人员，组织防震抗震物资调配。

2）公司安全管理部门负震前预警，对尾矿库现状进行抗震评估。

3）选矿车间（厂）负责做好震前库水位控制，震前加强尾矿库巡查；震后对破坏设施修复和加固。协同公司保卫部负责尾矿库防震与抗震现场应急管理。

（2）内容及要求：

1）抗震。

① 当选矿车间（厂）接到震情预报时，应立即停止生产并采取各种措施降低库水位。

② 公司迅速启动应急预案，及时撤离下游或受溃坝影响的周边人员及设备。

③ 救援人员及物资设备处于临战状态，随时准备投入救灾抢险工作。

2）抗震标准、稳定性。

① 尾矿库原设计抗震标准低于现行标准时，必须进行安全技术论证，进行加固处理。

② 震前应注意库区岸坡的稳定性，防止滑坡破坏尾矿设施。

③ 严格控制库水位，确保抗震设计要求的安全滩长，满足地震条件下坝体稳定的要求。

④ 应了解上游所建工程的稳定情况，必要时应采取紧急撤离、降低库水位等措施避免造成更大损失。

⑤ 震后应进行检查，对被破坏的设施及时修复。

六、排土场安全管理规定

（1）汽车排土作业时，应有专人指挥，非作业人员一律不得进入排土作业区，凡进入作业区内工作人员、车辆、工程机械必须服从指挥人员的指挥。

（2）排土场进行排弃作业时，应圈定危险范围，并设立警戒标志，无关人员不应进入危险范围内。

（3）高台阶排土场，不得进行直排，应使用推排工艺。应有专人负责指挥和管理；发现隐患征兆，应采取有效措施，及时处理。

（4）应对排土场进行定期检测与记录，观察排土场稳定性、沉降。在雨季应重点加强对排土场的检查、检测。排土场稳定性安全检查的内容包括：排土参数、变形、裂缝、底鼓、滑坡等。

（5）排土场整体均衡推进，坡顶线呈直形或弧形，排土场工作面向坡顶线方向有 3% ~ 5% 的反坡。

（6）排土卸载平台边缘要设置安全车挡，其高度不小于轮胎直径的 2/5，车挡顶部和底部宽度应分别不小于轮胎直径的 1/3 和 1.3 倍；设置移动车挡设施的，要按移动车挡要求作业。

（7）排土场按规定顺序排弃土岩，在同一地段进行卸车和推土作业时，设备之间保持足够的安全距离。

（8）卸土时，汽车垂直于排土工作线，汽车倒车速度小于 5km/h，不应高速倒车，以免冲撞安全车挡。

（9）在排土场边缘，推土机不应沿平行坡顶线方向推土。

（10）汽车进入排土场应限速行驶，距排土工作面 50 ~ 200m 时速度低于 16km/h，50m 范围内低于 8km/h；排土作业区设置一定数量的限速牌等安全标志牌。

（11）排土作业区必须配备足够数量且质量合格、适应汽车突发事故应急的钢丝绳（不少于四根）、大卸扣（不少于四个）、灭火器等应急工具。

（12）在视距小于 30m 或遇暴雨、大雪、大风等恶劣天气时，停止排土作业。

（13）排土作业区照明必须完好，灯塔与排土挡墙距离 15 ~ 25m，照明角度必须符合要求，夜间无照明禁止排土。

（14）汛期前应采取下列措施做好防汛工作：

1）明确防汛安全生产责任制，建立应急预案。

2）疏浚排土场内外截洪沟；详细检查排洪系统的安全情况。

3）备足抗洪抢险所需物资，落实应急救援措施。

4）及时了解和掌握汛期水情和气象预报情况，确保排土场和下游泥石流拦挡坝道路、通讯、供电及照明线路可靠和畅通。

（15）对排土场周围软土和细岩进行清除，并挖掘排水沟，以便将雨水顺利排出。

（16）处于地震烈度高于 6 度地区的排土场，应制订相应的防震和抗震的应急预案，内容包括：

1）抢险组织与职责。

2）排土场防震和抗震措施。

3）防震和抗震的物资保障。

4）排土场下游居民的防震应急避险预案。

5）震前值班、巡查制度等。

（17）检查排土参数。

1）测量各类型排土场段高、排土线长度，测量精度按生产测量精度要求。实测的排土参数应不超过设计的参数，特殊地段应检查是否有相应的措施。

2）测量各类型排土场的反坡坡度，每100m不少于两条剖面，测量精度按生产测量精度要求。实测的反坡坡度应在各类型排土场范围内。

3）汽车排土场测量安全挡墙的底宽、顶宽和高度，实测的安全挡墙的参数应符合不同型号汽车的安全挡墙要求。

4）排土机排土测量外侧履带与台阶坡顶线之间的距离，测量误差不大于10mm；安全距离应大于设计要求。

5）检查排土场变形、裂缝情况。排土场出现不均匀沉降、裂缝时，应查明沉降量，裂缝的长度、宽度、走向等，判断危害程度。

6）检查排土场地基是否隆起。排土场地面出现隆起、裂缝时，应查明范围和隆起高度等，判断危害程度。

（18）每周对排土场排渣情况至少检查一次，并设观测点进行观测一次；雨季加强检查和检测频率（每周不少于两次），如发现异常必须作好记录并及时处理，有重大隐患时采取安全措施并向有关部门报告。

因雨雪天气或其他原因停工后，复工前必须对排土场情况进行检查，满足安全生产条件时才可复工生产。

七、高边坡安全管理规定

（1）现场施工总体规划布置应遵循保证安全、有利施工、便于管理的基本原则。

（2）进入施工现场必须按照作业要求正确穿戴个人防护用品，严禁赤脚或穿高跟鞋、硬底鞋、带钉易滑的鞋以及拖鞋进入施工现场。

（3）从事高边坡作业人员应定期体检，经医生诊断凡患高血压、心脏病、贫血病、癫痫病以及其他不适于高空作业的，不得从事高边坡作业。

（4）临边、危险区域应设置围栏和安全警示牌，夜间施工应有足够的照明，并在临边设置警示标志。

（5）开挖线上部不稳定岩体、松动岩块，直接影响下部作业安全，应进行清除排险或加固支护处理。

（6）不得在边坡下方休息或逗留。

（7）进入高边坡部位施工的机械，应全面检查其技术性能，不得带病作业。

（8）不进行施工作业时，所有机械设备禁止停放在边坡边缘、半山腰，应将所有机械设备有序停放在坡下平整场地处。

（9）在覆盖层开挖前按设计要求完成截水、排水沟的施工，验证排水效果，防止地表水和地下水对施工造成影响。

（10）遇有影响施工安全如：大风、大雾、雨雪等恶劣气候时，禁止进行高边坡作业。

（11）雨季及汛期施工应根据当地气象预报及施工所在地的具体情况，做好汛期防水、边坡保护措施，防止边坡坍塌造成事故。

（12）加强雨季中高边坡的安全检查，并在每天指派专人对高边坡进行重点巡视，作好相关记录。发现问题，及时采取措施，排除隐患。经检查认可确保安全后，方可施工。在检查期间停止作业。

（13）在覆盖层开挖过程中，如出现裂缝或滑移迹象，应立即暂停施工并将施工人员及设备撤至安全区域，在查清原因、采取可靠的安全措施后方可恢复施工。

（14）施工期定期进行边坡的巡视检查工作，检查内容包括边坡是否出现裂缝以及裂缝的变化情况（裂缝的深度及宽度）、是否出现掉渣或掉块现象，坡表有无隆起或下陷，排、截水沟是否通畅，渗水量及水质是否正常等，并做好巡视记录。

（15）不得酒后作业和交叉作业。

八、采空区安全管理规定

（1）凡存在采空区的工程项目，其生产单位必须编制采空区专项施工方案，按公司制度经有关部门、技术负责人审批，再送工程建设方或监理工程师批准后严格执行。

（2）采空区专项施工方案必须向相关的技术人员、施工管理人员、作业人员进行技术交底和安全交底。

（3）生产单位应成立采空区防控领导小组，指定责任人，配备专职管理人员，并明确各自的职责。按规范定期对采空区进行监控测量，详细记录并分析变形监测数据，及时提出安全预警；加强采空区安全检查，特别在汛期、雨雪和附近爆破作业后，必须检查确认安全后才能施工。

（4）生产单位应编制采空区专项应急预案并定期组织演练。

（5）对已经探明下部存在采空区的工作平台，经采空区防控领导小组确定为危险区域时，应按危险源辨识、评价与控制管理要求，在危险区域拉警戒线，设置警示牌，并公示注明采空区详细情况，明确责任人，禁止所有设备、无关人员进入采空区范围内。

（6）当采空区顶板厚度处于规定的保安层厚度临界状态，在上方施工作业前，生产单位应制定施工方案，经采空区防控领导小组、安全管理部门、技术部等相关人员会审确认安全可行后，方可施工。

（7）进入塌方区作业时，要遵循"边探边进"原则。挖运及钻爆等作业现场应按危险作业监控要求，安排专门安全人员旁站监视，发现险情，组织人员、设备迅速撤离现场，并立即向采空区责任人报告。

（8）任何施工单位及人员必须服从采空区防控领导小组统一管理，不得在认定的危险区域内和禁止作业时间段进行施工。

（9）施工作业人员有权拒绝进入存在危险的采空区区域作业。

（10）钻孔作业人员在按规定深度进行钻孔时，发现普遍存在松渣、卡钻、漏粉等现象，应及时向采空区责任人报告；发现有采空区时，应立即停止作业、撤离现场，并向采空区责任人报告。采空区责任人接到报告后，应组织相关人员到现场查明情况，确定能否继续作业，并及时通知相关钻孔队。

（11）挖掘机、油炮机在施工作业过程中，如发现有小空洞、裂缝、松渣超过爆破底板深度等情况时，应立即停止作业并撤出危险区域，同时向采空区责任人报告。采空区责任人接到报告后，应组织人员到现场查明情况，确定能否继续作业，并及时通知相关施工队。

（12）矿山道路，包括新修筑的和原有的成型道路，均需避开采空区，大型设备要沿道路行走，不得任意走捷径、开辟新的道路。

（13）禁止人员、设备进入非施工区域，防止发生意外事故。

（14）采空区要求在白天且能见度高的时候施工，以便能够及时发现征兆（如地表开裂、下沉、滑坡、流沙、空气振动等）。禁止大（暴）雨天、下雪天、夜间施工。

（15）任何爆区在爆破作业前，爆破工程师要询问钻孔情况，了解是否遇到空区或松软的破碎带等，如有，应向生产单位技术负责人和采空区责任人报告，并在爆破设计中记录。

（16）装药前，每个炮孔均要检验孔深，以便及时发现是否存在钻穿底板的炮孔；装药过程中，每孔要严格按照设计定量装药，防止遇到采空区、塌陷区超量装药。

（17）采空区崩落爆破及存在安全隐患区域的爆破，应避免傍晚作业；爆后检查爆区时，如发现周边塌陷、地表开裂、爆堆体积和形状异常等情况，应及时向采空区责任人报告。

（18）采取爆破崩落后的采空区以及存在安全隐患区域，爆破后达到专项施工方案设置的静置期限，由采空区防控领导小组检查确认爆区及周边地质环境没有变化后，方可开工，严禁擅自作业。

（19）采装施工过程中，发现空洞（井巷、空区）等，必须立即停作业，并报告采空区责任人，经采空区防控领导小组对现场检查确认无安全隐患后方可恢复作业。

（20）在采空区域进行采装作业，应按专项施工方案限制施工人员、设备投入量，运输汽车不得排队积压等候，禁止无关人员进入采空区域。

（21）采空区作业平台，必须安排专职安全员监守，发现地表开裂、下沉、滑坡、流沙等现象，及时报告采空区防控领导小组。负责监守的专职安全员不得擅自离岗，确保有作业就有人员监守，尤其是吃饭或交班时。

（22）采空区的排险，应由生产单位防控领导小组组织相关人员摸清情况，进行研究分析，制定有效的安全技术措施后，方可进行采空区排险作业，不得擅自指挥、盲目作业，严禁围观。

（23）采空区作业，应建立定人、定责、定时巡查制度，做好详细巡查记录，及时发现危险征兆，切实落实预防预控措施；定期召开分析会，总结采空区施工经验。

（24）技术人员对即将开采且下部存在采空区的作业层面，应根据原有地质资料，经技术分析，布置一系列探孔，探明采空区实际情况后方可进行后续工作。

（25）生产单位应保持与工程建设方沟通，及时更新地质资料，确保地质资料的真实有效。

九、加油站安全管理规定

（1）建立健全各种管理规则，悬挂整齐、位置适当并认真贯彻执行，有关人员要熟记会用。

（2）制定切实可行的消防预案，定期组织消防训练和进行安全教育，使加油站人员做到：人人熟悉消防知识，人人会用消防器材，人人关心安全工作。

（3）建立健全安全检查制度，全面安全检查一般每周不少于两次，并认真做好登记。

（4）按规定配齐消防设备器材，并定期进行检查保养，消除外部泥土、灰尘和油污，灭火器药剂要定期更换。换装日期要及时填写登记簿。

（5）电气设备要符合安全防爆等级要求，安装工艺安全规范。

（6）加油站所有供电线路和用电设备要定期检查，发现不安全因素，必须及时排除。

（7）储油罐安装呼吸阀必须符合设计要求，在呼吸管上安装的透气阀或阻火器，性能要良好。

（8）加油站进出口、加油区设置"严禁烟火""禁打手机""无关人员止步"等安全警告标识，储油区清洁整齐、无易燃物、无抛洒油痕迹。

（9）使用和维修各种设备器材，要严守操作规程，并按说明书要求进行，防止损坏机件、设备或发生事故。

（10）夜间安全值班管理制度：

1）加油站必须设夜间安全值班员。

2）值班时应坚守岗位，履行职责，不得睡觉、喝酒，发现安全隐患及时排除，不得拖延。

3）值班员不得将无关的人员、车辆带入或留在加油站。

4）管好取暖用的电器。

5）熟悉消防器材的摆放位置、使用方法，一旦遇到火灾，及时果断处理。

6）夜间值班员必须等白班值班员接班，将值班情况交代清楚并填好记录后，方能离岗。

十、带电作业安全管理规定

（1）带电作业人员必须持证上岗。

（2）带电作业人员应熟悉《电业安全工作规程》和《带电作业安全工作规程》，并经考试合格。

（3）带电工作时电压只允许在380伏及以下进行。

（4）带电工作时应设专人监护，使用有绝缘柄的工具，工作时站在干燥的绝缘物上进行，并戴低压绝缘手套，穿绝缘鞋和长袖衣服。其相邻带电部分或接地金属部分应有绝缘隔离，严禁使用锉刀、金属尺等工具。

（5）带电作业应在良好天气下进行。如遇雷、雨、雪、雾等天气，不得进行带电作业。

十一、高处作业安全规定

（1）从事高处作业人员应定期进行体检。经医生诊断，凡患高血压、心脏病、贫血、癫痫以及其他不适于高处作业的，不得从事高处作业。

（2）高处作业衣着要灵便，禁止穿硬底、带钉、易滑的鞋。

（3）高处作业所用材料要堆放平稳，工具应随手放入工具袋（套）内。上下传递物件禁止抛掷。

（4）遇有恶劣气候（如风力在六级以上、大雾、暴雨等）影响施工安全时，禁止进行露天高处作业。

（5）用于高处作业的梯子不得缺档，不得垫高使用。梯子横档间距以30cm为宜。使用时上端要扎牢，下端应采取防滑措施。单面梯与地面夹角60°～70°为宜，禁止二人同时在梯上作业。如需接长使用，应绑扎牢固。人字梯底脚要牢固。在通道处使用梯子，应有人监护或设置围栏。

（6）没有安全防护设施，禁止在屋架的上弦、支撑、桁、挑架的挑梁和未固定的构件上行走或作业。

（7）高处作业与地面联系，应设通讯装置，并专人负责。

（8）高处作业时，下方周围应设围栏或警戒标志，并设专人看管，禁止无关人员靠近。

（9）在高处进行动火作业时，必须将作业点下方的易燃、易爆物品清理干净，并在现场配备灭火器，作业后必须彻底消灭火种才能离开现场。

十二、其他危险作业规定

（1）在进行密闭空间作业、重点防火区动火、动焊等其他危险作业，必须执行作业审批制度。

（2）作业前应进行危险源辨识，编制专项方案，经生产单位审核批准实施，并对相关作业人员进行安全交底，派专人进行监督，落实各项安全措施。

（3）作业审批执行分级管理，危险性较大的作业活动，作业审批执行《工程施工组织设计及专项技术、安全方案编制审批制度》。

第八节　安全生产教育培训和持证上岗制度

提要：据统计，矿山工程企业安全生产事故，其中85%是由于人的不安全行为造成的，由此可见人是安全生产的第一要素。为此，企业必须通过安全教育培训，提高员工的安全法制观念、安全防范意识和事故应急处置能力，使每位员工都能做到"我要安全、我会安全、我能安全"，保证"四不伤害"，从而确保生产安全。

一、总则

（1）为贯彻执行《中华人民共和国安全生产法》《生产经营单位安全培训规定》《特种作业人员安全技术培训考核管理规定（国家安监总司80号）》等法律法规，规范公司的安全生产教育、培训工作，特制定本制度。

（2）本制度适用公司及属下各生产单位。

二、公司管理人员的安全生产资格教育培训规定

（1）根据公司的生产经营范围及行业的要求，公司主要负责人、分管安全负责人、技术负责人、安全管理人员、项目经理等，应经培训考核，取得政府主管部门发放的资格证。

（2）工程生产单位的专职安全员应参加"非煤矿山企业安全管理人员安全生产管理资格证"或"建筑施工企业专职安全员证（C证）"的教育、培训，持证上岗。

（3）民爆地面站的负责人和专职安全员加应参加"民爆安全管理证"的教育、培训，持证上岗。

（4）各生产单位有关人员应根据当地政府安监部门的要求，参加相关安全生产管理资格证的教育、培训。

（5）从事爆破工作的人员（工程技术人员、爆破员、保管员、安全员）应参加有关培训取得相应的安全作业证。

从事爆破安全评估、监理的爆破技术人员必须同时通过培训取得相应的爆破安全评估和爆破监理资格证。

（6）电工、电（气）焊工等特种作业人员必须经过具有相应培训资格的机构培训、考核，持证上岗。

（7）离开特种作业岗位达6个月以上的特种作业人员，重新回到本特种岗位上岗前，应由具有相应培训资格的机构重新进行实际操作考核。

（8）持证人员应按规定时间参加相关培训机构组织的继续教育和考核，保持所持有资格证有效使用。

三、员工职业健康安全培训

（1）公司新招聘的员工（包括新入职的大学毕业生）入职后，由人力资源中心负责组织新入职员工职业健康安全培训、教育，安全管理部门配合协作。

（2）生产单位新上岗从业人员（包括实习生）岗前安全培训时间，露天矿山工程不得少于72学时，土石方工程不得少于48学时，每年接受再培训的时间不得少于20学时。

1）公司级岗前安全培训内容应包括：

① 本单位安全生产情况及安全生产基本知识。

② 本单位安全生产规章制度和劳动纪律。

③ 从业人员安全生产权利和义务。

④ 生产安全事故应急救援、事故应急预案演练和防范措施。

⑤ 有关事故案例。

2）生产单位级岗前安全培训内容应包括：

① 工作环境及危险因素。

② 所从事工种可能遭受的职业伤害和伤亡事故。

③ 所从事工种的安全职责、操作技能及强制性标准。

④ 自救互救、急救方法、疏散和现场紧急情况的处置。

⑤ 安全设备设施、个人防护用品的使用维护。

⑥ 本生产单位安全生产状况及规章制度。

⑦ 预防事故和职业危害的措施及注意的安全事项。

⑧ 有关事故案例。

⑨ 其他需要培训的内容。

3）班组级岗前安全培训内容应包括：

① 岗位安全操作规程。

② 岗位之间工作衔接配合的安全与职业卫生事项。

③ 有关事故案例。

④ 其他需要培训的内容。

各级安全培训结束，培训教育人员均应在受教育人的《新工人入场三级安全教育登记表》上签名，样例如图2-6所示。

新工人入场三级安全教育登记表

工程名称： 施工单位：

姓 名		性别		出生年月	
文化程度		家庭地址			
入场日期		班组			
工作卡号		身份证号			

	三级安全教育内容	教育人	受教育人
公司教育	1. 本单位安全生产情况及安全生产基本知识。 2. 本单位安全生产规章制度和劳动纪律。 3. 从业人员安全生产权利和义务。 4. 生产安全事故应急无法救援、事故应急预案演练和防范措施。 5. 有关事故案例。	签名： 年 月 日	签名： 年 月 日
工程生产单位教育	1. 工作环境及危险因素。 2. 所从事工种可能遭受的职业伤害和伤亡事故。 3. 所从事工种的安全职责、操作技能及强制性标准。 4. 自救互救、急救方法、疏散和现场紧急情况的处置。 5. 安全设备设施、个人防护用品的使用维护。 6. 本生产单位（地面站）安全生产状况及规章制度。 7. 预防事故和职业危害的措施及注意的安全事项。 8. 有关事故案例。 9. 其他。	签名： 年 月 日	签名： 年 月 日
班组教育	1. 岗位安全操作规程。 2. 岗位之间工作衔接配合的安全与职业卫生事项。 3. 有关事故案例。 4. 其他。	签名： 年 月 日	签名： 年 月 日

图2-6 《新工人入场三级安全教育登记表》样例

（3）从业人员在本生产单位内调整工作岗位或离岗一年以上重新上岗时，应重新接受生产单位和班组级的安全培训。

（4）实施新工艺、新技术或者使用新设备、新材料时，应当对有关从业人员重新进行有针对性的安全培训。

（5）发生安全事故或接到上级单位下发的安全事故通报，应将事故经过、事故原因、教训和安全防范措施制作成培训课件，对本生产单位人员进行培训。

（6）从业人员接受"三级"安全教育后，应进行书面考试，并填写如图 2-7 所示的《员工安全培训考试成绩登记表》考试成绩 80 分（含）为合格，考试不合格者应参加第二次学习、考试，如果两次考试均不合格，应调离岗位或辞退。

员工安全培训考试成绩登记表

序号	姓　名	职务或工种	考试时间	考试成绩	备　注
1					
2					
3					
4					
5					
⋮					
26					
27					
28					
29					
30					

记录：　　　　　　　　　　　　　　　　审核：

图 2-7 《员工安全培训考试成绩登记表》样例

（7）公司级安全教育培训工作由公司安全管理部门实施、生产单位的安全教育培训工作由生产单位专职安全管理人员负责；班组级的安全教育培训工作由班组长（或班组专、兼职安全员）负责。

（8）培训方法采取课堂培训、会议宣讲、讨论会、问答式、现场参观实习、学术报告会、实际操作演练法、案例分析法等，灵活应用，达到培训目的。

（9）因公事临时进场人员由生产单位安全员进行安全注意事项教育后方可进场。

四、培训档案管理

（1）员工参加安全资格证培训由人力资源中心和安全管理部门根据需要统一安排，费用由公司承担，证书由公司管理。

（2）公司需求的各项安全资格证的培训（包括继续教育），由人力资源中心负责报名、通知及证书保管。

（3）生产单位的员工在工程所在地参加资格证培训，由生产单位的安全管理部门根据需要提出申请，经项目经理批准，培训费用由公司承担。生产单位综合办公室负责报名、缴费及证书保管。

（4）公司新招聘的员工岗前安全培训记录由人力资源中心负责建档、保管并做好员工持证信息登记，如图2-8所示。

员工持证信息表

序号	姓名	职务/工种	持有证件	有效日期	原件存放	复印件存放	备注
			⋮				

记录：　　　　　　　　　　　　　　　　审核：

图2-8　《员工持证信息表》样例

（5）生产单位的员工职业健康安全培训（包括岗前三级安全教育、年度再培训）记录，由生产单位安全管理部门负责建档、保管。

第九节　生产安全事故及职业病报告和调查处理制度

提要： 每个企业都不想发生生产安全事故，但万一事故发生了，如何依照法律法规及时报告，对事故责任人怎样追责，以及应当做好哪些防范措施，企业必须进行规范形成制度，并严格执行。

一、总则

（1）为加强安全生产事故管理，及时报告、分析、调查和处理安全生产事故，落实安全生产事故责任追究制度，积极采取预防措施，防止和减少安全生产事故发生，保证安全生产，根据《中华人民共和国安全生产法》《生产安全事故报告和调查处理条例》等相关法律、法规，特制定本制度。

（2）本制度适用本公司及属下各生产单位。

（3）事故分类：

1）按责任划分，安全生产事故分为：责任事故、非责任事故。

① 责任事故：是指可预见、抵御和避免，但由于人的原因没有采取措施预防而造成的事故。

② 非责任事故：是指现有科学技术和经验不能预防，不可抵御的自然灾害以及受科学技术限制，安全防范知识条件未能达到应有的水平和能力而无法避免的事故。

2）按人员伤亡情况划分，安全生产事故分为：伤亡事故、非伤亡事故。

① 伤亡事故：是指职工在生产、工作过程中，发生的人身伤害、急性中毒。按伤害程度分为：轻伤、重伤、死亡。

② 非伤亡事故：是指职工在生产作业过程中由于人的不安全行为、物或环境的不安全

状态、管理上的缺陷等原因，造成生产中断、设备财产受损、毒害物质渗漏、爆炸、火灾、水害等事故。

3）按照《生产安全事故报告和调查处理条例》（国务院第 493 号令）的规定，事故等级分为：特别重大事故、重大事故、较大事故、一般事故。

4）道路交通事故：是指单位的机动车辆在工程施工区域外的公路上发生的交通事故，事故类别的划分执行国家有关规定。

5）火灾事故，按照公安部 2007 年《关于调整火灾等级标准的通知》，分为：特别重大火灾、重大火灾、较大火灾和一般火灾四个等级。

6）职业病：在职业活动中，因接触粉尘、放射性物质和其他有毒、有害物质等职业危害因素而引起的疾病。露天矿山和大型土石方工程企业可能存在的职业病主要包含尘肺病、职业性失聪、中暑（炸药生产单位的硝酸铵破碎、油相制备、水相制备、乳化等作业岗位）。

7）食物中毒：中毒人数 30 人以下为一般中毒事故；中毒人数 30 人至 99 人为重大中毒事故；中毒人数 100 人以上或死亡 1 人（含）以上为特大中毒事故。

8）非伤亡一般事故（含火灾、机械、爆破事故等）分为 Ⅰ、Ⅱ、Ⅲ、Ⅳ、Ⅴ 五个等级（可根据本单位实际情况划分）：

① 事故造成直接经济损失 200 万元以上为 Ⅰ 级非伤亡一般事故。

② 事故造成直接经济损失在 100 万~200 万元的，为 Ⅱ 级非伤亡一般事故。

③ 事故造成直接经济损失在 30 万~100 万元的，为 Ⅲ 级非伤亡一般事故。

④ 事故造成直接经济损失在 10 万~30 万元的，为 Ⅳ 级非伤亡一般事故。

⑤ 事故造成直接经济损失在 10 万元以下的，为 Ⅴ 级非伤亡一般事故。

二、事故报告

（一）内部报告时间规定

（1）发生安全事故，事故现场有关人员或负伤者应立即报告现场安全员或生产单位负责人，以便及时采取有效措施组织抢救或处理，减少事故损失和影响。

（2）发生轻伤事故（包括交通事故）、Ⅳ~Ⅴ级非伤亡一般事故、食物中毒事故，生产单位的安全部门负责人或生产单位负责人应在 2 小时内向公司安全管理部门报告，安全管理部门接报告后应立即向公司分管安全生产的副总经理报告，分管安全生产的副总经理向公司总经理汇报。

（3）发生重伤、死亡事故（包括交通事故）或 Ⅲ 级及以上的非伤亡一般事故，生产单位负责人必须立即向公司安全管理部门报告，安全管理部门接报告后应立即向公司分管安全生产的副总经理报告，分管安全生产的副总经理立即向公司总经理报告。

（4）发生爆破器材（包括混装炸药原材料，下同）丢失、被盗、被抢事故，相关管理人员必须立即向生产单位负责人报告，生产单位负责人立即向当地公安部门和公司安全管理部门报告，安全管理部门接报告后应立即向公司分管安全生产的副总经理报告，分管安全生产的副总经理向公司总经理报告。

（5）发现疑似职业病例，生产单位负责人应在 12 小时内向公司安全管理部门报告，安全管理部门接报告后应立即向公司分管安全生产的副总经理报告，分管安全生产的副总经理向公司总经理汇报。

（二）向上级报告时间规定

（1）发生特别重大事故、重大事故、较大事故、一般事故等级别的生产安全事故，公司总经理应当1小时内向生产单位所在地县级以上安全生产监督局和负有安全生产监督职责的有关部门（如城乡建设局、煤监局、经信委等）报告。

（2）发生交通事故、火灾事故，当事人应向事故所在地公安部门报告，由公安部门负责处理。

（3）发生爆破器材丢失、被盗、被抢事故，生产单位负责人应立即向安全管理部门报告，由公司向当地公安部门报告。

（4）发生食物中毒事故，生产单位应当于1小时内向所在地的县级以上地方人民政府卫生行政部门、安监部门报告。

三、事故现场保护

（1）发生安全事故后，应妥善保护事故现场以及相关证据，不得破坏事故现场、毁灭相关证据。

（2）因抢救人员、防止事故扩大及疏通交通等原因，需要移动事故现场物件的，应当做出标志、拍照、绘制现场简图并做出书面报告，妥善保存现场重要痕迹、物证。

（3）发生轻微的非伤亡事故拍照后可以不保留现场。

（4）发生各个级别的非伤亡事故，如设备、财产购买保险的，应通知保险公司到现场确认。

（5）发食物中毒事故时，必须保留当天食物样品。

四、事故调查权限

（1）发生1人轻伤事故、V级非伤亡事故由生产单位负责调查处理。事故调查处理小组成员由生产单位负责人或主管生产的副经理、总工程师以及技术、安全、生产等部门负责人组成，必要时公司派人参加。

（2）发生2人（含）以上轻伤事故、IV级非伤亡事故，由生产单位负责调查处理。事故调查处理小组成员由生产单位负责人、主管生产的副经理、总工程师以及技术、安全、生产等部门负责人组成，公司派人参加。

（3）发生重伤、III级及以上非伤亡事故，由公司安全生产委员会负责调查处理。事故调查处理小组成员由总经理或分管安全的副总经理以及安全、运营、技术、人力资源、工会等部门人员组成。

（4）火灾事故由消防部门负责调查处理，生产单位配合调查处理，必要时公司派人配合调查处理。

（5）发生爆破器材丢失、被盗、被抢事故，事发的生产单位和公司派人员配合事故所在地公安部门调查处理。

（6）发现疑似职业病例，由病员所在生产单位负责处理，公司安全管理部门、人力资源部门、法务、工会进行协助。

（7）按《生产安全事故报告和调查处理条例》中的事故分级，发生一般事故及以上安全事故，由上级有关政府部门负责调查处理，公司安全生产委员会及发生事故生产单位配合调查。

发生Ⅱ级、Ⅰ级非伤亡事故，如发生事故单位所在地县级安监部门委托公司调查处理的，由公司安委会组织事故调查组进行调查处理，并将调查处理结果向委托单位报告。

（8）食物中毒事故，由生产单位所在地的县级以上人民政府卫生部门、安监部门负责调查、处理。

五、事故调查、处理程序

（一）召开事故调查首次会议

（1）参加人员：调查组成员、当事人、事故现场目击者、发生事故的生产单位（部门，下同）当班现场管理人员、生产单位领导（由公司安全生产委员会负责调查处理的事故）。

（2）主要内容：明确调查目的、方式、要求以及调查组成员分工。

（二）调查方式

（1）分别找当事人、事故现场目击者以及与事故相关的人员访谈。

（2）访谈记录采用录音或笔录，笔录应让受访者过目后签名确认。

（3）当事人、事故现场目击者以及与事故相关的人员将事故发生过程、所见所闻、对事故原因的看法写成书面材料提交调查组。

（4）查看现场并拍摄现场照片。

（5）向救治医生了解情况及查看病历。

（三）调查组碰头会

调查组根据调查所掌握的情况，对照相关法律、法规及公司制度规定，就事故原因、责任人及责任划分、防止事故再次发生的安全措施，对责任人的处理意见达成初步意见。

（四）召开事故分析处理会

（1）参加人员：调查组成员、当事人、事故现场目击者、发生事故的施工队的当班现场管理人员、生产单位当班现场管理人员、发生事故的施工队负责人，生产单位领导（由公司安全生产委员会负责调查处理的事故）。

（2）参加会议人员对事故原因、责任人责任划分，应采取的防范措施发表自己的意见。

（3）调查组组长综合大家意见，结合调查组的初步意见，就事故原因、责任人及责任划分、防止事故再次发生的安全措施，对责任人的处理做出结论，提交公司总经理批准。

（4）事故通报：

1）由生产单位负责调查处理的事故，处理结果应形成书面通报下发属下各单位，并要求各单位将通报张贴在明显位置供员工阅看，在班前活动、生产例会上向员工传达，同时上报安全管理部门。

2）由公司安全生产委员会负责调查处理的事故，向公司属下各生产单位下发事故处理结果书面通报，各单位必须将事故处理结果向全体员工传达。

3）按国家《生产安全事故报告和调查处理条例》划分的一般事故及以上安全事故按调查组的要求执行。

（五）防范措施落实情况督查

（1）由生产单位负责调查处理的生产安全事故，其整改和防范措施落实情况由该生产单位安全管理部门负责监督、检查。

（2）由公司安全生产委员会负责调查处理的安全生产事故其整改和防范措施落实情况由安全管理部门和相应职能部门负责监督、检查。

（3）Ⅲ级非伤亡事故调查处理报告中提出防范措施落实情况，安全管理部门和相应职能部门负责检查；由上级有关政府部门负责调查处理的事故，所提出的防范措施由本公司分管安全工作的副总经理配合上级安全生产监督管理部门进行监督、检查。

（六）事故结案时间

（1）发生1人轻伤事故、Ⅴ级非伤亡事故应在10天内完成调查处理。

（2）发生2人（含）以上轻伤事故、Ⅲ级、Ⅳ非伤亡事故应在15天内完成调查处理。

（3）由上级有关政府部门负责调查处理的事故，按《生产安全事故报告和调查处理条例》规定时间结案。

六、事故统计

公司安全管理部门、各生产单位必须建立事故事件统计表和事故事件档案。

七、罚则

对发生事故的生产单位及事故责任人的处理实行经济处罚和行政处分并举。罚则明细详见表2-6所示《责任事故经济处罚明细》以及表2-7所示《责任事故行政处分明细》的相关内容。

对于行政处分有如下说明：

（1）行政处分等级为通报批评、警告、记过、记大过、降级、撤职、留用察看、开除。

（2）行政处分期限：警告6个月；记过、记大过12个月；降级12个月；撤职18个月；留用察看12~24个月。（特别强调期限的除外）。

（3）处分期间被处分人不得晋升、加薪、评先。

（4）被处分期间，未出现"三违"行为的，到期给予解除处分，对降级及以上处分的，可根据个人能力和工作需要，安排合适岗位。

表2-6　责任事故经济处罚明细（根据本单位实际情况制定处罚金额）

事故类别	事故严重程度	责任单位（生产单位或地面站）负责人	事故直接责任人	事故间接责任人	备　注
死亡事故	死亡3人及以上	处罚50万元	处罚5万元	处罚2.5万元	较大事故
	死亡2人	处罚20万元	处罚3万元	处罚1.5万元	一般事故
	死亡1人	处罚5万元	处罚1万元	处罚5000元	一般事故
重伤事故	重伤3人及以上	处罚5万元	处罚1万元	处罚5000元	限一般事故
	重伤2人	处罚3万元	处罚1万元	处罚5000元	一般事故
	重伤1人	处罚1万元	处罚5000元	处罚2000元	一般事故

续表 2-6

事故类别	事故严重程度	责任单位（生产单位或地面站）负责人	事故直接责任人	事故间接责任人	备注
轻伤事故	轻伤 3 人及以上	处罚 1 万元	处罚 5000 元	处罚 2000 元	一般事故
	轻伤 2 人	处罚 8000 元	处罚 3000 元	处罚 1500 元	一般事故
	轻伤 1 人	处罚 5000 元	处罚 2000 元	处罚 1000 元	一般事故
非伤亡事故（包括火灾事故、设备、爆破事故）	直接经济损失 1000 万元以上	处罚 20 万元	处罚 3 万元	处罚 1.5 万元	较大事故
	直接经济损失 200 万~1000 万元	处罚 5 万~20 万元	处罚 1 万~3 万元	处罚 0.5 万~1.5 万元	Ⅰ级非伤亡一般事故
	直接经济损失 100 万~200 万元	处罚 2 万~5 万元	处罚 1 万~2 万元	处罚 3000~5000 元	Ⅱ级非伤亡一般事故
	直接经济损失 30 万~100 万元	处罚 1 万~2 万元	处罚 5000~1 万元	处罚 2000~3000 元	Ⅲ级非伤亡一般事故
	直接经济损失 10 万~30 万元	处罚 5000~1 万元	处罚 1000~5000 元	处罚 1000~2000 元	Ⅳ级非伤亡一般事故
	直接经济损失 10 万元以下	处 3000~5000 元的罚款	处 1000~3000 元的罚款	处 500~1000 元的罚款	Ⅴ级非伤亡一般事故
食物中毒事故	3 人及以上	处罚 1.5 万元	处罚 5000 元	处罚 3000 元	一般（食物中毒）事故
爆破器材被盗、遗失事件		处罚 5 万元	处罚 2 万元	处罚 1 万元	
职业病	3 人及以上	处罚 10 万元	处罚 1.5 万元	处罚 1 万元	
	2 人	处罚 3 万元	处罚 1 万元	处罚 5000 元	
	1 人	处罚 1 万元	处罚 5000 元	处罚 2500 元	
交通事故	由交警依法处理，事故责任划分以交通事故认定书为准；给公司造成直接经济损失的，参照上述非伤亡事故，对发生事故单位负责人、直接责任人、间接责任人进行处罚				
险肇事故	由事故调查组根据事故的性质、可能造成的危害程度，对应上述事故分类和级别，按同类同级别事故处罚金额的 20% 对生产单位负责人、直接责任人、间接责任人、责任单位进行处罚，且对生产单位负责人最低罚款不少于 1000 元，对直接责任人最低罚款不少于 800 元，对相关间接责任人每人最低罚款不少于 500 元				

注：发生事故的生产单位有如下行为的，根据事故的性质及严重程度做如下处理：

1. 事故发生后，不立即组织事故抢救的，对负责人处上一年年收入 10%~100% 的罚款。

2. 事故发生后，对公司隐瞒不报、谎报、漏报、迟报的，对生产单位负责人、生产单位安全管理部门负责人、相关责任人及负有上报责任而知情不报者，分别处上一年年收入 10%~60% 的罚款。

3. 事故发生后，单位主要负责人、安全管理部门负责人及相关责任人在事故调查处理期间擅离职守的，处上一年年收入 10%~100% 的罚款。

4. 事故发生后，对伪造、故意破坏事故现场，销毁有关证据、资料，或者拒绝接受调查，或者拒绝提供有关情况和资料，或者在事故调查中作伪证，或者指使他人作伪证的人员，处上一年年收入 10%~90% 的罚款。

表2-7 责任事故行政处分明细（可根据本单位实际情况制定行政处理级别）

事故类别	事故严重程度	责任单位（生产单位）负责人	事故直接责任人	事故间接责任人	备注
死亡事故	死亡3人及以上	撤职	开除	开除	较大事故
	死亡1~2人	降级	开除	降级	一般事故
重伤事故	重伤3人及以上	降级，情节严重的撤职	开除	降级	一般事故
	重伤1~2人	记大过	开除	记过	一般事故
轻伤事故	轻伤3人及以上	记大过	降级	警告	一般事故
	轻伤1~2人	记过	记大过	通报批评	一般事故
非伤亡事故（包括火灾事故、设备、爆破事故）	直接经济损失1000万元以上	撤职	开除	开除	较大事故
	直接经济损失200万~1000万元	降级，情节严重的撤职	降级，情节严重者撤职。	记大过，情节严重的，降级	Ⅰ级非伤亡一般事故
	直接经济损失100万~200万元	记大过，情节严重的，降级	记大过，情节严重的，降级	记过，情节严重的，记大过	Ⅱ级非伤亡一般事故
	直接经济损失30万~100万元	记过，情节严重的，记大过	记过，情节严重的，记大过	警告，情节严重的，记过	Ⅲ级非伤亡一般事故
	直接经济损失10万~30万元	警告，情节严重的，记过	警告，情节严重的，记过	通报批评，情节严重的，警告	Ⅳ级非伤亡一般事故
	直接经济损失10万元以下	通报批评，情节严重的，警告	通报批评，情节严重的，警告	通报批评	Ⅴ级非伤亡一般事故
食物中毒事故	3人及以上	记大过	开除	记大过	
爆破器材被盗、遗失事件		撤职，2年内不得再担任同等以上职务，情节严重的开除	开除	降级，情节严重的，撤职	构成犯罪的，依法追究刑事责任
职业病	1人以上	降级	降级	降级	
险肇（未遂）事故	由事故调查组根据事故的性质、可能造成的危害程度，对应上述事故分类和级别，降低处理等级，对相关责任人员进行行政处分。				
交通事故	由交警依法处理，事故责任划分以交通事故认定书为准，给公司造成直接经济损失的，参照上述非伤亡事故，对发生事故单位负责人、直接责任人、间接责任人进行行政处分。				

注：发生事故的生产单位有如下行为的，根据事故的性质及严重程度做如下处理：

1. 事故发生后，不立即组织事故抢救的，对生产单位负责人进行撤职处分，情节严重的开除；构成犯罪的，依法追究刑事责任；

2. 事故发生后，对公司隐瞒不报、谎报、漏报、迟报的，对项目负责人、生产单位安全管理部门负责人、相关责任人及负有上报责任而知情不报者，视情节轻重程度，给予记过及以上行政处分；构成犯罪的，依法追究刑事责任；

3. 事故发生后，生产单位负责人、生产单位安全管理部门负责人及相关责任人在事故调查处理期间擅离职守的，视情节轻重程度，给予记过及以上行政处分；构成犯罪的，依法追究刑事责任；

4. 事故发生后，对伪造、故意破坏事故现场，销毁有关证据、资料，或者拒绝接受调查，或者拒绝提供有关情况和资料，或者在事故调查中作伪证，或者指使他人作伪证的人员，视情节轻重程度，给予记过及以上行政处分；构成犯罪的，依法追究刑事责任；

5. 与国家法律法规有冲突的，以国家法律法规为准。

在经济处罚和行政处分的执行过程中还应分清：

（1）罚款（单位和个人）从年底奖金中扣除，分包单位从工程款中扣除。

（2）同一年内发生两次以上事故的加重一级处罚。

（3）所有罚金上交公司，作为公司的安全基金。

（4）同一事故中出现多种责任事故的依次处罚顺序：伤亡事故-爆破器材被盗、遗失事件-其他事故，取最严重的等级进行处罚。

（5）分包商的安全生产不良信誉档案，作为对分包商评级条件和参与公司工程分包的准入条件。

（6）处罚、处分明细中出现"以上"表示包含本数，"以下"表示不包含本数。

（7）责任单位和责任人记入安全不良记录档案，作为以后人才聘用参考依据。

（8）发生轻伤以上事故、直接经济损失10万元以上非伤亡事故、爆破器材丢失事故的责任单位，取消单位年度评优资格，相关责任人取消个人年度评优资格。

（9）直接经济损失是指：人身伤亡所支出的费用（包括医疗费用和护理费）、丧葬及抚恤费用、补助及救济费用和误工费等、善后处理费用（包括处理事故的事务性费用、现场抢救费用、清理现场费用、事故罚款和赔偿费用）、财产损失费用（包括固定资产损失和流动资产损失）三部分组成。

（10）年收入：是指上一年度的个人总收入；刚入职的人员按公司同岗位上一年度平均总收入计算。

（11）对负有直接责任的分包单位的处罚：把"负有直接责任分包单位的处罚条款"列入分包合同的安全条款，对发生事故的分包单位按分包合同执行。

（12）发生事故后，责任单位组织抢救情况、事故处置、事故造成的影响、最终处理结果和给公司造成的直接、间接损失是判定事故情节严重程度的考虑依据。

第十节　从业人员职业健康管理制度

提要： 露天矿山工程和大型土石方工程的主要职业危害因素是粉尘。露天矿山工程和大型土石方工程必须依法制定职业健康制度并执行，防止尘肺病发生。

一、总则

（1）根据《中华人民共和国职业病防治法》《职业病危害因素分类目录》《关于加强职业安全健康监管工作的通知》等法律法规的要求，为做好职业健康管理工作，预防和减少职业危害，保障员工的生命健康权益，特制定本制度。

（2）本规定适用于公司及属下生产单位。

二、从业人员职业健康管理规定

（1）公司各职能部门在职业健康管理方面的职责：

1）公司工会负责对职业健康防治工作实行民主管理和群众监督，组织开展职业健康防治的宣传、教育活动。

2）公司营销部门（工程招标投标部门）负责在工程施工合同列明职业健康管理要求和

费用。

3）公司技术部门负责职业健康危害因素的辨识、评价、制定职业健康危害防治措施并组织落实。

4）公司安全管理部门负责预防职业健康危害的监督检查，以及职业病的统计、报告和档案管理工作。

5）公司人力资源管理部门负责对职业病患者或职业禁忌者调换工作岗位，安排职业病患者治疗、休养。

6）公司财务部门负责保障职业健康费用的及时支付和监督检查正确、有效使用。

7）生产单位负责预防职业健康危害措施的实施及日常检查，具体职业健康的检查项目可参考表2-8。

表 2-8　职业健康检查项目

危害因素或作业	上岗前检查项目	在岗期间及离岗检查项目	职业禁忌证
铅及其化合物（采矿）	常规项目丨内科常规检查（是指血压测定、心、肺、腹部检查、甲状腺、咽喉检查，下同），握力，肌张力，腱反射，三颤（指眼睑震颤、舌颤、双手震颤），血常规，尿常规，肝功能，心电图，肝、脾 B 超，胸部 X 射线摄片（下同）	内科常规检查，握力，肌张力，腱反射，三颤，血、尿常规，尿铅和血铅，尿 δ-氨基乙酰丙丙酸或红细胞锌原卟啉，尿粪卟啉，肝功能*，心电图*，肝、脾 B 超*，神经肌电图*	1. 各种精神疾病及明显的神经症； 2. 神经系统器质性疾病； 3. 严重的肝、肾及内分泌疾病
汞及其化合物（采矿）	常规项目，口腔黏膜、牙龈检查	内科常规检查，三颤，牙龈检查，尿汞定量，血、尿常规，肝功能*，心电图*，尿 β2-微球蛋白*，尿蛋白定量*	1. 神经精神疾病； 2. 肝、肾疾病
磷及其无机化合物（不含磷化氢）（采矿）	常规项目	内科常规检查，牙周、牙体检查，血、尿常规，肝功能，肾功能，肝脾 B 超，下颌骨 X 射线左右侧位片，心电图*	1. 牙周、牙体颌骨的明显病变； 2. 慢性肝、肾疾病
砷及其化合物（不包含砷化氢）（采矿）	常规项目，皮肤检查	内科常规检查，皮肤检查，末梢感觉，腱反射，尿砷，肝功能，血常规、尿常规，尿 β2-球蛋白*，心电图*，肝脾 B 超*，胸部 X 射线片*，神经肌电图*	1. 神经系统器质性疾病； 2. 肝、肾疾病； 3. 严重皮肤病
砷化氢（采矿）	常规项目	内科常规检查，血、尿常规，尿游离血红蛋白，网织红细胞计数，肝功能，肾功能，心电图*，B 超*，尿砷*	1. 严重贫血； 2. 明显的肾脏及肝脏疾病
二氧化硫（采矿）	常规项目，耳鼻喉科检查	常规项目，眼科、耳鼻喉科检查，胸部 X 线摄片，肺通气功能*	1. 明显的呼吸系统慢性疾病； 2. 明显的心血管系统疾病

危害因素或作业	上岗前检查项目	在岗期间及离岗检查项目	职业禁忌证
氮氧化物（爆破作业）	常规项目	内科常规检查，握力，肌张力，腱反射，血、尿常规，心电图，胸部 X 射线摄片，肝功能*，肝脾 B 超*，肺功能测定*	1. 明显的呼吸系统疾病； 2. 明显的心血管系统疾病
一氧化碳（爆破作业）	常规项目	内科常规检查，握力，肌张力，腱反射，血、尿常规，血碳氧血红蛋白，心电图，肝功能*，肝脾 B 超	1. 各种中枢神经和周围神经器质性疾病； 2. 器质性心血管疾病
硫化氢（采矿）	常规项目	内科常规检查，握力，肌张力，腱反射，血、尿常规，肝功能，心电图，肺功能*，肝脾 B 超*，胸部 X 射线片*	1. 明显的呼吸系统疾病； 2. 神经系统器质性疾病及精神疾患； 3. 明显的器质性心、肝、肾疾患
磷化氢（采矿）	常规项目	内科常规检查，尿常规，肝功能，心电图，胸部 X 射线摄片，血常规*，肝脾 B 超*	1. 神经系统器质性疾病； 2. 明显的呼吸系统慢性疾病； 3. 明显的心血管、肝、肾疾病
无机氟化物，氟化氢（采矿）	常规项目、腰椎及骨盆 X 射线摄片	内科常规检查，牙齿检查，血、尿常规，尿氟定量，骨密度测定，腰椎及骨盆 X 射线摄片，肝功能*，心电图*，肝脾 B 超*	1. 骨关节疾病； 2. 慢性呼吸系统疾病； 3. 地方性氟病； 4. 明显的心血管、肝、肾疾病
三硝基甲苯（爆破生产）	常规项目、眼晶状体、眼底及皮肤检查	内科常规检查，眼晶状体，眼底及皮肤检查，血、尿常规，肝功能，肝脾 B 超，心电图*	1. 肝炎病毒携带者； 2. 肝、胆疾病； 3. 各种原因引起的晶状体混浊或白内障； 4. 全身性皮肤病； 5. 各种血液病
无机粉尘	矽尘 石棉	内科常规检查，心电图，肝功能，血、尿常规，高千伏胸部 X 射线摄片，肺功能	1. 活动性结核病； 2. 慢性呼吸系统疾病； 3. 明显影响肺功能的疾病
	煤尘、炭黑、石墨 滑石、云母、水泥 陶土、铸尘、铝尘 焊尘（采矿、岩土工程、隧道工程、拆除工程、基础地坑工程、电焊工）	内科常规检查，心电图；肝功能，血常规；尿常规。高千伏胸部 X 射线摄片，肺功能	

危害因素或作业	上岗前检查项目	在岗期间及离岗检查项目	职业禁忌证
局部震动（手动钻眼工、风镐工、油炮机操作工）	内科常规检查，手部痛、触觉、振动觉检查，神经肌电图检查*冷水复温试验*	内科常规检查，手部痛、触觉、振动觉检查，神经肌电图检查*冷水复温试验*	1. 明显的中枢或周围神经系统疾病； 2. 末梢血管性疾病，尤其是雷诺氏病； 3. 严重的心血管疾病； 4. 明显的内分泌功能失调； 5. 严重的听力减退
噪声（爆破工、钻工、风镐工、空压机操作工）	内科常规检查，耳鼻检查，血、尿常规，心电图，纯音听力测试	内科常规检查，耳鼻检查，血、尿常规，心电图，纯音听力测试	1. 各种病因引起的永久性感音神经性听力损失（500～1000Hz、2000Hz中的任一频率的纯音气导听阈）大于25dB； 2. 各种能引起内耳听觉神经系统功能障碍的疾病
电工作业	内科常规检查、肱二头肌、肱三头肌、膝反射、视力、色觉、血常规、尿常规、心电图、脑电图*	内科常规检查、肱二头肌、肱三头肌、膝反射、视力、色觉、血常规、尿常规、心电图、脑电图*	1. 心血管疾病； 2. 癫痫或晕厥史； 3. 色盲； 4. 高血压
高处作业（架子工）	内科常规检查，肱二头肌、肱三头肌、膝反射、三颤检查，肌力，视力，色觉，血、尿常规，心电图，脑电图*，头、颈、四肢骨关节，运动功能	内科常规检查，肱二头肌、肱三头肌、膝反射，三颤检查，肌力，视力，色觉，血、尿常规，心电图，脑电图*，头、颈、四肢骨关节，运动功能	1. 心血管系统疾病； 2. 癫痫或晕厥史； 3. 肢体肌肉骨骼疾病
高温热辐射	内科常规检查，握力，腱反射，肝功能，血、尿常规，心电图，胸部X射线片	内科常规检查，握力，腱反射。肝功能，血、尿常规，胸部X射线片，心电图，肝脾B超	1. Ⅱ期及Ⅲ期高泄压； 2. 活动性消化性溃疡； 3. 慢性肾炎； 4. 未控制的甲亢； 5. 糖尿病； 6. 大面积皮肤疤痕
高原低氧	内科常规检查、心电图、胸部X光、血液学检查、肺功能检查	内科常规检查、心电图、胸部X光、血液学检查、肺功能检查	中枢神经系统器质性疾病、器质性心脏病、高血压、慢性阻塞性肺病、慢性间质性肺病、伴肺功能损害的疾病、贫血、红细胞增多症

危害因素或作业	上岗前检查项目	在岗期间及离岗检查项目	职业禁忌证
机动车驾驶作业	内科常规检查，身高，眼科：视力（远视力、动视力、深视力）暗适应，视立体觉，视野，色觉，听力，尿常规，血型，血常规，心电图，胸部X线透视，速度判断，复杂反应，操纵技能，肝功能，脑电图	内科常规检查，身高，远视力，色觉，听力，血、尿常规，心电图，胸部X线透视	1. 身高：驾驶大型车<155cm，驾驶小型车<150cm； 2. 远视力（对数视力表）：两裸眼<4.0，并<4.9（允许矫正）； 3. 色觉：红绿色盲； 4. 立体盲； 5. 听力：双耳平均听阈>30db（语频纯音气导）； 6. 器质性心血管系统疾病； 7. 神经系统疾病：癫痫病史或晕厥史，美尼尔氏症，眩晕症，癔症，帕金森病和影响手脚活动的脑病； 8. 精神障碍：精神病，痴呆； 9. 运动功能障碍； 10. 四肢不全，拇指残缺，除拇指外其余四指缺二指，下肢不等长度大于5cm； 11. 不适于当驾驶员的其他严重疾病

注：正常体检周期原则上是一年一次，其中＊为必检项，并可根据生产单位的不同情况增加检查频率和项目，但不能降低检查频率。

（2）从业人员在生产劳动过程中，应严格遵守职业健康防治管理制度和职业安全卫生操作规程，并享有获得职业病预防、保健、治疗和康复的权利。

（3）生产单位的职业健康管理规定：

1）生产单位必须严格执行《中华人民共和国职业病防治法》和公司有关规章制度和安全操作规程。

2）生产单位的安全生产管理工作必须包括职业健康管理。

3）生产单位在对入职人员进行三级安全教育时，要对与上述职业危害因素有直接接触的作业人员同时进行《职业病防治法》、公司有关职业健康管理制度和安全操作规程、职业病预防知识的教育。

4）生产单位应在明显位置设置公布栏，公布安全生产管理制度、操作规程、安全技术措施、职业病预防控制措施。

5）生产单位新入职员工，必须具体如实填写以往从事与职业危害因素有接触作业的个人简历，生产单位必须保存员工信息表。《生产单位员工信息表》样例如图2-9所示。

生产单位员工信息表

					表格编号

工程名称及编码					
个人基本情况					

姓名		部门		职位		
出生年月		性别		入职公司时间		
民族		政治面貌		入职本生产单位时间		
毕业院校				专业		
学历/学位		档案所在地				
户籍所在地				EMAIL		
现居地址/邮编					联系电话	
身份证号码					婚姻状况	
紧急联络人		与联络人关系		联络人电话		
外语能力	□英语/程度_____		□其他/程度_____	驾驶证		
计算机能力		一般		其他技能		

职称/资格证/操作证	专业	证书编号	评定时间/到期日期

家庭成员（含供养关系人）情况

关系	姓名	出生年月	工作（学习单位）	住址/邮编	电话

工作经历

起止时间	工作单位	职位	证明人/电话

本单位在职情况　　劳动合同　劳务派遣

签约时间		合同年限		合同续签		
保险缴纳情况	养老	医疗	工伤保险	失业保险	生育保险	住房公积金
体检时间		健康状况		重大病史		

在职培训	起止时间	学费金额及承担	培训机构	备注
备注				

声明：本人保证以上所填各项内容属实，否则本人愿承担一切后果

图2-9 《生产单位员工信息表》样例

6）生产单位新入职员工，由生产单位属下的办公室（或综合管理部）负责组织拟使用的从业人员进行职业健康体检，生产单位的安全管理部门负责监督，防止冒名顶替体检现象发生。体检时填写个人体检表，姓名必须与身份证完全相符，体检报告由生产单位安全管理部门负责到医院取回，并将原件连同从业人员的简历和医疗检测机构资质证书复印件一并送公司备案，生产单位保存复印件。对找别人顶替体检、替别人体检、故意不正确填写自己真实姓名者，一律不得聘用；若体检后才发现的，该员工不得聘用，体检费由其本人负责。

7）从业人员离职时，必须事先进行离岗体检，并在体检报告上签名确认后才办理离职手续。从业人员上岗体检或在岗体检后工作满90天（含）者，离职时必须进行体检，未满90天离职的可以不进行离职体检。

8）生产单位必须记录并保留员工离职时间。

9）体检发现拟使用的从业人员患有职业病或传染病、职业禁忌证的，一律不得聘用。

10）未满18岁和年满60岁者不得从事工程现场施工作业岗位，生产单位所有员工在进场时，必须将身份证原件提交生产单位安全管理部门审核、复印备案，对提交不出身份证的人员，一律不得录用。

11）生产单位必须为与职业危害因素有接触的从业人员发放防护用品，并保证从业人员的个人防护用品失效或损坏时得到及时更换。

12）职业健康个人防护用品必须购买符合国家或行业标准的产品，并有产品合格证。

13）生产单位的安全管理人员应指导从业人员正确使用防护用品，并在作业全过程巡视监督从业人员坚持使用，对不遵守规定的从业人员及时进行纠正、教育，对于屡教不改的，按照有关规定进行处罚。生产单位的安全管理人员应按防护用品的使用寿命或实际老化程度及时督促作业人员更换。

14）生产单位应按照相关的法律法规要求，对作业场所的粉尘、噪声等危害因素进行检测，同时施工过程中必须采取有效的防护措施加以预防。

15）生产单位的安全管理人员应坚持安全工作记录，适当拍照或录像，记录作业过程中防护职业病的措施、从业人员执行规定的情况、监督检查情况等，并保存记录资料。

16）生产单位应建立个人劳动防护用品的采购、验收、发放、更换、报废等台账并妥善加以保存。

17）生产单位安全管理人员应完整收存生产单位控制职业病的资料，在工程项目竣工后交公司档案室存档。

三、劳动防护用品管理

（一）公司安全管理部门及其他职能部门职责

（1）负责制订公司劳动防护用品（工作服、安全帽、反光背心、工作鞋、防尘口罩、护目镜）管理办法和发放标准。

（2）负责组织劳动防护用品供应商的评价和定期再评价工作。

（3）负责建立劳动防护用品合格供应商台账。

（4）其他职能部门和工会等部门参加评价工作。

（5）公司领导和管理人员在生产单位发现违反劳动防护用品采购、发放、使用等行为，有权提出批评、处罚并要求整改。

（二）生产单位职责

（1）生产单位应根据需要在合格供应商中进行采购相应的劳动防护用品。

（2）负责本生产单位的劳动防护用品的采购、入库、发放、建立并保存发放台账等，包括获取和保存生产厂家提供产品"三证一照"（生产许可证、安全鉴定证、产品合格证、营业执照）。

（3）按照合同约定负责劳动防护用品质量检验工作，对不具备使用条件的，有权拒绝收货，要求退换或退款，并及时向公司安全管理部门反馈劳动保护用品质量情况。

（4）监督检查员工正确使用劳动防护用品，对违规者查处。

四、劳动保护用品发放

（1）新进人员根据岗位工作需要，需进行三级安全教育后，上岗前配发劳动防护用品，首次发放两套冬装或两套夏装工作服。

（2）各生产单位对劳动防护用品的数量、品种等进行核实，按要求发放，并做好废旧劳动防护用品的回收工作，同时建立相应的发放台账和回收台账，其《劳动保护用品发放登记表》样例如图2-10所示。

劳动防护用品发放登记表

发放日期：　　年　月　日　　　　　　　　　　　　　　　　　编号：

单位（部门）名称				班组	
序号	姓名	工种	劳动用品名称	数量	领用人签名
1					
2					
3					
⋮					
11					
12					

发放人：　　　　　　　　　　　　　审批人：

图2-10　《劳动防护用品发放登记表》样例

（3）在本生产单位转换岗位的员工，因新岗位需要而在原岗位未配发的劳动防护用品，经生产单位安全管理部、安全员核实后予以补发。

（4）员工从事多工种作业的，应按其危害保护进行发放，不得重复发放。

（5）生产单位之间调动的员工，在原生产单位领取的劳动防护用品可以带到新生产单位使用，原生产单位发放的劳动防护用品具有延续性（即使用期限未到的，应继续使用，新生产单位不必重复发放，双方生产单位之间要做好相关信息的交接），若到新生产单位后岗位变化，新岗位需要而在原生产单位未配的，则新生产单位应被发配齐。

（6）各工种员工不管什么原因脱离工作岗位一个月以上者，停发当月有关劳动防护用品，半年以上者，停发工作服、防护鞋，回岗位后原发劳动防护用品顺延使用期限。

有关劳动防护用品具体发放标准可参考表2-9执行。

表 2-9　劳动防护用品发放标准

类别	发放范围	样式要求	其他要求	发放频次
工作服	生产单位全体员工、分包队人员	公司统一款式		夏装 2 套/24 个月；冬装 2 套/24 个月
安全帽	生产单位全体员工、分包队人员	符合国家标准《安全帽》标准（GB 2811—2007）	现场作业人员安全帽为黄色，专职安全员为红色，生产单位管理人员为蓝色，外来参观、检查人员为白色	1 顶/30 个月，以出厂日期计起
工作鞋	全体员工、分包队人员	防砸鞋符合行业标准《保护足趾安全鞋》（个人防护装备安全鞋）（GB 211108—2007）	汽车驾驶员为普通工作鞋，电工为防砸、绝缘工作鞋，其他员工为防砸工作鞋	1 双/12 个月；寒冷地区，配发防寒鞋，1 双/24 个月
手套	全体员工、分包队人员	绝缘手套符合国家标准《带电作业绝缘手套》（GB/T 17622—2008）	电工为绝缘手套，其他员工为普通纯棉线手套	2 对/月
眼护具	施工车辆驾驶员及维修工、电焊工、现场施工人员	眼护具符合国标《个人用眼护具技术要求》（GB 14866—2006）要求	车辆驾驶员为防紫外线眼护具，电焊工为焊接眼护具，车辆维修人员为防异物眼护具，现场施工人员为普通眼护具	1 副/两年
防尘口罩	现场施工作业人员	符合《呼吸防护用品自吸式过滤式防颗粒物呼吸器》（GB 2626—2006）要求	钻孔、爆破员配发过滤式防颗粒物呼吸器，其他现场施工人员配发 3M 口罩	滤芯 10 片/月，3M（一次性）口罩 10 个左右/月

五、劳动保护用品使用

（1）生产单位员工上班时间必须正确穿戴劳动保护用品，各级管理部门和员工均有权对劳动防护用品的穿戴和使用情况进行监督或举报，凡违反劳动保护用品管理规定的，一经查实，予以严肃处理。

（2）印有企业标志的劳动防护用品严禁以任何形式和理由转让他人，因此造成公司形象损害或涉及违法事件的，由当事人个人承担一切后果。

（3）员工的耐用劳动防护用品和特种劳动防护用品使用期满后，由生产单位安全员进行鉴定，对确已失去劳动防护作用的，由生产单位安全员统计数量提出换领计划，制作报废清单交仓库回收。

（4）生产单位安全管理部门会同技术部门、物资管理部门定期对废旧劳保用品进行回收利用，或报生产单位负责人审批后进行集中销毁。

（5）外单位人员、公司本部人员到生产单位参观、检查时，由生产单位安全管理部门或安全员负责办理有关手续，配发必要的劳动防护用品。

（6）各种原因造成劳动防护用品非正常损坏，且未到发放期限需领用的，由其本人到财务处交费，凭财务收据办理补领手续。

（7）劳保鞋、工作服使用未到周期，因质量问题造成的损坏，已失去防护作用的，由本人提出书面申请，由生产单位安全管理部门或安全员进行鉴定，分管安全的领导批准后给予重新发放，并及时向公司安全管理部门书面反映，必要时向供应商提出索赔。

（8）劳保鞋、工作服使用未到周期，但因工作环境导致已失去防护作用的（如污染、腐蚀、烫损等），经生产单位分管安全的领导鉴定后，交旧换新。

（9）各生产单位的仓库保管人员应妥善保管好劳保用品，防止发霉、变质；并按规定统计库存情况，对缺供或大量积压情况应随时向生产单位分管领导反映。

（10）员工退休、辞职、调离或因其他原因离开公司的，工作服、安全帽等劳动保护用品必须如数回收，生产单位劳动防护用品管理部门要严格执行发放、回收手续，防止在过程中流失；因失职导致新、旧劳动防护用品流失的，予以严肃处理。

六、罚则

（1）违反本制度，有下列情形之一的，扣罚生产单位负责人10000元。

1）对新入职的从业人员，未按前述规定组织职业病健康检查安排上岗的。

2）使用患有职业病或传染病、职业禁忌证的从业人员的。

3）未按职业病体检周期组织到期体检的从业人员体检的。

4）未安排离职人员进行离岗前职业病健康检查的。

（2）违反本制度，有下列情形之一的，扣罚生产单位负责人5000元。

1）未对与职业危害因素有直接接触的从业人员进行有关职业病预防的规章制度、操作规程和预防知识等的教育和交底的。

2）未在醒目位置设置公布栏公布有关职业病预防的规章制度、操作规程的。

3）未给从业人员配备符合国家或行业标准的防尘口罩、耳罩、防护眼镜的。

4）未检查、督促从业人员按规定使用防护用品的（以发现从业人员作业时无戴者为准）。

（3）违反本规定，有下列情形之一的，扣罚生产单位负责人3000元，对生产单位安全管理部门负责人罚款500元。

1）未建立个人防护用品的采购、验收、发放、更换、报废、签领等台账（包括采购发票、合格证）并加以保存的。

2）未留存职业健康管理工作记录（拍照和录像）的。

3）职业病体检报告和作业场所粉尘、噪声检测报告原件一周内未寄回公司备案的。

4）未要求进场使用的从业人员填写以往工作简历并加以保存的。

5）未对与职业危害因素有接触的从业人员的进、离场时间及实际作业时间进行登记建档的。

6）发放给从业人员的工作证、工地出入证、工作服等，在从业人员离场时未收回的。

7）工程项目竣工后未将本规定要求的职业健康管理资料整理归入竣工资料交公司档案室存档的。

（4）由于生产单位安全管理部门监管不到位，导致从业人员进场前、在岗期间、离场前未做职业健康体检的，扣罚生产单位安全部门负责人1000元/人次。

（5）从业人员离职时，必须向财务部门递交离职前体检报告，方可办理工资结算，否则不得办理。生产单位财务部门存在未接收到员工离职前体检报告而为其办理工资结算手续的，扣罚生产单位财务部门负责人1000元/人次。

（6）由于生产单位对职业病的预防、监控、管理等工作不到位，导致发生职业病而造成公司损失的，在执行以上扣罚款的同时，生产单位负责人承担相应的责任。

第十一节　施工组织设计和专项技术方案编审制度

提要：《施工组织设计》是用以组织工程施工的指导性文件。在工程设计阶段和工程施工阶段分别由设计、施工单位负责编制。施工组织设计是对施工活动实行科学管理的重要手段，它具有战略部署和战术安排的双重作用，并体现了实现基本建设计划和设计的要求，提供了各阶段的施工准备工作内容，协调施工过程中各施工单位、各施工工种、各项资源之间的相互关系。为此，工程开工前必须科学、合理地编制《施工组织设计》，以确保有序、高效、安全完成工程施工任务。

一、总则

（1）为规范施工组织设计和专项技术方案编制审批管理工作，确保各项技术方案经济可行，切实保证工程施工安全，依据《建筑施工组织设计规范》（GB/T 50502—2009）、《建设工程安全生产管理条例》（国务院第393号令），特制本制度。

（2）本制度适用公司及属下各生产单位。

二、一般规定

（1）工程项目开工前必须完成图纸会审和设计交底工作，充分理解工程特点和设计意图，做好开工前的技术准备工作。

（2）施工组织设计是工程项目管理、组织、经济和技术方案的综合性文件，也是组织和指导工程施工的指导性文件，是改善和提高工程质量管理水平、技术水平的有效措施。不论工程大小，均要求认真编制施工组织设计。

（3）专项方案是施工单位在承揽工程后，施工之前，依据设计图纸、合同规定和分部工程及专项工程的具体情况，编制指导施工操作、保障分部或者专项工程的质量、确保安全，并获得经济效益的技术经济管理文件。根据露天矿山和大型土石方工程特点，有下述危险性较大的工程项目时，必须编制专项施工方案：

1）土方开挖工程。

2）高边坡工程。

3）高温区爆破工程。

4）采空区爆破工程。

5）地下及周围（包括上空）存在管线、文物，高压电线、建（构）筑物等需要实施控制爆破的及其他危险性较大的工程。

三、图纸会审

（1）审图工作由生产单位总工程师负责主持，各专业技术人员参加，在审图时，注意了解工程特点、设计意图、工艺流程，运用专业知识，结合以往施工经验，发现问题，及时提出合理化建议。在审图时，必须仔细，尽量把问题在施工准备阶段解决，避免在施工过程中出现问题，再找工程建设方、设计单位来解决，影响施工。

（2）设计交底和图纸会审，包括：

1）在工程进行图纸会审之前，生产单位要组织专业技术人员认真学习，了解设计意图、技术标准、工艺流程、工程特点、建设规模等，专业人员和施工班组长必须认真核对、协商配合，形成初始会审记录，在图纸会审时提出。

2）设计交底和图纸会审由建设单位主持，监理、设计、施工三方参与，先由设计单位介绍设计意图和工程特点，以及施工的要求，然后由施工单位提出存在的问题和对设计单位的要求，通过三方讨论与协商，解决存在的问题，写出会议纪要，由参与各方签字确认。《图纸会审记录表》的样例如图 2-11 所示。

图纸会审记录表				表格编号
工程名称及编号			日期	
设计单位		地点		
序号	图号	图纸问题	答复意见	
签字栏	建设单位	监理单位	设计单位	施工单位

图 2-11 《图纸会审记录表》样例

四、工程施工组织设计的编制、审批和备案规定

(一) 工程施工组织设计编制要求

(1) 工程施工组织设计编制由项目经理组织，项目总工程师负责，各专业技术人员和工程师分工编制相关内容。

(2) 特殊工程 (技术要求特别高的工程、施工难度特别大的工程、采用新开发施工工艺的工程、特殊爆破工程)，由公司总工程师组织公司专家、技术中心及生产单位人员共同编制。

(3) 施工组织设计的主要内容包括但不限于：施工技术、施工组织、施工管理、安全、进度、质量保证体系和应对突发事件的能力。一般应包含以下内容：

1) 工程概况。

2) 编制依据：标准、规范、规程、设计文件及图纸、合同等。

3) 施工部署：项目组织体系、施工准备、施工总平面布置、劳动力计划、设备及材料计划等。

4) 主要施工方案 (爆破方案中包括爆破参数选择、药量计算、钻孔和网路设计、安全距离计算、爆破灾害及预防措施)。

5) 绿色施工技术措施 (四节一环保：节地、节能、节水、节材和环境保护)。

6) 质量保证措施。

7) 工期保证措施。

8) 安全保证措施。

9) 文明施工措施。

10) 成本控制措施。

11) 应急预案。

12) 施工组织设计编制要有针对性、预见性和可行性，在实施过程中不断总结经验，不断补充和完善施工组织设计的内容，积极借鉴他人的成功的经验和实例，博采众长，突出特色，不断提高施工组织设计的编制质量。

13) 施工组织设计必须按规定要求统一编制，施工组织设计、封面、会签表要按照公司的统一格式印制装订。

(二) 工程施工组织设计审批备案规定

(1) 坚持施工组织设计审批制度，施工组织设计必须在项目开工前，完成编制审批。

(2) "特殊工程"由公司总工程师组织专家、技术中心和生产单位人员编制，公司总工程师批准。

(3) 除"特殊工程"外的施工组织设计由生产单位完成会审后报公司技术中心审查，审查通过后报公司总工程师批准。

(4) 经审查后的施工组织设计，未经审查人同意，任何人不得擅自变更，也不得以任何借口不予执行。对不执行施工组织设计或者擅自变更施工组织设计而造成的重大质量安全事故的，要追究当事人责任，以保证施工组织设计的严肃性和权威性。

(5) 涉及爆破工程的施工组织设计经审批后，必须报送当地县市公安局审查，经批准后方可实施。

工程施工组织设计或方案报审、会签及评审的流程备案表格可参考图2-12~图2-14样例。

施工组织设计（方案）报审表	表格编号

项目名称及编号		项目合同号	

监理机构：

　　现报上＿＿＿＿＿＿《施工组织设计（方案）》（全套、部分），已经我单位上级技术部门审查批准，请予审查和批准。

附件：

1.

2.

3.

承包单位（章）：

负　责　人：＿＿＿＿＿＿　日期：

监理机构审查意见（可附件）：

监理机构（章）：

总 监 理 工 程 师：＿＿＿＿＿＿　日期：

工程建设方审定意见：

工程建设方代表：＿＿＿＿＿＿　日期：

工程建设方负责人：＿＿＿＿＿＿　日期：

本表由施工单位填报，一式三份，经监理和业主审批后，工程建设方、监理、施工单位各一份。

图2-12　《施工组织设计（方案）报审表》样例

（三）工程施工组织设计修改与补充

发生以下情况时需修改和补充施工组织设计：

（1）合同条件发生重大变更。

（2）工程设计有重大修改。

（3）法律法规及其他要求发生重大变化。

（4）项目管理实施规划结果无法实现。

（5）主要施工方法有重大调整。

（6）主要施工资源配置有重大调整。

（7）施工环境有重大改变。

修改内容应得到原施工组织设计的批准人批准，并通知所有受控文件持有者。施工组织设计的修改和补充后，须按原施工组织设计审批流程审批。"特殊工程"报原批准人审批，涉及爆破的报当地县市公安局批准。

施工组织设计（方案）会签表			表格编号	
项目名称及编号				
施工组织设计（方案）名称				
编制人员				
1	技术质量部		年　月　日	
2	安全环保部		年　月　日	
3	生产调度室		年　月　日	
4	钻爆大队		年　月　日	
5	物资管理部		年　月　日	
6	设备管理部		年　月　日	
7	办公室		年　月　日	
8	合同部		年　月　日	
9	财务部		年　月　日	
项目总工程师意见： 项目总工程师：　　　年　月　日				
项目经理意见： 项目经理：　　　年　月　日				

图 2-13　《施工组织设计（方案）会签表》样例

五、专项方案编写、审批和备案规定

（一）专项施工方案的编制要求

（1）专项施工方案的编制内容应包括以下内容：

1）编制依据。

2）工程概况。

3）施工安排。

4）施工进度计划。

5）施工准备与资源配置计划。

6）施工方法及工艺要求。

7）质量要求。

8）其他要求。

施工组织设计（方案）评审表		表格编号	
		4	
项目名称及编号			
施工组织设计（方案）名称			
1	技术中心		年　月　日
2	运营中心		年　月　日
3	安全管理部门		年　月　日
4			年　月　日
5			年　月　日
6			年　月　日
7			年　月　日
8			年　月　日
9			年　月　日
技术中心审核意见： 技术中心负责人：　　　　年　月　日			
公司审批意见： 总　工　程　师：　　　　年　月　日			

图 2-14 《施工组织设计（方案）评审表》样例

（2）编制施工方案应遵循以下原则：

1）从实际出发，切实可行。

2）突出重点和难点。

3）满足质量和施工安全。

4）满足工期需要。

5）施工费用最低。

（二）专项施工方案的审批规定

（1）一般专项方案由生产单位专业技术人员编制，生产单位总工程师审核，项目经理审批。

（2）特殊爆破工程（比如火区爆破及定向控制爆破）、采空区探测、边坡稳定性处理、大型供电以及《建设工程安全生产管理条例》规定的危险性较大的专项施工方案由公司组织专家评审和公司总工程师审批，经工程建设方或总监签字批准后方可实施，其中用于备案的专家论证、报审文件请参考图 2-15 及图 2-16 的样例。

工程技术文件报审表	表格编号

项目名称及编号		日期	
施工编号		监理编号	

致_____（监理单位）

我方已编制了_____技术文件，并经相关技术负责人审查批准，请予以审定。

附：技术文件_____页_____册

施工单位_____　　　　　项目经理/负责人：

专业监理工程师审查意见：

专业监理工程师：_____　日期：

总监理工程师审批意见：

　　　　　审定结论：□同意　　　□修改后再报　　　□重新编制

监理单位：

总监理工程师：

日期：

图 2-15　《工程技术文件报审表》样例

（3）施工方案一经批准，即成为分部工程和专项工程施工作业准备和组织施工活动的技术经济文件，必须严肃对待。

六、其他一般性施工方案、施工措施规定

（1）除上述要求必须编制专项方案的分部和专项工程外，项目其他分项工程，包括新工作平盘准备、临时道路修筑、季节性施工措施方案等，也应编制施工方案或措施，施工方案和措施的编制应参照专项方案要求，应遵循从实际出发，切实可行，满足安全、工期、质量要求，施工费用最低原则。

（2）一般性施工方案和措施由生产单位专业技术人员编制，项目技术负责人审核，项目经理批准备，生产单位存档。

特殊工程施工方案专家论证表				表格编号		
项目名称及编号						
施工单位				项目负责人		
特殊工程名称						
专家一览表						
姓名	性别	年龄	工作单位	职务	职称	专业
专家论证意见：						
					年 月 日	
签字栏		组长： 专家：				

图 2-16 《特殊工程施工方案专家论证表》样例

七、安全技术交底规定

（1）安全技术交底由生产单位技术负责人根据工程的具体要求、特点和危险因素编写，由生产单位实施分级交底。复杂、重要的工程或专项施工项目开工前，由公司技术负责人向参加施工的管理人员进行安全技术交底。

（2）安全技术交底的实施应符合下列规定：

1）工程项目开工前，生产单位技术负责人必须将工程概况、施工方法、施工工艺、施工程序、安全技术措施等向本单位领导班子、生产管理人员、技术人员、安全管理人员、各施工班组长和相关人员进行交底。

2）各分部分项工程、关键工序、专项施工方案实施前，由项目技术负责人将安全技术措施向参加施工的管理人员进行交底。

3）复杂的、难度大的、特殊的、潜伏危险的部位施工前，生产单位应有针对性地进行全面、详细的安全技术交底。交底由生产单位技术负责人负责。

4）总承包单位向分包单位交底。

5）分包单位技术负责人向本单位的管理人员和作业班组长进行安全技术措施交底，班组长向作业人员进行安全技术交底。

6）无法避免的由两个以上作业班组和多工种进行交叉作业时必须进行书面安全技术交底。

7）对不同工种、不同施工对象，或分阶段、分部、分项、分工种进行安全技术交底时，不准整个工程只交一次底，必须实施分层次交底。

（3）安全技术交底主要内容：

1）本施工项目的施工作业特点和危险点。

2）针对危险点的预防措施。

3）应注意的安全事项。

4）相应的安全操作规程和标准。

5）发生事故时应及时采取的避难和急救措施以及现场保护。

（4）安全技术交底应符合如下的基本要求：

1）生产单位必须实行逐级安全技术交底制度，纵向延伸到班组全体作业人员。

2）安全技术交底必须具体、明确、针对性强。

3）安全技术交底的内容应针对具体工种或具体工程部位施工给作业人员带来的潜在危险因素和存在问题。

4）所有安全技术交底必须以书面形式，临时口头交底后必须及时补书面交底记录，交底双方应履行签名手续，交底双方各执一份。

八、罚则

安全技术交底落实不到位，走过场的，对项目总工罚款 2000 元，对安全部门负责人罚款 1000 元；因此造成事故的，则按照本章第九节"生产安全事故及职业病报告和调查处理制度"进行处理。

第十二节　气象灾害安全管理办法

提要：露天矿山工程和大型土石方工程受天气的影响较大，企业应制定《气象灾害安全管理办法》（以下简称《办法》），规范工程生产单位及时掌握工程所在地天气情况，提早做好防范极端天气措施，避免或减少台风、大风、暴雨、高温、雷电、大雾、灰霾、寒冷（高寒）和冰雹气象灾害造成的损失和伤害。

一、总则

（1）为了避免、减轻气象灾害造成的损失，保障员工生命和公司财产安全，特制定本办法。

（2）本《办法》所称气象灾害是指台风、大风、暴雨、高温、雷电、大雾、灰霾、寒冷（高寒）和冰雹等所造成的灾害。

（3）本办法适用公司及属下各生产单位。

二、公司各级的气象灾害防御职责

（1）公司负责人是本单位气象灾害防御责任人，对本单位的气象灾害防御负全面责任，应当履行下列职责：

1）组织制定气象灾害防御制度并督促实施。

2）保障本单位气象灾害防御相关工作所需的经费。

3）在灾害性天气影响或者气象灾害发生期间，指挥开展气象灾害防御及自救互救等工作。

4）法律、法规规定的其他气象灾害防御职责。

（2）公司应做好如下工作：

1）应制定完善本单位气象灾害应急预案，并做好气象灾害应急演练工作，要有记录和存档。

2）要加强本单位气象灾害防御知识培训，对有气象灾害的地区，员工每年至少培训一次，新员工上岗前也应当接受气象灾害防御知识培训。

3）气象灾害预报渠道要畅通，在接收到灾害性天气警报和气象灾害预警信号时，应及时在本部员工和下属单位范围内通过有效途径进行传播预警信息。

4）灾害性天气警报和气象灾害预警信号生效期间，应当根据本单位实际，按照相应的防御指引或者标准规范，开展隐患排查治理，采取防御措施，确保人员安全。

（3）公司气象灾害应急管理部门要做好以下工作：

1）组织制定本单位气象灾害应急预案，开展应急预案演练及知识培训。

2）根据易发气象灾害类型及危害，保障气象信息接收与传播正常运行，组织开展气象灾害隐患排查，并督促落实整改。

3）在灾害性天气影响或者气象灾害发生期间，开展气象灾害防御及救援等工作。

4）建立健全本单位气象灾害防御档案。

（4）生产单位应做好如下工作：

1）根据易造成影响的气象灾害种类，建立灾害风险防控机制，加强防灾抗灾设施的建设，提高设施设备、生产工具、机械装置等的防灾抗灾能力。

2）建立灾害性天气发生期间的值班制度，并落实值班人员的岗位责任。

3）因气象灾害或者由其造成的生产安全事故，应当立即向所在地人民政府有关部门报告情况，并服从政府有关部门的指挥、调度，积极参与抢险救援和灾后秩序恢复工作。

三、罚则

对违反本《办法》，不认真开展气象灾害防御工作，造成事故的，对直接负责的主管人员和其他直接责任人员依照相关规定给予经济处罚和行政处分；构成犯罪的，依法追究刑事责任。

第十三节　安全生产台账与档案管理制度

提要： 安全生产台账是反映一个单位安全生产管理的整体情况的资料记录。加强安全生产台账管理不仅可以反映安全生产的真实过程和安全管理的实绩，而且为解决安全生产中存在的问题，强化安全控制、完善安全制度提供了重要依据，是规范安全管理、夯实安全基础的重要手段。因此，安全生产台账不是一个可有可无的台账，及时、认真、真实地建立安全台账，是一个单位整体管理水平和管理人员综合素质的体现。

一、总则

（1）为进一步加强公司的安全生产基础管理工作，规范安全生产台账与档案管理，根据《中华人民共和国安全生产法》《职业病防治法》《建设工程安全生产管理条例》等法律法规规定，特制定本制度。

（2）本制度适用本公司及属下各生产单位。

（3）本制度所称的安全生产档案是指公司及属下生产单位在安全生产管理活动中直接形成的，对公司的安全生产具有保存与利用价值的各种文字、图表、声像等不同形式的记录。本制度所称安全台账是指公司及属下生产单位执行安全生产法律法规，标准、规章和落实安全生产制度过程中所形成的直接记录材料。

二、管理与职责

（1）安全生产档案与台账建设是公司安全管理的基础性工作，是维护公司安全生产、经济利益、合法权益的重要依据。公司全体员工应积极配合做好安全生产资料的收集以及档案的管理、保护和使用工作。

（2）除永久保存的安全档案交由公司档案室保管外，公司安全管理部门应设置专用安全生产资料柜，配备具有安全生产及档案常识的专（兼）职人员，集中统一管理本公司的安全生产档案，并对公司下属生产单位安全生产台账工作进行监督与指导。

（3）安全生产档案管理职责：

1）凡是在生产活动中形成的有保存价值的与安全关联性的文件材料都应按规定收集齐全，整理归档。

2）安全管理部门负责安全生产档案管理工作，各生产单位的专（兼）职安全管理人员负责本单位的安全生产档案管理工作。

3）安全管理部门专职管理人员负责收集公司领导在安全生产管理和参加重大安全生产活动中形成的材料。

4）安全生产档案管理责任人员应忠于职守，认真执行有关法律、法规和标准，协助公司各部门、各生产单位审核收集的安全关联归档材料的完整程度、准确性以及保存价值。

三、档案的范围、收集与移交

（一）安全生产档案的范围

安全生产档案范围一般包括但不限于以下内容。

（1）企业安全组织方面的内容：

1）安全生产许可证、营业执照（营业执照许可的经营项目必须与实际相符）。

2）企业主要负责人的任命文件和安全资格证书。

3）分管安全工作的负责人的任命文件及其资格证书。

4）企业安全管理人员的任命文件和安全资格证书。

5）企业安全管理机构及其负责人任命文件。

6）企业安全管理网络体系。

7）企业员工基本情况登记。

8）特种作业人员目录及其资格证书复印件。

9）其他与安全组织方面有关的内容。

（2）企业安全管理制度及相关文件、计划、总结方面的内容：

1）企业主要负责人、分管负责人、企业各部门、各级、各岗位人员安全生产责任制。

2）安全教育培训制度。

3）重大危险源辨识、监控制度。

4）危险品管理制度。

5）危险作业管理制度。

6）安全检查制度。

7）隐患排查整改制度。

8）安全生产奖惩制度。

9）生产安全事故报告与调查处理制度。

10）设备安全管理制度。

11）安全生产档案管理制度。

12）职业危害预防与劳动防护用品管理制度。

13）应急救援预案。

14）安全生产费用提取与使用管理制度。

15）民用爆炸物品领用与退库制度。

16）各工种、岗位或设备安全操作规程。

17）各类安全责任制、安全管理制度及操作规程实施、修订及作废的文件。

18）上级部门有关安全生产方面的文件、通知及执行情况汇报、记录。

19）各种安全生产方面的计划、总结、报告等材料。

20）其他安全相关的法律法规材料及有关规章制度。

（3）接受安全监督执法检查方面的内容：

1）接受各级政府及行业主管部门监督检查所发的安全监察指令书、停产整顿通知书等各类执法文书。

2）企业落实执行各类文书所采取的措施及落实情况及其上报上级主管部门的报告及记录。

3）接受安全监督执法方面的其他文件、文书和记录。

（4）安全检查方面的内容：

1）日常检查，隐患排查检查记录及整改处理情况记录。

2）月度、季度及年度检查记录及处理情况记录，各类隐患排查整治报表记录。

3）安全检查存在问题整改通知书及整改情况记录。

4）各专项安全检查的计划安排、检查记录及处理情况。

5）各项检查的总结汇报材料及其他与安全检查相关的材料。

（5）安全教育培训方面的内容：

1）企业安全培训计划。

2）企业主要负责人、中层管理人员、安全管理人员及班组长安全培训的记录。

3）员工三级安全教育记录。

4）特种作业人员和特种设备作业人员资格证书及教育培训记录。

5）换岗教育培训记录。

6）日常安全宣传、教育培训记录及总结。

7）应急救援预案演练记录及总结。

（6）安全投入方面的内容：

1）全年安全投入的计划及专项安全投入计划。

2）安全宣传、教育培训投入的情况记录。

3）隐患整改方面的投入记录。

4）防护用品方面的投入记录。

5）安全防护设备、设施方面的投入记录。

6）安全评价、职业安全健康管理体系建设、制度建设及安全生产管理代理方面的投入。

7）其他与安全有关的投入。

（7）工伤保险方面的内容：

1）参加工伤保险员工的名单。

2）企业为员工缴纳保险费的凭证或单据。

3）发生工伤的员工获得工伤保险理赔的凭证或单据。

4）其他工伤保险相关的文件、凭证或单据。

（8）职业病防治及劳动防护用品方面的内容：

1）企业内产生职业病危害的岗位情况及可能产生的职业病种类。

2）产生职业病危害的岗位的预防措施情况。

3）接触产生职业病危害的岗位的员工及其身体检查情况。

4）企业内确诊为职业病的员工情况及其身体检查、治疗记录。

5）其他与职业病防治相关的文件、材料。

6）劳动防护用品管理制度及其落实执行情况的记录。

7）各类劳动防护用品发放记录。

8）员工使用和佩戴劳动防护用品的记录。

9）其他与劳动防护用品有关的文件、材料。

（9）"三同时"管理方面的内容：

1）有关安全设施"三同时"项目的文件、材料。

2）"三同时"项目的设计图纸及相关资料。

3）"三同时"项目的竣工验收报告及相关资料。

4）其他与"三同时"项目相关的文件、资料。

（10）特种设备及安全防护设备设施方面的内容：

1）特种设备备案记录。

2）特种设备的设计文件、制造单位、产品质量合格证明、使用维护说明等文件以及安装技术文件和资料。

3）特种设备、设施的定期检验和定期自行检查的记录。

4）特种设备设施的日常使用状况记录。

5）特种设备设施及其安全附件、安全保护装置、测量调控装置及有关附属仪器仪表的日常维护保养记录。

6）特种设备设施运行故障和事故记录。

7）各类安全防护设备设施的种类及型号等基本情况资料。

8）各类安全防护设备设施管理部门及设备运行情况记录。

9）各类安全防护设备设施运行维护保养情况记录。

10）应急救援设备的种类、数量和型号及管理部门、状况等记录。

11）其他与安全防护设备设施相关的文件、资料和记录。

（11）危险作业及危险作业场所管理方面内容：

1）爆破、铲装、车辆运输、用电、机械维修等危险作业或危险作业场所安全管理制度及作业检查情况记录。

2）民用爆炸物品的领、退和使用管理记录。

3）爆破施工方案及批复批准材料。

4）配备电设备设施维护与运行状况记录。

（12）事故处理方面的内容：

1）发生事故的报告材料，事故情况经过介绍材料。

2）有关事故分析会记录。

3）关于事故的原因分析、防护措施的相关材料。

4）按"四不放过"原则对事故进行处理的文件材料，包括：对事故责任人员进行处理的决定文件，事故后"举一反三"进行教育培训的记录，事故防范措施的整改方案，整改落实情况记录等。

5）其他与事故相关的文件、材料。

（13）其他与安全生产相关的专项活动或专项管理内容。

（二）收集与移交的基本要求

（1）归档材料须是公司在生产过程中形成的与安全生产有关的各种文件、规章制度、技术资料、原始记录、图片、图纸、声像等资料。

（2）归档材料应确保完整、准确、系统，反映公司安全生产各项活动的真实内容和历史过程。

（3）归档材料应进行整理、编目。

（4）用纸、用笔标准（不用铅笔、圆珠笔），字迹清晰。

（5）具有重要保存价值的电子文件，应与内容相同的纸质文件同时归档。

（三）归档时间

（1）基础建设、设备购置与处理、产品生产等活动中形成的与安全相关联材料，在项目结束后整理归档。

（2）生产单位在安全管理过程中形成的台账等材料可以按每月、每季或每年归档，也可按项目或活动结束后归档。

在安全生产档案归档时，由安全生产档案管理人员负责有关归档材料的审核。安全生产档案管理人员应对各部门、生产单位送交的各类安全生产档案材料认真检查。检查合格后交接双方在移交清册（一式两份）和检查记录上签字，即应正式履行交接手续。

四、台账与档案的管理

（1）安全生产档案整理应设立类目。安全生产档案类目设置要层次分明，概念明确，便于科学管理与利用。设置类别如下：

1）安全组织。

2）安全规章制度。

3）监督执法检查。

4）安全检查及隐患排查。

5）教育培训。

6）安全投入。

7）工伤保险。

8）职业病防治及劳动防护用品。

9）"三同时"管理。

10）特种设备及安全防护设备管理。

11）危险作业管理。

12）事故管理。

（2）日常安全生产台账应按照公司安全生产管理工作的实际，执行安全规章制度，落实安全措施，应形成以下基本的台账：

1）作业环境安全条件记录。

2）职业卫生健康记录。

3）安全生产会议记录。

4）安全生产费用提取和使用记录。

5）安全生产教育培训记录。

6）安全生产大检查记录。

7）当日安全生产管理记录（施工日志、施工安全日志、班前安全活动）。

（3）保存安全生产档案的专用柜，采取防火、防潮、防虫、防盗等措施，确保安全生产档案安全。对破损或载体变质的安全生产档案要及时进行修补和复制。

（4）安全生产档案保管期限不得少于 3 年。永久保存的安全档案由安全管理部门负责资料管理员移交公司档案室管理员，移交清单一式二份，双方核对后签名确认。

（5）公司各级安全生产档案管理人员调动工作时，必须办理好安全生产档案移交手续后方可离岗。

第三章　安全操作规程

第一节　设备安全操作规程

一、穿孔设备

(一) 空压机安全操作规程

空压机安全操作规程包括：

(1) 开机前检查一切防护装置和安全附件是否处于完好状态，否则不得开机。

(2) 检查各处的润滑油面是否合乎标准。

(3) 压力表每年校验一次，贮气罐、导管接头外部检查每年一次，内部检查和水压强度试验每三年一次，并要做好详细记录，在贮气罐上注明工作压力，下次试验日期。

(4) 安全阀须每月做一次自动启动试验和每六个月校正一次，并加铅封。

(5) 在检查修理时，应注意避免木屑、铁屑、拭布等掉入汽缸、贮气罐及导管内。

(6) 用柴油清洗过的机件必须无负荷运转 10min，才能投入正常工作。

(7) 在机器运转中或设备有压力的情况下，不得进行任何修理工作。

(8) 经常注意压力表指针的变化，禁止超过规定的压力。

(9) 在运转中若发生不正常的声响、气味、振动或发生故障，应立即停车检修好才准使用。

(10) 水冷式空压机开车前先开冷却水阀门，再开电动机，无冷却水或停水时，应停止运行。如果是高压电机，启动前应与配电房联系，并遵守有关用电安全操作规程。

(11) 非机房操作人员，不得入机房；若因工作需要，必须经有关部门同意，机房内不准放置易燃易爆物品。

(12) 工作完毕将贮气罐内余气放出，冬季应放掉冷却水。

(二) 风动履带钻机安全操作规程

1. 基本规定

(1) 运转人员须经技术培训，了解本机的结构原理和工作性能，熟知本机的安全操作规程和保养规程，并经考试合格，方可单独操作。

(2) 运转人员应穿工作服，戴安全帽，女员工应将发辫塞入帽内。

(3) 放炮前应将设备撤退到安全距离以外，并加以掩盖保护；放炮后应进行全面检查。

(4) 遇到六级以上大风和冰冻时，不准上滑架；若确实需要，必须系好安全带；严禁乘坐回转机构上、下滑架。

(5) 若较长时间停机，应将冲击器提出孔外，以免孔口塌方阻卡钻具。

（6）孔口有人工作时，禁止向冲击器送风；拆装钻头时，应关闭回转、提升机构，以防伤人。

（7）传动部位的清扫、注油、修理等工作，必须在停机状态下进行。

（8）应经常检查风管接头是否固紧，以防脱节伤人；供风系统的检修工作必须在停风后进行。

（9）起落滑架时，不许在滑架下停留、通行。

（10）不得将电缆泡在水中或搁置在金属物上，车辆越过电缆，应做隔离保护，防止电缆受损漏电。收放或移动电缆时，应戴绝缘手套。

（11）进行钻孔作业时，停机面应平坦，当在倾斜地面上工作时，履带板下方应用楔形块塞紧。禁止在斜坡上进行横向作业。

（12）夜间作业，应有足够的照明；若照明故障，应立即停机，并切断工作电源，待修复后方可继续工作。

2. 开机前的准备

（1）对钻机各部位进行全面检查。

1）滑架各部焊缝无开裂，各连接螺丝无松动现象，拉紧装置的各拉杆连接可靠。

2）回转机构的滑道间隙适中，滑板螺丝无松动，齿轮转动灵活，钻杆接头、轴承压盖和空心主轴的连接牢固可靠。

3）提升推进机构钢丝绳缠绕平整不紊，松紧适当，制动器工作可靠。

4）行走机构的传动皮带、链条、履带板松紧适宜，离合器操作灵活，滑架起落机构的传动齿轮处在脱开位置。

5）钻杆接头无开焊、滑扣现象；冲击器、钎头完好；合金柱（片）无脱焊、碎裂、掉粒等现象；钻杆、冲击器、钻头连接可靠。

6）各操作机构处在停止位置，仪表指针处在零位。

7）电缆及其他电气元件绝缘可靠。

（2）对各润滑部位加注足够的润滑油、脂。

（3）接通电源、电压变动范围应不超过额定值的 $-5\% \sim +10\%$。

（4）接好风管，风压应达到 $5 \sim 6 \mathrm{kg/cm^2}$，管路无泄漏现象。

（5）在进行湿式作业时，同时接好水管，其压力应等于或大于风压，管路无渗漏现象。

（6）安全用具、工具、易损部件和辅助材料准备齐全。

（7）按孔位设计要求，使滑架方位角度正确，机身平稳，可靠。

3. 凿岩操作

（1）对位：

1）孔位偏差一般不得超过 0.2m，如遇特殊情况，最大不得超过 0.4m；孔间和排距、方位角度尽量一致。

2）切断行走电机电源。

3）接通工作系统电源。

4）将电气操作台主令开关扳到手动位置。

5）钻具稍稍提起，取出钎托上的卡扳子。

6）缓慢放下钻具，至钎头距地面约 30mm 时停止。

7）安装好捕尘罩。

（2）开孔、钻进：

1）开动抽风机。

2）开动回转机构。

3）将冲击器操纵阀扳到半开位置。

4）接通提升推进机构下降按钮，下放钻具。当钎头触及岩石时，冲击器便开始工作，进行开孔。如发生卡钻或偏斜，应立即提起钻具；重复上述程序，直至冲击器开始正常钻进为止。

5）根据岩石的情况，将冲击器操纵阀全部打开或扳到合适开度的位置。

6）停止下放钻具，将主令开关扳到自动位置，推压操纵阀手把扳到调压位置，进行调压凿岩。

7）若遇岩石松软或较为破碎时，应向孔内装入黄泥进行护壁。

（3）正常钻进时的注意事项：

1）各电动机应无异响，温升正常。

2）中齿轮啮合正常，运行时无杂音。

3）根据孔底岩石情况和电流表读数，随时调节钻具轴压，避免回转机过载；当电流超过额定值时，应立即提出钻具，检查处理正常后，方可继续作业。

4）滑架摆动严重时，应减少轴压。

5）当气压低于约 400kPa（4kg/cm²）时应停止钻孔。

6）提升推进机构的钢丝绳应排列整齐，无挤压现象，绳头牢固；要随时注意调整钢丝绳的松紧程度。

7）发生卡钻时，应根据具体情况进行处理，不得强行提升钻杆；如遇较厚夹层或孔内出水时，要先提钻、后停风，以免堵塞冲击器。

8）遇风压突然降低，冲击器不响时，应查明原因并及时处理。

9）推压气缸架的限位开关应经常保持灵活有效，以免发生过载或拉断钢丝绳等事故。

10）要及时排碴。遇松软或破碎岩层时，尤应增加提钻和排碴次数。

（4）接副钻杆：

1）当主钻杆进入孔内，回转机构到达滑架下端终点时，应停止钻进。

2）反复提升钻具（约 1m 左右），吹净孔底岩粉后，停止供风，再停止抽风机。

3）下降钻具，使主钻杆上部扳子口位于钎托上方约 30～40mm 的地方，将扳子插入。

4）点动回转机构的反转启动按钮，使回转机构反转 90°，主钻杆与回转机构脱开，被架在钎托上。

5）提升回转机构，使钻杆接头稍高于副钻杆的上端。

6）将送杆器操纵手柄转至"Ⅰ"位（即工作位置），注意副钻杆送至滑架中心。

7）缓慢下降回转机构，使钻杆接头插入副钻杆插座，正转回转机构，使副钻杆与回转机构完全接合。

8）扳起托杆器，托住副钻杆，稍提回转机构，将副钻杆插头从下送杆器托环中提出，再将送杆器的操纵手柄转至"Ⅱ"位，使逆止器退出。

9）将送杆器操纵手柄转至"Ⅲ"位，使上、下送杆器退出，然后再将手柄转至"0"位。

10）下降副钻杆，副钻杆插头插入主钻杆插座，正转回转机构，使主、副钻杆完全接合。

11）稍提钻具，取下扳子，放下托杆器，清理捕尘罩。

12）开动抽风机及回转机构，半开冲击器操纵阀。

13）调节轴压，继续正常工作。

（5）卸副钻杆：

1）当孔深达到设计要求后，将钻具提升 1 米左右，吹净孔底岩粉后，停止供风。

2）下放钻具，检查孔底岩粉积存情况，其允许积存高度，不得超过 300mm。

3）提升并回转钻具，当主钻杆上部扳子口稍过钎托时，停止提升推进机构、回转机构和抽风机。

4）主钻杆上部扳子口和副钻杆下部扳子口各插入一把扳子，用人工将主钻杆正转 90°（同时固持副钻杆），使主、副钻杆脱离（此时应注意回转机构与副钻杆不得脱开，以免造成倒杆事故），主钻杆落下，架在钎托上。

5）扳起托杆器，托住副钻杆，将副钻杆提至稍高于送杆器托环的位置。

6）将送杆器操纵手柄转至"Ⅰ"位，使送杆器送滑架中心。

7）下降副钻杆，使插头插入送杆器托环，检查逆止器是否落入逆止销孔。

8）反转回转机构 90°，使副钻杆与回转机构脱开。

9）将送杆器的操纵手柄转至"Ⅲ"位，退出副钻杆；再把手柄转至"0"位。

10）下降回转机构，与主钻杆接合，稍稍提升，取下扳子，将钻具提出孔口至停放位置。

（6）停机：

1）将主令开关扳到手动位置，提升钻具。

2）当冲击器提升到距孔口 1m 左右时，停止供风，以防吹塌孔口。

3）停回转机构、停通风机。

4）切断电源，关闭风、水管路。

4. 行走

（1）行走前的准备：

1）行走机构各部传动机构及制动器灵活可靠，履带板、履带销连接完好。

2）查看线路，排除故障，路面宽度不应小于 3.5m，弯道半径不应小于 4m，最大爬行坡度不得超过 20°。

3）行走距离超过 300m 或横跨道路上空的障碍物有碍通行时，应放平滑架，穿过带电线路时，钻机各部与导线间的距离不得小于下 1.5m。

4）检查起落滑架滑动齿轮的坚固情况，滑动齿轮不得与蜗轮减速机啮合。

5）在未放平滑架而作较长距离行走时，应拆掉风管、水管；钻头球面离地应不小于 300mm，冲击器应用卡瓦固持。

6）行走时要有专人指挥，做好上、下联络，车后人员应拉好电缆和风、水管路。

（2）行走操作：

1）合上行走电源开关，接通行走按钮，启动行走电机。

2）拉紧行走操纵手柄，离合器接合，开始行走。

3）转向应缓慢进行，不可过急；向左转推回左操纵手柄，向右转推回右操纵手柄。

4）在松软路面作大角度转向时，应铺垫木板，以免陷车或脱轨；转向困难时，不可强行硬转。

5）行走改变方向时（由前进改为后退）必须先按停车按钮，待电机完全停止后，再进行反向启动。

6）到达预定地点后，如较长时停放，应切断行走电源。

5. 滑架起落

（1）滑架起升：

1）站稳车体，使尾部稍高。

2）检查各部传动、钢丝绳缠绕及绳卡的坚固情况。

3）检查主、副钻杆及冲击器是否固牢。

4）接通滑架起落机构动力，固紧滑动齿轮。

5）接通行走电机正转按钮，启动滑架起落机构，待滑架升至适当位置时，按停止按钮，使滑架暂停起升，接好拉杆和联接螺栓。

6）再次启动（正转）滑架起落机构，待滑架升至所需角度时，停机，穿销，固定拉杆。

7）脱开滑架起落机构动力，固紧滑动齿轮。

8）装接钻具和其他附件。

（2）滑架降落：

1）站稳车体，使前部适当仰起。

2）检查传动部位，钢丝绳缠绕及绳卡坚固情况。

3）将主钻杆落在钎托上，用卡瓦固持冲击器，检查副钻杆在送杆上是否牢靠，必要时可用绳索拴住。

4）接通滑架起落机构动力，固紧滑动齿轮。

5）卸下滑架下部拉杆销轴和联接螺栓。

6）接通行走电机反转按钮，滑架起落机构反向转动，滑架慢慢降落，当滑架下降到40°时停机，此时，靠滑架的惯性自重自行下落（或点动按钮），待滑架到达适当位置后，拆掉上部拉杆销轴，卸下拉杆，再次反转滑架起落机构，直至滑架平稳放妥为止。

7）脱开滑架起落机构动力，固紧滑动齿轮。

6. 日常保养

（1）按润滑周期表规定，及时对各部位加注润滑油、脂；更换或处理损坏的油嘴和堵塞的油孔。

（2）检查并紧固绳卡，钢丝绳每节距内断丝超过7%时应更换。

（3）检查并紧固各部联接螺栓。

（4）发现漏风、漏水应及时更换密封圈或紧固管路接头。

（5）检查或调整行走电机传动皮带和行走链条的松紧程度。

（6）检查或调整履带松紧度，其松紧度在两托轮之间应下垂30~50mm。

（7）检查回转机构上下滑动是否灵活，滑板间隙应保持在4~10mm。

（8）检查或调整卷扬机构的抱闸间隙，动作应灵活可靠。

（9）检查或调整行走离合器的间隙，应达到操作轻松，动作灵活、有效。

（10）检查各仪表指针在停止状态时是否处在"0"位。

（11）及时处理绝缘破损的电缆。

（12）更换磨损过度的钻杆和钻进不力的冲击器、钻头。

（13）清扫岩粉，保持全机整洁。

（三）YZ-35 牙轮钻机安全操作规程

1. 启动前的检查

（1）检查作业面是否平整，有无障碍物。

（2）检查行走结构件有无开焊、断裂、变形、松动及损坏。

（3）检查履带板销轴有无窜动、断裂、变形。

（4）检查孔口罩是否破裂、被岩碴压住、冻结在地上。

（5）检查电缆是否排列整齐，有无破损。

（6）检查牙轮钻头的牙轮转动是否灵活，喷嘴是否畅通，轮齿是否磨损过限。

（7）检查钻架有无开焊、断裂、变形及损坏，各部销轴及连接情况。

（8）检查各润滑部位的润滑是否良好。

（9）检查液压系统是否漏油。

（10）检查湿式除尘系统有无漏气、漏水。

（11）清理空气滤清器集尘盘，空压机油箱放水，自动润滑集水杯放水。

（12）检查各部油位是否正常，检查各指示灯及指示器是否正常。

（13）所有的手柄及开关都应在中间或关闭位置，行走、进给转换开关应在钻进位置，除电源指示表外，所有仪表指示为零。

（14）检查电源相序是否正常。

（15）检查照明及灭火器是否齐全有效。

2. 启动

（1）鸣笛示意，按启动按钮，启动电机。

（2）检查所有仪表的指示值是否在正常范围内。

（3）各指示灯是否正常。

（4）有无异音、异味等异常现象，液压系统是否漏油。

3. 运行

（1）给左主泵，调平千斤顶，然后给右主泵。

（2）慢速下放钻具，打开钻具供风阀，当钻头接近地面时，适当调整进给压力，当稳杆器进入钻孔时，根据岩石硬度适当加大进给压力，适当增大回转速度。

（3）遇较硬岩石时，应适当加大进给压力，减小回转速度；遇较软岩石时，应适当减小进给压力，增加回转速度。

（4）钻进过程中监视各仪表的指示情况是否正常，注意机械运转的声音，发现异常及时停机检查。

（5）当钻孔达到要求的深度后，进给手柄、回转手柄扳到中间位置，将集尘器手柄扳到辅助回转位置，将快速进给手柄扳到提升位置，当提升到钻头接近地面时，关闭供风阀、辅助回转开关扳到中间位置；当钻具提升到足够高度时，将快速进给手柄扳到中间位置，停止右主泵运行；操作左主泵收起千斤顶，将泵手柄扳到中间位置。

（6）钻具在孔内提升过程中，应始终保持钻杆的转动。

（7）钻机行走时，收回千斤顶。

（8）钻机行走时，副司机必须在机下监护，保证钻头离开地面，并保持50cm以上的安全距离。

（9）钻机行走时，必须鸣笛示意，不准急转弯。

（10）行走时地面必须有人指挥，对准孔位后，误差不得超过20cm。

（11）电缆滚筒的使用：

1）钻机正常工作时，不得强行拖拉电缆。

2）电缆排列整齐，不得到处堆放，钻机移动时随收随放。

3）启动滚筒电机前，应先将操作手柄扳到中间位置，不准带负荷启动电机。

4）根据工作需要，扳动手柄收放电缆。

5）把手柄扳到中间位置，按电机停止按钮。

（12）钻机作业地点必须安全可靠，距坡顶线不得小于3m，遇有伞檐或危石、松散物应适当加大；边行孔应垂直作业或调角稳车，最小夹角不得小于45°。

（13）在采空区上作业时，采空区顶板距地表小于20m时，要按照有关部门制定的安全技术措施进行作业，若采空区空间高度大于表层厚度时禁止作业。

（14）钻机作业时，无关人员不准在距离钻机20m内停留。

（15）在钻孔作业或进行辅助性工作时，必须做好呼唤应答。

（16）钻机工作时，司机不得离开司机室。

（17）钻机放倒钻架行走时，爬行坡度不得超过30%，履带左右倾斜不得超过9%。

（18）钻机行走时，履带上不得存放任何物品，履带前后不得站人。

（19）长距离行走（升降段）时，要将钻架平放，放钻架前要卸一根钻杆，放到储杆器内。

（20）钻机上下坡时，司机室必须在下。

（21）钻机行走时，履带边缘距坡顶线不小于6m。

（22）钻机在经过高压架空线时，距35kV高压线水平距离不得小于5m，垂直距离不得小于3m，距6kV高压线水平距离不得小于2m，垂直距离不得小于1m，架空线下方严禁作业。

（23）钻架升降时应注意：

1）升降钻架前，首先检查钻架锁销是否在正确位置。

2）利用千斤顶调平钻机。

3）钻架上不得有工具、备件等物品。

4）举升钻架时，将手柄扳到举升位置1~2s，以便使油缸上腔充满油，然后再举升钻架，当钻架垂直后，锁上锁销。

5）下降钻架时，将手柄扳到下降位置1~2s，以便使油缸下腔充满油，然后再下降钻架，钻架必须平放在钻架支承座上。

　　6）升降钻架时，应缓慢进行，注意观察钻架升降液压油缸工作情况，有异常立即停止升降。

　　（24）在暴雨或雷电天气，不准在高压线附近作业；五级以上大风及雨雾天气禁止上钻架作业。

　　（25）上钻架时必须系好安全带并停机后方可进行，下方不准有人，以防落物伤人。

　　（26）在穿孔工作或更换钻头时，平台不准站人。

4. 停机

　　（1）将所有手柄扳到中间位置。

　　（2）按下停止按钮。

　　（3）钻机停放时，离台阶坡顶线的距离不得小于20m。

　　（4）停机后，清理卫生，检查各部位有无异常，填写运行记录。

二、挖运设备

（一）WK-10B 电铲安全操作规程

1. 启动前的检查

　　（1）检查电铲周围环境是否安全。

　　（2）检查电缆卷筒装置是否完好，拖拽电缆有无割痕、破损。

　　（3）检查铲斗有无裂纹，斗齿是否齐全、是否磨损过限。

　　（4）检查铲斗提升横梁、销轴有无磨损过限，别销是否齐全，提梁销轴卡兰螺栓是否完好。

　　（5）检查履带行走机构有无磨损过限、异常损坏、裂纹、松动等，履带张紧是否松弛。

　　（6）检查各部销轴润滑是否良好。

　　（7）检查行走、回转、推压、提升减速箱油位。

　　（8）检查动臂、铲杆、A型架、梯子、走台、天轮、提升滚筒等有无裂纹、变形等。

　　（9）检查上下铲联络开关是否正常。

　　（10）检查其他各部有无裂纹、变形，各部联结件有无松动、断裂等。

　　（11）检查回转大齿圈有无异常，润滑是否良好。

　　（12）检查滚盘辊子有无裂纹或损坏。

　　（13）检查回转立轴有无下沉、裂纹、断齿。

　　（14）检查扶柄、磨道间隙是否过大，润滑是否良好。

　　（15）检查绷绳、钢丝绳的断丝情况。

　　（16）检查机棚有无漏雨现象。

　　（17）检查集中润滑油位。

　　（18）检查空压机、气路润滑器油位。

　　（19）检查电机地脚、减速机的地脚和联轴器螺丝是否松动。

　　（20）检查提升、推压、回转制动器摩擦片的磨损情况。

（21）检查灭火器是否齐全有效。

（22）检查各部照明是否齐全有效。

2. 启动

（1）确定启动前的检查均已完成。

（2）确认系统无故障（观察司机室 OP 显示屏），各开关合闸正常，电器柜门关闭情况下，方可启动。

（3）启动空压机，使气路系统达到工作压力（OP 屏上有显示）。

（4）启动润滑系统，使其正常工作。

（5）启动真空接触器，操作台上有指示器指示。

（6）同时启动两套 AFE（主回路），有指示灯指示工作状态。

（7）启动提升、推压、回转和行走系统。

（8）检查制动器松开指示灯确已亮灯。

（9）确认司机操作台上无故障显示，挖掘机完成启动，可进入操作。

3. 运行

（1）在启机后，应观察各部电运转情况有无异常，倾听机器运转声音是否正常，有无异常噪音、异常振动；有无异常气味；观察有无异常磨损和异常发热现象；观察润滑系统状态是否良好；观察各部仪表和指示灯是否正常。

（2）确认各种安全装置是否齐全有效。

（3）确认一切正常后，试运行，检查制动是否可靠。

（4）操作中时刻注意采掘工作面的变化，有无陷铲危险；注意台阶有无塌方、滑落危险。

（5）操作手柄不准过急倒逆，回转时不准顶电过猛。

（6）不能装车的大块应平放到工作面根部，且不能影响挖掘机回转。

（7）工作面不准留伞檐和悬浮大块。

（8）要做到帮齐底平；必须保证履带处于平整地面，保证驱动轮、导向轮和各个支重轮受力均衡，否则应先平整工作面。

（9）铲杆前伸后缩不准碰保险挡块，铲斗收回时不得撞击动臂。

（10）提升时提梁不准碰天轮，铲斗下降时不准碰履带板。

（11）严禁支动臂。

（12）挖掘作业时电铲前部（导向轮端）应对着工作面，不准在行走减速机一端进行挖掘作业。

（13）在正常工作时，严禁突然刹车。

（14）严禁用铲斗砸大块、横扫大块。

（15）不准用铲斗强行挖掘爆破后未解体的岩石。

（16）遇到硬岩时，不准强行用斗齿挖掘，不准强行用一侧斗齿挖掘；挖掘时应避免电机堵转。

（17）电铲在挖掘松软物料时，应该仔细观察地表情况，用铲斗探挖，确认有陷铲的可能时，必须将松软物料清出，填上岩石整平后方可向前挖掘作业。

（18）在为吊斗铲准备台阶并段和采掘抛掷爆破爆堆时，遇有物料容易滑落或片帮的情况时，电铲必须保持与台阶有一定的安全距离，同时保持电铲的履带与工作线大于45°角，使电铲行走驱动侧远离台阶，进行挖掘作业。

（19）调整挖掘位置或回转时，铲斗必须离开地面，严禁挖掘和回转同时进行。

（20）不作业时，铲斗应置于地面上的安全位置。

（21）严禁将有载或无载的铲斗在人员或设备的上方回转。

（22）严禁跨电缆装车。

（23）严禁铲斗满载长时间悬在空中待车。

（24）严禁铲斗从自卸车驾驶室上方越过，自卸车停稳后方可装车。

（25）装第一斗不准装大块，严禁高吊铲斗装车，卸料时斗底离厢斗底板不得超过0.5m。

（26）不准磕碰车帮和厢斗底板；严禁将物料装在自卸车护板上；避免偏装或超装，避免装车"四角空"现象。

（27）严禁边回转边挖掘。

（28）严禁用铲斗直接救援任何设备。

（29）严禁用铲斗清理自卸车厢斗。

（30）挖掘机在倾斜工作面工作时，工作面坡度不得大于8%。

（31）停送电注意事项：

1）停电时，挖掘机上操作开关必须断开或在零位。

2）停送电时必须做到呼唤应答。

3）严禁带负荷操作高压隔离开关。

（32）冬季运行注意事项：

1）及时清扫设备上的积雪。

2）停机时间较长时，做好预热工作，防止管路冻结。

3）防冻器应及时加注酒精。

4）经常检查气路，确保状态良好。

（33）电铲行走和升降段应遵守下列规定：

1）行走前认真检查行走机构及制动系统是否正常。

2）电铲上下坡时，行走驱动轮应位于下坡方向。

3）根据不同的台阶高度、坡面角，使电铲的行走路线与坡底线和坡顶线保持不小于6m的安全距离。

4）电铲应在平整的地面行走，当遇松软或含水有沉陷危险时，必须采取安全措施。

5）电铲升降段或行走距离超过300m时，必须有专人指挥，行走时，驱动轮应在后，动臂对正行走中心，及时调整方向，一次扭车角度不得超过15°。

6）电铲升降段爬坡时，不得超过12°，升降段之前应预先采取防止下滑的措施。

7）走车时，副司机负责看护拖拽电缆，注意行走运行情况，严禁站在履带正前方。

8）爆破时，必须听从爆破警戒人员的指挥，将电铲开到安全地点，并背向爆区。

（34）司机离开司机室座位时，必须将铲斗置于地表，给上各部制动，关闭各部逆变器。

4. 停机

（1）将电铲停在安全、平坦的地带，将铲斗平稳地放在地面。

（2）各机构主令控制器回零，机械系统处于静止状态。

（3）使各机构处于制动状态（给上制动后，电动机强迫通风机延时 5min 停止工作），关闭 AFE（主回路），延时 2s 关闭真空接触器。

（4）停机后，清理卫生，排放压缩空气系统积水，检查各部位有无异常，填写运行记录。

（二）TR100 矿用车安全操作规程

1. 启动前的检查

（1）检查外表有无碰撞变形、裂纹、开焊和渗漏；各部联接螺栓有无断裂、松动或缺失，销子有无窜出。

（2）检查车梯和扶手是否牢固，有无松动、断裂和开焊。

（3）检查轮胎磨损、擦伤、割裂等损坏情况。

（4）检查轮胎螺栓、螺母有无松动脱落，轮辋、轮毂有无窜位，轮辋、法兰有无断裂，打石器是否齐全完好。

（5）检查轮边减速器有无渗漏。

（6）检查发动机油位，自卸车停放在平坦地面时其油位必须在机油尺的上下刻度之间。

（7）检查冷却液液位，不能低于加水口 50mm 以下，补加冷却液时必须将水箱内的压力释放后进行，有压时不准打开水箱盖。

（8）检查燃油位，不准低于油箱 1/8 刻度。

（9）检查液压油位，厢斗落下时液面应在上观察孔中间。

（10）检查集中润滑油箱内润滑脂存量，存量低于油箱容积的 1/4 时必须补加。

（11）检查空气滤清器密封是否良好；检查空气滤清器尘量指示表，必要时清扫空气滤清器外滤芯。

（12）检查油气悬挂高度、密封处有无渗漏、悬挂防尘罩有无缺失破损、悬挂销子和锁片有无异常。

（13）检查各总成部件的联接、紧固情况，重点检查后桥壳、扁担梁有无开焊或裂纹，牵引销轴承有无磨损，瓦盖螺栓有无松动。

（14）检查增压器进气胶管有无破损或密封不良。

（15）检查厢斗缓冲胶垫有无破损或缺失。

（16）检查转向连杆的万向节有无松动等现象，转向横拉杆和转向油缸铰接销有无异常。

（17）检查各油脂润滑部位的润滑情况。

（18）检查所有管路的联接固定情况及有无渗漏。

（19）检查风扇、发电机及空调压缩机皮带。

（20）外观检查发动机紧急熄火装置是否完好。

（21）检查喇叭、灯光、雨刷器、指示仪表、指示灯、后视镜、遮阳板及报警蜂鸣器是否完好。

（22）检查自动灭火系统和手提式灭火器是否齐全有效，防火布是否完好。

2. 启动

（1）检查自卸车下部有无人员，冬季使用的预热线是否断开。

（2）确认停车制动处于制动位置，将方向选择开关置于空挡位置，举升手柄置于浮动位置。

（3）接通钥匙开关，检查各故障报警指示灯和蜂鸣器是否正常，如有异常，不得启动。

（4）鸣笛，夜间同时用灯光闪烁，警示周围的人员及设备。

（5）旋转钥匙启动发动机，一次启动时间不准超过30s，两次启动间隔时间不得小于2min，连续3次不能启动时，应进行检查，冬季停放时间较长的自卸车应提前预热。

（6）发动机启动后，不准高转速运转，检查发动机、液压系统等有无异响、异味、异常振动，观察各仪表指示是否正常；下车检查发动机、液压系统等有无渗漏；怠速运转3~5分钟，冬季要稍长一些，待发动机运转平稳后，方可起步；水温上升到60℃以上，方准满负荷作业。

（7）用外接电源启动时，要先正极接正极，后负极接负极，断开时先断开负极，再断开正极。

（8）严禁利用设备本身搭铁的方法接负极。

3. 运行

（1）检查车周围和下部是否有人员、设备或障碍物。

（2）车辆起步顺序：先鸣笛，然后将换向手柄置于需要位置，解除制动，平缓加大油门，开始行车。

（3）起步后检查转向和制动系统的工作情况是否正常。

（4）在坡道起步时，应使用工作制动将车停稳，选择方向开关的位置，手按紧急牵引按钮，同时平缓加油，当车略向前动时，松开工作制动，平稳完成坡道起步。

（5）下坡行驶时，必须使用恒速下坡装置或动态减速，严禁超速，严禁长时间使用工作制动。

（6）正常行驶时，时速5km/h以上时不准使用工作制动进行减速和停车，应使用动态减速踏板减速；非特殊情况下，不准使用急刹车。

（7）行驶时严禁改变换向手柄方向；换向行驶时，应先将车停稳，换向手柄打到空档位，然后再换向。

（8）行驶中如故障指示灯亮或蜂鸣器响时，应迅速将车辆就近停在安全地带，如果发动机系统报警或出现异音时，要立即停车并熄火。

（9）行驶中应随时观察各仪表，发动机的正常工作温度为74~91℃；低怠速时发动机转速为750r/min，机油压力为25~30Pa/in²；高怠速时发动机转速为1500~1700r/min，机油压力为50~75Pa/in²；最高转速不超过2100r/min；充电电压为26~28V。

（10）要随时利用作业间歇时间下车对各主要部位进行检查。

（11）严禁在正常行驶中起落厢斗。

（12）严禁举斗运行。

（13）不准长距离加速倒车。

（14）自卸车通过电缆桥时，要减速行驶，做到平稳通过。

（15）排卸倒车时自卸车应与挡墙保持垂直；在确保安全的情况下，自卸车应靠上挡墙排弃；在挡墙高度不够 1.5m 的情况下排弃时，必须在自卸车后面留有充分的安全距离，但应卸至距排土场（或排弃点）边沿 5m 以内的地方；严禁在无挡墙的情况下将自卸车倒在边沿处排弃，必要时必须有专人指挥；排弃时倒车要慢，严禁冲撞挡墙。

（16）卸车后举斗提车距离不准超过 3m，厢斗黏土要及时清理，严禁以猛踩刹车的方式磕厢斗。

（17）每次起步，必须查看周围有无障碍物，做到先鸣笛后起步，夜间要同时闪烁灯光示意。

（18）在倒车时，必须事先认真瞭望，确认无人员和障碍后方可倒车，同时要连续鸣笛。

（19）自卸车行驶中，要密切注意道路上的障碍物。

（20）夜间行车照明必须齐全，需要和其他设备或人员联系时，应闪烁灯光示意。

（21）无特殊情况，不准在干道上和坡道上停车。

（22）自卸车出现异常，要尽量将自卸车停放在安全地带，必须使用停车制动；坡道上停车时，要将自卸车的前轮或后轮靠上安全挡墙，与坡道方向形成一定的夹角；在没有条件的地方，需在轮胎下部打掩并开启示宽灯。

（23）在运输道路上，夜间因故障停车时，车前后应设置醒目的安全警告标志，并在车体前、后采取防护措施并开启示宽灯。

（24）速度限制：车速最快不准超过 30km/h；冰雪、雨水、泥泞道路，车速不准超过 10km/h；雨雪、雾天、转弯、采装工作面、排土场工作面、视线受影响、道路凸凹不平等要减速行驶。

（25）正在装载、卸载的自卸车必须给上制动锁定。

（26）让车规定：

1）空车让重车。

2）下坡车让上坡车，但下坡车正下半坡，上坡车未上坡时，上坡车让下坡车。

3）转弯车让直行车。

4）支线车让干线车。

5）一切车辆应避让执行任务的消防车、救护车、工程抢险车以及正在养护道路的有关车辆、设备。

（27）要时刻注意其他设备的动态。

（28）待装自卸车必须停在挖掘机最大回转半径范围之外，进入装车位置的自卸车必须停在挖掘机机棚回转范围之外。

（29）自卸车要按顺序排队装车，前后车距不准小于 15m。

（30）不准快速转弯、调头。

（31）自卸车调头时，必须认真瞭望，确认安全后方可调头。

（32）自卸车发生火灾时，立即停车，给上制动，关闭发动机，采取有效灭火措施，并汇报。

（33）需要牵引时，设专人指挥；牵引自卸车的钢丝绳长度不得小于 24m，所有人员要离开钢丝绳 25m 以外；制动失效时必须采用硬连接牵引；自卸车灯光和转向失效时不准被牵引。

（34）点检、加油时，自卸车司机必须下车配合。

（35）需回车间维修的自卸车，应清楚故障现象，了解途中应注意的事项，运送途中加强观察，必要时应由维修工监护；停放时必须听从专人指挥。

（36）自卸车维修完毕后，必须经检查验收合格后方准提车，有缺陷的自卸车不准提取；提车时必须听从专人指挥。

4. 停机

（1）停放时自卸车之间的横向距离不准小于 10m，前后距离不准小于 15m。

（2）发动机熄火前必须急速运转 3~5min。

（3）停车后给上停车制动，关灯、熄火，150s 后断开蓄电池开关。

（4）停车后，清理卫生，检查各部位有无异常，填写运行记录。

（5）临时停放在工作面上的自卸车，要停放在安全地带，距台阶坡底线或台阶坡顶线 6m 以外，既不能影响其他设备作业，又要确保安全、停放整齐，不准乱停乱放。

（三）液压挖掘（破碎）机安全操作规程

1. 开机前准备

（1）检查燃料、润滑油、冷却水是否充足，不足时应予添加。在添加燃油时严禁吸烟及接近明火，以免引起火灾。

（2）检查电线路绝缘和各开关触点是否良好。

（3）检查液压系统各管路及操作阀、工作油缸、油泵等，是否有泄漏，动作是否异常。

（4）检查钢丝绳及固定钢丝绳的卡子是否牢固可靠。

2. 启动

（1）将主离合器操纵杆放在"空档"位置上，启动发动机。

（2）检查各仪表、传动机构、工作装置、制动机构是否正常，确认无误后，方可开始工作。

（3）发动机启动后，严禁有人站在铲斗内、臂杆上、履带和机棚上。

3. 行走

（1）履带式挖掘机自行距离一般不应大于 5km，轮胎式挖掘机可以不受限制，但均不得做长距离自行转移。

（2）挖掘机行驶时，驱动轮应在后方，走行速度不宜过快。

（3）挖掘机走行转弯不应过急。如弯道过大，应分次转弯，每次在 20°之内；在坡道上严禁回转或转向。

（4）轮胎挖掘机由于转向叶片泵流量与发动机转速成正比，当发动机转速较低时，转弯速度相应减慢，行驶中转弯时应特别注意；特别是下坡并急转弯时，应提前换挂低速挡，避免因使用紧急制动，造成发动机转速急剧降低，使转向速度跟不上造成事故。

（5）挖掘机做短距离自行转移时，应对走行机构进行一次全面润滑。

4．作业

（1）挖掘机工作时，应停放在坚实、平坦的地面上；轮胎式挖掘机应把支腿顶好。

（2）挖掘机工作时应当处于水平位置，并将走行机构刹住；若地面泥泞、松软和有沉陷危险时，应用枕木或木板、垫妥。

（3）铲斗挖掘时每次吃土不宜过深，提斗不要过猛，以免损坏机械或造成倾覆事故。铲斗下落时，注意不要冲击履带及车架。

（4）配合挖掘机作业，进行清底、平地、修坡的人员，须在挖掘机回转半径以外工作；若必须在挖掘机回转半径内工作时，挖掘机必须停回转，并将回转机构刹住后，方可进行工作；同时，机上机下人员要彼此照顾，密切配合，确保安全。

（5）挖掘机装载活动范围内，不得停留车辆和行人；若往汽车上卸料时，应等汽车停稳，驾驶员离开驾驶室后，方可回转铲斗，向车上卸料；挖掘机回转时，应尽量避免铲斗从驾驶室顶部越过；卸料时，铲斗应尽量放低，但又注意不得碰撞汽车的任何部位。

（6）挖掘机回转时，应用回转离合器配合回转机构制动器平稳转动，禁止急剧回转和紧急制动。

（7）铲斗未离开地面前，不得做回转、走行等动作；铲斗满载悬空时，不得起落臂杆和行走。

（8）拉铲作业中，当拉满铲后，不得继续铲土，防止超载；拉铲挖沟、渠、基坑等项作业时，应根据深度、土质、坡度等情况与施工人员协商，确定机械离边坡的距离。

（9）反铲作业时，必须待臂杆停稳后再铲土，防止斗柄与臂杆沟槽两侧相互碰击。

（10）履带式挖掘机移动时，臂杆应放在走行的前进方向，铲斗距地面高度不超过1m。并将回转机构刹住。

（11）挖掘机上坡时，驱动轮应在后面，臂杆应在上面；挖掘机下坡时，驱动轮应在前面，臂杆应在后面；上下坡度不得超过20°；下坡时应慢速行驶，途中不许变速及空挡滑行；挖掘机在通过轨道、软土、黏土路面时，应铺垫板。

（12）在高的工作面上挖掘散粒土壤时，应将工作面内的较大石块和其他杂物清除，以免塌下造成事故；若土壤挖成悬空状态而不能自然塌落时，则需用人工处理，不准用铲斗将其砸下或压下，以免造成事故。

（13）挖掘机不论是作业或走行时，都不得靠近架空输电线路；如必须在高低压架空线路附近工作或通过时，机械与架空线路的安全距离，必须符合规定的尺寸，参见表3-1；雷雨天气，严禁在架空高压线近旁或下面工作。

表3-1　安全距离　　　　　　　　　　　　　　　　　　　　　（m）

线路电压等级	垂直安全距离	水平安全距离
1kV 以下	1.5	1.5
1~20kV	1.5	2.0
35~110kV	2.5	4.0
154kV	2.5	5.0
220kV	2.5	6.0

（14）在地下电缆附近作业时，必须查清电缆的走向，并用白粉显示在地面上，并应保持 1m 以外的距离进行挖掘。

（15）挖掘机在工作中，严禁进行维修、保养、紧固等工作；工作过程中若发生异响、异味、温升过高等情况，应立即停车检查。

（16）夜间工作时，作业地区和驾驶室，应有良好的照明。

（17）装卸过程中，装车时若发生危险情况，可将铲斗放下，协助制动，然后挖掘机缓缓退下。

5. 停机

（1）挖掘机工作后，应将机械驶离工作地区，放在安全、平坦的地方。将机身转正，使内燃机朝向阳方向，铲斗落地，并将所有操纵杆放到"空挡"位置，将所有制动器刹死，关闭发动机（冬季应将冷却水放净）；关闭门窗并上锁后，方可离开。

（2）按照保养规程的规定，做好例行保养。

（3）臂杆顶部滑轮的保养、检修、润滑、更换时，应将臂杆落至地面。

（四）自卸车安全操作规程

1. 开车前准备

（1）机动车发动前应将变速杆放在空挡位置，并拉紧手刹车。

（2）检查车辆轮胎、轮胎螺母、后墙挡板等外观进行安全确认。

（3）检查燃油位、发动机油位、冷却液位、制动液位、蓄电池电解液液位。

（4）检查油管、电气线路有无异常磨损、老化、破裂等现象。

（5）冬天不能正常启动时，应用热水解冻，严禁用火烤。

2. 启动

发动后应检查各种仪表、方向机构、制动器、喇叭、灯光是否灵敏可靠，倾卸液压机构是否正常，并确定周围无人员和障碍物后，方可鸣号起步；班中、班后也应对车辆状况进行检查，禁止车辆带故障运输。

3. 行走作业

（1）气制动的汽车，严禁气压低于 $2.5 kg/cm^2$ 时起步，若停放在坡上，气压低于 $4 kg/cm^2$ 时，不得滑行发动。

（2）汽车涉水通过漫水桥时，应事先查明行车路线，并需有人引车；如水深超过排气时，不得强行通过；严禁熄火。

（3）在坡道上被迫熄火停车，应拉紧手制动器，下坡挂倒挡，上坡挂前越档，并将前后轮楔牢。

（4）车辆通过泥泞路面时，应保持低速行驶，不得急刹车。

（5）在冰雪路面上行驶时，应装防滑链条，下坡时不得滑行，并用低速挡控制速度，严禁急刹车。

（6）车辆陷入坑内，如用车牵引，应有专人指挥，互相配合。

（7）自卸车严禁人、货混装；车厢内严禁载人。

（8）自卸车严禁装运易燃、易爆或其他危险物品。

（9）配合挖掘机装料时，自卸车就位后，拉紧手刹车；如挖斗必须超过驾驶室顶时，驾驶室内不得有人。

（10）土石方运输，在工地运输道路条件差的情况下，应低速慢行，防止翻车或碰车。

（11）重车下坡和转弯应减速慢行；下坡应提前换挡，不得在下坡中途换挡。

（12）车辆进入排土场后，要服从调度指挥，若在夜晚要关闭大灯，卸渣时，应注意保持与边坡安全距离，防止边坡坍塌。

（13）检修倾卸装置时，应撑牢车厢，以防车厢突然下落伤人。

4. 停车

（1）车辆应停放在平坦的场地上，将变速杆放在空挡位置，并拉紧手刹。如遇车辆故障停放在上坡或下坡时，要将车辆前后轮牢牢楔住，并拉紧手刹。

（2）依照不同车型的保养规定做好车辆的保养工作。

（3）车辆停好后，要对车辆进行一次全面的车况检查，并填写好交接班记录表，锁好车门后方能离开。

（五）陕汽德龙系列自卸车安全操作规程

1. 启动前的检查

（1）检查外表有无碰撞变形、裂纹、开焊和渗漏。各部联接螺栓有无断裂、松动或缺失，销子有无窜出。

（2）检查车梯和扶手是否牢固，有无松动、断裂和开焊。

（3）检查轮胎磨损、擦伤、割裂等损坏情况。

（4）检查轮胎螺栓、螺母有无松动脱落，轮辋、轮毂有无窜位，轮辋、法兰有无断裂。

（5）检查轮边减速器有无渗漏。

（6）检查发动机油位，自卸车停放在平坦地面时其油位必须在机油尺的上下刻度之间。

（7）检查冷却液液位，不能低于加水口 50mm 以下，补加冷却液时必须将水箱内的压力释放后进行，有压时不准打开水箱盖。

（8）检查燃油位，不准低于油箱 1/8 刻度。

（9）检查液压油位，厢斗落下时液面应在上观察孔中间。

（10）检查集中润滑油箱内润滑脂存量，存量低于油箱容积的 1/4 时必须补加。

（11）检查空气滤清器密封是否良好；检查空气滤清器尘量指示表，必要时清扫空气滤清器外滤芯。

（12）检查油气悬挂高度、密封处有无渗漏、悬挂防尘罩有无缺失破损、悬挂销子和锁片有无异常。

（13）检查各总成部件的联接、紧固情况，重点检查后桥壳、扁担梁有无开焊或裂纹，牵引销轴承有无磨损，瓦盖螺栓有无松动。

（14）检查增压器进气胶管有无破损或密封不良。

（15）检查厢斗缓冲胶垫有无破损或缺失。

（16）检查转向连杆的万向节有无松动等现象，转向横拉杆和转向油缸铰接销有无异常。

（17）检查各油脂润滑部位的润滑情况。

（18）检查所有管路的联接固定情况及有无渗漏。

（19）检查风扇、发电机及空调压缩机皮带。

（20）外观检查发动机紧急熄火装置是否完好。

（21）检查喇叭、灯光、雨刷器、指示仪表、指示灯、后视镜、遮阳板及报警蜂鸣器是否完好。

（22）检查自动灭火系统和手提式灭火器是否齐全有效，防火布是否完好。

2. 启动

（1）检查自卸车四周有无人员，冬季使用的预热线是否断开。

（2）确认停车制动处于制动位置，将方向选择开关置于空挡位置，举升手柄置于浮动位置。

（3）接通钥匙开关，检查各故障报警指示灯和蜂鸣器是否正常，如有异常，不得启动。

（4）鸣笛，夜间同时用灯光闪烁，警示周围的人员及设备。

（5）旋转钥匙启动发动机，一次启动时间不准超过 30s，两次启动间隔时间不得小于 2min，连续 3 次不能启动时，应进行检查，冬季停放时间较长的自卸车应提前预热。

（6）发动机启动后，不准高转速运转，检查发动机、液压系统等有无异响、异味、异常振动，观察各仪表指示是否正常；下车检查发动机、液压系统等有无渗漏。急速运转 3～5min，冬季要稍长一些，待发动机运转平稳后，方可起步；水温上升到 60℃ 以上，方准满负荷作业。

（7）用外接电源启动时，要先正极接正极，后负极接负极，断开时先断开负极，再断开正极。

（8）严禁利用设备本身搭铁的方法接负极。

3. 运行

（1）检查自卸车周围是否有人员、设备或障碍物。

（2）车辆起步顺序：先鸣笛，然后将换向手柄置于需要位置，解除制动，平缓加大油门，开始行车。

（3）起步后检查转向和制动系统的工作情况是否正常。

（4）在坡道起步时，应使用工作制动将车停稳，选择方向开关的位置，手按紧急牵引按钮，同时平缓加油，当车略向前动时，松开工作制动，平稳完成坡道起步。

（5）下坡行驶时，必须使用恒速下坡装置或动态减速，严禁超速，严禁长时间使用工作制动。

（6）正常行驶时，时速 5km/h 以上时不准使用工作制动进行减速和停车，应使用动态减速踏板减速。非特殊情况下，不准使用急刹车。

（7）行驶时严禁改变换向手柄方向；换向行驶时，应先将车停稳，换向手柄打到空挡位，然后再换向。

（8）行驶中如故障指示灯亮或蜂鸣器响时，应迅速将车辆就近停在安全地带，如果发动机系统报警或出现异音时，要立即停车并熄火。

（9）行驶中应随时观察各仪表，发动机的正常工作温度为 74~91℃；低怠速时发动机转速为 750r/min，机油压力为 25~30Pa/in²；高怠速时发动机转速为 1500~1700r/min，机油压力为 50~75Pa/in²；最高转速不超过 2100r/min；充电电压为 26~28V。

（10）要随时利用作业间歇时间下车对各主要部位进行检查。

（11）严禁在正常行驶中起落厢斗。

（12）严禁举斗运行。

（13）不准长距离加速倒车。

（14）自卸车通过电缆桥时，要减速行驶，做到平稳通过。

（15）排卸倒车时自卸车应与挡墙保持垂直；在确保安全的情况下，自卸车应靠上挡墙排弃；在挡墙高度不够 1.5m 的情况下排弃时，必须在自卸车后面留有充分的安全距离，但应卸至距排土场（或排弃点）边沿 5m 以内的地方；严禁在无挡墙的情况下将自卸车倒在边沿处排弃，必要时必须有专人指挥；排弃时倒车要慢，严禁冲撞挡墙。

（16）卸车后举斗提车距离不准超过 3m，厢斗黏土要及时清理，严禁以猛踩刹车的方式磕厢斗。

（17）每次起步，必须查看周围有无障碍物，做到先鸣笛后起步，夜间要同时闪烁灯光示意。

（18）在倒车时，必须事先认真瞭望，确认无人员和障碍后方可倒车，同时要连续鸣笛。

（19）自卸车行驶中，要密切注意道路上的障碍物。

（20）夜间行车照明必须齐全，需要和其他设备或人员联系时，应闪烁灯光示意。

（21）无特殊情况，不准在干道上和坡道上停车。

（22）自卸车出现异常，要尽量将自卸车停放在安全地带，必须使用停车制动。

（23）坡道上要将自卸车的轮或后轮靠上挡墙，与坡道方向形成一定的夹角。在没有条件的地方，需在轮胎下部打埯并开启示宽灯。

（24）在运输道路上，夜间因故障停车时，车前后应设置醒目的安全警告标志，并在车体前、后采取防护措施并开启示宽灯。

（25）速度限制：车速最快不准超过 40km/h；冰雪、雨水、泥泞道路，车速不准超过 10km/h；雨雪、雾天、转弯、采装工作面、排土场工作面、视线受影响、道路凸凹不平等要减速行驶。

（26）正在装载、卸载的自卸车必须给上制动锁定。

（27）让车规定：

1）空车让重车。

2）下坡车让上坡车，但下坡车正下半坡，上坡车未上坡时，上坡车让下坡车。

3）转弯车让直行车。

4）支线车让干线车。

5）一切车辆应避让执行任务的消防车、救护车、工程抢险车以及正在养护道路的有关车辆、设备。

（28）要时刻注意其他设备的动态。

（29）待装自卸车必须停在挖掘机最大回转半径范围之外，进入装车位置的自卸车必须停在挖掘机机棚回转范围之外。

（30）自卸车要按顺序排队装车，前后车距不准小于15m。

（31）不准快速转弯、调头。

（32）自卸车调头时，必须认真瞭望，确认安全后方可调头。

（33）自卸车发生火灾时，立即停车，给上制动，关闭发动机，采取有效灭火措施，并汇报。

（34）需要牵引时，设专人指挥；牵引自卸车的钢丝绳长度不得小于24m，所有人员要离开钢丝绳25m以外。制动失效时必须采用硬连接牵引；自卸车灯光和转向失效时不准被牵引。

（35）点检、加油时，自卸车司机必须下车配合。

（36）需回车间维修的自卸车，应清楚故障现象，了解途中应注意的事项，运送途中加强观察，必要时应由维修工监护；停放时必须听从专人指挥。

（37）自卸车维修完毕后，必须经检查验收合格后方准提车，有缺陷的自卸车不准提取；提车时必须听从专人指挥。

4. 停机

（1）停放时自卸车之间的横向距离不准小于5m，前后距离不准小于10m。

（2）发动机熄火前必须怠速运转3~5min。

（3）停车后给上停车制动，关灯、熄火，150s后断开蓄电池开关。

（4）停车后，清理卫生，检查各部位有无异常，填写运行记录。

（5）临时停放在工作面上的自卸车，要停放在安全地带，距台阶坡底线或台阶坡顶线6m以外，既不能影响其他设备作业，又要确保安全、停放整齐，不准乱停乱放。

（六）HOWO系列自卸车安全操作规程

1. 启动前的检查

（1）进行外观检查，检查外表有无碰撞变形、裂纹、开焊和渗漏。各部联接螺栓有无断裂、松动或缺失，销子有无窜出。

（2）检查轮胎胎面磨损、擦伤、割裂等损坏情况。

（3）检查轮胎螺栓、螺母有无松动脱落，轮辋、轮毂有无窜位，轮辋、法兰有无断裂，是否齐全完好。

（4）检查发动机油位，自卸车停放在平坦地面后，其油位必须在机油尺的上下刻度之间。

（5）检查冷却液液位，通过水箱液位计检查，其液位必须在观察孔中部以上，补加冷却液时必须先按水箱盖上的红色按钮将水箱内的压力释放后进行，有压时不准打开水箱盖。

（6）检查燃油位，不准低于油箱1/8刻度。

（7）检查液压油位，厢斗落下、发动机熄火并泄压时液面应在上观察孔中间。

（8）检查集中润滑油箱内润滑脂存量，存量低于油箱容积的1/4时必须补加。

（9）排放燃油系统油水分离器内的污水和沉淀物。

（10）检查清理空气滤清器集尘杯，检查空气滤清器尘量指示表，必要时清扫空气滤清器外滤芯。检查空气滤清器密封是否良好。

（11）检查油气悬挂高度、密封处有无渗漏、悬挂防尘罩有无缺失破损、前悬挂螺栓有无松动、后悬挂锁片有无异常。

（12）检查各总成部件的联接、紧固情况，重点检查后桥壳、扁担梁有无开焊或裂纹，牵引销销套有无磨损，锁片有无松动。

（13）检查增压器进气胶管有无破损或密封不良。

（14）检查厢斗缓冲胶垫有无破损或缺失。

（15）检查转向蓄能器卡子有无开裂、螺栓有无松动。

（16）检查转向连杆的万向节有无松动等现象，转向横拉杆和转向油缸铰接销有无异常。

（17）检查各油脂润滑部位的润滑情况。

（18）检查所有管路的联接固定情况及有无渗漏。

（19）检查刹车系统有无异常情况，刹车盘、刹车蹄片有无开裂、磨损过限现象。

（20）检查风扇、发电机及空调压缩机皮带。

（21）外观检查发动机紧急熄火装置是否完好。

（22）检查喇叭、灯光、雨刷器、指示仪表、指示灯、后视镜、遮阳板及报警蜂鸣器是否完好。

（23）检查自动灭火系统和灭火器材是否齐全有效，防火布是否完好。

2. 启动

（1）检查自卸车周围有无人员。

（2）确认停车制动处于制动位置，将换向开关置于空挡位置。

（3）将钥匙开关置于运转位，按自检灯开关，检查所有的警示灯和蜂鸣器是否正常，如有异常，不得启动。

（4）鸣笛5~8s，夜间同时用灯光闪烁，警示周围的人员及设备。

（5）旋转钥匙启动发动机（发动机配有预润滑系统，当完成自动润滑后，发动机方能启动），一次启动时间不准超过30s，2次启动间隔时间不得小于两分钟，连续3次不能启动时，应进行检查。冬季长时间停放必须提前8h预热。

（6）发动机启动后，系统气压达到0.55MPa(5.5bar)以上、警告灯熄灭、报警蜂鸣器停止鸣响后，才能松开手制动阀手柄准备起步。在气压达0.7MPa(7bar)之前，汽车还未完全达到适合于行驶状态，只有气压达0.7MPa(7bar)之后，制动器才能达到所规定的制动性能。

（7）发动机启动后，不准高转速运转，检查发动机、液压系统等有无异响、异味、异常振动，观察各仪表指示是否正常，下车检查发动机、液压系统等有无渗漏，怠速运转3~5min，冬季冷车启动后应再进行3~5min的中速空载预热运转，待发动机运转平稳后，方可启动，水温上升到50℃以上，方准满负荷作业。

3. 运行

（1）检查自卸车周围是否有人员、设备或障碍物。

（2）车辆启动顺序：先鸣笛，然后将换向手柄置于需要位置，解除制动，平缓加大油门，开始行车。

（3）启动后检查转向和制动系统的工作状态是否完好有效。

（4）在坡道起步时应使用工作制动将自卸车停稳，将换向开关扳到正确位置，手按紧急牵引按钮，同时平缓加油，当自卸车略向前动时，松开工作制动，平稳完成坡道启动。

（5）启动前，必须查看周围有无人员或障碍物，确认安全后，鸣笛 5~8s 然后启动，夜间同时要闪烁灯光示意。

（6）自卸车行驶中，要注意道路上的障碍物。

（7）驾驶过程中，不论由高速挡往低速挡换挡或由低速挡往高速挡换挡都一定要使用两脚离合器的换挡方法，且在换挡时应使离合器分离彻底；在完成了离合器操作后，不要把脚放在合器踏板上。

1）快速踩下踏板。

2）变速器操纵杆置空挡。

3）快速松开踏板。

4）快速踩下踏板，使离合器彻底分离。

5）换挡。

6）先快松离合器板至半啮合位置，再缓慢地放松离合器踏板。

（8）在运输道路上故障停车时，应立即开启示宽灯，在车前后约 30m 处设置醒目的安全警示标志。

（9）故障自卸车影响正常作业时，班组长须及时调整采掘设备作业位置或拖走故障自卸车。

（10）自卸车司机不得擅自处理故障自卸车。

（11）自卸车经过故障车时，应谨慎驾驶，避免与其他车辆会车。

（12）速度限制：车速不准超过 40km/h；风沙、冰雪、雨水天气或泥泞道路，车速不准超过 15km/h；弯道、坡道、交叉路口、采装工作面、排土场工作面、视线受影响、能见度低、道路状况差等情况下要减速行驶；严禁超车、超速、抢行。

（13）严禁坡道、弯道、干道、交叉路口随意停车。

（14）让车规定：

1）空车让重车。

2）下坡车让上坡车，但下坡车正下半坡，上坡车未上坡时，上坡车让下坡车。

3）转弯车让直行车。

4）支线车让干线车。

5）一切车辆应避让执行任务的消防车、救护车、工程抢险车以及正在养护道路的有关车辆、设备。

（15）自卸车司机应注意周围其他设备的动态。

（16）自卸车在装载和卸载时必须给上制动锁定。

（17）待装自卸车必须停在挖掘机最大回转半径范围之外，进入装车位置的自卸车必须停在挖掘机回转半径范围之外。

（18）不准自卸车快速转弯、调头。

（19）自卸车发生火灾时，立即停车，给上停车制动，关闭发动机，采取有效灭火措施，并汇报。

（20）故障自卸车需要牵引时，必须设专人指挥，采用硬连接牵引；特殊情况使用钢丝绳牵引时，牵引自卸车的钢丝绳长度不得小于 10m，地面人员要距离钢丝绳 15m 以外；在自卸车制动、转向和灯光失效时严禁使用软牵引。

（21）点检、加油时，自卸车司机必须下车配合。

（22）需维修的自卸车，应清楚故障情况，了解途中应注意的事项，运送途中加强观察，必要时应由维修工监护；停放时必须听从专人指挥。

（23）自卸车维修完毕后，必须经检查验收合格后方准提车，有缺陷的自卸车不准提取；提车时必须听从专人指挥。

（24）行驶时不准改变换向手柄方向；换向行驶时，应先将车停稳，换向手柄打到空挡位，然后再换向。

（25）行驶时，故障指示灯亮或蜂鸣器响时，应将车辆就近停在安全地带，如果发动机系统报警或出现异音时，要立即停车并熄火。

（26）进入铲位时要与挖掘机司机正确配合，倒车要稳准。

（27）自卸车司机必须在挖掘机司机发出信号后，方可进入或驶出装车地点。

（28）排卸倒车时自卸车应与挡墙保持垂直；在确保安全的情况下，自卸车应靠上挡墙排弃；在垫路时，以及在没有挡墙或挡墙高度不够的情况下排弃时，必须在自卸车后面留有充分的安全距离，应卸至距排土场（或排弃点）边沿 5m 以内的地方，不准在无挡墙的情况下将自卸车倒在边沿处排弃，必要时必须有专人指挥；排弃时倒车要慢，不准冲撞挡墙。

（29）在任何情况下，司机离开驾驶室时，必须使休眠开关处于休眠状态。

4. 停机

（1）发动机熄火前必须怠速运转 3~5min。

（2）停车后给上停车制动，断开所有开关，特别是必须断开电源总开关。

（3）停车后，清理卫生，检查各部位有无异常，认真填写运行记录。

三、辅助施工设备

（一）推土机安全操作规程

1. 开机前准备

（1）目视检查设备外观是否完好，有无变形、裂纹等异常损坏。

（2）检查铲刀、推杆、耳子有无变形、磨损过度、裂纹等现象，耳子间隙是否正常。

（3）检查松土器有无裂纹、变形，护套是否磨损过限，螺栓有无松动丢失。

（4）检查行走机构有无变形、裂纹、联结螺栓有无松动、丢失、驱动轮、支重轮、引导轮、托带轮是否磨损过限，支重轮、引导轮、托带轮有无渗油。

（5）检查履带张紧度是否正常，履带板螺栓有无松动、丢失，履带板有无断裂，板牙有无磨损过限，链条和销套有无磨损过限。

（6）检查各部铰链接点润滑是否良好。

（7）检查其机油、冷却液、电解液的液面，不足时，应及时加足。

（8）检查刹车、方向系统、喇叭、照明、液压系统等装置是否灵敏可靠，严禁带病作业。

2. 启 动

（1）检查均正常后，将各操纵杆放到空位，停车制动在锁止位置。

（2）将钥匙旋转到接通位置，检查各指示灯亮、蜂鸣器响，则说明电子监控系统正常。

（3）将燃油控制杆放心急速位置，鸣笛发出启动信号。

（4）将钥匙旋转到启动位置，启动发动机；如果发动机启动困难，钥匙在启动位置的时间一次不超过20s，两次启动间隔时间不少于2min，如果连续3次不能启动，应检查发动机。

（5）当发动机启动后，立即松开钥匙，观察各仪表指示是否正常，机油压力如果在6s后仍不正常，应立即熄火检查。

（6）发动机启动后要怠速运转3~5min，并再次检查传动系统油位是否正常：检查发动机、液压系统、传动系统等有无异响、异味、异常振动，检查发动机、液压系统等有无渗漏，观察发动机排气颜色是否正常。

（7）起步时要查看周围有无人员和障碍物，然后鸣号起步；行驶中如遇不良条件，应减速慢行。

3. 行走作业

（1）行驶时，操作人员或其他人员不得上、下，不得停留在驾驶座以外的任何部位，不准与地面人员传递物品。

（2）推土机在有坡的地面行驶时，上坡坡度不应大于25°，下坡坡度不应大于35°，下坡时宜采用后退下行，严禁空挡滑行，必要时可放下刀片辅助制动。

（3）在横坡作业时其横坡不得大于10°，在超过10°的坡上横向推土时，应先进行挖、填，使推土机能保持平衡后，方可进行工作。

（4）在陡坡、高坎上作业，或填沟渠、驶近边坡时，必须有专人指挥，应先换好倒车挡，然后再提升铲刀进行倒车。禁止铲刀超出坡的边缘，以防止机械倾翻；推土机排土时其铲刀严禁超出排土台阶的坡顶线。

（5）在弃渣场，推土机排土应在台阶边沿堆筑一定高度的安全墙，并形成一定的反向坡度。

（6）推土机在陡坡作业时，禁止急转弯；下坡时禁止挂空挡或分开主离合器；拖动或牵引其他机械时不得急转弯。

（7）多机在同一作业面作业时，其左右相距不小于铲刀宽度的二倍，其前后两推土刀片之间应保持20m以上的间距，且前后两推土机前进时必须以相同的速度直线行驶。

（8）夜间工作时，前、后灯须齐全完好；工作场地应有良好的照明。

（9）当推土机作业遇到过大阻力，履带产生"打滑"或发动机出现减速现象时，应立即停止铲推，不得强行作业。

（10）推土机发生故障时，不准停在斜坡上进行检修。

（11）进行保养、检修或加油时，必须放下铲刀，停止发动机。如需在铲刀下面保养或检修时，应先将铲刀提升到需要高度，垫实后，方可进行；在加注燃油或检查油面时，禁止吸烟或用明火照明。推土机在摘卸推土刀片时，必须考虑下次挂装的方便，摘刀片时辅助人员应同司机密切配合，抽穿钢丝时应带帆布手套，严禁眼睛挨近窥视。

4. 停机

（1）工作完毕后，必须将车辆刹稳并摘挡熄火；推土机的刀片应放落地面。

（2）推土机应停放在无任何障碍、且不影响其他车辆通行，平坦、安全的地方；禁止停在可能塌方或受洪水威胁的危险地段。

（3）在沙尘较重的环境中作业时，应不定期检查清理空气滤芯，并及时清理空气滤芯下方的集成皮碗，并按使用说明书要求进行保养。

（二）装载机安全操作规程

1. 开机前准备

（1）开机前，应检查其机油、冷却液、电解液的液面，不足时，应及时加足。

（2）检查刹车、喇叭、方向是否齐全、灵敏，液压系统有无渗漏，轮胎是否完好、气压是否符合规定；检查传动装置、制动系统、回转机构及仪器、仪表、并经试运转，确认正常后方可进入启动程序。

2. 启动

（1）开机前应发出信号，启动时应将离合器分离或将变速放在空挡位置，并发出启动信号，在确认周围无人和障碍物后，且当制动气压表读数达到规定值时，方可行驶作业。

（2）起步时不得突然加速，应平稳起步。

3. 行走

（1）行驶前取下前后车体安全联接杆，并妥善保管。

（2）在坡道上行驶时，应使拖启动操纵杆处于接通位置，拖启动必须是正向行驶。

（3）改变行驶方向及变换驱动操纵杆必须在车停后进行。

（4）运载物料时，应保持动臂下铰点离地面400mm以上。不得将铲斗提升到最高位置运送物料。

（5）应尽量避免在斜坡横向行驶及铲装物料。

（6）应避免不适当的高速和急转弯。

（7）在下坡时，严禁装载机脱挡滑行。

4. 装卸作业

（1）发动机的水温及润滑油温度达到规定值时方可进行全负荷作业，当水温、油温超过363K（90℃）时应停车，查找原因，待水温低于363K（90℃）时方可作业，否则会损坏发动机。

（2）禁止在前后车体形成角度时铲装货物；取货前，应使前后车体形成直线，对正并靠近货堆，同时使铲斗平行接触地面，然后取货。

（3）除散装以外，不准用高速挡取货。

（4）不准边行驶边起升铲斗。

（5）铲斗铲装货物应均衡，不准铲斗偏重装载货物。

（6）装载车是用来进行装载及短途运输散装物料的车辆，禁止用铲斗进行挖掘作业。

（7）驾驶员离车前，应将铲斗放到地面，禁止在铲斗悬空时驾驶员离车。

（8）起升的铲斗下面严禁站人或进行检修作业；若必须在铲斗起升时检修车辆，应对铲斗采取支撑措施，并保证牢固可靠。

（9）禁止用铲斗举升人员从事高处作业。

（10）在架空管线下面作业，铲斗起升时应注意不要碰到上方的障碍物，在高压输电线路下面作业时，铲斗还应与输电线保持足够的安全距离。

（11）在为载重汽车倾卸物料，铲斗前翻时不得刮碰车辆，卸载动作要缓和；在卸车作业时，应注意铲斗不要刮碰车厢；在推运或刮平作业中，应随时观察运行情况，发现车辆前进受阻，应审慎操作，不得强行前进。

（12）在作业区域范围较小或危险区域，则必须在其范围内或危险点显示出警告标志。

（13）在中心铰接区内进行维修或检查作业时，要装上"防转动杆"以防止前、后车架相对转动。

（14）要在装载机停稳之后，在有蹬梯扶手的地方上下装载机。切勿在装载机作业或行走时跳上跳下。

（15）夜间工作时装载机及工作场所应有良好的照明。

5. 停机

（1）工作后应将装载机驶离工作现场，停放在平坦的安全地带，落下铲斗。

（2）停车后应将换向操纵杆放到中央位置，将前后车体安全联接杆安装好。

（3）当发动机熄火后，需反复多次扳动工作装置操纵手柄，确保各液压缸处于无压休息状态。当装载机只能停在坡道上时，要将轮胎垫牢。

（4）将各种手柄置于空挡或中间位置。

（5）先取走电锁钥匙，然后关闭电源总开关，最后关闭门窗。

（6）不准停在有明火或高温地区，以防轮胎受热爆炸，引起事故。

（7）每天进行整体的润滑保养，并检查设备的各个部件是否有损坏、松动、脱落、漏油、漏水、漏气及其他故障，并按使用说明书的要求进行保养。

（8）在沙尘较重的环境中作业时，应不定期检查清理空气滤芯，并及时清理空气滤芯下方的集成皮碗。

（三）平地（路）机安全操作规程

1. 作业前准备

（1）详细了解作业内容和施工技术要求，并仔细检查作业区各种桩号的所在位置。

（2）检查平地机四周有无障碍物及其他危及安全作业的因素，并让无关人员离开作业区。

（3）仔细检查平地机有无部件松动、丢失、过度磨损、泥沙堆积、液体渗漏及轮胎磨损和气压降低等情况，并以排除。

（4）检查液压油，变速箱润滑油、燃油箱、蓄电池电压、灯光、警示灯、安全标志等是否正常。

（5）检查液压控制器、制动器、行车制动、发动机、油门踏板、离合器踏板的工作是否正常。

2. 启动

（1）将操纵手柄、变速器操纵杆置于空挡位置，其余手柄均置于中间位置，启动发动机，检查有无异常声响，左右转向功能是否正常。

（2）检查各仪表、灯表指示、喇叭等工作是否正常。

（3）将刮刀等作业装置置于运转状态，检查其是否完好，动作是否正常。

（4）启动发动机时，时间一次不得超过30s，如需再次启动，须将钥匙转回关闭位置，待2min后再启动。

3. 行走与作业

（1）发动机启动后，各仪表读数均应在规定值范围内，发动机运转时，不得操作冷启动开关，否则会造成发动机严重损坏。

（2）驾驶平地机时，不得把脚放在离合器或制动踏板上；起步、停车或转向时应使用离合器。

（3）在作业过程中，如遇报警信号灯闪亮或报警音鸣响时，应尽快停止平地机的工作，查明故障并予以排除后，方可继续作业。

（4）行驶中应把刮刀升高，并保持在平地机宽度内，确保转向时前轮不碰刮刀。

（5）发动机处于高速运转状态时，不得切换转入较低挡位，以免损坏变速器。

（6）转向时或使用轴驱动轮转向时，不得锁止变速箱，可使前轮倾斜以减少平地机转向半径，但在高速行驶时不得使用，以防止出现急剧的反作用力，转向后应把前轮定在垂直的位置。

（7）在右侧开"V"形边沟时，让刀尖处于右前轮外缘，刀尾处于左双轴驱动轮之前，刮刀后倾，升起刀尾，以便将泥土运向左双轴驱动轮内侧，同时前轮左倾，沿着标线慢慢前进，如果使用铰接式平地机在硬土质上作业时，需调直机架，以免阻力过大，引起平地机侧移，在松土质上作业时，应使驱动轮在硬地上行走，在第二遍作业时，右前轮应在第一遍作业刮出的斜面上行走，并以稍快的速度切出规定的坡度。

（8）高坡切削时，应确保双轴驱动轮靠近坡脚，同时让转盘和刮刀尽可能朝向平地机工作的一边侧移。

（9）做路拱时，先将路料堆放在路中央，使平地机刮刀前倾成60°~70°角，稍提刀尾，平地机沿堆料中央匀速行驶，使路料沿刀刮向两侧移动，用同样的方法在路两侧作业，刮出路面的横坡。在接近路肩时，让刀尾和双轴驱动轮成一直线。

（10）遇到坚硬土质需要齿耙翻松时缓慢下齿，不宜使用齿耙翻松坚硬旧路面。

（11）在坡道停放时，应使机头向下坡方向，并将刀片或松土器压入土中。

4. 停机

（1）作业后，把平地机停放在安全和不影响其他车辆行驶的平地上，变速器置于空挡位置，拉上驻车制动、刮刀及附属工作装置降落地面，但不得向下施压，以减轻液压油缸的负荷，关掉发动机，把蓄电池开关拨到断开（OFF）位置，取下点火钥匙。

（2）装好铰接式平地机的锁销。

（3）用压缩空气（与正常气流方向相反）清洁散热器，清洁时注意安全。

（4）按保修保养规定，进行日常维护保养。

（四）压路机安全操作规程

1. 开机前准备

（1）检查燃油油箱和燃油管路是否泄漏。

（2）螺栓连接处是否松动。

（3）转向系统是否正常工作。

（4）机身是否干净及是否有损坏之处。

（5）机器是否得到充分的维护。

（6）检查发动机机油、液压油、冷却液的液、油位。

（7）检查油水分离器，如需要则放掉杯子的水。

（8）如有需要则调整刮泥板。

（9）检查轮胎冲气压力。

2. 启动

（1）起步前先解除停车制动。

（2）把震动开关旋至（O）位置，使震动处于关闭状态。

（3）检查紧急停车开关是否松动。

（4）把油门控制杆放在其行程 1/2 的位置并保持在这个位置。

（5）点火钥匙旋至"Ⅰ"位置。

（6）等待知道预热指示灯已熄灭，将点火钥匙旋至"Ⅱ"位置启动发动机。

（7）一旦发动机点火启动，把点火钥匙回到"Ⅰ"的位置。

（8）让发动机运转片刻后，但是不能让发动机在"怠速"下运转 10min 以上。

3. 驾驶作业

（1）预先选择行驶速度范围，把油门控制杆移到"Ⅰ"全速的位置，并锁定在这个位置上。

（2）按顺时针方向把发动机转速开关旋至全速的位置。

（3）向左将行驶控制杆推出制动位置，并缓慢地将手柄移向想要的行驶方向。

（4）当机器停在斜坡时，应使用最低的速度挡（乌龟挡）启动运行。

（5）严禁发动机熄火或空挡滑行。

（6）前行或倒车时，不准骑越高于底盘的石块和物料。

（7）不准在横向坡度超过 8%，纵向坡度超过 15% 的地面行驶。

（8）在运行中，应经常观察指示灯及仪表是否正常：检查转向、制动系统的状态是否灵活可靠，观察设备运行状态，如出现异常，应立即停机进行检查。

（9）严禁在高密度场地使用振动。

4. 停机

（1）工作完毕后，应将压路机停在地面平坦坚实，不影响其他车辆行驶的地方。

（2）缓慢地将行走控制杆移至中位，然后向右推锁定在制动的位置。

（3）提起锁片并把油门控制杆放在"Ⅱ"的位置（怠速），按逆时针方向把发动机转速开关旋至"怠速"的位置，并让发动机在"怠速"下运转片刻，待温度平和后才停机。

（4）将点火钥匙旋至"0"或者"P"的位置，然后拔出钥匙。

（5）按压路机说明书的规定，做好日常维护保养工作。

（6）离开机器时，把门锁好，以避免其他人开动。

（五）洒水车安全操作规程

1. 开车前准备

（1）机动车发动前应将变速杆放在空挡位置，并拉紧手刹车。

（2）启动前，应对车辆轮胎、轮胎螺母、车梯扶手和车辆外观等进行安全确认。

（3）查看车上配备的灭火器是否有效，若失效则立即更换。

（4）检查燃油位、发动机油位、冷却液液位、液压油位、油管、电气线路是否正常有效。

（5）冬天不能正常启动时，应用热水解冻，严禁用火烤。

2. 启动

发动后应检查各种仪表、方向机构、制动器、灯光是否灵敏可靠，并确定周围无障碍物后，方可鸣号起步；班中、班后也应对车辆状况进行检查，禁止车辆带故障运输。

3. 行走作业

（1）气制动的汽车，严禁气压低于 $2.5kg/cm^2$ 时起步，若停放在坡上，气压低于 $4kg/cm^2$ 时，不得滑行发动。

（2）洒水车在灌装水时，要停放在平坦和坚实的地面上。

（3）车辆进入工地应慢速行驶，防止与其他车辆发生碰撞事故。

（4）洒水车在公路上抽水时，不得妨碍交通。

（5）在有水草和杂物的水道中抽水，吸水管端应加设过滤网罩。

（6）洒水车在坡道及弯道行驶时，不得高速行驶，并避免紧急制动，下坡车速不准超过24km/h，下大坡时必须使用恒速下坡装置，严禁长时间使用工作制动。

（7）在坡道上被迫熄火停车，应拉紧手制动器，下坡挂倒挡，上坡挂前越挡，并将前后轮楔牢。

（8）洒水车驾驶室外不得载人。

（9）不准用高压水炮对可能造成损坏的物体喷射。

（10）严禁用高压水炮对人喷射。

（11）严禁用高压水炮对带电设备喷射。

4. 停车

（1）车辆应停放在专用场地内，将变速杆放在空挡位置，并拉紧手刹。

（2）车辆停好后，要对车辆进行一次班后车况检查，并按有关规定做好车辆保养，锁好车门后方能离开。

（六）加油车安全操作规程

1. 开车前准备

（1）检查油罐车上干粉灭火器是否有效，若失效则立即更换。

（2）机动车发动前应将变速杆放在空挡位置，并拉紧手刹车。

（3）检查导静电带是否接地、完好有效。

（4）检查燃油位、发动机油位、冷却液位、制动液位、蓄电池电解液液位，不足时应加足。

（5）检查油管、电气线路有无异常磨损、老化、破裂等现象。

（6）启动前，应对车辆轮胎、轮胎螺母和车辆外观等进行安全确认。

（7）冬天不能正常启动时，应用热水解冻，严禁用火烤。

2. 启动

（1）发动后应检查各种仪表、方向机构、制动器、喇叭、灯光是否灵敏可靠，并确定周围无障碍物后，方可鸣号起步；班中、班后也应对车辆状况进行检查，禁止车辆带故障运输。

（2）冬季停放时间较长的车应先进行预热后，方可启动。

3. 行走作业

（1）气制动的汽车，严禁气压低于 $2.5 kg/cm^2$ 时起步，若停放在坡上，气压低于 $4 kg/cm^2$ 时，不得滑行发动。

（2）在油库加油时必须停车熄火，将接地线的金属针就近接地，导线与车身金属部分要可靠连接。

（3）司机严禁进入油罐罐体内，油罐也不准装除柴油以外的液体。

（4）车辆进入工地应慢速行驶，防止与其他车辆发生碰撞事故。

（5）在工地为车辆、设备加油时，准备加油的车辆、设备都必须熄火、停机；禁止在主干道、交叉路口、车流量大的地方给设备加油，加油点半径 30m 范围内禁止烟火。

（6）严禁将车辆停放在边坡下方。

（7）在坡道上被迫熄火停车，应拉紧手制动器，下坡挂倒挡，上坡挂前越挡，并将前后轮楔牢。

（8）车辆通过泥泞路面时，应保持低速行驶，不得急刹车。

（9）在冰雪路面上行驶时，应装防滑链条，下坡时不得滑行，并用低速挡控制速度，严禁急刹车。

（10）车辆陷入坑内，如用车牵引，应有专人指挥，互相配合。

4. 停车

（1）车辆应停放在专用车库或专用场地内，将变速杆放在空挡位置，并拉紧手刹。

（2）车辆停好后，要对车辆进行一次全面的车况检查，并按有关规定做好车辆保养，锁好车门后方能离开。

（七）民爆器材运输车操作规程

1. 爆破器材运输车特殊要求

（1）爆破器材运输车应具有防盗、防雨、防潮和防静电设施。

（2）车辆上应配置干粉灭火器和危险品运输标志。

（3）汽车排气管宜设在车前下侧，并应配置隔热和熄灭火星的装置。

（4）运输车应由熟悉爆破器材性能，具有安全驾驶经验的司机驾驶。

2. 开车前准备

（1）检查运输车上干粉灭火器是否有效，如失效则立即更换。

（2）检查运输车的防盗、防雨、防潮、危险标志和防静电等设施性能是否齐全、有效。

（3）检查车辆轮胎、轮胎螺母和车辆油箱、油管路等是否安全可靠。

（4）机动车发动前应将变速杆放在空挡位置，并拉紧手刹车。

（5）冬天不能正常启动时，应用热水解冻，严禁用火烤。

3. 启动

发动后应检查各种仪表、方向机构、制动器、喇叭、灯光是否灵敏可靠，并确定周围无障碍物后，方可鸣号起步；班中、班后也应对车辆状况进行检查，禁止车辆带故障运输。

4. 行走作业

（1）气制动的汽车，严禁气压低于 $2.5kg/cm^2$ 时起步，若停放在坡上，气压低于 $4kg/cm^2$ 时，不得滑行发动。

（2）炸药与雷管应分别装在两辆车内专车运送，两车间距应大于 50m，上山或下山应不少于 300m。

（3）运输爆破器材不得超高、超载，硝化甘油类炸药或雷管必须装在木板车厢内，车内应衬垫胶皮或麻袋，并只准平放一层。

（4）车辆押运人员应熟悉所运爆破器材性能，穿防产生静电的棉布衣服，非押运人员严禁搭乘车辆。

（5）车辆运行中应显示红灯与鸣笛，不准在人员聚集的地点、交叉路口、桥梁上（下）及火源附近停留，中途停留时，应有专人看管，不准吸烟、用火，开车前应检查码放有无异常。

（6）车辆应按规定线路行驶，行驶速度在能见度良好时应符合所行驶道路规定的车速下限，在扬尘、起雾、大雨、暴风雪天气时速度酌减；在施工现场应保持慢速行驶，遇有雷雨时，车辆应停在远离建筑物的空旷地方。

（7）在雨天或冰雪路面上行驶时，应采取防滑安全措施。

（8）在坡道上被迫熄火停车，应拉紧手制动器，下坡挂倒挡，上坡挂前越档，并将前后轮楔牢。

5. 停车

（1）车辆应停放在专用车库或专用场地内，将变速杆放在空挡位置，并拉紧手刹。

（2）车辆停好后，要对车辆进行一次全面的车况检查，并按有关规定做好车辆保养，关好车窗、锁好车门后方能离开。

（八）普通车辆安全操作规程

1. 开车前准备

出车前必须认真检查制动、灯光、喇叭、转向、仪表、轮胎等各部件是否安全可靠，严禁车辆带故障行驶。

2. 启动

当出车前的各项准备经检查确认安全可靠，确定周围无人员和障碍物后，方可启动车辆。

3. 行驶

（1）凡未经考试合格领取驾驶证者，严禁驾驶车辆，驾驶员行车中必须遵守《道路交通管理条例》，服从交警指挥，中速行驶，安全礼让。

（2）驾驶员擅自将车辆借他人，如其违反交通规则或发生事故由驾驶员承担一切后果和责任。

（3）严格执行四不准，六不开，六坚持的原则。"四不准"：不准抢道行驶，不准强行超车，不准闯红灯，不准挤慢行车。"六不开"：不开快车，不开逆行车，不开斗气车，不开失灵车，不让非司机开车，不酒后开车。"六坚持"：坚持你快我慢，坚持你抢我站，坚持你超我让，坚持你挤我停，坚持你开英雄车，我开风格车。

4. 停车

（1）车辆应停放在专用车库或专用场地内，将变速杆放在空挡位置，并拉紧手刹。

（2）车辆停好后，要对车辆进行一次全面的车况检查，并按有关规定做好车辆保养，锁好车门后方能离开。

四、机电及维修设备

（一）砂轮机安全操作规程

1. 作业前准备

（1）使用前应检查砂轮罩壳是否齐全牢固，砂轮片是否完好（不应有裂痕、裂纹或伤残），砂轮轴是否安装牢固、可靠。砂轮与防护罩之间有无杂物，是否符合安全要求。

（2）检查砂轮机电源线是否完好，漏电保护开关是否灵敏可靠，砂轮机接地和接零是否齐全。

（3）操作前要穿紧身防护服，袖口扣紧，上衣下摆不能敞开，严禁戴手套，不得在开动的砂轮机旁穿、脱换衣服或围布于身上，防止被机器绞伤。作业前要戴好防护镜，以防铁屑飞溅伤眼。

2. 启　动

（1）当使用前准备工作确认安全无误后，再开动砂轮机，等砂轮机试运转 3min 左右却可开始作业。

（2）如砂轮机在运转时发生尖叫声、嗡嗡声、抖动声等异常声音时，应立即停车进行维修。

3. 作　业

（1）使用砂轮机时，人应站在砂轮机的侧面，不得直对砂轮机运转方向。

（2）不准在砂轮机上磨硬质合金物，严禁在砂轮机上磨削铝、铜、锡、铅及非金属等物品，磨铁质工件应勤沾水使其冷却。

（3）磨工件或刀具时，不能用力过猛，应慢慢接触砂轮，不准撞击砂轮。磨小物件时，应用夹具夹住，以防手指受伤。

（4）在同一块砂轮上，禁止两人同时使用。

（5）砂轮磨薄、磨小及磨损严重时不准使用，应及时更换，更换砂轮时不可用手锤敲击，砂轮内孔与主轴配合的间隙不宜太紧，应按松动配合的技术要求，一般控制在 0.05 ~ 0.10mm 之间，拧紧砂轮夹紧法兰盘螺丝时，要用力均匀；更换后，先试车，运转正常三分钟后才能工作。

（6）过长过大工件不准在砂轮上磨削，不准单手持工件磨削。

（7）砂轮不准沾水，要经常保持干燥，以防湿水后失去平衡，发生事故。

4. 停　机

（1）砂轮机用完后，应立即切断电源，不要让砂轮机空转。

（2）将砂轮机周围剩余材料、废品、屑粉等清理干净。

（二）叉车安全操作规程

（1）驾驶员应掌握设备构造、原理、特点、使用的各项规程和操作技术，经考核合格后，持证上岗。

（2）新的叉车进行 80 小时磨合，行驶速度保持在二档范围，重量不大于要求吨位，行驶间不断注意各齿轮箱有无发热及杂音。

（3）正常情况下启动时，必须将车辆换挡操纵杆放在空挡位置；按下启动按钮启动；每次启动时间不得超过 20s；如 1 ~ 2 次不能发动时，须稍停 2 ~ 5min 后再启动，连续 3 次不能启动时，应立即检查，排除故障。

（4）发动机发动后，水温必须达到 50 ~ 60℃后再加大油门，以免发动机加速磨损（注意仪表指示）水温升至 60℃以上，方可驾驶。

（5）在严寒情况下发动时（冷车启动），先将曲轴箱、变速箱、转向机、蜗轮杆箱和液压油箱、齿轮泵壳进行预热后，机油压力不能低于 $1kg/cm^2$，其电流表指示自充电位置。

（6）使用设备只能加注规定的燃料和油脂，防止发动机温度超过 90℃，点火时间长产生爆燃加剧磨损。

（7）根据货物大小、调整货物叉间距离，使货物重量均分配在两叉之间。

（8）使用叉车作业时，最大负载在规定的负载中心不能超过负载重量规定，在使用专用工具工作时，其载荷应按专用工具装置负载规定进行。

（9）工作完毕后，将车辆切断电源，检查发动机的油脂消耗的情况。

（10）检查零部件是否有磨损严重、报废和安全松动的迹象，发现后应及时更换、维修、维护，必须认真检查制动、灯光、喇叭、转向、仪表、轮胎等各部机件中是否安全可靠，防止设备带病运行。

（11）作业人员不得随意拆除机械设备的安全装置。

（12）维护保养维修及清理设备、仪表时应确认设备、仪表已处于停机状态且电源已完全关闭；同时应在工作现场分别悬挂或摆放警示牌标识，提示设备处于维护维修状态或有人在现场工作。

（13）设备运转时，严禁用手调整、测量工件或进行润滑、清除杂物、擦拭设备。

（14）作业中不准接打手机，不准嬉笑打闹。

（15）叉车司机要严格执行汽车司机安全规程，在公路上行驶要遵守交通规则。

（16）装卸物件要有专人指挥，前方 5m 内不准有人。

（17）运输过程中，物件要装稳、叉牢，时速不超过 5km。

（18）在公路运输物件时，装的物件不准超宽，不准影响司机视线。

（19）叉车外边不准坐人，不准作为人员升降工具。

（20）叉车不准叉装运易燃物品，以免发生事故。

（三）检修车（工具车）安全操作规程

1. 启动发动机

（1）检查发动机润滑油、冷却液、燃料等要符合技术规定。

（2）将变速杆置于空挡位置，拉紧手制动，每天第一次启动时，先用曲轴摇柄，将曲轴转动若干转，感到轻松为止。

（3）踏下离合器，按下马达开关，适当踏下加速踏板，发动后应立即放松马达开关，每次使用马达时间不得超过 5s，如三次不能发动应检查排除故障后，再继续启动马达。每次使用马达间隔时间不得少于 30s。

（4）使用手摇柄启动时，应稍拨迟点火时间，启动后再将点火时间调整提前。

（5）应避免抱、顶、溜车方式起动发动机。

（6）发动后应注意各部仪表的指示是否正常，不得紧踏油门踏板，待油压、水温度升至 45~55℃，机油压力正常时使发动机带负荷运转，发动机怠速运转不得超过 15min。

2. 起步

（1）启动前认真观察车辆周围情况，关紧车门，踏下离合器踏板，将变速杆移置挡位

（重车冷车须用一挡，空车平路可用二挡）；鸣喇叭，放松手制动，慢慢抬起离合器踏板，同时踩下加速踏板，使车缓缓起步，不得猛抬离合器踏板，车行驶后，不得将脚放在离合器踏板上面。

（2）冷车起步后，要低速行驶，待各传动部位油温升至 15～20℃ 各部机件达到均匀润滑后，才能正常行驶。

（3）起步后试踏刹车部位的可靠性。

3. 变速

（1）变速时，须用两脚离合器方法变换挡位，以免齿轮撞击。

（2）不得越级换入高速挡。

（3）由高速挡换入低速挡，必须是在发动机乏力现象时进行，应避免在发动机产生托滞时换挡；换挡时根据行驶速度，路面坡度大小，踏下离合器踏板，将变速杆移入空挡，再抬起离器踏板，踩下加速踏板提高曲轴和变速箱一轴转速后，踏下离合器踏板，将变速杆移置所需要低速挡，动作要迅速准确。

4. 公路驾驶

（1）认真遵守交通规则，听从公路管理人员的指挥。

（2）行驶中，认真注意各仪表指示，听发动机底盘各部的声音有无异常。

（3）要保持车辆稳速前进，路面前方有情况时，要提前减速行驶，减少不必要刹车。

（4）上坡时，利用车辆的惯性，提前换人低速挡，避免惯性消失再停车启动的现象发生。

（5）下坡时，不得将发动机熄灭，空挡滑行；坡路路段较长时，可使用适当低速挡利用发动机阻力，或排气制动减速行驶，下坡遇有河流时，不得盲目渡水，要停车检查制动鼓温度及河流深度。

（6）行驶中如发动机温度过高，应减轻发动机负荷，切不可将发动机立即停火和打开水箱盖加注冷水，要适当调整发动机转速，待温度逐渐降低，如缺水，造成温度高时，应使发动机在转动的状态下慢慢加水冷却。

（7）认真做好"行车三检制"途中检查车辆的工作。

5. 停车

（1）途中停车时，要选择坚实、宽敞的路面，靠公路右侧，但不得过于靠近排水沟。使用脚制动器将车停住，按紧手制动，将变速杆移置空挡位置。

（2）车辆进库前，做好回库后的检查、保养工作，冬季停车后（未加防冻液时）应把水放掉，挂好无水牌。

6. 新车大修后车辆的走合驾驶

（1）冷车发动机启动后，切不可猛地加大油门，也不可间断地轰油门，发动机转速保持在 600r/min，急速回转几分钟后待水温达到 40℃，方可徐徐加油，并须检查各仪表，指示灯的工作是否正常。

（2）不得擅自取掉发动机的限速装置，调速器的铅封、空气过滤器必须保持清洁。

（3）在走合期内，载重量只能按各种车型规定的 80% 装载，按标准行驶速度降低 25% 即直接传动挡不超过 40km/h（掌子面不超过 25km/h，一挡和倒挡车速不超过 5km/h）。

（4）避免在砂砾、泥泞、冰雪及不良的道路上行驶，禁止牵引任何车辆。

（5）行车时，须避免急刹车，并须随时检查前后轮胎，制动鼓有无过紧引起高热，必要时加以调整。

（6）在行驶前、中、后注意检查发动机水温是否正常，高速箱、差速箱是否有高温现象，缸盖螺栓、转向机螺栓、横直拉杆的开口销是否紧固。

（7）检查润滑油、燃油、冷却、电气各系统有无渗漏现象。

（8）每行驶 450~500km（45~50h）应清洗一次空气滤清器，并应更换油盘内的机油，在空气中多灰尘的情况下，须将清洗和更换时间缩短二分之一。

（9）在走合时期，每行驶 500~600km（50~60h）须更换发动机油盘内的机油，同时将机油滤清器底部的沉淀物放尽，清洗机油和燃油滤芯子。

（10）走行终了时（即行驶 1500km）须更换变速箱差速器内的齿轮油（变矩器内的润滑油第二次更换可按着规定进行）。

（11）在第二次或第三次更换发动机机油时，须用同等的轻机油清洗曲轴箱及主油道。

（12）清洗方法：趁发动机尚有一定温度时，放出油盘和过滤器内机油，洗净芯子油之后加入轻机油，将发动机怠速空转 10min 后放出洗油，等洗油放净后，加入新机油。

（13）驾驶员严格执行交通规则及指挥信号和交通标志，并持有公安部门颁发的驾驶证和行车执照。

（14）严禁客货混装。

（15）以下车辆不准带人，货运挂车、自翻倾卸车、起重车、平板车、汽轮专用机械，除驾驶室按规定外，不准乘人。

（16）节假日、游览、开会需带客时，应有交通部门签发的带客证，可由技术熟练的司机驾驶。

（17）车辆载人时，严禁超员，要注意路旁倒斜的树术，并向乘客宣传安全注意事项。

（18）过道口时，注意栏杆位置，待栏杆起立停稳后方可通行。

（19）车厢以外任何部位不准乘人。

（20）开车前，要把车厢拦板铁链勾握好，挂钩若有裂纹直径超过十分之一者应更换。

（21）装药车及载运危险品的汽车，要遵守以下规定：

1）应由技术熟练安全行车三年以上的驾驶员驾驶。

2）包装要严密坚固。

3）不准乘人或与其他货物混装。

4）装火药要有专人押运看守。

5）行车要平稳，避免自动颠簸。

6）车上要有红旗或红灯标记，禁止烟火。

（22）发动时禁止用浇汽油的方法打火。

（23）加添燃料时，发动机应熄灭远离火源，严禁吸烟，燃油容器须严密封闭，禁止点火柴观看燃油箱油量，燃油失火，应用灭火器或砂子灭火，禁止浇水。

（24）发动机过热时，不得熄灭，待稍降温后方可打开水箱盖；打开水箱盖时，脸部不准正对加水口，以免热气热水冲出烫伤。

（25）使用含苯、含铅的汽油，禁止用嘴吹通油路，禁止用上述油料洗手。

（26）如遇电线搭铁失火，应立即关闭电门，并将电瓶线拆去一根，烧毁部分应细心清理，包好接好。

（27）禁止用物件敲击汽油桶。

（28）拆卸轮胎，要严格执行轮胎工作岗位规程。

（29）发动机运转时，不准在车下维护检修。

（30）在停车场、排土场及矿区公路严禁超车，注意矿车行驶方向。

（31）在爆破作业时，应遵守避炮规定，听从警戒人员指挥。

（四）机械手安全操作规程

（1）驾驶前应掌握设备构造、原理、特点、使用的各项规程和操作技术，经考核后，方可使用。

（2）新的机械手进行 80 小时磨合，行驶速度保持在二挡范围，重量不大于要求吨位，行驶间不断注意各齿轮箱有无发热及杂音。

（3）在一般情况下，冷车启动时，将变速箱各挡放在空挡位置，按下启动按钮起动。每次启动时间不得超过 20s；如 1~2 次不能发动时须稍停 2~5min 后再启动，连续 3 次不能启动时，应立即检查，排除故障。

（4）发动机发动后，水温必须达到 50~60℃ 后再加大油门，以免发动机加速磨损，水温升至 60℃ 以上（注意仪表指示），方可驾驶。

（5）在严寒情况下发动时（冷车启动），先将曲轴箱、变速箱、转向机、蜗轮杆箱和液压油箱、齿轮泵壳进行预热后，机油压力不能低于 1kg/cm^2，其电流表指示自充电位置。

（6）使用设备只能加注规定的燃料和油脂，防止发动机温度超过 90℃，点火时间长产生爆燃加剧磨损。

（7）使用机械手作业时，最大负载不能超过负载重量规定，在使用专用工具工作时，其载荷应按专用工具装置负载规定进行。

（8）工作完毕后，将车辆切断电源，检查发动机的油脂消耗的情况。

（9）日常保养：

1）清洗机械手污垢，对滑道、启动机、发电机、电瓶柱、水箱、空气过滤器等必须清除泥土尘垢，并加油注水。

2）检查各部位固定情况，重点起重支承、起重链拉紧螺丝、车轮螺丝、车轮固定销、制动器、转向器螺丝等。

3）检查变速器、脚制动器、转向机的可靠性，灵活性。

4）检查或消除各主要部位的渗漏，各管接头、油箱、机油箱、制动泵、起重油缸、后桥油缸、水箱、水泵、发动机、变速器、驱动桥、减速器、转向机、蜗杆箱。

5）放出机油箱，油箱，机油滤清器的沉淀物。

6）检查高压油泵、输油器是否牢固，加速踏板的操作装置是否灵敏有效。

（10）一级技术保养。累计工时 100h 后，一班工作制相当于 2 周，按着日常保养项目进行，并增添如下工作：

1）检查与调整气门间隙。

2）检查传动皮带的松紧程度。

3）每隔 200~250h 清洗精滤器和粗滤器，更换机油。

4）对全车加注一次黄甘油及清理空气滤清器。

5）检查缸盖螺丝的固定情况。

6）检查电气系统，如发电机、起动机、调节器、各大小灯开关有无损坏现象。

7）检查轮胎气压是否符合要求，车轮是否牢固，清除轮胎面嵌入杂物。

8）检查起重架升降速度是否正常，有无颤斜。

（11）机械手司机要严格执行地面汽车司机安全规程，在公路上行驶要遵守交通规则。

（12）装卸轮胎要有专人指挥，起步和操纵工作进行前，要仔细观察车辆周围有无人员障碍及杂物，并且鸣笛示警。

（13）搬运轮胎时，轮胎距地面 0.3~0.4m。

（14）在公路运输物件时，装的物件不准超宽，不准影响司机视线。

（15）发动机运转时，设备各部均不许站人，也不准在工作机构下面站立和走动。

（16）不准在发动机运转时检修和保养轮胎。

（17）行驶时，禁止任何人员上下车和在车上站立，并避免高速运行（不准超 6km/h）和急转弯。防止因车速过快而使动臂及各联接件产生振动，造成事故。

（18）下坡时禁止空挡滑行。

（19）若工作机构出现故障，必须先停车，将前端工作机构部分支牢，然后再进行检修。

（20）工作中必须注意瞭望，严格按修理工指示的方位进行作业。

（21）司机在作业中必须考虑载荷外尺寸的改变，是否影响机械手的作用。司机要对新起装的部件进行目视，确认无任何影响后方可作业。

（22）司机在下班前要对车上的操作手柄，各部开关，各仪表进行检查，看是否灵活好使、可靠，安全装置是否齐全，检查发动机、机油、燃油、液压油箱、柴油机冷却水水位是否正常，发现异常时应及时调整，要检查各润滑系统及润滑油油量，及时清洗空气过滤器，及时放出燃油中的污水和沉淀。

（23）关闭机械手发动机前，要将动臂放下，把工作机构放于地面上，避免油缸继续受力。

（五）手动葫芦安全操作规程

（1）使用手动葫芦前，应认真进行检查，确认吊钩、链条、钢丝绳、轮轴转动良好，使用灵活，方可使用。

（2）工作前，对被吊物品的重量进行详细了解，重量不清时严禁起吊。

（3）链扣、链轮、轮轴生锈或链索损坏 0.5% 时，不准按原规定吨位使用。

（4）手动葫芦的转动部分应经常检查加注润滑油，严禁将润滑油渗入摩擦胶片内，以防自锁失灵。

（5）操作时应先缓慢起升，待链条涨紧，检查确认可吊后，方可继续起吊。

（6）使用手动葫芦时，严禁超负荷使用，拉链力量要均匀，不得过快或过慢，倒链卡住时，应缓慢回拉。

（7）在倾斜或水平方向使用时，拉链方向应与链轮平面方向一致，防止卡链或掉链。吊起的重物如需长时间停留时，要将手拉链拴在起重链上。

（8）拉链过程中，如拉不动，应查明原因，不得盲目增加人数强行拉链。

（9）手动葫芦起重量在 0.5~2t 时，拉链人数为 1 人，起重量在 3~15t 时，拉链人数为 2 人。

（六）空气压缩机安全操作规程

1. 起动前的准备

（1）准备必要的测试仪表。

（2）检查润滑情况按规定向曲轴箱内添加润滑油。

（3）检查各连接部位及底角螺栓是否紧固。

（4）检查电路是否正常，接头是否良好。

（5）用手（或盘车工具）盘动飞轮 2~3 转，检查转动部件的转动情况是否正常。

（6）水冷式空压机应打开冷却水泵进水阀门，检查冷却水是否畅通及水量够不够，如果缺少应立即补加，然后再工作。

（7）旋转空气滤清器口上的手轮关闭减荷阀，以保证空压机无负荷启动。

2. 运转时注意事项及要求

（1）空压机装备完成后，要进行空载试验。

（2）空车运转的目的是考察装配质量及跑合情况，及时发现与修正装配中的缺陷，为负荷运转创造条件。

（3）空车运转前，应使电机断续起二至三次，检查空压机转动情况是否正常，检查空压机旋转方向并进行必要的调整。

（4）空车运转连续 1~2h，在起动空压机后，即可将负荷阀开启，使空压机处于负荷运转；在此期间应检查各运动部位的温度、润滑情况、曲轴箱内的油温，有无震动和敲击声，各摩擦部位情况，紧固件是否牢固，冷却水是否畅通等；若无异常情况，即可进行负荷运转。

（5）空压机的负荷运转，分三阶段逐步升压方式进行：

第一阶段：将二级排气压力调节至 0.4MPa，运转 30min；

第二阶段：将二级排气压力调节至 0.6MPa，运转 30min；

第三阶段：将二级排气压力调节至 0.8MPa，运转 2~4min。

（6）每次升压运转中，必须按以下内容检查：各级进排气阀的工作情况；各接合处的气密情况；水冷式的冷却水温度、压力及耗量；各级吸排气的温度、压力；电动机的工作情况。

（7）空压机故障停车时，应立即切断电源，临时停车时，应先关闭减荷阀，才能停车。停车时间较长时，停车后 3~6min 停止对冷却系统供水（指水冷式）。

（8）在冬季为了避免冷却系统机件冻裂，停车期间必须将冷却水放净。

（9）由于一般检修或更换易损件，在开车前须盘车数转后方可开车。

（10）空压机长期停车后，应做好防锈处理。

（11）若要更换主要零部件或大、中修后的空压机，应经空车跑合，方可进行正式运转。

（12）经负荷运转后，检查润滑情况，最好更换曲轴箱内的润滑油。

（七）千斤顶安全操作规程

（1）使用千斤顶时，应符合起重吨位的要求，并严格检查柱轴螺丝，手柄防滑等无损坏脱节，方可使用。

（2）千斤顶和起重物的接触面必须坚实平整，安放千斤顶的轴心和起重体的轴心必须一致，千斤顶的顶端与底座应用木板垫好。

（3）千斤顶不准超负荷起重，螺丝杆伸出距离不准超过全长的三分之二。

（4）几个千斤顶同时起重一个重物时，行动要一致。

（5）使用千斤顶时，先将物体稍微顶起一点，再检查千斤顶是否垂直，当落下物体时，严禁突然下降，以免损坏千斤顶。

（6）使用千斤顶应按技术规范操作，手柄长短，操作力严禁随意增加，以免造成事故。

（八）台钻、手电钻安全操作规程

1. 工作前

（1）钻孔工作前首先应扎好袖口，戴好帽子，禁止戴手套。

（2）工作前认真检查台钻、手电钻运转是否良好，转动方向是否正确，并注油。

（3）根据所使用的台钻和手电钻的类别型号，检查接线方式是否正确。

2. 工作要求

（1）上钻头时，不准用锤头和淬火工件打击钻头，并不准以钻头敲击钻台，不得用锤击方法紧卸钻头。

（2）不论工作物大小与薄厚，必须用钳子或压板卡住，以防工作物与钻头同时旋转发生事故。

（3）钻薄片工作时，底部要垫上木板，直接与工作台接触的工件，必须使钻头正对工作台出屑孔。

（4）钻头将透时，不得用力过猛。

（5）钻头旋转时，不得清扫金属屑。

（6）清扫金属屑时，不准用手直接扫和嘴吹。

（7）工作台上除放被钻工件外不得存放其他物件。

（8）卸钻头时，钻台上垫木板，钻头降至离钻台 50mm 左右，然后插斜形卸钻器以锤轻打卸之。

（9）使用手电钻时，应有接地线或使用安全电压及隔离变压器。

（10）使用压杆时，铁钩要挂牢，杆要结实，不可用力过猛。尤其将透时，更应注意跌闪。

（11）使用手电钻遇到下列情况之一时，须立即切断电源：

1）停电时。

2）休息时。

3）离开工作岗位时。

（12）台钻、手电钻使用中发热，冒烟或转速不正常时，要停止使用，进行处理。

（九）电动葫芦安全操作规程

1. 使用

（1）使用前，必须进行无负荷试验，检查控制按钮，限位器工作是否灵敏正常，钢丝是否可靠，如有问题，应及时排除，方可使用。

（2）严禁超负荷使用。

（3）电动葫芦只能做垂直起吊使用，不允许钢丝绳斜出 10°以外去拉拽物体，更不准沿地面拖动重物。

（4）工作时不宜过长时间将工件空悬。

（5）使用时，如发现制动失控，应立即持续不断按下降按钮，使重物徐徐降落地面，然后检查原因排除故障。

（6）限位器是防止吊钩超过极限位置时发生事故的保险装置，不能当作行程开关经常使用，更不能拆除不用或以普通开关代替。

（7）吊钩上下行程位置，出厂时是以极限位置调整的，使用中可以根据实际需要自行调整。

（8）电动葫芦不使用时，应将吊钩离开地面 2m 以上，停放到指定的地方，并切断电源。

2. 维护保养

（1）发生钢丝绳乱扣或松扣时，应拆开导绳装置进行整理；不得采用继续转动卷筒的办法理绳，同时，装复后的导线器装置，钢丝应从出绳槽通过，不得与槽侧面摩擦，压紧圈装置应在工作时随筒转动。

（2）制动距离大于 80mm（常速）或 8mm（慢速）影响工作时，应进行调整；检查调整时，吊钩严禁悬挂重物；调整方法：卸去螺钉，调节锁紧螺母，一般使风扇制轮能窜动 2mm 左右即可；制动环有油污影响制动时，须卸下风扇制轮加以清除。

（3）制动环严重磨损后，就不能有效地进行制动，使用中须视磨损程度进行更换，更换时，应注意清除因取旧环而应生的毛刺，并给新的制动环橡胶圈上稍许沾水润滑，以便嵌入。

（4）经常保持电动葫芦各部位润滑良好。

（十）电缆收放车安全操作规程

（1）电缆收放车操作人员必须经过培训，掌握车辆的性能，精心操作和保养。

（2）工作前要认真对收放车操作系统、动力系统、液压系统等进行检查。

（3）检查柴油机的机油，柴油的油位和冷却水箱的水位是否正常。

（4）检查各种仪表显示是否正常。

（5）检查启动机控制电路部件和电线是否完好。

（6）检查操纵杆、手轮是否灵活好使。

（7）检查液压油箱的油位是否在刻度范围内。

（8）检查液压马达、液压油管、液压阀、液压油缸的连接处是否漏油。

（9）可移动和转动机械部分是否有卡涩之处。

（10）转动部分防护罩是否齐全，各部螺丝是否松动。

（11）检查轮胎螺丝是否松动，胎压是否正常。

（12）检查制动系统是否安全可靠。

（13）启动前检查操纵杆，保证操纵杆在零位，非工作人员不得站在车上。

（14）启动后操纵操纵杆，检查卷筒转动方向是否正确，卷筒支架调整操作是否好使，运行和操作是否好使。

（15）仔细检查吊点和钢丝绳，确保完好后由专人指挥吊车将电缆卷筒放置在卷筒支架上（或从支架上吊下）。

（16）电缆穿入导向架和往电缆卷筒上固定时人员要相互配合好，防止电缆头打伤人。

（17）收电缆工作前要判断要收起的电缆长度，以卷筒盘平且不超过卷盘边缘为准。收电缆时应边收边行车，速度要配合好，专人指挥。

（18）收放电缆工作前发出信号以引起注意，要控制好卷筒速度，不要突然加减速度。

（19）工作中发现异常情况，要立即停机检查处理，不能处理的要及时汇报；不能随意对不太了解的设备进行修理，调整。

（20）严禁在设备运转中进行维修作业。

（21）上下车要注意防滑，没有护栏处工作时严禁站人。

（22）工作车平台上严禁放置任何与工作无关的物品，车上严禁载人。

（23）进入冬季冷却系统要求加防冻液。

（24）电缆车作业时，司机操作车辆，电工操作上车部分（卷扬系统）。

（25）工作完毕，清理现场，擦好设备。

（十一）轮胎拆装车安全操作规程

（1）轮胎拆装车司机要严格执行汽车司机安全规程，在公路上行驶要遵守交通规则。

（2）装卸物件要有专人指挥，前方五米内不准有人。

（3）运输过程中，物件要装稳，车速不准超过 5km/h。

（4）在公路上运输物件时，不准影响司机视线。

（5）轮胎拆装车外边不准坐人，不准作为人员升降工具。

（十二）气泵车安全操作规程

（1）未经同意，其他人员严禁动用气泵车。

（2）使车辆经常处于清洁、完整。

（3）气泵车应按照检修保养制度进行定期检修保养。

（4）司机负责保管所属设备及随车工具。

（5）气泵车司机要严格执行汽车司机安全规程，在公路上行驶要遵守交通规则。

（6）车辆在行驶过程中车速执行限速标志速度。

（7）气泵车驾驶室内不准超员。

（8）气泵车不准装运易燃易爆物品，以免发生事故。

（9）气泵在工作过程中，司机不准离开驾驶室。

（10）气泵压力表应定期进行检验。

（11）气泵车要严格执行机动车辆管理制度。

（十三）电动扳手使用安全规定

（1）保护接地线联接应正确、牢固、可靠。

（2）电源线、插头应完好无损。

（3）电源开关动作正常、灵活、无缺陷破裂。

（4）套头应完好，不得有裂纹。

（5）工具转动部分应灵活、轻快、无阻滞现象。

（6）电气保护装置应完好。

（7）工具严重脏污应进行清扫擦拭。

（8）每年至少应试验一次，并做好检查记录。

（9）检查换向器应完好，若有严重磨损且有严重环火不得使用。

（十四）气动扳手使用安全规定

（1）使用前对扳手进行检查，确认无缺陷后方可使用。

（2）扳手的气源胶管一定要完好，连接要牢固。

（3）作业人员要佩戴防护手套，以免作业时碰伤手。

（4）使用的气源压力要符合规定的 $4\sim8kg/cm^2$。

（5）拆卸扳手时一定要在关闭气源并卸掉管中压力的情况下进行。

（6）作业结束后要及时切断气源。

（十五）磨具电磨使用安全规定

（1）设备应在干燥、无易燃易爆物品的地方使用，工作地点空气中含有易燃易爆气体时不准使用。外壳应有可靠的保护接地。

（2）砂轮片无裂纹、无损伤，如有裂纹、损伤严禁使用。所使用的电源应装有符合要求的漏电保护器，并试验保护器达到完好。

（3）使用人员应穿绝缘鞋或站在绝缘垫上，带线手套及护目镜，并站在砂轮的侧面工作。

（4）砂轮片的方向不得正对其他设备和行人通道。

（5）不得使用砂轮打磨软金属、非金属。

（6）磨具电磨使用完毕应及时切断电源。

（十六）喷灯使用安全规定

（1）喷灯使用油类必须符合规定，禁止原来用煤油的喷灯，改用汽油。

（2）喷灯不得有漏油、漏气现象。装油量不得超过油桶容积的四分之三，装油后，桶外油迹必须擦拭干净。

（3）点火时人应站在喷嘴侧面，稍开放气阀，在安全避风处点燃。禁止灯与灯互相点火，或在炉火上点火。

（4）使用中的喷嘴不得对着人。要经常检查喷灯油量、灯体温度、安全阀，防止过热爆炸。

（5）喷灯熄火后，拧开放气阀，把余气排出；不用时，倒出余油，揩拭干净。

（6）对喷灯加油、放油或拆卸喷嘴零件时，必须在熄灭冷却后进行。

（十七）电动液压拉码（含加热装置）使用安全规定

（1）工作前检查油表、油量是否正常，油温、油压是否在允许的最低值以上，手柄是否在规定位置上。

（2）油泵启动后检查各油压表是否正常，油泵运转有否异常声响；管路接头有否漏油现象。

（3）装夹工件时，两侧卡爪要一致，压柱中心与工件中心在同一轴线上；加压时要观察工件及压力表压力，不得超负荷使用。

（4）与天吊配合作业时，要由专人统一指挥；工作中，人员不要站在工件两侧，以防发生不测。

（5）加热设备的外壳接地必须良好。

（6）主机没放置铁芯、工件时严禁启动按钮。

（7）卸下工件不得长时间放置在加热线圈内，以防热辐射而影响线的寿命。

（8）取出工件注意高温，以防烫伤。

（十八）液压拉码使用安全规定

（1）使用前要对液压拉码进行检查，确认无缺陷后方可使用。

（2）使用拉码时，拉爪要勾牢工件。

（3）操作时，作业人员要站在拉码的两侧，并保持一定距离。防止拉爪或工件弹出伤人。

（4）使用拉码时要缓慢加压，且禁止超载使用。

（5）作业结束后，要将拉码的压力卸掉，使柱塞恢复到原位。

（十九）液氮使用安全规定

（1）盛装液氮的容器应符合国家有关行业标准，罐壁严禁裂纹，渗漏或明显变形，罐体定期做耐压试验。

（2）装卸液氮罐，车厢内严禁坐人，在车上应妥善固定，要轻装，轻卸，严禁抛、滑、滚、碰。

（3）氮罐应戴好罐帽、防震圈、防止曝晒和撞击；储存于通风良好、有明显标志的地方，远离火种、热源、气罐应有防倒措施。

（4）在工件冷处理时，选择好盛装的合适容器，操作者应穿劳动保护，戴棉手套，小心轻倒、轻放，避免液氮接触眼睛和皮肤。

（5）工件冷处理完后，要将工件小心从液氮中取出，避免直接接触工件，防止飞溅的液氮冻伤皮肤，对残留的液氮要做妥善处理。

（二十）液化气罐、燃气枪使用安全规定

（1）液化气罐远离易燃、易爆物质；在搬运和使用过程中，面部不准正对角阀，以防角阀脱扣和飞出伤人。

（2）气瓶不可放在火源、暖气包附近，不可用煤火烤，热水烫，烈日晒，要轻拿轻放。

（3）气瓶不可放高处使用，每次使用后，要立即关好闭火；要经常检查气瓶阀门是否严密，如发现有漏气现象，应速找专业人员修理。

（4）喷枪与气瓶之间的软管，一般为 10~20m，不可过短和过长。

（5）使用前，要检查燃气枪是否有堵塞，胶管是否有裂纹、破损现象。如发现及时处理。

（6）点用燃气枪时，应先点燃火源，然后打开燃气枪点着，否则容易烧人。

（7）野外使用时，操作者应做好防火措施，站在上风位使用。使用完毕后，待燃气枪头晾凉后，再妥善保管。

（二十一）汽车式起重机操作规程

1. 基本规定

（1）新机或经过大修以及改变了原主要性能的起重机，应经载荷试验和检查验收合格，办妥交接手续后，方可投入运行。

（2）超过预修期而需继续运行时，必须通过技术鉴定，规定允许超期使用期限，采取相应措施，并经机电、技术、安监部门批准后，方可继续使用。

（3）操作人员必须身体健康，应经体格检查证明无精神病、高血压、心脏病、视力听力不正常等禁忌性疾病。

（4）操作人员必须经过专门技术训练，经考试合格，达到下列要求：

1）熟悉起重机的结构、原理和工作性能。

2）熟悉安全操作及保养规程。

3）熟悉起重工的工作信号及规则。

4）具有操作维护起重机的基本技能。

5）掌握各调整部位的调整方法。

（5）每台起重机应配备专职司机。

（6）司机必须穿戴好工作服、安全帽等劳动保护用品，女同志应将发辫塞入帽内。

（7）严禁酒后或精神情绪不正常的人员操作，与本机无关人员禁止上机。

（8）必须保持起重机内外零、部件完整，如有丢损，应及时补齐及修复。

（9）起重机上配备的变幅指示器、力矩限制器、重量限制及各种行程限位开关等安全保护装置，要求保证动作灵敏可靠，禁止拆卸或停用，不得以安全装置代替操作机构进行停机。

（10）不得用高压水冲洗车身和电子控制元件。

（11）起重机吊有重物时，司机不得离开操作室；作业时，司机不得从事与操作无关的事情或与他人闲谈。

（12）夜间作业时，机上及工作地点必须有足够的照明。

（13）遇六级以上大风或雷雨、大雾时，应停止作业。

（14）汽车式、轮胎式起重机在公路上行驶时，要严格执行汽车安全技术操作规程和交通管理部门的有关规定。

（15）起重机应设置足够的消防器材，操作人员都应掌握其使用方法。

（16）严禁用汽油、酒精清洗机件，废油、擦拭后的抹布、棉纱等不得乱泼、乱放。

（17）规定适用于汽车式起重机。

2. 起动发动机

（1）起动前要检查冷却水、润滑油、燃油、悬挂油、液压油是否充足，轮胎气压是否达到规定标准，各连接部位的螺栓是否牢固。

（2）拉紧手制动器，将变速杆、取力器（PTO 杆）都置于空挡位置，踩下离合器踏板，并适度踏下加速踏板（格鲁夫 GMK5220 型吊车除外），连通起动开关，进行起动；每次起动时间不得超过 10s，一次起动未成功，约停 30min 后，方可再次起动，如果三次未起动成功，则应检查原因，设法排除故障。

（3）低温起动时，必须使用预热装置，先用起动机驱动发动机空转几转后，方可起动。无论在任何情况下，都不得用明火烤油底壳。

（4）发动机起动后，缓慢放松离合器踏板（格鲁夫 GMK5220 型吊车除外），观察各仪表的指针是否动作。机油压力是否达到本机要求的压力；急速运转 3~5min，使发动机水温上升到 50~60℃（正常工作水温 75~90℃），然后经中、高速运转，观察发动机有无异声、焦臭气味、漏油、漏水、漏气等现象；在机油压力和水温未达到规定要求的最低标准之前，不得高速运转。

（5）发动机起动后，注意检查所有故障警示灯。

3. 起吊作业

（1）作业前的准备规则：

1）不准在电脑断电状态或其他状态下，强行开关作业。

2）各操纵杆置于空挡位置，并锁住制动踏板。

3）发动机在中速下接合输出动力（格鲁夫 GMK5220 型吊车除外），使液压油及各齿轮箱的润滑油预热 15~20min，寒冷季节可适当延长预热时间。

4）起重机进入现场，应仔细检查并确认作业区域周围无影响起重机正常作业的障碍物（如高压线、通讯塔等）；起重机应停放在作业点附近平坦坚硬的地面上，全部伸出支腿，锁上悬挂油缸；地面松软不平时，支腿应用垫木垫实，使起重机处于水平状态。

5）全部伸出水平支腿。禁止在半伸出状态下使用起重机。

6）起重机支腿后，轮胎不可接触地面。

7）作业时，不要扳动支腿操作机构。如需调整支腿时，必须将重物放至地面，臂杆转至正前方或正后方，再进行调整。

（2）作业规则：

1）变幅应平稳，严禁猛然起落臂杆。

2）作业时，臂杆可变倾角不得超过制造厂规定。

3）变幅角度或回转半径应与起重量相适应。

4）回转前要注意周围（特别是尾部）不得有人和障碍物。

5）必须在回转运动停止后，方可改变转向；当不再回转时，应锁紧回转制动器。

6）起吊作业应在起重机的侧向和后向进行，向前回转时，臂杆中心线不得越过支腿中心，格鲁夫 GMK5220 型吊车可 360°范围作业。

7）臂杆外伸时，第二节、第三节臂杆必须同步，如其中一节发生迟缓现象，应即予以调整；第四节臂杆只有在第二节、第三节臂杆全部伸出后才允许伸到需要的长度；格鲁夫 GMK5220 型吊车应先伸前部节，后伸后部节。

8）带副杆的臂杆外伸时，要取出副杆根部销轴，并把它插入第一节下的固定销位。

9）臂杆外伸时，应充分下降吊钩，以免发生过绕。

10）臂杆向外延伸，当超过限制器发出警报时，应立即停止，不得强行继续外伸。

11）当臂杆外伸或降到最大工作位置时，要防止过负荷。

12）在缩回时，臂杆角度不得太小，先缩回第四节，然后再将第二节、第三节臂杆缩回，格鲁夫 GMK5220 型吊车应先收后部节，后收前部节。

（3）副杆的延伸与收存的规则：

1）延伸副杆时，工作范围内应无任何障碍物。

2）延伸或收存副杆时，各支腿应完全伸出。

3）收存时应根据指挥信号，拆卸或存放副吊钩；在操作中，力矩限制器可能会使起重机停止动作，此时，应操作力矩限制器释放扭矩，以便使收存工作继续进行。

4）收存时应特别注意不可将钢丝绳绞得太紧。

（4）提升和降落的规则：

1）起吊前，应查表确定臂杆长度，臂杆倾角，回转半径及允许负荷间的相互关系，每一数据都应在规定范围以内，绝不许超出规定，强行作业。

2）应定期检查起吊钢丝绳及吊钩的完好情况，保证有足够的强度。

3）起吊前，要检查蓄能器压力矩限制器、过绕断路装置，报警装置等是否灵敏可靠。

4）为防止作业时离合器突然脱开，应用离合器操纵杆加以锁紧。

5）正式起吊时，先将重物吊离地面 200mm 左右，然后停机检查重物绑扎的牢固性和平稳性，制动的可靠性，起重机的稳定性，确认正常后，方可继续操作。

6）作业中如突然发生故障，应立即卸载，停止作业，进行检查和修理。禁止在作业时，对运转部位进行修理、调整、保养等工作。

7）当重物悬在空中时，司机不得离开操作室。

8）起重机在载荷情况下，严禁使用自由下落装置。

9）起吊钢丝绳从卷筒上放出时，剩余量不得少于 3 圈。

（5）起吊作业注意事项：

1）在提升或降落过程中，重物下方严禁人员停留或通过。

2）操作室内禁止堆放有碍操作的物品，非操作人员禁止进入操作室。

3）严禁斜吊、拉吊和起吊被其他重物卡压与地面冻结以及埋设在地下的物件。

4）严禁在起吊重物上堆放或悬挂零星物件；零星物品和材料必须用吊笼或用绳索捆绑牢固后，方可起吊。

5）开始工作前，必须仔细检查各操作手柄的位置，操作前一定要先发出信号。

6）雨雪天气，为了防止制动器受潮失灵，应先经过试吊，确认可靠后，方可作业。

7）起吊重物时，重物重心与吊钩中心应在同一垂直线上，绝不可偏置；回转速度要均匀，重物未停稳前，不准做反向操作，非紧急情况，严禁紧急制动。

8）起吊重物越过障碍时，重物底部至少应高出所跨越障碍物最高点 0.5m 以上；回转时，重物若接近额定起重量，重物距地面高度不应太高，一般在 0.5m 左右。

9）尽量不要两个卷扬机同时工作，因为安全力矩保护器只能监控一个卷扬机的工作。

10）要注意吊钩起升高度，应防止升过极限位置，以免造成事故。

11）停机时，必须先将重物落地，不得重物悬在空中停机。

（6）新机或大修后投入使用的起重机在走合期各润滑部位应充分润滑并按规定及时换油。

（7）双机抬吊时，使用部门要制定安全技术措施，明确指挥人员，对所有工作人员进行安全技术交底；两机负荷分配均匀，荷重不得超过起重量的 75%，起吊时动作要一致，严格服从统一指挥。

4. 行驶

（1）行驶之前，必须先将稳定器上的调整螺丝松开，收回支腿，插好销轴；格鲁夫 GMK5220 型吊车在公路行驶模式不得采用蟹行和全轮转向工况。

（2）将起重机回转制动器锁住，各操纵杆放在中间位置，关闭操作室车门。

（3）用钢索将吊钩拉牢在保险杠上，但要保持一定的松动量，不得过紧。

（4）行驶时起重机外部严禁乘人。

（5）应注意行驶线路上架空电线，桥梁与涵洞的高度和允许载重吨位，不得冒险通过。

（6）行驶时，制动气压应大于 $5kg/cm^2$，格鲁夫 GMK5220 型吊车为 $5.5kg/cm^2$。

5. 停车

（1）起重机应停在安全、平坦、不妨碍交通的地方（或指定的停车位置），拉紧手刹车，挂入低速挡。在坡道停车，车头向上坡时挂一挡，车头向下坡时挂倒挡，并用三角木把车轮塞死。

（2）低速运转几分钟后再熄火，寒冷季节应放净未加防冻液的冷水。

（3）断开总电源，以防漏电起火。

（4）作业终了停车，要按规定进行保养。

6. 日常保养规定

（1）应根据气温变化情况，选用合适的液压油，润滑油（脂）和燃油。

（2）液压油、润滑油（脂）和燃油必须十分清洁。添加时，加油口要擦净，加油口有滤网时，不得取下滤网加油。

（3）上下车焊接前，必须断开电池接地线，并断开相关电子控制模块。

（4）要尽量减少液压系统的拆检工作，拆解前要将系统泄压。

（5）放泄液压油和润滑油，应在作业终了，油温尚未完全冷却以前进行。

（6）按时更换空滤机油和液压滤芯。

（7）加、放和检查油量，均须将起重机停在平坦的地方进行。

（8）冷却水必须用清净的软水；往发动机里加冷却水时，应先加入总量的 80%，然后开启发动机，等冷却水温暖后，再加以注满。

（9）放泄冷却水，必须待水温降至 60℃ 以下进行。

（10）冷季节，冷却水掺入防冻液的比例，应依据所在地区最低气温再降 10℃ 的温度来决定。

（11）发动机在更换冷却水、油料和附件后，应先空转 5~10min，排除回路中气体，经检查后再补充油、水。

（12）蓄电池的电解液的比重应依据不同气温进行调整，添加蒸馏水，应在当班作业前进行。

（13）对传动部分进行保养维修时，必须可靠地切断动力。

（14）要经常检查钢丝绳的磨损断丝情况，每节距内断丝超过 7% 时，应即更换。格鲁夫 GMK5220 型吊车断丝达 6 根应立即更换。

（15）日常保养工作，按各保修工程中的例保项目执行。

7. 汽车式起重机安全规程

（1）起重设备司机必须经过专业安全培训，并经有关部门考核批准后，发给合格证件，方准单独操作。严禁无证人员动用起重设备。

（2）必须遵守一切交通管理规则和有关规章制度，严禁酒后开车。驾驶时，不准吸烟、饮食和闲谈。

（3）工作前必须检查各操作装置是否正常，钢丝绳是否符合安全规定，制动器、液压装置和安全装置是否齐全和灵敏可靠；严禁机件带病运行。

（4）司机与起重工必须密切配合，听从指挥人员的信号指挥。操作前，必须先鸣喇叭，如发现指挥手势不清或错误时，司机有权拒绝执行，工作中，司机对任何人发出的紧急停车信号必须立即停车，待消除不安全因素后方可继续工作。

（5）起重机在运行时，严禁无关人员进入驾驶室、工作平台和作业半径范围内。

（6）在松软地面上工作的起重机，应在使用前将地面垫平、压实。机身必须固定平稳，支撑必须安放牢固，禁止在不伸出支腿或支腿未完全支好前操作起重机。

（7）遇有六级以上大风或雷雨、大雾时，应停止作业。

（8）在起吊较重物件时，应先将重物吊离所在平面 200mm 左右，检查起重机的稳定性和制动器等是否灵活和有效，在确认正常的情况下方可继续工作。

（9）起重机在进行满负荷或接近满负荷起吊时，禁止同时进行两种或两种以上的操作动作；起重臂的左右旋转角度都不能超过 45°，并严禁斜吊、拉吊和快速起落；不准吊拔埋入地面的物件；严禁在高压线下进行作业。

（10）汽车、履带起重机不得在斜坡上横向运行，更不允许朝坡的下方转动起重臂；如果必须运行或转动时，必须将机身先垫平。

（11）起重机在工作时，作业区域，起重臂下，吊钩和被吊垂物下面严禁任何人站立，工作或通行。

（12）起重机在带电线路附近工作时，应与带电线路保持一定的安全距离；在最大回转半径范围内，其允许与输电线路的最近距离见表 3-2；雨雾天工作时安全距离还应适当放大；起重机在输电线下面通过时，应先将起重臂放下。

表 3-2　起重臂与输电线路间的安全距离

输电线路电压/kV	<1	1~20	35~110	154	220
允许与输电线路的最近距离/m	1.5	2	4	5	6

（13）起重机严禁超载使用。如果用两台起重机同时起吊一件重物时，必须有专人统一指挥，两车的升降速度要保持相等，其物件的重量不得超过两车所允许的起重量总和的75%，绑扎吊索时要注意负荷的分配，每车分担的负荷不能超过所允许的最大起重量的80%。

（14）起重机在工作时，吊钩与滑轮之间应保持一定的距离，防止卷扬过限把钢丝绳拉断或起重臂后翻；在起重臂起升到最大仰角和吊钩在最低位置时，卷扬筒上的钢丝绳应至少保留三圈以上。

（15）起重臂仰角不得小于30°，起重机在载荷情况下应尽量避免起落起重臂；严禁在起重臂起落稳妥前变换操纵杆，吊重物回转时，动作要平稳，不得突然制动。

（16）吊臂仰角很大时，不准将被吊物骤然落下，防止起重机侧翻。

（17）严禁乘坐或利用起重机载人升降，工作中禁止用手触摸钢丝绳和滑轮。

（18）起重机在工作时，不准进行检修和调整机件。

（19）无论在停工或休息时，不得将吊物悬挂在空中；夜间作业要有足够的照明。

（20）工作完毕，吊钩和起重臂应放在规定的稳妥位置，将所有控制手柄放至零位，并切断电源。

（二十二）发电车安全操作规程

1. 使用前检查

（1）检查机械抱闸、安全装置及电器仪表是否正常。

（2）检查机油油位是否正常。

（3）检查水位是否正常。

（4）检查柴油油位是否正常。

（5）检查设备连接是否牢固、电器接触是否可靠，有无漏气、漏水、漏油现象。

（6）启动前不得接入负荷。

2. 启动

（1）打开钥匙电源：

1）检查直流电压，正常24～27V。

2）按启动按钮绿灯亮。

3）用钥匙启动柴油机；应空载启动，启动时间不超过30s，再次启动间隔2min以上。

（2）启动成功：

1）调整油门保持输出电源频率约51Hz转速约1500r/min。

2）检查机油压力，怠速69kPa，全负荷207kPa。

3）检查水温，正常使用温度60～100℃。

（3）向外供电应保持供电电源频率不低于50Hz、额定电流不超过90A。一小时内可超载10%。

（4）水温高于55℃机油温度高于45℃方可加负荷。

（5）不得在故障状态下启动设备（停机红色指示灯亮）。

（6）低温使用应在700～1000r/min启动，暖机5min。怠速运行不超过10min，检查机油压力正常后保持不低于 1500r/min 运行。

（7）投入负荷前应将发电参数调整为频率不低于 51Hz，电压不低于 400V，投入负荷后应保持频率不低于 50Hz；额定电流不超过 90A。一小时内可超载 10%。

（8）运行中经常巡视设备，根据负载变化及时调整，防止出现异常情况。

3. 停机

（1）停止负荷工作，切断电源。

（2）减小油门，使发动机转速在 700~1000r/min 保持 3~5min。

（3）关闭钥匙停机。

4. 报警

（1）水温报警：当出现水温报警，可能输出功率超过额定功率、调整减小负荷。

（2）油压报警：当出现油压报警，检查机油油位是否低或机油太脏。

（3）事故报警：当出现事故报警，检查输出频率是否过高或过低，是否缺柴油，如果是则通过调整油门来调整输出频率或补充柴油。

5. 维护及保养

（1）蓄电池维护：

1）设备不用时应通入 220V、16A 交流电源为蓄电池充电并加热保持机体温度。

2）如没有 220V 交流电源应每隔十天启动一次设备为蓄电池充电；保持蓄电池电压 26V。

（2）设备维护：遵守柴油机及发电机各自的维护保养规程，机组整体也应定期维护和保养：

1）月维护：每月或运行 200~500h 后进行保养，清除设备油污尘埃杂物，全面检查电器连接部位接触是否良好，机械连接部位是否牢固，各保护装置是否可靠。

2）年维护：全面清洗设备，检验调整修理或更换已损坏不符合要求的零部件；或请有关厂家协助进行。

（3）机组短期停放每周或定期做一次维护保养，长期停放每 3 个月进行一次启动保养。

（4）根据使用情况，及时清除设备灰尘及其他影响设备运行的杂物。

（5）初次使用 100h 应更换机油正常使用每 250h 更换机油。

第二节 岗位作业规程

一、手持式钻机操作工安全作业规程

（1）手持式钻机操作工必须熟识、掌握钻机的性能与操作方法，不得患有职业禁忌证。

（2）上班时必须认真做好"两穿一戴"（穿工作服、工作鞋、戴安全帽）。作业时必须戴防尘口罩，严禁穿背心、拖鞋进入工地。

（3）严禁酒后或带病上班。

（4）作业前，检查风、水管应符合规格，无漏水、漏气现象，油壶加足润滑油，钻杆、钻头符合规定，并用压缩空气吹出风管内的水分和杂物。

（5）开钻前，应检查作业面处于安全状态，周围岩层应无松动、没有遗留盲炮。发现盲炮或疑似盲炮，必须立即停止作业，马上报告现场安全员或爆破队长，由爆破队长安排爆破员到现场处理，严禁擅自处理。

（6）严禁采用骑马式操作钻机，钻孔时钻杆与钻孔中心线应保持一致。

（7）按施工员布孔的位置打孔，禁止擅自改变炮孔位置，严禁在残留炮孔上打钻。

（8）按规定采用湿式凿眼。

（9）风、水管不得缠绕、打结；严禁用折叠风管的方法停止供气。

（10）在离地 2m 以上有坠落危险的高处或边坡上作业时，作业人员必须正确系挂好安全带。

（11）在边坡上拖拉风管前，应通知下方作业人员撤离，并安排人员在场指挥，禁止人员、车辆经过该区域。

（12）在距离已装完炸药的炮孔 5m 以内，不准钻孔。

（13）夜间作业时，必须有足够的照明。

（14）使用的钻头尺寸应符合设计要求，当钻头尺寸磨损掉 5% 时要更换新的钻头，确保成孔孔径。

（15）磨钻头时，严格执行砂轮机安全操作规程的要求。

（16）作业后，关闭风、水管阀门，收拾好风、水管，将钻机放回储存室。

（17）按规定做好钻机维修保养。

二、牙轮钻司机安全作业规程

（1）牙轮钻司机必须经专业培训、考核合格后，持证上岗。

（2）严禁酒后或带病上班。

（3）上班时必须认真做好"两穿两戴"（穿工作服、工作鞋、戴安全帽、戴防尘口罩）。严禁司机穿背心、拖鞋进入工地和上机操作。

（4）开机前应检查钻机各部位是还完好无损，开机后必须检查钻机是否运行正常，严禁设备带故障作业。

（5）牙轮钻机在工地行走时应严格遵守工地道路交通规定，慢速行走，司机要集中精神观察路面情况。

（6）到达作业面后，作业前要认真仔细了解钻孔区域的施工环境，对边坡、台阶高度、钻机行走路线等做到心中有数。

（7）作业前或作业过程发现盲炮或疑似盲炮，必须立即停止作业，马上报告现场安全员或爆破队长，由爆破队长安排爆破员到现场处理，严禁擅自处理。

（8）作业时，严格遵守《牙轮钻机操作规程》(参见本章第一节（三）内容)。

（9）按施工员布孔的位置打孔，禁止擅自改变炮孔位置，严禁在残留炮孔上打钻。

（10）当班有爆破作业时，服从调度或爆破警戒人员指挥，按要求将钻机撤离到安全地点。

（11）交班时必须认真做好交接班记录。

（12）按规定对牙轮钻进行保养，禁止在牙轮钻机运行时进行维修保养。

三、风动履带钻机操作工安全作业规程

（1）钻机操作员必须经过培训，熟识、掌握钻机的性能与操作方法。

（2）钻机操作员和铺助工作业时必须戴安全帽、防护眼镜、耳塞、防尘口罩，穿好工作服、工作鞋，禁止穿背心、拖鞋进入工地和操作钻机。

（3）严禁酒后或带病上班。

（4）开机前，应认真仔细检查动力机和钻机各部件是否完好无损，开机后必须检查钻机是否运行正常，严禁设备带故障作业。

（5）移动钻机时，应将机架放下，保持机身平衡；动力机拖动钻机在工地行走应严格遵守工地道路交通规定，慢速行走，禁止任何人从动力机与钻机联接处穿越通过。

（6）到达作业点后，应将动力机停放在平坦处，若受地面条件限制需停放在坡面上，必须用木头或石块将全部轮胎楔住防止下滑。

（7）作业前应检查作业面处于安全状态，发现安全隐患应与当班调度反映或向主管领导汇报，在隐患未彻底消除前不允许作业。

（8）作业前或作业过程中发现盲炮或疑似盲炮，必须立即停止作业，马上报告现场安全员或爆破队长，由爆破队长安排爆破员到现场处理，严禁擅自处理。

（9）按施工员布孔的位置打孔，禁止擅自改变炮孔位置，严禁在残留炮孔上打钻。

（10）严格遵守《风动履带钻机操作规程》（见本章第一节（二）内容）。

（11）钻机未完全停止转动前，禁止触摸转动部位。

（12）钻孔时，操作员和辅助工应尽可能站在上风向；在钻台阶爆破临边第一排孔时，要密切注意岩石是否有斜向走向的断层，人员应站立在远离台阶临边一侧。

（13）在距离已装完炸药的炮孔 5m 以内，不准钻孔。

（14）夜间作业必须有足够的照明。

（15）当班有爆破作业时，必须服从调度员或爆破警戒人员指挥，按要求将钻机撤离到安全地点。

（16）交接班时应认真做好交班记录。

（17）按规定对动力机和钻机进行维护保养。

四、爆破作业安全操作规程

1. 装药作业安全规程

（1）爆破作业，必须由持有效爆破证的爆破员进行操作。

（2）对拟装药炮区要用插红旗和围警戒带（绳）的方式做好安全警戒标示。

（3）装药炮孔要先进行验收和孔口清理。

（4）搬运炸药或雷管要轻拿轻放，一人不准同时搬运炸药和雷管。

（5）使用木质（或竹质）炮棍装药，装药时应用炮棍轻轻捣实，严禁使用金属物体做炮棍。

（6）装起爆药包、起爆药柱，严禁投掷或冲击。

（7）从炸药运入现场开始，应划定装药警戒区，警戒区内禁止烟火，不得携带火柴、打火机等火源进入警戒区域；采用普通电雷管起爆时，不得携带手机或其他移动式通讯设备

进入警戒区。

（8）爆破作业场地的杂散电流值大于 30mA 时，禁止采用普通电雷管。

（9）必须按计算药量装药，深孔及浅眼爆破时还应保证堵塞长度。

（10）若发现起爆药包（含雷管）没装到位被药柱埋没而不能轻微提起时，禁止拔出或硬拉电雷管脚线或导爆管，应按有关规定进行处理。

（11）电爆装药时，电雷管脚线必须短路。

（12）加工电雷管起爆药包时，严禁以雷管代替木锥钻孔，且应将雷管全部插入，可用雷管脚线将药包与雷管固紧，加工起爆药柱时，要将雷管放在预留孔内，禁止露在药柱外面。

（13）使用导爆管时，导爆管的弯折角度不大于 180°，孔内不得有接头。

（14）遇以下特殊恶劣气候、水文情况时：热带风暴或台风即将来临时；雷电来临时，能见度不超过 100m 时；或水位暴涨暴落时。

（15）切割导爆索只准用快刀，禁止使用剪刀剪切。

2. 填塞作业安全规程

（1）装药后应进行填塞，禁止使用无填塞爆破。

（2）使用木制（或竹质）炮棍进行堵塞，严禁使用金属器具作为炮棍。

（3）填塞要小心，不得破坏起爆线路。

（4）填塞炮孔不应使用混有石块和易燃材料，水下炮孔可用碎石渣填塞。

（5）用水袋填塞时，孔口应用不小于 0.15m 的炮泥将炮孔填满堵严。

（6）水平孔和上向孔填塞时，不应在起爆药包或起爆药柱楔入木楔。

（7）不应捣鼓直接接触药包的填塞材料或用填塞材料冲击起爆药包。

（8）分段装药的炮孔，应按设计要求的间隔和填塞位置和长度进行填塞。

（9）发现有填塞物卡孔应及时进行处理（可用非金属杆处理或高压风处理）。

（10）填塞作业应避免夹扁、挤压和拉扯导爆管、导爆索，并应保护电雷管引出线。

（11）深孔机械填塞：

1）当填塞物潮湿，黏性较大或表面冻结时，应采取措施防止将大块装入孔内。

2）填塞水孔时，应放慢填塞速度，让水排出孔外，避免产生悬料。

3. 网络联结作业安全规程

（1）导爆索起爆网路应采用搭接、水手结等联接方法；搭接时，两根导爆索重叠的长度不得小于 15cm，中间不得夹有异物和炸药，捆绑应牢固；支线与主线传爆方向的夹角不得大于 90°。

（2）连接导爆索中间不应出现打结或打圈；交错敷设导爆索时，应在两根导爆索之间放厚度不小于 10cm 的木质垫块或土袋。

（3）起爆导爆索的雷管应绑紧在距导爆索端部 15cm 处，雷管的聚能穴应朝向导爆索的传爆方向。

（4）导爆管网路应严格按照设计要求进行连接，导爆管网路中不得有死结，孔内不得有接头。孔外相邻传爆雷管之间应留有足够的间距。

（5）用雷管起爆导爆管网路时，起爆导爆管的雷管与导爆管捆扎端端头的距离应

>15cm，应有防止雷管聚能穴炸断导爆管和延时雷管的气孔烧坏导爆管的措施，导爆管应均匀地敷设在雷管周围并用胶布捆扎牢固，支线与主线传爆方向的夹角应小于90°。

（6）电起爆网路所有导线的接头，均应按电工接线法连接，并用绝缘胶布缠好，不得使用裸露导线。在潮湿有水的地区，应避免导线接头接触地面或浸泡在水里。

（7）网路连接，应由工作面向起爆站依次进行。

（8）电雷管只准采用专用的爆破电桥导通网路和校核电阻，导通器和爆破电桥应每月检查一次，电桥的工作电流应小于30mA。在装药填塞完毕，无关人员撤离现场后，才准在工作面导通网路和校核电阻。

（9）在电雷管起爆网路中已敷设好的导线两端，应保证接通良好；在未与下一部分导线连接之前，必须接成短路，并用胶布缠好。

（10）电力起爆时，流经每个雷管的电流为：一般爆破交流电不小于2.5A，直流电不小于2A。

（11）雷雨天禁止任何露天起爆网路连接作业，正在实施的起爆网路连接作业应立即停止，人员迅速撤至安全地点。

4. 警戒清场作业安全规定

（1）爆破作业应指定爆破指挥组或指挥人，指挥组应适应爆破类别、爆破工程等级、周围环境的复杂程度和爆破作业程序的要求，并严格按照爆破设计和施工组织计划实施，确保工程安全。

（2）爆破工作开始前，爆破技术负责人确定装药警戒范围；装药时应在警戒区边界设置明显标识并派出岗哨；爆破警戒范围由设计确定，在危险区边界，应设有明显标识，并派出岗哨，使所有通路处于监视之下，每个岗哨应处于相邻岗哨视线范围之内。

（3）执行警戒任务的人员，应按照指令到达指定地点并坚守工作岗位。

（4）靠近水域的爆破安全警戒工作，除按上述要求封锁陆岸爆区警戒范围外，还应对水域进行警戒；水域警戒应配有指挥船和巡逻船，其警戒范围由设计确定。

（5）警戒人员应戴安全帽，戴臂章或拿小红旗等明显标识，并配备对讲机。

（6）警戒时，警戒人员应严肃认真，不得用对讲机讲与警戒无关的事情；拦截、指挥行人、车辆时应文明礼貌，耐心说服，避免与过往行人或司机发生冲突。

（7）起爆前，先进行清场工作，除爆破员之外的其他人员一律撤至危险区外，待爆破员检查危险区内无人后，爆破员撤至起爆站。

（8）警戒起爆指挥口令：

1）警戒用语要简练、语速要慢、通俗易懂，不讲与爆破警戒无关的任何语言。

2）警戒人员到达指定位置后，应向爆破总指挥报告，规范用语为："×号点已就位"。

3）爆破总指挥分别向各警戒点发出警戒指令，规范用语为："各警戒点开始警戒"，各警戒人员听到指令后，按1、2、3…号警戒点顺序依次回答："×号点明白"。

4）爆破总指挥分别向各警戒点询问警戒情况，规范用语为："各警戒点报告警戒情况"，各警戒人员听到指令后，按1、2、3…号警戒点顺序依次回答："×号警戒点警戒完毕"或报告未能警戒完毕的实际情况；如有警戒点未完成警戒，总指挥应依次再确认各警戒点是否警戒完毕，直至所有警戒点都警戒完毕为止。

5）爆破总指挥向起爆站发出起爆准备指令："起爆站开始连线"，起爆站听到指令后迅速将起爆母线和起爆器连接好，并及时汇报："×起爆站线已联好"。

6）爆破总指挥向起爆站发出指令："起爆站开始充电"，起爆站充电完成后，向总指挥汇报："充电完毕，可以起爆"。

7）爆破总指挥向起爆站发出起爆指令："现在开始起爆倒计时，5、4、3、2、1起爆"。

8）起爆5min后，爆破总指挥发出"各警戒点报告爆破情况"指令，各警戒点按顺序分别向爆破总指挥汇报情况："×点无（有）飞石，一切正常"。然后，爆后检查人员开始进入爆区，及时将检查结果向爆破总指挥汇报爆破情况："×平台×爆区无（有）盲炮，效果良好，一切正常"。

9）爆破总指挥向各警戒点发出解除警戒指令："各警戒点解除警戒"。

（9）信号：爆前应使全体员工和附近居民，事先知道警戒范围、警戒标志和声响信号的意义以及发出信号的方法和时间。

第一次信号为预告信号。所有与爆破无关人员应立即撤到危险区以外，或撤至指定的安全地点；向危险区边界派出警戒人员。

第二次信号为起爆信号。确认人员，设备全部撤离危险区，具备安全起爆条件时，方准发出起爆信号；根据这个信号准许爆破员起爆。

第三次信号为解除警戒信号。未发出解除警戒信号前，岗哨应坚守岗位。除爆破工作领导人批准的检查人员以外，不准任何人进入危险区；经检查确认安全后，方准发出解除警戒信号。

5. 起爆作业安全规程

（1）雷雨季节宜采用非电起爆法，雷电天气禁止进行爆破作业。

（2）在同一区域内有两个以上的单位（作业组）进行露天爆破作业，互相影响时，必须指定专人联系，统一指挥，并充分考虑爆破危害的影响。

（3）起爆前必须进行对爆破安全范围内进行检查，确保所有人员、设备全部撤出安全范围。

（4）雷雨天气、多雷地区和附近有通讯机站等射频源时，进行露天爆破不应采用普通电雷管起爆网路。

6. 爆破后检查安全作业规程

（1）露天深孔、浅孔、特种爆破，起爆完后超过5min，才准爆破检查人员进入爆破作业地点；如不能确定有无盲炮，应经15min后才能进入爆区检查。

（2）露天爆破经检查确认爆破点安全后，经当班爆破班长同意，方准许作业人员进入爆区。

（3）拆除爆破，应等待倒塌建（构）筑物和保留建筑物稳定之后，方准许人员进入现场检查。

（4）爆后检查的内容：确认有无盲炮；爆堆是否稳定，有无危坡、危石、危墙、危房及未炸倒建（构）筑物；在爆破警戒区内公用设施及重点建（构）筑物安全情况。

（5）只有确认爆破地点安全后，经当班爆破总指挥同意，方准作业人员进入爆破地点。

（6）爆后检查人员组成：A、B级及复杂环境的爆破工程，爆后检查工作应由现场技术负责人、起爆组长和有经验的爆破员、安全员组成检查小组实施；其他爆破工程的爆后检查工作由安全员、爆破员共同实施。

（7）地下矿山或地下大型开挖工程爆破后，经通风吹散炮烟、检查确认井下空气合格后，等待时间超过15min，方准许作业人员进入爆破作业地点。

（8）检查人员发现盲炮或怀疑盲炮，应向爆破负责人报告后组织进一步检查和处理；发现其他不安全因素应及时排查处理；在上述情况下，不得发出解除警戒信号，经现场指挥同意，可缩小警戒范围。

（9）发现残余爆破器材应收集上缴，集中销毁。

（10）发现爆破作业对周边建（构）筑物、公用设施造成安全威胁时，应及时组织抢险、治理，排除安全隐患。对影响范围不大的险情，可以进行局部封锁处理，解除爆破警戒。

（11）每次爆破后，爆破员应认真填写爆破记录。

7. 盲炮处理作业安全规程

（1）发现盲炮或怀疑有盲炮，应立即报告爆破负责人（总指挥）并及时处理。若不能及时处理，应在附近设明显标志，并采取相应的安全措施。

（2）处理盲炮前应由爆破技术负责人定出警戒范围，并在该区域边界设置警戒，处理盲炮时无关人员不许进入警戒区。

（3）应派有经验的爆破员处理盲炮，硐室爆破的盲炮处理应由爆破工程技术人员提出方案并经单位技术负责人批准。

（4）电力起爆发生盲炮时，须立即切断电源，并将爆破网路短路。

（5）导爆索和导爆管起爆网路发生盲炮时，应首先检查导爆索和导爆管是否有破损或断裂，发现有破损或断裂的可修复后重新起爆。

（6）严禁强行拉出炮孔中的起爆药包和雷管。

（7）盲炮处理后，应仔细检查爆堆，将残余的爆破器材收集起来统一销毁，未判明爆堆有无残留的爆破器材前，应采取预防措施，并派专人监督挖装作业。

（8）盲炮处理后应由处理者填写登记卡片或提交报告，说明产生盲炮的原因、处理的方法、效果和预防措施。

（9）处理裸露爆破的盲炮，可安置新的起爆药包（或雷管）重新起爆或将未爆药包回收销毁；发现未爆炸药受潮变质，则应将变质炸药取出销毁，重新敷药起爆。

（10）处理浅眼爆破的盲炮可用以下方法：

1）经检查确认炮孔的起爆线路完好时，可重新起爆。

2）打平行眼装药爆破；平行眼距盲炮孔口不得小于0.3m。

3）用木、竹或其他不发生火花的材料制成的工具，轻轻地将炮眼内填塞物掏出，用药包诱爆。

4）可在安全地点外用远距离操纵的风水喷管吹出盲炮填塞物及炸药，但应采取措施回收雷管。

5）处理非抗水类炸药的盲炮，可将填塞物掏出，再向孔内注水，使其失效，但应回收雷管。

6）盲炮应在当班处理，当班不能处理或未处理完毕，应将盲炮情况（盲炮数目、炮眼方向、装药数量和起爆药包位置，处理方法和处理意见）在现场交接清楚，由下一班继续处理。

（11）深孔盲炮处理可采用下列方法：

1）爆破网路未受破坏，且最小抵抗线无变化者，可重新连线起爆；最小抵抗线有变化者，应验算安全距离，并加大警戒范围后，再连线起爆。

2）在距盲炮孔口不小于10倍炮孔直径处另打平行眼装药起爆；爆破参数由爆破工作领导人确定。

3）所用炸药为非抗水硝铵类炸药，且孔壁完好者，可取出部分填塞物，向孔内灌水，使之失效，然后做进一步处理，但应回收雷管。

五、液压挖掘（破碎）机司机安全作业规程

（1）挖掘（油炮）机属特种设备，司机须经具备相应培训资质的机构培训并考核合格后，持证上岗。

（2）严禁酒后或带病上班。

（3）上班必须穿工作服、工作鞋，禁止光膀子、穿拖鞋；离开驾驶室在工地上行走、休息，必须正确戴好安全帽。

（4）挖掘（油炮）机在道路上（包括工地施工道路）行驶时，应遵守交通规则，慢速行驶。

（5）作业前应按规定对车辆状况进行"点检"，交班时必须认真做好交接班记录，禁止设备带故障使用。

（6）详细了解施工任务和现场情况；检查挖掘机停机处土壤的坚实性和稳定性，轮胎式挖掘机应加支撑，以保持其平稳、可靠；检查路堑和沟槽边坡的稳定情况，防止挖掘机倾覆，对边坡、台阶高度、地下管线、电缆（线）埋设情况、上空高压电线等做到心中有数。

（7）挖掘（油炮）机作业点距离爆破作业区边缘应超过50m。

（8）靠临边作业时，挖掘（油炮）机距离临边边缘不得小于5m。

（9）禁止在上下相邻两个台阶安排挖掘（油炮）机同时垂直交叉作业，同一工作面两台挖掘（油炮）机的水平距离应大于两台挖掘（油炮）机最大旋转半径之和。

（10）挖掘机仰面挖掘作业时，最高挖掘点高度不得超过其机身高度的1.5倍，作业前，应在修筑安全岛，将挖掘机停留在安全岛上，以防止掌子面上石头滚落砸到挖掘机。

（11）挖掘作业时应随时清理掌子面上悬浮危石，禁止将作业面掏挖成伞檐型。

（12）作业过程中发现盲炮或疑似盲炮时，要立即停止作业，马上报告现场安全员或爆破队长，由爆破队长安排爆破员到现场处理，严禁擅自处理。

（13）当班有爆破作业时，服从调度员或爆破警戒人员指挥，按要求将挖机（油炮机）撤离到安全地点。

（14）严格遵守《挖掘（油炮）机安全操作规程》。

六、电铲司机安全作业规程

（1）电铲属特种设备，司机须经具备相应培训资质的机构培训并考核合格后，持证上岗。

（2）严禁酒后或带病上班。

（3）上班必须穿工作服、工作鞋，禁止光膀子、穿拖鞋；离开驾驶室在工地上行走、

休息，必须正确戴好安全帽。

（4）作业前应按规定对车辆状况进行"点检"，交班时必须认真做好交接班记录，禁止设备带故障使用。

（5）详细了解施工任务，作业前应检查作业面处于安全状态，发现安全隐患应与当班调度反映或向主管领导汇报，在隐患未彻底消除前不允作业。

（6）作业过程中，如发现盲炮或疑似盲炮时，要立即停止作业，马上报告现场安全员或爆破队长，由爆破队长安排爆破员到现场处理，严禁擅自处理。

（7）当班有爆破作业时，服从调度或爆破警戒人员指挥，按要求将电铲停到安全地点。

（8）严格遵守《电铲操作规程》。

七、自卸车司机安全作业规程

（1）自卸车司机必须持有 B 牌驾驶证。

（2）严禁酒后或带病上班。

（3）上班必须穿工作服、工作鞋，禁止光膀子、穿拖鞋；离开驾驶室在工地上行走、休息，必须正确戴好安全帽。

（4）在道路上（包括工地施工道路、采场、排土场）行驶时，必须严格遵守交通规则和有关规定。

（5）作业前应按规定对车辆状况进行"点检"，交班时必须认真做好交接班记录，禁止车辆带故障行驶。

（6）驾驶室内禁止乘坐无关人员、摆放影响驾驶操作的工具、物品，保持驾驶室内清洁干净。

（7）行车时严禁打电话、戴耳机听音乐。

（8）车辆在工地运输干道上因故障不能继续行驶时，应立即拖至安全地带维修，严禁在运输干道上检修车辆。

（9）当班有爆破作业时，服从调度或爆破警戒人员指挥，按要求将车辆停到安全地点。

（10）严格遵守《自卸车操作规程》。

八、矿用车司机安全作业规程

（1）矿用车属特种设备，司机须经具备相应培训资质的机构培训并考核合格后，持证上岗。

（2）严禁酒后或带病上班。

（3）上班必须穿工作服、工作鞋，禁止光膀子、穿拖鞋；离开驾驶室在工地上行走、休息，必须正确戴好安全帽。

（4）在道路上（包括工地施工道路、采场、排土场）行驶时，必须严格遵守交通规则和有关规定。

（5）作业前应按规定对车辆状况进行"点检"，交班时必须认真做好交接班记录，禁止车辆带故障行驶。

（6）驾驶室内禁止乘坐无关人员、摆放影响驾驶操作的工具、物品，保持驾驶室内清洁干净。

（7）行车时严禁打电话、戴耳机听音乐。

（8）当班有爆破作业时，服从调度或爆破警戒人员指挥，按要求将车辆停到安全地点。

（9）严格遵守《矿用车操作规程》。

九、装载机司机安全作业规程

（1）装载机属特种设备，司机须经具备相应培训资质的机构培训并考核合格后，持证上岗。

（2）严禁酒后或带病上班。

（3）上班必须穿工作服、工作鞋，禁止光膀子、穿拖鞋；离开驾驶室在工地上行走、休息，必须正确戴好安全帽。

（4）作业前应按规定对车辆状况进行"点检"，交班时必须认真做好交接班记录，禁止车辆带故障行驶。

（5）装载机在道路上（包括工地施工道路）行驶时，应遵守交通规则，慢速行驶。

（6）在采场、排土场、施工道路清理路面、修筑安全挡土墙时应与其他设备、车辆保持安全距离。

（7）靠近边坡作业时，禁止沿平行于临边线行驶，以防止发生翻车事故。

（8）当班有爆破作业时，服从调度或爆破警戒人员指挥，按要求将装载机撤离到安全地点。

（9）严格遵守《装载机安全操作规程》。

十、推土机司机安全作业规程

（1）推土机属特种设备，司机须经具备相应培训资质的机构培训并考核合格后，持证上岗。

（2）严禁酒后或带病上班。

（3）上班必须穿工作服、工作鞋，禁止光膀子、穿拖鞋；离开驾驶室在工地上行走、休息，必须正确戴好安全帽。

（4）推土机在道路上（包括工地施工道路）行驶时，应遵守交通规则，慢速行驶。

（5）作业前应按规定对车辆状况进行"点检"，交班时必须认真做好交接班记录，禁止车辆带故障行驶。

（6）在采场、排土场、施工道路清理路面、修筑安全挡土墙时应与其他设备、车辆保持安全距离。

（7）靠近边坡作业时，禁止沿平行于临边线行驶，以防止发生翻车事故。

（8）当班有爆破作业时，服从调度或爆破警戒人员指挥，按要求将推土机撤离到安全地点。

（9）严格遵守《推土机安全操作规程》。

十一、平地（路）机司机安全作业规程

（1）平地（路）机属特种设备，司机须经具备相应培训资质的机构培训并考核合格后，持证上岗。

（2）严禁酒后或带病上班。

（3）上班必须穿工作服、工作鞋，禁止光膀子、穿拖鞋；离开驾驶室在工地上行走、

休息，必须正确戴好安全帽。

（4）作业前应按规定对车辆状况进行"点检"，交班时必须认真做好交接班记录，禁止车辆带故障行驶。

（5）平地（路）机在道路上（包括工地施工道路）行驶时，应遵守交通规则，慢速行驶。作业时，应与其他施工设备、车辆保持安全距离。

（6）靠近边坡作业时，禁止沿平行于临边线行驶，以防止发生翻车事故。

（7）当班有爆破作业时，服从调度或爆破警戒人员指挥，按要求将装载机撤离到安全地点。

（8）严格遵守《平地（路）机安全操作规程》。

十二、压路机司机安全作业规程

（1）压路机属特种设备，司机须经具备相应培训资质的机构培训并考核合格后，持证上岗。

（2）严禁酒后或带病上班。

（3）上班必须穿工作服、工作鞋，禁止光膀子、穿拖鞋；离开驾驶室在工地上行走、休息，必须正确戴好安全帽。

（4）作业前应按规定对车辆状况进行"点检"，交班时必须认真做好交接班记录，禁止车辆带故障行驶。

（5）压路机在道路上（包括工地施工道路）行驶时，应遵守交通规则，慢速行驶；作业时应与其他设备、车辆保持安全距离。

（6）靠近边坡作业时，禁止沿平行于临边线行驶，以防止发生翻车事故。

（7）当班有爆破作业时，服从调度或爆破警戒人员指挥，按要求将压路机撤离到安全地点。

（8）严格遵守《压路机安全操作规程》。

十三、民爆器材运输车司机安全作业规程

（1）民爆器材运输车司机必须持有 B2 及以上驾驶证。

（2）严禁酒后或带病上班。

（3）上班必须穿工作服、工作鞋，禁止光膀子、穿拖鞋；离开驾驶室在工地上行走、休息，必须正确戴好安全帽。

（4）驾驶室禁止摆放影响驾驶操作的工具、物品，保持驾驶室内清洁干净。

（5）认真执行"点检"制度，禁止车辆带故障运行；经常检查车上的灭火器，保证合格有效使用。

（6）运载民用爆破器材时，除驾驶室乘坐押运员外，严禁搭载任何人员。

（7）在民用爆破器材库和工地上装卸炸药时，必须将车停稳、熄火、拉上手动刹车器。

（8）车厢内严禁雷管、炸药混放。

（9）民用爆破器材车上路（包括在工地上）行驶，要遵守交通规则和相关规定，保持安全车速，注意避让其他车辆，选择行车路线，尽量避开途经学校、市场、办公区、居民区等人口集中密集的地方，没有特殊情况不得中途停车。

（10）行车时禁止打电话、戴耳机听音乐，禁止在爆破器材车周围及驾驶室内吸烟、动

用明火。

（11）在工地，严禁将民用爆破器材车停放在边坡下方、临边、火区、或靠近明火作业等地方。

（12）严格遵守《民爆器材运输车操作规程》。

十四、加油车司机安全作业规程

（1）加油车司机必须持有 B2 及以上驾驶证，经过专门培训，能熟练机操加油机，掌握一定的消防常识，责任心强，具有良好的职业道德。

（2）严禁酒后或带病上班。

（3）上班必须穿工作服、工作鞋，禁止光膀子、穿拖鞋；离开驾驶室在工地上行走、休息，必须正确戴好安全帽。

（4）驾驶室内禁止乘坐无关人员、摆放影响驾驶操作的工具、物品，保持驾驶室内清洁干净。

（5）认真执行"点检"制度，禁止加油车带故障运行。

（6）加油车上路（包括在工地上）行驶，要遵守交通规则和相关规定，保持安全车速，注意避让其他车辆，选择行车路线，尽量避开有明火作业的地点。

（7）严禁在明火作业点附近、火区处停留和给设备、车辆进行加油。

（8）雷雨季要远离高压线、变压器等容易产生火花的电器设备。

（9）做好特殊季节的安全防护；夏季应采取防晒措施，要经常检查高压阀门和安全防护阀，确保有效使用。冬季输油管路、阀门发生凝固、冻结时，禁止用明火烘烤解冻。

（10）加油前，除按规定要求做好常规的检查外，还要对储油罐的接口、阀门、高压防护阀、输油管、加油枪等部位进行检查，确认各部位正常有效，方可启动使用。

（11）加油时，应随时注意加压泵的工作压力，不要超过额定压力，避免因超压造成流动加油车输油管崩开发生跑油、漏油现象。

（12）加油车加油完毕，要检查各部阀门、接口，避免跑、冒、滴、漏。要锁好加油机，做好安全防范工作。

（13）在加油操作时不得吸烟，并严禁吸烟人员接近油罐。加油车周围 25m 距离内禁止明火。

（14）加油车作业过程中，一旦发生柴油泄漏情况，应立即检查泄漏部位，进行应急处理；同时，清理泄漏的柴油，避免明火接近发生火灾；紧急情况发生后，应对柴油加油车整体进行检查，排除隐患，方可进行正常作业。

（15）交班时，必须认真做好交接班记录。加油车实行专人负责制，未经允许，其他司机不得擅自动用加油车等。

（16）下班后或临时停车，应将加油车停放在油库内，严禁将加油车停放在办公区、生活区内或民爆器材库附近。

（17）每季度对储油罐的进油口、出油口、输油截门、高压防护阀、加压泵等部位进行安全检查，并将检查结果填报在"检查记录"中。

（18）当班有爆破作业时，服从调度或爆破警戒人员指挥，按要求将油车停到安全地点。

（19）严格遵守《加油车操作规程》。

十五、洒水车司机安全作业规程

（1）洒水车司机必须持有 B2 及以上驾驶证。

（2）严禁酒后或带病上班。

（3）上班必须穿工作服、工作鞋，禁止光膀子、穿拖鞋；离开驾驶室在工地上行走、休息，必须正确戴好安全帽。

（4）驾驶室内禁止乘坐无关人员、摆放影响驾驶操作的工具、物品，保持驾驶室内清洁干净。

（5）认真执行"点检"制度，禁止加油车带故障运行。

（6）洒水车上路（包括在工地上）行驶，要遵守交通规则和相关规定，保持安全车速，注意避让其他车辆。

（7）洒水车到水塘、沟渠吸水时，必须停稳车辆，拉上手制。吸水处如有水草和杂物应在吸水管端应加设过滤网罩。

（8）冬季洒水，应控制斜坡路面的洒水频次及水量，防止路面结冰打滑。

（9）当班有爆破作业时，服从调度或爆破警戒人员指挥，按要求将洒水车停到安全地点。

（10）严格遵守《洒水车操作规程》。

十六、高处作业安全规程

（1）从事高处作业人员必须定期体检；经医生诊断，凡患高血压、心脏病、贫血病、癫痫病、精神病，以及其他不适于高处作业禁忌证者，不得从事高处作业。

（2）高处作业人员衣着要灵便，禁止穿硬底和带钉易滑的鞋。在 2m 以上高处作业必须正确系挂安全带，安全带应高挂低用。

（3）高处作业所用材料要堆放平稳，工具应随手放入工具袋（套）内；上下传递物件禁止抛掷。

（4）遇有恶劣气候（如风力在六级及以上、大雾、暴雨、暴雪等）影响施工安全时，禁止进行露天高处作业。

（5）用于高处作业的梯子不得缺档，不得垫高使用；梯子横档间距以 30cm 为宜；使用时上端要扎牢，下端应采取防滑措施；单面梯与地面夹角 60°～70°为宜，禁止二人同时在梯上作业；如需接长使用，应绑扎牢固；人字梯底脚要牢固；在通道处使用梯子，应有人监护或设置围栏。

（6）没有安全防护设施，禁止在屋架的上弦、支撑、桁条、挑架的挑梁和未固定的构件上行走或作业。

（7）高处作业与地面联系，应设通讯装置，并专人负责。

（8）高处作业时，下方周围应设围栏或警戒标志，并设专人看管，禁止无关人员靠近。

十七、空压机操作工安全作业规程

（1）空压机操作工应了解机器的原理、结构、性能、故障特征及产生原因和事故防止的方法。

（2）作业前穿戴好劳动保护用品，上衣要做到"三紧"（领口、袖口、下摆），禁止穿背心、短裤或拖鞋进入工地或上岗作业。

（3）启动空压机前应查看各类安全附件（如安全阀、压力表等）必须安全有效，水、风、油管必须畅通。

（4）运转中要经常检查气压、油压、冷却水的温度及机器运转状况，做到勤看、勤听、勤记录。

（5）每次工作结束后，待储气筒内压力稍降，将筒底部的排污阀打开，排放油水、污物。

（6）维修保养工作完成后，必须把各种盖板和罩壳重新安装好。

十八、油库工作人员安全作业规程

（1）油库工作人员要严守工作岗位，非工作人员不得入内。

（2）严禁携带火种，打火机及其他易燃易爆品进入油库，库区内严禁吸烟、燃放烟花爆竹等。严禁存放易燃，易爆，助爆物品及受力容器。

（3）库内应使用防爆电器设备，严禁明火照明和使用无线通讯设备。

（4）加油时车辆必须熄火，驾驶员不得离开加油车。

（5）禁止穿戴有铁掌和铁钉鞋进入加油库，禁止用铁锤或金属用具在库区乱敲，以免产生火花，发生火灾。

（6）油库内的工作人员，要熟练掌握各种灭火器的使用方法，一旦发生火情，应及时使用灭火器扑救和报火警。

（7）油库内的电器设备以及消防器材，必须定期检查保养。

（8）定期进行安全检查，对查出的问题要及时整改。大问题要及时上报。

十九、加油工安全作业规程

（1）禁止携带易燃易爆物品进入油库。

（2）将油枪从枪罩内取下，按动复零按键，进行加油。

（3）将油枪嘴插入受油容器中，然后压下油枪开关手柄打开油枪开关，便可加油；密切注视油箱口，以防溅出，可用油枪开关开启大小减慢加油速度。

（4）观察计数器读数，如达到需要量，立即松开油枪开关手柄，加油便停止。

（5）将油枪放回原处，电机便自动关闭，整机停止工作。

（6）加油过程中不能随便旋转复零摇把或复零按键。

（7）加油过程中密切注意加油机和油箱满溢情况，不能将油料溢出油箱，不慎溢出，将溢出的油料擦拭干净。

（8）禁止用无盖和渗漏的容器灌装油料。

（9）高压闪电、雷击频繁时，严禁加油。

（10）不准加油车在现场台阶边坡、主运输线或交叉路口等处为车辆和其他设备加油。

（11）严禁在爆破作业警戒区域30m范围内为车辆、设备加油。

（12）加油机故障和跑、冒、漏油时，应立即停止加油。

二十、电工安全作业规程

（1）电工必须经具备相应培训资质的机构培训并考核合格后，持证上岗。

（2）上班时必须穿工作服、工作鞋，进入工地必须正确戴好安全帽。

（3）电工所有绝缘、检查工具应妥善保管，严禁它用，并定期检查、校验。

（4）现场施工用高、低电压设备及线路，应按照施工设计有关电气安全技术规程安装和架设。

（5）线路上禁止带负荷接电，并禁止带电操作。

（6）有人触电，立即切断电源，进行急救；电气火灾，立即将有关电源切断，并使用干粉灭火器或干砂灭火。

（7）安装高压油开关、自动空气开关等有返回弹簧的开关设备时应将开关置于断开位置。

（8）多台配电箱并列安装，手指不得放在两盘的结合处，不得触摸连接螺孔。

（9）用摇表测定绝缘电阻，应防止有人触及正在测电的线路或设备；测定容性或感性设备、材料后，必须放电；雷电时禁止测定电线绝缘。

（10）电流互感器禁止开路，电压互感禁止短路或升压方式运行。

（11）电气材料或设备需放电时，应穿戴绝缘防护用品，用绝缘棒安全放电。

（12）现场配电高压设备，不论带电与否，单人值班不准超越遮护栏和从事修理工作。

（13）工人立杆，所用叉木应坚固完好，操作时，互相配合，用力均衡；机械立杆，两侧应设溜绳。立杆时坑内不得有人，基坑夯实后，方准拆去叉木或拖绳。

（14）登杆前，杆根应夯实牢固。旧木杆杆根单侧腐朽深度超过杆根直径 1/8 以上时，应经加固后，方能登杆。

（15）登杆操作脚扣应与杆径相适应；使用脚踏板，钩子应向上。安全带应栓于安全可靠处，扣环扣牢，不准栓于瓷瓶或横担上；工具、材料应用绳索传递，禁止上下抛扔。

（16）杆上紧线应侧向操作，并将夹螺栓拧紧。紧固有角度的导线时，应在外侧作业。调整拉线时，杆上不得有人。

（17）紧线用的铁丝或钢丝绳，应能承受全部拉力，与导线的连接，必须牢固。紧线时，导线下方不得有人；单方向紧线时，反方向设置临时拉线。

（18）架线时在线路的每 2~3km 处，应接地一次，送电前必须拆除，如遇雷电，停止工作。

（19）电缆盘上的电缆端头，应绑扎牢固；放线架、千斤顶应设置平稳，线盘应缓慢转动，防止脱杆或倾倒；电缆敷设至拐弯处，应站在外侧操作；木盘上钉子应拔掉或打弯。

（20）变配电室内外高压部分及线路，停电工作时：

1）切断所有电源，操作手柄应上锁或挂标示牌。

2）验电时应戴绝缘手套，按电压等级使用验电器，在设备两侧各相或线路各相分别验电。

3）验明设备或线路确认无电后，即将检修设备或线路做短路接地。

4）装设接地线，应由二人进行，先接接地端，后接导体端，拆除时顺序相反；拆、接时均应穿戴绝缘防护用品。

5）接地线应使用截面不小于 $25mm^2$ 的多股软裸铜线和专用线夹。严禁用缠绕的方法，进行接地和短路。

6）设备或线路检修完毕，应全面检查无误后方可拆除临时短路接地线。

（21）用绝缘棒或传动机械拉、合高压开关，应戴绝缘手套。雨天室外操作时，除穿戴绝缘防护用品以外，绝缘棒应有防雨罩，并有人监护；严禁带负荷拉、合开关。

（22）电气设备的金属外壳，必须接地或接零；同一设备可做接地和接零。同一供电网不允许有的接地有的接零。

（23）电气设备所用保险丝（片）的额定电流应与其负荷容量相适应；禁止用其他金属线代替保险丝（片）。

（24）施工现场夜间临时照明电线及灯具，高度应不低于 2.5m；易燃、易爆场所，应用防爆灯具。

（25）照明开关、灯口及插座等，应正确接入火线及零线。

二十一、电焊工安全作业规程

（1）电焊工必须经具备相应培训资质的机构培训并考核合格后，持证上岗。

（2）工作前应认真检查工具、设备是否完好，焊机的外壳是否可靠接地。

（3）交流弧焊机一次电源线长度应不大于 5m，电焊机二次线电缆长度应不大于 30m。

（4）工作前认真检查作业环境，确认正常后方可开始工作；施工前穿戴好劳动保护用品，戴好安全帽；高空作业要佩挂好安全带，安全带要高挂低用；敲焊渣、磨砂轮时戴好平光眼镜。

（5）接拆电焊机电源线或电焊机发生故障时，应会同电工一起进行，严防触电事故。

（6）接地线要牢靠安全，不准用钢管、钢丝绳或结构钢筋作接地线。

（7）在潮湿地点施焊时，应在下面垫干木板等绝缘物体，防止触电。

（8）在靠近易燃地方焊接，要有严格的防火措施；焊接完毕应认真检查确无火源，才能离开工作场地。

（9）焊接密封容器、管子应先开好放气孔；修补已装过油的容器，应清洗干净，打开入孔盖或放气孔，才能进行焊接。

（10）在使用过的罐体上进行焊接作业时，必须查明是否有易燃易爆气体或物料，严禁在未查明之前动火焊接；焊钳、电焊线应经常检查、保养，发现有损坏应及时修好或更换，焊接过程发现短路现象应先关好焊机，再寻找短路原因，防止焊机烧坏。

（11）焊接吊码、加强脚手架和重要结构应有足够的强度，并敲去焊渣认真检查是否安全、可靠。

（12）在容器内焊接，应注意通风，把有害烟尘排出，以防中毒。在狭小容器内焊接应有 2 人，以防触电事故。

（13）容器内油漆未干，有可燃体散发不准施焊。

（14）雷雨时，应停止露天焊接作业。

（15）电焊着火时，应先切断焊机电源，再用二氧化碳、1211 干粉灭火器灭火，禁止使用泡沫灭火器。

（16）工作完毕，必须切断电源，拆掉线接头，检查现场，灭绝火种，确认安全后方可离开。

二十二、气焊（割）工安全作业规程

（1）气焊（割）工必须经具备相应培训资质的机构培训并考核合格后，持证上岗。

（2）在禁止烟火区处进行割焊，应事先办理动火证，作业前，应清除施焊（割）场地周围的易燃易爆物品，必要时进行覆盖、隔离，配置好足够数量的灭火器和设专人监护。

（3）必须在易燃易爆气体或液体扩散区施焊时，应由项目部通过有关部门检测许可后，方可进行作业。

（4）施工现场禁止使用乙炔发生器，只能使用乙炔瓶或液化石油气瓶。乙炔瓶必须配置回火阀。

（5）氧气瓶、乙炔瓶或液化石油气瓶、压力表及焊割工具上，严禁沾染油脂。

（6）氧气瓶、乙炔瓶（液化石油气瓶）不得放置在电线的正下方，乙炔瓶或液化石油气瓶与氧气瓶不得同放一处，气瓶存放和使用间距必须大于 5m，距易燃、易爆物品和明火及焊割点的距离，不得少于 10m。

（7）氧气瓶、乙炔瓶应有防震胶圈和防护帽，并旋紧防护帽，避免碰撞和激烈震动；并防止暴晒。

（8）点火时，焊枪口不准对人，正在燃烧的焊枪不得放在工件或地面上；带有乙炔和氧气时，不准放在金属容器内，以防气体逸出，发生燃烧事故。

（9）不得手持连接胶管的焊枪爬梯、登高。

（10）高空焊接或切割时，必须挂好安全带，焊接周围或下方有可燃物应采取防火措施，并有专人监护。

（11）严禁在带压的容器或管道上焊、割，带电设备应先切断电源。

（12）在贮存过易燃、易爆及有毒物品的容器或管道上焊、割时，应先清除干净并将所有的孔、口打开。

（13）作业完毕，应将氧气瓶、乙炔瓶气阀关好，拧上防护罩。

（14）压力表及安全阀应定期校验；检验气瓶是否漏气，要用肥皂水，严禁用明火。

二十三、汽车修理工安全操作规程

（1）工作前应检查所使用工具是否完好。施工时工具必须摆放整齐，不得随地乱放，工作后应将工具清点检查并擦干净，按要求放入工具车或工具箱内。

（2）拆装零部件时，必须使用合适工具或专用工具，不得大力蛮干，不得用硬物手锤直接敲击零件；所有零件拆卸后要按顺序摆放整齐，不得随地堆放。

（3）废油应倒入指定废油桶收集，不得随地倒流或倒入排水沟内，防止废油污染。

（4）修理作业时应注意保护汽车漆面光泽、装饰、座位以及地毯，并保持修理车辆的整洁。车间内不准吸烟。

（5）用千斤顶进行底盘作业时，必须选择平坦、坚实场地并用角木将前后轮塞稳，然后用安全凳按车型规定支撑点将车辆支撑稳固；严禁单纯用千斤顶顶起车辆在车底作业。

（6）修配过程中应认真检查原件或更换件是否符合技术要求，并严格按修理技术规范精心进行作业和检查调试。

（7）修竣发动机起动前，应先检查各部件装配是否正确，是否按规定加足润滑油、冷却水，置变速器于空档，轻点起动马达试运转；严禁车底有人时发动车辆。

（8）发动机过热时，不得打开水箱盖，谨防沸水烫伤。

（9）地面指挥车辆行驶，移位时，不得站在车辆正前方与后方，并注意周围障碍物。

二十四、汽车修理电工安全操作规程

（1）装卸发电机和起电机时，应将汽车电源总开关断开，切断电源后进行，未装电源开关的，卸下的电源接头应包扎好。

（2）汽车内的线路接头必须拉牢，并用胶布扎好，穿孔而过的线路要加胶护套。

（3）需要起动发动机检查电路时，应注意车下有无其他人工作，预先打好招呼，放空挡，拉手刹然后发动。

（4）装蓄电池时，应在底部垫橡皮胶料，蓄电池之间也应用木板塞紧。

（5）配制电解液时，应穿戴橡胶水鞋和橡胶手套，戴防护眼镜，将硫酸轻轻加入蒸馏水内，同时用玻璃棒不断搅拌，达到散热的目的，严禁将水注入硫酸内。

（6）充电时将电池盖打开，电液温度不得超过 45℃。

（7）蓄电池应用防电叉测量，不可手钳及其他金属实验，防止发生爆炸。

二十五、汽车修理钣金工安全操作规程

（1）工作前要将工作场地清理干净，以免其他杂物妨碍工作，并认真检查所用的工具、机具技术状况是否良好，连接是否牢固。

（2）进行校正作业或适用车身校正台时应正确夹持、固定、牵制，并使用适合的顶杆、拉具及站立位置，谨防物件弹跳伤人。

（3）使用车床、电焊机时，必须事先检查焊机接地情况，确认无异常情况后，方可按启动程序开动使用。

（4）电焊条要干燥、防潮，工作时应根据工作大小选择适当的电流及焊条。电焊作业时，操作者要戴面罩及劳动保护用品。

（5）焊补油箱时，必须放净燃油，彻底清洗确认无残油，敞开油箱盖谨慎施焊。

（6）氧气瓶、乙炔气瓶要放到离火源较远的地方，不得在太阳下暴晒，不得撞击，所有氧焊工具不得粘上油污、油漆，并定期检查焊枪、气瓶、表头、气管是否漏气。

（7）搬运氧气瓶及乙炔气瓶时必须使用专门搬运小车，切忌在地上拖拉。

（8）进行氧焊点火前，先开乙炔气后开氧气，熄火时先关乙炔气阀，发生回火现象时应迅速卡紧胶管，先关乙炔气阀再关氧气阀。

二十六、汽车维修钳工安全操作规程

（1）使用手锤时应检查锤头有无裂缝及飞边。锤把有无松动，使用手锤时对面不准站人。

（2）工作中不准对面打锤、铲、铆工作时应戴防护眼镜，注意周围对面人员，以免铁硝崩伤他人。

（3）使用电动工具时，必须检查有无损坏及漏电现象。

（4）安装工件，不准将手伸入活动的螺丝眼里摸试，以免挤伤。

（5）拆卸设备前必须切断电源，不准带电操作。

（6）使用砂轮、钻床，起重设备时，要严格遵守该设备的安全操作规范。

（7）使用流动照明灯不准用高压灯。

二十七、轮胎工安全操作规程

（1）工作前一定要检查工具设备，保证其完整、安全、可靠。

（2）准备更换（修理）轮胎的车辆必须熄火，拉上手动刹车器，驾驶室内不得留人。

（3）顶车时，着地车轮须用三角木塞牢。

（4）搁车撑未放牢，不得撤掉举升设备。

（5）轮胎拆下后，必须放置稳固、牢靠，以防倒下伤人。

（6）轮胎充气时，应将撬棒置于轮辋孔中，防止锁环飞出伤人。

（7）使用其他机械设备时，须遵守相应的安全操作规程。

（8）装完轮胎后，经轮胎工检查确认安全可靠后，车辆方可起步行驶。

（9）修理过程中禁止无关人员靠近车辆。

（10）工作完毕，切断设备电源，整理工作场地。

第四章　现场混装炸药系统生产安全技术

摘要： 基于现场混装炸药的爆破一体化是当前国际主流发展方向，近年在我国也逐渐兴起。本章主要介绍现场混装炸药基本生产安全技术，具体涉及现场混装炸药品种包括：乳化炸药、多孔粒状铵油炸药以及相应的混装车安全操作规程。

第一节　乳化基质安全生产技术操作规程

本节主要介绍现场混装炸药使用的乳化基质安全生产技术，乳化基质具有一定的危险性，生产过程中应密切关注，防止其受到反复摩擦，防止其受到撞击，防止其局部升温而引发火灾或爆炸，操作人员必须熟悉安全技术操作规程。相应的混装车安全操作规程在后第三节介绍。

一、乳化基质安全技术要求

乳化基质是以硝酸铵为主要成分的水相溶液与油相溶液通过乳化形成的油包水型乳化液。

现场混装乳化炸药使用的乳胶基质依据《现场混装炸药生产安全管理规程》（WJ 9072—2012）要求，需达到联合国《关于危险货物运输的建议书　试验和标准手册》（第五修订版）试验系列 8 的要求，即通过热稳定性试验、ANE 隔板试验、克南试验及通风管试验。通过以上前三项试验后的乳胶基质列为氧化剂（5.1 项）管理，通过第四项乳胶基质则可以进行罐体运输。

二、乳化基质生产安全操作规程

（一）乳化基质生产工艺配方

乳化基质生产工艺配方如表 4-1 所示。

表 4-1　乳化基质生产工艺配方

原料	硝酸铵	柠檬酸	水	柴油	柴机油	乳化剂
配比	74%~79%	0~0.18%	15%~20%	3%~5%	1%~2%	1%~2%

生产工艺一般技术条件：

（1）水相使用温度：80~85℃；油相使用温度：50~55℃。

（2）水相析晶点：67±1℃。

（3）水相 pH 值（根据现场混装车提出的工艺要求进行控制）：3.80~4.10。

（二）生产工艺流程图

生产工艺流程如图4-1所示。

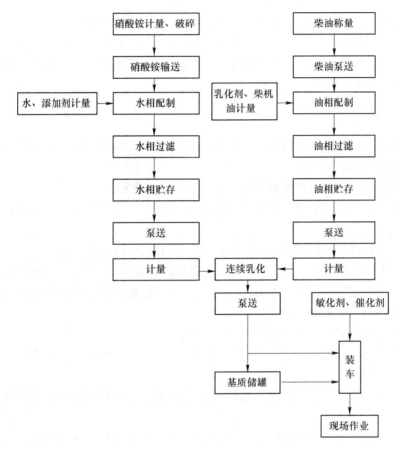

图4-1　工艺流程图

（三）水相制备安全操作规程

1. 安全守则

（1）硝酸铵无毒但在生产中长期呼吸其水溶液的挥发分，则可对其呼吸道、眼及皮肤有刺激性，引起恶心、呕吐、虚脱等。大量接触还可引起高铁血红蛋白血症，影响血液的供氧能力，致人死亡，操作中应尽量减少接触硝酸铵，操作人员必须熟悉本安全技术操作规程，操作时应穿戴好劳动保护用品（工作服、口罩、手套、眼镜、工作鞋等）。

（2）严格执行定员定量、定置等管理制度。

（3）制备的水相温度较高，操作过程应做好充分防护，防止烫伤。

（4）硝酸铵投料破碎存料间各物料在计量前后应分类堆放整齐，高度不超过5包物料的堆高。

（5）开工前，破碎机严禁带负荷启动。

（6）严防金属、砂石、纸屑、塑料等杂质进入破碎机内。

（7）不得使用铁锤，而应由木榔头锤击大的硝酸铵结晶块。严禁用手或其他物料顶压机内物料，加料速度以每分钟不超过 4 包为宜。投料时，应随时注意溶解罐的硝酸铵的溶解情况，严禁因硝酸铵堆积而堵塞螺旋出料口和溶解罐进料口。

（8）严禁携带手机等移动通讯设备及与生产无关的物品进入工房。

（9）破碎机进料口处必须设置防滑及防护装置，防止工作人员掉入或滑入破碎机进料口中。如果不慎投入粒度过大的硝酸铵结晶块使破碎机进料口堵塞，严禁手、脚伸进破碎机中推料或捅料，必须停机后人工处理。

2. 操作规程

（1）从硝酸铵仓库领取原材料，且有合格证，并在材料出入库账本上签名。将硝酸铵从仓库运送到硝酸铵破碎工序。

（2）用木槌（可用铜或铝做成的锤子）将硝酸铵预先粗碎。

（3）按配方要求将热水或自来水加入水相制备罐中，盖上盖子，将蒸汽阀打开，并启动搅拌机。

（4）除去编织袋上的封口线，先启动螺旋，再启动破碎机进行投料。

（5）将硝酸铵放在破碎机上进行破碎，在破碎的同时应除去硝酸铵包装袋。

（6）当硝酸铵破碎量将近一半时，按配方要求，精确计量，将硝酸钠通过破碎机加入水相制备罐中，然后继续破碎硝酸铵。

（7）硝酸铵破碎完后，先停破碎机，后停螺旋。

（8）硝酸铵完全溶化后，停止搅拌，打开盖子，将水相罐中的浮游物用不锈钢网捞干净。

（9）清理完杂物后，持续搅拌，当达到工艺温度后从水相罐中取适量的水相，测定析晶点和 pH 值。

（10）打开水相罐出料口球阀，启动水相输送泵，将水相输送到水相储存罐中。

（11）水相输送完后，停止水相输送泵，关闭出料口球阀。

（12）将水相输送管道中残留的水相用桶装好，倒在水相制备罐中。

（13）用热水将水相输送管清洗 1 次，然后清除过滤器中的杂质。

（14）继续下一罐水相的配制。

3. 注意事项

（1）硝酸铵投料前不得含有肉眼可见的纸片、塑料袋与编织袋碎片及其他杂质。

（2）硝酸铵符合国标要求，硝酸铵水分应控制在 0.5% 以下，若水分超过 0.5% 称量时应扣除多余水分，核算工艺配比。

（3）按先后顺序启动螺旋、破碎机，无异常响声或其他故障时方可实施破碎。

（4）加热水相蒸汽压力应小于 0.4MPa，当水相的温度接近工艺要求时，应关闭蒸汽阀。

（5）投料过程中，应随时观察螺旋、破碎机的运行情况，防止堵料。

（6）生产中出现堵料、卡机、设备运行等故障，应立即停机，停止投料，待排除故障后再运行。

（7）生产完后，认真做好生产记录，并搞好本工序的卫生。

（四）油相制备安全操作规程

1. 安全守则

（1）复合油相易燃烧，且有一定的刺激性气味，长期呼吸其挥发气体容易引起头晕、恶心等症状，操作人员必须熟悉本安全技术操作规程，操作时应穿戴好劳动保护用品（工作服、口罩、手套、眼镜、工作鞋等）。

（2）严格执行定员定量、定置等管理制度。

（3）每次配料完成后，必须清理操作现场，严格防火。

（4）在原材料加热溶化、混合过程中时刻注意配制罐内温度的变化，温度不得超过60℃，防止因温度过高引发火灾。

（5）在投料过程中投料员要注意不能将杂物带入熔化槽中。

（6）投料时注意防滑跌跤，投料结束后，清理现场，材料堆放整齐。

（7）油相过滤器每班至少清理一次。

2. 操作规程

（1）从油相仓库领取符合工艺要求的原材料，且有合格证，并在材料出入库账本上签名。

（2）按工艺配方要求，称量机油、柴油、乳化剂，并倒入油相制备罐中。

（3）按工艺配方要求，需要添加复合蜡时，用柴刀或其他工具将称量好的复合蜡切成小块（比油相制备罐口小），并加入油相制备罐中。

（4）当制备罐温度上升到55℃时，关闭蒸汽阀。

（5）将0.25mm（60目）的过滤器的过滤网冲洗干净，并用碎布将过滤器里的水抹干净。

（6）打开油相罐出料口球阀，启动油相输送泵，将油相输送到油相储存罐中。

（7）油相输送完后，停止油相输送泵，关闭制备罐出料口球阀。

（8）将油相输送管道中残留的油相用桶装好，倒在油相制备罐中。

（9）用热水将油相输送管、过滤器清洗干净。

（10）继续下一罐油相的配制。

3. 注意事项

（1）油相制备罐、储存罐内不得有纸屑、塑料膜及其他杂质。

（2）必须将油相搅拌均匀，充分溶化并保温在50~55℃，加热蒸汽压力小于0.4MPa。

（3）工作完后，做好记录，并搞好本工序的卫生。

（五）乳化工序

1. 安全守则

（1）乳化基质具有一定的危险性，生产过程中应密切关注，防止其受到反复摩擦，防止其受到撞击，防止其局部升温而引发火灾或爆炸。操作人员必须熟悉本安全技术操作规程，操作时应穿戴好劳动保护用品（工作服、口罩、手套、眼镜、工作鞋等）。

（2）乳化基质出料温度控制在75±5℃。乳化基质呈透明、流动的膏状物，如果乳化基质不透明，检查油相、水相螺杆泵填料密封是否漏气，检查油相、水相储罐至油、水相螺杆泵吸入口处所有部件的联接螺栓是否拧紧，并立即处理异常情况，异常处理完毕方可继续乳化。

（3）在乳化阶段，严密注意油相、水相流量，严禁油相、水相螺杆泵及乳化器无进料空转，严禁乳化器在工作状态时冷却水断流，发现异常情况立即停机并及时处理。

（4）严格执行定员定量、定置等管理制度，该岗位定员1人，在线乳胶基质量小于2.5t。

（5）水相泵、油相配料泵过滤器每班至少清理一次，定期给各个减速箱添加润滑油。生产过程中，当操作员发现水相（或油相）流量变化且无法调至要求流量时，通知立即停机清理水相（或油相）过滤器。

（6）乳化机禁止频繁启停，因任何原因造成停机的，开机前必须使用热水进行冲洗。

（7）任何设备发现有不正常现象，应报告给值班领导，进行修理或更换，更换完成后经过安全确认后方可进行生产。

（8）开机状态下可根据生产需要调整水相、油相流量设定值，随时调节生产能力，最大产能禁止超过核定许可产能。

（9）操作过程中要注意各台设备的运转情况，若发现设备有异常情况时，应立即停机，查明原因，采取补救措施后方可重新开机。观察各个控制点的温度、压力、各相物料的流量。

（10）在生产过程中应及时做好全面、详尽的记录，记录的内容包括有无故障、故障原因、处理措施，解决问题等情况，开机及运行时间，各个瞬时的物料重量、各相流量、各个控制点的温度和压力、各个变频器的频率，关键设备电流等。

（11）生产完毕清理废药及清理场地，擦洗及保养设备。

（12）定期进行水相、油相流量计进行标定。

（13）设备的维护保养遵循设备维护保养规程。

2. 操作规程

（1）先检查水相管道、油相管道、阀门、接头及过滤器是否跑、冒、滴、漏。检查乳化机、流量计等设备的运转情况，各仪表是否准确有误，检查自动控制系统的正常运转情况。

（2）开机生产前分别用90~95℃热水预热水、油相输送管道及乳化机，预热后将水相、油相输送管道的水放干净，并将过滤器中的水、杂质清理干净。热水温度85~100℃。预热时间，夏天不少于15min，冬天不少于30min。

（3）在水相管路冲洗干净，并排净管路冲洗水后，在确定预热足够，检查关闭好管路排污阀，打开乳化器排污阀，关闭乳化器出料阀。各方面条件正常后，分别将油相、水相输送管接到各自的储存罐上，打开油相储存罐出料口阀门，启动油相输送泵、油相流量达到设定流量时，启动水泵，同时启动乳化机，当乳化机出口有油相流出时，启动乳化机。现场制药人员应将开始乳化不理想的胶体，从乳化器排污阀排出。当看到乳化基质稳定时，先打开乳化器出料阀，再慢慢关闭乳化器的排污阀，使基质进入基质料斗。

（4）如果未成乳（即油、水相分离），立即依次停油、水相泵，关闭油、水相储罐的出料阀，冲洗水相输送管路及乳化器，冲洗完毕将水排空，然后重复上面第（3）条步骤，直至乳化成功。

（5）乳化成功的乳化基质从乳化器出口流入基质料斗，当基质料斗达到1/3料斗容积时，启动乳胶基质螺杆泵，泵送入基质至储存料仓或现场混装车上，乳胶基质螺杆泵压力不得超过1.0MPa。

（6）待乳化结束时，依次关闭水相输送泵、油相输送泵、乳化机，基质料斗排空后关闭螺杆泵。

（7）分别用铝桶接住水、油相及过滤器内的残留料，并倒入各自的制备罐中。

（8）分别清洗水、油相输送管道及螺杆泵，并将过滤器、输送管道中的水放净。

（9）若地面站设置乳化基质储存设施应当符合下列要求：

1）乳化基质应使用专门储存罐储存，罐体应采取可靠的防晒和隔热措施。

2）地面站设置乳化基质储存罐与乳化系统在同一工房内联建时，乳化基质储存罐与制乳工序之间应有隔墙相隔，单个乳化基质储存罐的储量不应超过30t，地面站内乳化基质储存罐数量不宜超过两个。

（10）现场混装乳化炸药使用量较大，与地面站距离较远的，可建设专门的储存区，储存区设置应符合下列要求：

1）储存区内允许设置乳化基质、发泡剂、柴油及多孔粒状硝酸铵等储存设施，各种物料均应单独存放。

2）储存区内单个乳化基质储存罐的储量不宜超过100t，乳化基质总储量不应超过600t，各储罐之间应保持适当的距离。

3）储存区内可进行原材料和半成品的储存、装药和卸车等操作，不应进行水相、油相、敏化剂及乳化基质等半成品制备作业。

4）储存区可设置现场混装炸药车车库，现场混装炸药车车库内应停放现场混装炸药车和危险性物料运输车等生产用车辆，不应停放非生产用车辆。

5）储存区应设置现场混装炸药车冲洗场地，冲洗的污水应经处理并符合环保要求后方可排放或循环使用。

6）储存区域应设置符合《民用爆炸物品危险作业场所监控系统设置要求》（WJ 9065）相关要求的视频监控系统，并设置符合《入侵报警系统工程设计规范》（GB 50394）相关要求的周界入侵报警系统。

7）储存区内存放民用爆炸物品时，应符合《民用爆炸物品工程设计安全标准》（GB 50089）的规定。

（11）地面站在制乳工房外独立设置乳化基质储存罐时，储存罐的储量和数量按储存区管理，储存罐体与地面站等其他建（构）筑物及设施之间的距离应符合《建筑设计防火规范》（GB 50016）的相关要求。

3. 注意事项

（1）油、水相管路及设备未预热前，不得启动任何输送及乳化设备。

（2）开启油相泵和水相泵后应注意观察油、水相的流量变化，如流量长时间上不来，可能放料阀未完全打开或发生管路堵塞，此时应立即停机检查排除故障，油、水相泵及乳化器严禁无料空转。

（3）油、水相泵工作压力不大于 0.6MPa；基质螺杆泵压力不大于 1.0MPa，应设定超压停车报警。

（4）密切注意乳化工序状态尤其是启动操作与结束操作时。

（5）如遇多次乳化不成功的现象、停电、停气及设备故障等，应立即停止生产，待恢复供应或排除故障后，才能恢复生产。

（6）严禁频繁启停乳化机及螺杆泵。

（7）任何原因造成的停机，开机前必须用热水冲洗管路。

第二节　现场混装多孔粒状铵油炸药生产安全技术操作规程

提要： 因现场混装多孔粒状铵油炸药生产是通过现场混装车车载多孔粒状硝酸铵运输至爆破现场进行混制装填，本节主要介绍地面站硝酸铵管理，相应的混装车安全操作规程在本章第三节介绍。

一、安全要求

地面站员工在进行硝酸铵装卸及运输时，应穿戴好发放的劳动保护用品，应尽量避免与硝酸铵直接接触。在装卸与运输时，若出现硝酸铵包装袋破裂导致硝酸铵大量泄露，管理人员应及时组织人员清扫，避免人员过量吸入，清扫完毕后方可进行下一步工作。

二、主要安全措施及使用方法、作业现场管理

（1）为保证消防安全，地面站所有工库房应配备 MFZ/ABC 型干粉灭火器，同时配备室外消防栓，可在出现火灾情况下，及时有效地进行灭火处理。

（2）为保证员工安全，地面站应制订劳动保护用品发放及穿戴制度，定期为员工发放劳动保护用品并组织穿戴到位。

（3）为保证生产安全，地面站严格执行公司各项规章制度，禁止员工携带通讯工具、铁器（钥匙、戒指等）进入库区及上料工房，每次上料完毕，及时清理并检查。

三、地面站内作业现场管理

（1）严格遵守地面站安全管理制度，所有人员不得携带烟火及电子通讯设备进入生产区域。

（2）严格遵守定员定量管理制度，非在班人员不得擅自进入工库房。

（3）严格按照定置规定，对硝酸铵进行堆放与搬运，不得在非规定区域私自堆放，以免影响正常物料运输与人员疏散。

（4）上料工房内所有工具，应按照规定存放在指定区域，不得随意丢弃放置。

（5）严格遵守工库房卫生管理制度，每次生产完毕，作业人员应及时对工库房进行清

扫，对洒落的物料应单独存放，并进行回收处理。

四、硝酸铵装卸过程现场应急程序

（1）在装卸过程中，若出现紧急情况，现场管理人员应及时组织人员进行处理，同时视严重程度，决定是否上报领导并启动相应应急预案。

（2）在装卸过程中，若出现作业人员摔倒、跌落、扭伤等情况，其他作业人员应组织人员对受伤人员进行检查，并转移至安全地带做进一步处理。如情况严重，应立即送往医院进行治疗。

（3）在装卸过程中，若出现作业人员硝酸铵的误吸、误食、入眼等，应立即转移人员至安全地带，视具体情况进行进一步处理。如情况严重，立即送往医院进行治疗。

（4）在生产过程中，若出现紧急停电状况，作业人员应暂停生产，及时关闭所有电源，等重新通电后方可继续生产。

（5）在生产过程中，若出现燃烧或爆炸事故，现场管理人员应在保障人身安全的情况下进行救援；如遇不可控情况，立即组织人员进行疏散，同时上报领导，启动相关应急预案。

第三节　现场混装炸药车安全操作规程

提要： 本节主要介绍现场混装乳化炸药车和现场混装多孔粒状铵油炸药车安全操作规程，以及混装车动态监控系统操作规程。

一、安全要求

（1）严格执行定员定量、定置等管理制度。车辆定员定量指标：目前国内混装车分为定量 10t 车和 15t 车；车辆操作定员为 2 人，其中 1 人为危险品运送司机，1 人为押运员。

（2）现场混装车驾驶员应具备 A1、A2 或 B2 驾驶证，应取得危险品道路运输资格证，驾龄三年以上且没有不良记录；熟悉并掌握运输危险品的性质、危害特性、运输安全知识、防护措施、应急预案和车辆配备的灭火器材，并能熟练使用。

（3）押运员应取得危险品道路押运员资格证；熟悉并掌握运输危险品的性质、危害特性、运输安全知识、防护措施、应急预案和车辆配备的灭火器材，并能熟练使用；配合督促驾驶员做好危险化学品及行车安全工作，安全到达目的地。

（4）操作中应做到专注细心，严防烫伤、滑倒等伤害。

（5）严格遵守《爆破安全规程》《现场混装炸药安全生产管理规程》《民用爆炸物品生产、销售企业安全管理规程》等有关规定。

（6）非现场混装炸药车驾驶员及操作人员不应乘坐现场混装炸药车。

二、现场混装炸药车基本要求

（1）现场混装炸药车应列入工业和信息化部汽车产业公告和民用爆炸物品专用生产设备目录。

（2）现场混装炸药车箱体材料应具有良好的防腐性能且应与所装载物料的理化特性相容。

（3）现场混装炸药车控制系统应能记录和储存炸药产量等信息，并可将数据录入到地面管理系统。

（4）现场混装炸药车制备与输送系统应设有自动监控、安全联锁装置和紧急停车装置，出现物料断料、超温、超压等情况时应报警并自动停车。

（5）现场混装炸药车应设手动紧急停车装置。

（6）现场混装炸药车液压系统和气动系统应联结牢固、密封可靠。

（7）现场混装炸药车应配有 MF/ABC 5 灭火器两台，并放置在便于取用的位置。

（8）现场混装炸药车应在车体明显位置设置符合 GB 13392 规定的安全标识。

（9）在非工作状态下，现场混装炸药车的所有固定配件、管道和设备不应伸出车体的标称尺寸范围，且应安装牢固。

（10）现场混装炸药车发动机排气管应远离箱体及所载物料，竖直安装在驾驶室后侧或车体前侧，对高温排气管采取隔热及防火的措施。

（11）现场混装炸药车箱体上方人员行走部位应有防滑和防高处坠落措施。

（12）现场混装炸药车尾部应加装防撞护栏，防撞护栏宽度应不少于装载物料的料仓的宽度，防撞护栏与料仓之间距应不小于 150mm。

（13）现场混装炸药车防静电措施应按 GB 20300—2006 中 4.2.8.1、4.2.8.5 和 4.2.8.6 条款的要求进行。

（14）现场混装炸药车底盘的使用年限应符合《机动车强制报废标准规定》（商务部、发改委、公安部、环境保护部令 2012 年第 12 号）的要求，制药设备和输药设备的使用年限应符合《民爆生产专用设备安全使用年限管理规定》（WJ 9063—2010）的相关规定。

（15）现场混装炸药车不应在硝酸铵装车区装柴油。

（16）现场混装炸药车同车装载起爆器材时，应将存放起爆器材的爆破器材保险箱放置在车辆后部，装载数量应符合抗爆要求。

三、现场混装乳化炸药车操作规程

1. 开车前准备工作

（1）按照汽车使用说明书的要求进行一系列的维护和保养。

（2）检查灭火器。

（3）取力器加油，取力器冬季加 22 号双曲线齿轮油，夏季加 28 号双曲线齿轮油。

（4）液压油箱加油，可加注 YB-N46 抗磨液压油，老牌号为 30 号。

（5）检查混装车乳胶基质箱、添加剂箱、冷却水箱中的物料量，按生产要求分别加好各物料，严禁将杂质混入乳胶基质箱。

（6）开汽车电瓶电源总开关。

（7）发动汽车并确保其运行稳定。

（8）按下控制箱上的"电源开/急停"按钮，"电源指示"灯亮。

（9）设置润滑泵启动后，螺杆泵自动启动的延时值为 5 秒。

（10）设置超压停车值为 2.5MPa，设置低压报警值 0.05MPa。

（11）设置冷却泵自动停车的温度为80℃。

（12）设置冷却泵自动启动的温度值35℃。

2. 标定

（1）准备好接乳胶的塑料桶，台秤，并预先称出塑料桶的皮重。

（2）打开乳胶箱出料阀门和润滑剂出口阀门，关闭清洗阀。

（3）按下"自动/手动"按钮，进入手动状态，先启动润滑泵，通过润滑剂流量计观察，确认润滑剂已在流动。

（4）启动螺杆泵，确认显示器主画面上显示的转数值在不断增加。

（5）待乳胶基质从输药管出口开始稳定喷出后，按下显示器上的"本次不累计"键的同时，用预先准备好的塑料桶接喷出的乳化炸药。

（6）经过约6s的时间后，按下"装药停止"按钮，记录显示器主画面上显示的转数值。

（7）按下显示器上的"本次不累计"键，清除已多累计到"累计装药量"中的值。

（8）称出塑料桶内乳化炸药的净重（kg），用该净重除以转数值，得数（精确到0.01kg/r）就是设定画面中的"装药量标定"值。

（9）标定两次，取其平均数设定为"装药量标定"值。

3. 装药

（1）在乳胶基质制备站将乳胶基质加入乳胶基质料箱内。

（2）按配方要求，将敏化剂配好。

（3）驶入爆破现场，启动现场混装车动态监控电源，触摸屏和工控机自动启动，输入用户名和密码，系统启动后数据采集系自动启动；同时检查WINCC和数据上报软件是否正常启动；查看日志记录，检查上次数据上传情况；调整摄像头，使监视面指向炮孔。装药软管对准孔位。

（4）起动发动机，使气压达到0.75MPa。

（5）起动取力器，待发动机转速达到1100~1300r/min，并用手油门固定该转速。

（6）上下旋转溢流阀调节杆，使液压油泵压力表指示稳定在11MPa。

（7）打开自动控制箱电源，将控制系统设置为自动状态，设置单次装药量，设置冷却泵开启液压油温度、设置超压保护值，设置泵阀间隔时间。

（8）打开乳胶基质箱出口蝶阀，打开添加剂出口球阀，关闭冷却水出口球阀。

（9）打开卷筒手动换向阀，先在地面试做炸药，测量炸药密度，并目测炸药形态，合格后方可下孔，将输药管缓缓送入孔底。

（10）爆破施工人员负责将起爆药包放入孔内。

（11）在控制面板上置入炮孔的装药量。

（12）操作控制箱装药开始按钮，将乳化炸药送入孔底，同时缓缓上提输药管。当剩余装药量为"0"时，该孔装药结束。

（13）重复上述步骤，装下一炮孔。

（14）每次最后一个孔装药时控制面板上置数时少置20kg，剩余装药量为"0"时，打开清洗球阀，关闭基质蝶阀，将螺杆泵和输药管中的剩药吹入炮孔。

（15）装填完毕后，关闭蝶阀，打开清洗球阀，用手动控制来操作泵送系统，清洗装药软管。

（16）收起输药管，关闭取力器，关闭控制箱电源，将车开离爆破现场后进行上传装药数据操作，待装药数据上传成功后，关闭现场混装车动态监控操作系统。

（17）工作完后料箱如有剩余乳胶，存放时间不得超过它的贮存期。

（18）做好各种记录。

4. 维护保养

（1）汽车底盘的维护保养按汽车使用说明书进行定期保养。

（2）每次装药工作完毕后，用清水将车体及厢体内部的设备以及厢体清洗干净。

（3）螺杆泵的维护保养按随车所附乳胶输送泵的使用说明书进行正确的使用维护。

（4）现场混装车的安全联锁装置应每月进行一次验证，并做好记录。长期停产（大于等于 7 天）复工前应进行安全联锁装置验证。

（5）每车装药完毕，用清水清洗装药软管后，关闭水箱球阀，在螺杆泵入口处的加油口处加入少量机油，便于胶套的润滑。

5. 注意事项

（1）混装炸药车上料前应对计量控制系统进行检测标定，配料仓不应有其他杂物；上料时不应超过规定的物料量；上料后应检查输药软管是否畅通。

（2）混装炸药车应配备消防器具，接地良好，进入现场应悬挂"危险"警示标志。

（3）混装炸药车行驶速度不应超过 40km/h，扬尘、起雾、暴风雨等能见度差时速度减半；在平坦道路上行驶时，两车距离不应小于 50m；上山或下山时，两车距离不应小于 200m。现场混装炸药车不宜在居民区、拥挤的交叉路口、隧道、狭窄街道、小巷、人员聚集区，或可能有人员聚集的地方停留，停放应远离火源。

（4）装药前，应先将起爆药柱、雷管和导爆索按设计要求加工并按设计要求装入炮孔内。

（5）混装炸药车行车时不应压坏、刮坏、碰坏爆破器材。

（6）装药前应对炸药密度进行检测，检测合格后方可进行装药。

（7）混装炸药车装药前，应对前排炮孔的岩性及抵抗线变化进行逐孔校核，设计参数变化较大的，应及时调整设计后再进行装药。

（8）为了确保装药质量，混装炸药车装药对于干孔应将输药软管末端送至孔口填塞段以下 0.5~1m 处；对水孔应将输药软管末端下至孔底，并根据装药速度缓缓提升输药软管。

（9）装药时应进行护孔，防止孔口岩屑、岩渣混入炸药中。

（10）混装乳化炸药装药完毕 15min 后，经检查合格后才可进行填塞，应测量填塞段长度是否符合爆破设计要求。

（11）混装乳化炸药装药至最后一个炮孔时，应将软管中剩余炸药装入炮孔中，装药完毕将软管内残留炸药清理干净。

（12）当混装车发生机械故障时，应立即按下"电源开/急停"按钮，使系统停止运行，查找原因，处理机械故障后，方可重新启动系统进行装药。

（13）当混装车发生电气故障时，应立即按下"电源开/急停"按钮，并将汽车发动机熄火，查找电气故障产生的原因并处理好之后，方可按正常程序进行装药。

（14）定期与工业和信息化部数据平台核对上报的数据，确保数据的准确性，并做好相关记录，不得瞒报生产数据。

（15）当混装车发生着火时，应立即将发动机熄火，并向主管领导反映，立即启动应急预案。

（16）严禁在地面站内混制炸药。

四、现场混装多孔粒状铵油炸药车安全操作规程

1. 开车前准备

（1）工作前先检查安全装置、灭火器等是否齐全完好。

（2）检查轮胎是否应加气，损坏应更换。

（3）按汽车使用说明书的要求，对汽车底盘润滑，需要注黄油的部位注黄油。

（4）按液压泵、液压马达使用说明书的要求对元件进行检查、保养。

（5）检查液压油是否在油标中间位置。

（6）检查各箱体是否清洁。

（7）操作内的开关全部置于关的位置。

（8）空车运转，检查运转情况：观察压缩空气达0.8MPa；气压正常踏下离合器；将取力器置工作位置，观察取力器工作状况。

（9）对车辆其他进行应安全检查的经检查一切正常后方可出车。

2. 标定

（1）准备好接多孔粒状硝酸铵和轻质柴油的容器、度盘秤（50kg），并预先称出容器的皮重。

（2）标定前应首先调定安全阀的压力。

（3）往装药箱装入大约2000kg多孔粒状硝酸铵，确保3个料仓均有物料。

（4）打开回油箱的球阀及通向喷油嘴的球阀，从垂直螺旋上拆开喷油嘴放入燃油收集容器中。

（5）将发动机转速控制在1550r/min，接通取力器，空转2s。如一切正常，分别开始收集硝酸铵和燃油，收集时间为1min，用度盘秤分别称出硝酸铵的质量a和柴油质量b，并记录燃油系统的喷油压力及底螺旋转数。

（6）精确收集的硝酸铵和燃油，按下列公式计算，即可得出燃油比γ和混制装药能力δ：

$$\gamma = b/(a+b) \times 100\% ; \qquad \delta = (a+b)\text{kg/min}$$

（7）如果发现硝酸铵与燃油间比率偏低，可用改变燃油泵链轮齿数来调整。

（8）用δ除以转数值，得数（精确到0.01kg/r）就是设定画面中的"装药量标定"值。

（9）标定后生产的多孔粒状铵油炸药的组分含量应符合工业炸药通用技术要求《工业炸药通用技术条件》（GB 28286—2012），具体要求见表4-2。

表 4-2　多孔粒状按油炸药的组分含量

组　分	多孔粒状硝酸铵	轻柴油
含量要求/%	94.0~95.0	5.0~6.0

3. 装药

（1）驾驶员应按照指定线路将现场混装车开到现场，车上应有明显标志，要有专人押运，不允许无关人员乘坐。

（2）现场混装车到达爆破作业现场，首先应与爆破指挥人员取得联系，必须听从现场负责人的统一指挥，选好停车位置。爆破工作面适合现场混装车直接进行装药作业的，直接进行现场混装作业；若爆破工作面不适合现场混装车直接装填的，需对现场工作面采取措施，适合时再进行现场混装作业。

（3）操作手油门，将发动机转速控制在 500~1550r/min，操纵仪表盒按钮，将臂杆移出箱体，然后下降臂杆至最低位置，取下堵头，接上输药软管，将臂杆升至水平位置，再操纵仪表盒按钮，使臂杆旋转输药管对准炮孔。

（4）打开仪表系统电源开关，操纵仪表盒底螺旋、垂直螺旋按钮，根据炮孔药量，由自动化系统控制。同时，观察柴油和硝酸铵输出和混合是否正常。

（5）启动现场混装车动态监控电源，触摸屏和工控机自动启动，输入用户名和密码，系统启动后数据采集系自动启动；同时检查 WINCC 和数据上报软件是否正常启动；查看日志记录，检查上次数据上传情况；调整摄像头，使监视面指向炮孔。

（6）操纵仪表盒按钮，使臂杆旋转，使输药软管对准另一炮孔，进行下一次装药。

（7）当炮孔距离超过臂杆输药软管工作范围时，停止所有工作系统，松开油门，司机踏下离合器，然后使变速杆放在空挡，关闭取力器、电气阀，然后低挡开至另一工作区域，并重复上述操作规程。

（8）每次最后一个孔装药时控制面板上置数应少设置 30kg，剩余装药量为 "0"，将自动装药改为手动装药。

（9）关闭底螺旋油马达，将垂直螺旋和顶螺旋里的药装入最后一个炮孔。

（10）装药过程中，如发现螺旋堵塞，应及时停止装药，待处理完毕后，再进行装药。

（11）混装作业过程中出现自动报警或自动停车时，应及时向有关人员报告，迅速处理，待故障排出后，方可继续生产。

（12）装填完毕后，把垂直螺旋和顶螺旋中剩余的药全部排空；混装车驶离爆破作业现场，进行装药数据上传操作，待装药数据上传成功后，关闭现场混装车动态监控操作系统。

4. 维护保养

（1）汽车底盘的维护保养按汽车使用说明书进行定期保养。

（2）料箱清理至少每两个月清理一次，螺旋（特别是螺旋两端）清理，至少每个月清理一次；柴油过滤器清理，至少每个月清理一次。

（3）因现场混装车长时间不使用或硝酸铵发生变质等料仓内产生余料时，料箱需要清理，按以下程序操作：

1）清理时应使用不锈钢或铝质料铲，将料箱壁上粘连的变质硝酸铵铲除到小型容器中运出料箱集中处理。

2）用少量的高压水反复冲洗料箱壁，开动输送螺旋，将余料清出，产生的废水收集集中处理。

3）操作人员应严密观察，待无废料输出时立即停止输送螺旋，严禁螺旋长时间空转。

（4）设备需要维修时应先将料仓容器以及螺旋余料全部彻底清洗干净。

（5）定期放空工艺柴油箱，清理箱内杂质，适当用柴油冲洗。

（6）现场混装车的安全联锁装置应每月进行一次验证，并作好记录。长期停产（大于等于7天）复工前应进行安全联锁装置验证。

5. 注意事项

（1）混装炸药车上料前应对计量控制系统进行检测标定，配料仓不应有其他杂物；上料时不应超过规定的物料量；上料后应检查输药软管是否畅通。

（2）混装炸药车应配备消防器具，接地良好，进入现场应悬挂"危险"警示标志。

（3）混装炸药车行驶速度不应超过40km/h，扬尘、起雾、暴风雨等能见度差时速度减半；在平坦道路上行驶时，两车距离不应小于50m；上山或下山时，两车距离不应小于200m。现场混装炸药车不宜在居民区、拥挤的交叉路口、隧道、狭窄街道、小巷、人员聚集区，或可能有人员聚集的地方停留，停放应远离火源。

（4）装药前，应先将起爆药柱、雷管和导爆索按设计要求加工并按设计要求装入炮孔内。

（5）混装炸药车行车时不应压坏、刮坏、碰坏爆破器材。

（6）混装炸药车装药前，应对前排炮孔的岩性及抵抗线变化进行逐孔校核，设计参数变化较大的，应及时调整设计后再进行装药。

（7）装药时应进行护孔，防止孔口岩屑、岩渣混入炸药中。

（8）当混装车发生机械故障时，应立即按下"电源开/急停"按钮，使系统停止运行，查找原因，处理机械故障后，方可重新启动系统进行装药。

（9）当混装车发生电气故障时，应立即按下"电源开/急停"按钮，并将汽车发动机熄火，查找电气故障产生的原因并处理好之后，方可按正常程序进行装药。

（10）在没有排空垂直螺旋和臂杆螺旋中的物料前，不允许长距离运输硝酸铵。

（11）臂杆螺旋的旋转应控制在45°的范围内，以免折断油管。

（12）臂杆螺旋举升时，轴线与水平面的尖角不允许超过60°。

（13）定期与工业和信息化部数据平台核对上报的数据，确保数据的准确性，并做好相关记录，不得瞒报生产数据。

（14）当混装车发生着火时，应立即将发动机熄火，并向主管领导反映，立即启动应急预案。

（15）严禁在地面站内混制炸药。

五、现场混装车动态视频监控信息系统安全操作规程

1. 安全守则

（1）视频监控系统必须有专人操作，负责生产数据的管理与上报，且系统操作人员经

过专业培训。

（2）严禁改动动态监控系统的任何参数。

（3）经常对线路进行检查、维护，防止线路的破损、断裂、虚脱，特别防止控制箱进水。

（4）注意保护设备防止破坏，防止尖物伤害触摸屏，不得随意打开控制箱。

（5）经常查看摄像头的图像，并据实际调整摄像头方向，使装药位置始终被监控。

2. 技术要求

（1）由指定并经培训合格的人员操作，操作人员应按照动态视频监控信息系统说明书的要求对信息系统各设备进行操作。

（2）不得随意更改操作系统的数据。

3. 操作方法

（1）作业前检查：

1）检查电源和通讯设备是否正常。

2）检查显示器及监控系统是否正常。

3）检查动态视频监控信息系统操作键盘是否完好。

（2）启停机及运行：

1）在启动动态视频监控信息系统前，操作人员必须对设备进行检查，并确保现场混装车体静电防护设备工作状态正常。

2）在做完各项规定的检查项目，确认安全可靠后，方可启动。

3）打开动态视频监控信息系统界面，检查显示是否正常，如有问题及时向现场负责人汇报。

4）仪器设备通电前，应确保输入电压符合产品设计要求。

5）系统处于运行状态时，仔细观察控制系统和监视系统的运行状况。

6）在不同页面下工作时，要注意观察设备状态是否正常，同时注意控制系统和监视系统的状态，如果出现报警，立即采取措施，并通知现场负责人处理故障。

7）仪器设备使用时，应确保输入信号或外接负载限制在规定范围之内，严禁超载运行。

8）操作结束后，操作人员应清理现场，严格做好信息系统工作情况记录。

4. 注意事项

（1）初次使用现场混装车动态视频监控信息系统时，操作人员应按照动态视频监控信息系统说明书的要求对信息系统各设备进行初始化操作。

（2）生产数据必须每天上报，每天检查并核实数据平台的上报数据。

（3）禁止长按主控制面板上的主机启动/关闭按键进行强制关机。

（4）在雷雨天气不得使用现场混装车动态视频监控信息系统。

（5）禁止操作人员私自改动现场混装车动态视频监控信息系统及系统数据。

（6）操作人员不得拆卸信息采集系统和数据交换系统。

（7）操作人员应按照说明书规定对信息系统设备进行定期检查，并严格按照产品指导手册进行仪器设备的保养与维护。

（8）严禁操作人员带电插拔信息系统各设备。

（9）当动态视频监控信息系统发生故障时，操作人员应按照维修手册说明进行操作，故障解决不了时应报地面站设备负责人，联系设备提供商协助解决。

（11）不得在电脑上操作生产控制和上报数据以外的其他任何事项。

（12）启动动态视频监控系统前，必须启动现场混装车。

（13）关闭动态视频监控系统后，方可熄火现场混装车。

第四节　不合格品管理

提要：民用爆炸物品涉及的不合格品往往涉及危险废弃物，处理不善容易引发质量事故和安全事故，本节主要介绍现场混装炸药不合格品管理。

一、不合格品定义

（1）对于原辅材料存放过程中，出现重要理化性能指标不合格的。

（2）乳胶基质制备站生产线生产的半成品（也是制备站生产的成品）、现场混装乳化炸药、铵油炸药只要有一项不符合产品标准的。

二、不合格品处理

（1）新进的原材料，在进库前，经检验不合格，做退货处理。

（2）已确认为不合格的原辅材料，在仓库中划定区域，并标识不合格品进行隔离，仓管员不得任意放行，严禁投入生产中使用。

（3）存放过程中，出现重要理化性能指标不合格的废品，联系供货方，回收处理。

（4）不合格的乳胶基质，材料塑料桶回收，存放于指定地点，当天产生的不合格品，当天处置，运送到爆破工地，装填炮孔内进行销毁。

（5）现场混装炸药的销毁工作应符合《爆破安全规程》（GB 6722）的有关规定。现场混装炸药车在爆破现场产生的废品，建议装填回炮孔爆炸销毁。

（6）地面站产生的废料，应采取与物料特性相对应的销毁方式进行销毁。

（7）销毁作业不应单人进行。

第五节　混装炸药地面站其他安全管理

提要：本节主要针对混装炸药地面站理化分析操作、硝酸铵仓库管理、视频监控做出规定。

一、理化室检验安全操作规程

1. 一般规定

（1）分析人员必须认真遵守理化室检验的安全技术规程，了解操作中可能发生事故的原因，掌握设备性能，及事故的预防和处理方法。

（2）实验全过程操作人员不得离开现场，不得离开岗位，必须离开时要委托懂得操作者看管。

（3）使用玻璃仪器要轻拿轻放，对打不开盖的容器不得用硬物用力敲打，严禁用火烘烤。玻璃管与胶管、胶塞等拆装时，应先用水润湿，手上垫棉布，以免玻璃管折断扎伤。

（4）理化室内每瓶试剂必须贴有明显的与内容物相符的标签，严禁将用完的原装试剂空瓶不更新标签而装入别种试剂。

（5）理化室用电要遵守地面站安全用电。

（6）蒸馏易燃液体严禁使用明火。

（7）分析剩余的样品，除了有留样必要外，一律退回仓库，严禁当垃圾处理。

（8）分析人员不得私自篡改分析方法及数据，严禁将两种不明性质化学品混合，不能在理化室私自做各种试验。

（9）理化室内禁止进食，不能用实验器皿处理食物。

（10）工作时应穿工作服，进行有危险性的工作要加戴防护用具，必要时戴防护眼镜。

（11）做好仪器设备的防尘、防潮日常维护工作，保持和维护理化室内外清洁卫生，搞好定置管理。

（12）每次工作完毕后要检查水、电、气、窗，确保安全后锁门，离开前用肥皂洗手。

2. 主要危害特征

主要危害特征包括毒物、电气危害、燃烧、爆炸等。

3. 应急措施

（1）中毒：眼接触到化学品时立即提起眼睑，用流动清水或生理盐水冲洗至少 10min；皮肤接触用大量水冲洗；吸入时将患者迅速带离现场，移至新鲜空气处，有必要时施行人工呼吸；误服时用水漱口，饮牛奶或蛋清，并立即送往医院进行治疗。

（2）电气危害：人体触电，可通过拉闸断电、切断电源线或用绝缘物品使人体脱离电源。

（3）燃烧：火灾时，首先切断电源，及时扑救，并报警，采取一切手段切断火情点和其他工库房的联系，若火情失去控制，果断组织人员撤离，确保人员安全；电气火灾，用二氧化碳、干粉灭火器灭火；化学试剂燃烧时，用干粉灭火器灭火；硝铵炸药燃烧时，用消防水进行扑救，并视情况决定是否启动相关应急预案。

（4）爆炸：及时撤离到安全区域，及时上报领导并启动相关应急预案。

二、硝酸铵仓库安全管理规程

1. 人员要求

地面站设置 2 名仓库保管员，仓库保管员的要求如下：

（1）应取得主管部门核发的仓库保管员证，持证上岗。

（2）熟悉并掌握硝酸铵的性质、危害特性、防护措施、应急措施以及消防相关知识并能熟练使用相关的消防器材。

2. 管理职责

仓库保管员对硝酸铵仓库的日常安全负责，并对仓库例行日常检查。

3. 管理要求

（1）硝酸铵仓库严格执行双人、双锁管理制度。

（2）硝酸铵出入库全过程监控，库内的消防器材和防盗监控设施必须保持完好。

（3）库房外墙要张贴警示标牌，内容包括：危险品库房名称、危险等级、危险有害特性、定员、定量等相关信息。

（4）严格执行定员制度，禁止无关人员进入。如因工作原因需要进入的，应经安全告知后在仓库保管员的陪同下方可进入，并在门卫室进行登记。

（5）库房应有良好通风、避光等设施，并确保完好。

（6）硝酸铵堆放必须在定制区域内堆放整齐，不越界、不超高、不超限；搬运过程中，应轻拿轻放，避免撞击或冲击现象。

（7）硝酸铵出入库时，仓管员必须 2 人同时在场，并现场监督，经核对无误后，办理出入库手续。如出现误差，要查明情况，及时向地面站站长报告。同时，要盘点仓库内硝酸铵存储量。

（8）仓管员应当详细登记硝酸铵存储情况，做到账目清楚，账物相符。

（9）接触硝酸铵的人员要按规定穿戴好工作服、手套等劳保用品。

（10）库房内的硝酸铵数量不得超过储存设计量，严禁在库房内存放其他物品。

（11）库存硝酸铵如有变质过期的，应按照不合格品相关规定处理。

4. 注意事项

（1）遇暴雨、雷电等恶劣天气时，不得安排硝酸铵出、入库。

（2）仓库应经常清理、清扫，保持整洁卫生。

（3）仓库进行维修时，应采取可靠的安全措施，必要时应腾空库内危险品，清扫干净后方可进行维修。如需大修、动火、动焊，则必须腾空库内危险品，清扫干净后方可进行。

（4）消防、防雷、保卫等设施应经常检查，确保完好有效。

（5）仓库内严禁使用发火工器具。

三、视频监控系统安全操作规程

（一）管理职责

（1）地面站安全管理人员负责调取和管理视频监控系统。

（2）值班保卫人员负责视频监控系统日常使用和监控管理。

（二）规定

1. 启动程序

（1）确定线路连接是否正常，供电系统是否完好。

（2）开机前，必须检查机器附件（鼠标、键盘等）是否完好无缺，备用电源是否处于备用状态，若发现有异常情况，应及时上报；检查设备上是否摆放有禁止堆放的其他物品，尤其是易产生电磁干扰的电子设备，以免影响监控系统的正常运行。

（3）启动时，应先打开显示器，然后按下主机启动按钮启动主机。

2. 运行维护

（1）视频监控系统操作人员应保持监控室、监控设备、操作平台的清洁，每日定时对所有摄像头进行全景查看；每日对摄像头、云台、镜头、防护罩等视频监控器的设备进行检查，检查各项设备工作是否正常，是否存在损坏、有遮挡物、遗失的情况。

（2）地面站视频监控应保证 24 小时正常运作，并确保视频储存时间不少于三个月。

（3）操作（值班）人员不允许随便挪动主机及相关设备，避免损坏设备。

（4）硬盘录像机应始终保持录像状态，禁止随意更改录像机状态和停止系统录像。

（5）定期调取视频监控录像回看，检查录像有关情况，包括是否有效监控和全范围覆盖。

（6）发现下列监视可疑情况，前往确认巡逻可疑情况内容、部位，并实施跟踪监视，应立即向地面站负责人报告，并对可疑情况及结果进行记录：

1）有人在控制中心及基地破坏设施，某部位有人在撬锁、摸锁、窥视房间内情况。

2）视频监控系统及设备某部位冒烟、起火、冒水、光闪动。

3）有人在挪用消防设施、器材，有人影响消防安全的运行。

4）有人在禁止吸烟的场所吸烟、动用明火。

5）无关人员进入地面站内实施破坏。

6）在监控范围内打架斗殴、抢劫、盗窃。

7）监视范围内异常增设或缺失物件。

（三）注意事项

（1）监视设备的操作人员要做到"四不得"："不得擅自关闭监视设备"；"重要级监视设备不能正常运行，不得擅自作业"；"监控过程发现问题，不得瞒报或漏报"；"不得删除或随意外传视频资料"。

（2）认真做好当班系统运行记录，当系统出现问题，或者监控软件运行不正常时，操作人员不得擅自进行维修，应迅速通知地面站安全管理人员，由地面站安排技术人员进行维修操作。

（3）遇突发性停电时，系统将自动切换备用电源，无须进行其他操作。

（4）监控人员应经常对监控设备进行擦拭、清扫，保持其清洁，符合系统对环境要求。

第五章　矿山环境保护

摘要：党和国家领导人高度重视生态环境保护工作，习近平总书记在2005年8月任浙江省委书记时就提出了"绿水青山就是金山银山"的科学论断。党的十九大提出，建设生态文明是中华民族永续发展的千年大计，把坚持人与自然和谐共生作为新时代坚持和发展中国特色社会主义基本方略的重要内容，把建设美丽中国作为全面建设社会主义现代化强国的重大目标，把生态文明建设和生态保护提升到前所未有的战略高度。

近年来，政府对生态环境保护工作的要求愈加严格，修订和出台了《环境保护法》等一系列法律法规，做好环境保护工作既是势在必行，也是法定责任和义务。2019年5月，自然资源部、生态环境部联合发文，要求加快推进露天矿山综合整治工作，加快推进露天矿山生态修复。露天矿山作为生态体系的一部分，环境保护的任务也尤为突出。露天矿山和土石方工程施工过程中会产生粉尘、噪声、废渣、废水等废弃物、污染物，处理不好就容易造成环境污染。由于部分矿山企业在矿山开发过程中不注意生态环境保护，可能产生许多裸露的平台、边坡、排土场，若未按规定进行复垦、复绿，容易诱发地质灾害，对环境造成二次破坏。

本章重点介绍露天矿山和土石方工程防控粉尘、噪声、废水、固体废物等污染物的措施，对露天矿山和土石方工程的环境保护、生态修复工作提出建议，提供露天矿山和土石方工程环境保护的制度范例。

第一节　环境保护制度

一、环境保护责任制

根据《中华人民共和国环境保护法》及相关法律、法规的规定，为落实企业环境保护的法定责任，企业应结合实际，建立本单位的环境保护管理的制度体系。制度应包含环境保护责任制、建设项目环境保护管理制度、环境保护设施运行管理制度、环境污染事件管理制度、环境风险排查制度、环境监测与信息管理制度、环境保护统计工作管理制度等。

（一）总则

（1）为保护生态环境，防止污染，保障员工身体健康，创造清洁、适宜的生活和工作环境，实现环境优美，高效利用废弃物，推动公司与社会的和谐发展，制定本制度。

（2）本制度所指环境是指公司范围自然因素的总体，包括大气、水、土壤、办公区和工作劳动场所。

（3）坚持保护优先、预防为主、综合治理、公众参与、损害担责的原则开展环境保护工作，努力推行清洁生产，全过程控制污染物，保护生态环境，实行环境保护一票否决制。

（二）环境保护目标

（1）不发生严重环境污染和生态破坏事件。

（2）对产生的污染物进行管控，污染物达标排放。

（3）按照规定运行和改造生产、环保设施，不发生违规处罚事件。

（4）不发生公司承担主要责任的环境影响事件。

（三）机构设置

（1）成立环境保护领导小组，统一领导公司环境保护工作。环境保护领导小组的职责是：

1）贯彻执行国家环境保护法律法规。

2）组织制定公司环境保护发展战略、规章制度和工作规划。

3）负责监督考核公司环境保护工作。

4）审定重点环境保护治理项目建设计划和实施方案。

5）协调公司与有关部门环境保护的重大问题。

（2）公司环境保护的主要职责：

1）贯彻执行国家环境保护法律法规和方针政策，制定公司环境保护管理制度、环境保护规划和年度工作计划并组织实施。

2）负责组织建设项目环境影响报告书（表）（包括环境保护方案）的上报审批，以及环境保护设施建设"三同时"监督管理。

3）负责监督污染物达标排放和总量控制，下达年度环保指标，监督管理公司各单位环境保护工作。

4）组织环境保护技术研究开发和推广应用，促进公司环境保护产业的发展。

5）负责环境保护统计、技术培训和信息交流。

6）妥善处理环境污染事件和纠纷。

（四）各级职工的环境保护职责

（1）总经理环境保护职责：

1）对公司环境保护工作负全面责任，是公司环保工作的第一责任人。

2）负责环境保护工作领导小组工作，定期组织召开环境保护工作会议，研究解决环境保护的重大问题，监督环境保护法规要求的落实。

3）建立健全管理机构，配备管理人员。

4）统筹协调生产和环境保护的关系，组织制定环境保护管理规章制度。

5）组织环保教育培训工作，检查环保工作要求的落实情况。

6）严格落实环保"三同时"要求。

7）组织制定、实施各项环保计划。

8）在发生环境污染事件时，如实上报事故，并组织事故救援。

（2）副总经理环境保护职责：

1）协同总经理做好日常各项环保工作。

2）负责落实分管业务范围内的环境保护工作。

3）总经理不能履职时，行使总经理环保工作的职权，落实环保工作任务。

（3）环境保护部门环境保护职责：

1）贯彻国家和地方政府有关环境保护法律法规，结合实际制订和完善环境保护管理制度并组织实施。

2）参加新建、改建、扩建和技术改造项目的环保方案审核，设计审查和验收，归口管理建设项目的环保工作。

3）定期、不定期检查产生污染的生产设施和污染防治设施运转情况，并提出奖励或处罚意见。

4）组织编制公司环境污染事件应急预案，发生环境污染事件时，按要求上报，并组织处理。

5）监督检查违反环境保护规定的情况，根据造成污染环境事故的程度，提出改进意见，监督落实整改。

6）开展环保宣传教育工作。

（4）生产技术部环境保护职责：

1）把环境保护、污染防治工作纳入生产管理，把环境保护设施与主体生产设施同时进行调度安排。

2）组织编制新建、改建、扩建和技术改造项目环境保护技术文件，并办理审批手续。

3）编制新建、改建、扩建和技术改造项目的方案，组织设计审查和验收，归口管理环境保护的技术工作。

4）制定污染物排放的防范要求和应急措施，避免污染环境。

5）负责污染源的监测工作，建立污染源档案，定期进行核对修正。

6）加强控制生产过程污染物产生，确保达标排放。

7）对环保"三同时"要求落实不到位的工程项目，提出技术整改要求。

8）积极推广环保新技术、新设备、新工艺，解决污染防治的难题。

（5）财务部门环境保护职责：

1）编制和审批环境保护项目资金计划。

2）负责环境保护资金管理，做到专款专用。

3）参加污染事故的调查处理及相关善后工作。

（6）车间主任（项目经理）环境保护职责：

1）落实公司环保管理部门下达的环境保护任务，是所辖区域内环境保护工作的第一责任人。

2）按要求处置本车间（项目）产生的废弃污染物。

3）监督本车间（项目）的作业人员落实环境保护责任。

4）合理使用环境保护专项资金，积极推进设备升级改造，利用新技术、新工艺，预防污染物产生。

5）制止违反环境保护规章制度的行为。

（7）员工环境保护职责

1）落实日常环境保护工作要求，并接受监督。

2）学习环境保护法律法规、管理制度，提高环境保护意识。

3）按照操作规程作业，严控环保工艺指标，不乱排乱放，不造成污染物流失。

4）参加本班组污染事故的调查处理，提出处理建议。

二、建设项目环境保护"三同时"管理制度

为加强矿山和土石方工程等建设项目环境保护管理，规范建设项目环保"三同时"管理，预防建设、生产过程中对环境的污染和破坏，推进环境保护工作持续健康发展，根据《环境影响评价法》《建设项目环境保护管理条例》《建设项目环境影响后评价管理办法（试行）》等法律法规，结合实际，制定建设项目环境保护"三同时"管理制度。

本制度适用于公司各新建、改建、扩建的矿山、土石方等项目的环保设施"三同时"监督管理。

环境保护部门负责各建设项目环境保护"三同时"的监督管理，负责建设项目环境影响评价、项目环保验收等工作；负责公司建设项目环境保护"三同时"手续的办理工作。

（1）项目环境影响评价管理要求如下：

1）项目建设前，依据《建设项目环境影响评价分类管理名录》开展环境影响评价。

2）在环评评审前核定完成项目污染物排放总量来源。

3）在环评评审前依据《工矿用地土壤环境管理办法（试行）》（生态环境部部令第3号）要求，完成工矿用地土壤和地下水环境现状调查工作。

4）项目建设前，取得项目环境影响评价报告及批复。

5）建设项目在设计、建设过程中项目的性质、规模、地点、采用的生产工艺或者防治措施发生重大变动的，向原环境影响评价审批的行政主管部门申请变更。

6）建设项目的环境影响评价文件自批准之日起超过五年的，需报原审批行政主管部门重新审核。

（2）施工及试运行要求如下：

1）建设项目环境保护设施的施工按照《建设工程施工管理条例》，履行相关管理程序，与主体工程同时施工。

2）项目建设严格按照环境影响评价和批复的要求逐项落实环保设施建设，如建设过程中有变更事项，及时开展项目环境影响评价变更手续。

3）环境影响批复要求需要开展环境监理的，委托具备环境监理资质的单位开展环境监理工作。

4）项目建设完成组织开展各项环保设施现场确认工作，并做好环保设施确认记录。

5）在项目投入生产或使用并产生实际排污行为之前申请领取排污许可证。

6）试运行前建设单位应当编制《试运行方案》，方案中须有环保突发事件应急处置措施，并向当地环境保护部门进行备案。

（3）建设项目环保验收要求如下：

1）项目建设完成后，自行开展或者委托中介单位开展项目环保验收监测工作，并编制建设项目环保验收监测调查报告，组织进行审查，按审查意见进行整改完善环保设施和建设项目验收监测调查报告，对专家意见和修改后的验收报告在所在地环境主管部门进行备案，并进行公示。

2）分期建设、分期投入生产或使用的建设项目，可分期组织验收。项目环保设施验收期限一般不超过3个月，最长不超过12个月。

（4）项目环境影响后评价要求：审批环境影响报告的环境保护主管部门认为应当开展

环境影响后评价的其他建设项目，建设单位应当依据建设项目《建设项目环境影响后评价管理办法（试行）》（环境保护部部令第 37 号）开展建设项目环境影响后评价工作。

（5）环保"三同时"档案管理要求：

1）需建立本单位建设项目环保"三同时"台账。

2）建设项目环评及批复、环评变更报告及批复，排污许可证、环保设施确认记录，环保验收调查报告及环保验收专家意见，网站公示记录等资料建立专项档案，并取得项目环保"三同时"手续后 10 个工作日内向公司备案。

（6）环境保护部门管理职责：

1）负责公司建设项目环境保护"三同时"手续的办理工作，建立公司建设项目环境保护"三同时"管理台账及技术档案。

2）环评评审前负责办理公司建设项目污染物排放总量核实工作，土壤调查工作；在项目环境保护"三同时"开展过程中，负责开展公示工作。

3）负责公司建设项目环保设施及污染防治措施的落实、设施建设工作。

4）按照环保设施设计内容，负责公司对建设项目调试运行前的环保确认工作。

建设项目环保"三同时"管理不善，构成犯罪的，依法移送司法机关追究相关责任人的责任。

三、环境保护设施管理制度

（1）为保护和改善矿山和土石方工程项目生态环境，防止建设、生产过程中对环境造成不良影响，推进环境持续健康发展，根据《水污染防治法》《大气污染防治法》《一般工业固体废物贮存、处置场污染控制标准》《尾矿库环境风险评估技术导则（试行）》《工矿用地土壤环境管理办法》等法律法规，结合实际，制定本制度。

（2）环境保护设施是指为防治废水、废气、固体废物等对环境的污染、改善环境质量所建成的处理处置、净化控制、再生利用设施，以及配套的设施运行监控系统。

（3）建立健全环保设施的维护保养、检修、操作运行等规章制度。

（4）本制度适用于公司所属各单位和在施工项目的相关方。

（5）环境保护部门要落实以下工作职责：

1）负责对矿山和建设项目范围内的大气、水、土壤、固废及生产过程中产生的各类污染防治及环保设施运行与维护。

2）完善环保污染防治方案，维护各类污染防治设施，建立健全环保设施台账。

3）监督、检查各生产车间各类环保措施、设施的管理及运行情况，建立公司环保设施台账。

4）定期按月收集各生产车间环保设施运行时间，监督落实运行情况，并记录设施运行情况。

5）组织新增、改造污染防治设施方案的技术论证工作。

6）对擅自停用、拆除环保设施，环保标识标牌悬挂不到位等违反环保设施管理制度行为的查处和监督考核。

（6）按项目环境影响评价及环评批复要求落实水、气、噪声、固废各项污染防治措施和设施。

（7）按要求对公司水、大气、噪声的污染防治设施、固废管理处置措施、环境及土壤进行管理，确保各项污染物稳定达标排放。

（8）防治污染设施运行时，不得擅自拆除或者闲置环保设施，确有必要拆除或者闲置的，必须征得所在地的环境保护行政主管部门同意。

（9）因不可抗拒原因，防治污染设施必须停止运行时，必须事先报告所在地政府环保主管部门，并取得环境保护行政主管部门的批准，在批准时间内不能恢复设施运行的，应停止生产，待污染防治设施修复后，经环境保护部门批准，方可恢复生产。

（10）应法律法规要求建立本单位环境保护设施的管理台账。

四、环境污染事件管理制度

（1）为加强对环境污染事件的预防和管理，提高应对突发环境事件的处置能力，减少事件造成的损失，规范突发环境事故的信息报告程序，依据《环境保护法》《国家突发环境事件应急预案》等法律、法规，结合公司实际，制定环境污染事件管理制度。

（2）本制度适用于公司所属各单位和在施工项目的相关方。

（3）环境保护部门配合政府部门、公司对突发环境污染事件进行调查，组织对公司三级以下突发环境污染事件进行调查处理。

（4）一般及以上环境事故发生后，立即向政府主管环境保护的部门报告，在事故发生后1小时内向公司环境保护部门报告。报告事故内容见《突发环境污染事件调查处理要求》。

（5）公司发生事故后应当立即启动相应环境污染事件应急预案，组织抢救，并妥善保护事故现场以及相关证据，不得破坏事故现场、毁灭相关证据。

（6）按照《突发环境污染事件调查处理要求》，成立事故调查组，配合政府部门、公司或组织对事故进行调查，查明事故原因，落实防范措施，开展事故警示教育，对责任人员进行追责。

（7）按照《突发环境污染事件调查处理要求》对事故责任者进行处理，制定并落实改进措施，对事件进行结案。

（8）事故结案后，建立事故档案，并向公司报告事故调查处理情况。

（9）环境保护部门配合或组织公司对三级及以下突发环境污染事件的调查，出具事故调查报告。公司一级、二级环境污染事件由公司环境保护工作领导小组负责调查。达到国家规定的环境污染事件标准的，由政府主管部门负责调查处理。

（10）公司应按照事故调查处理决定和考核办法对事故责任人进行追责。

（11）组织员工认真吸取环境污染事件教训，监督环境污染防范措施的落实。

（12）建立公司环境污染事件台账，定期对环境污染事件情况进行统计分析。

（13）本制度与国家和地方相关法律、法规相抵触的，按国家和地方相关法律、法规执行。

五、环境污染事件调查处理要求

（一）环境污染事件应急管理

发生环境污染事件时，应按级别启动相应的应急预案，同时按规定向政府环境保护主管部门报告，在事故发生后1小时内向公司环境保护部门报告。

（二）事故调查

事故发生后，根据事故级别组成事故调查组对事故进行调查，查明原因，明确性质，分清责任，提出对责任者的处理意见、提出防范措施。调查时限和权限为：

（1）三级以上污染事故由公司环境保护部门负责组织开展内部调查，有关部门参与和协助，20个工作日内完成调查。

（2）四级及以下污染事故，由发生事故单位组织开展内部调查，15个工作日内完成内部调查。

（3）涉及政府主管部门组织调查的污染事故，事故单位及相关部门应配合政府部门开展调查工作。

事故调查组成员应由公司环境保护工作领导小组确定，并指定调查组组长，组长负责组织事故调查工作。事故调查组成员应当具有事故调查所需要的知识和专长，并与所调查的事故没有直接利害关系。事故调查组的职责包括：

（1）查明事故发生的经过、原因、环境污染情况及直接经济损失。

（2）认定事故的性质和事故责任。

（3）提出对事故责任者的处理建议。

（4）总结事故教训，提出防范和整改措施。

（5）提交事故调查报告。

事故调查组有权向有关单位和个人了解与事故有关的情况，并要求其提供相关文件、资料，有关单位和个人不得拒绝。

事故调查组在查明事故情况以后，如对事故的分析和事故责任者的认定不能取得一致意见时，由公司环境保护部门提出结论性意见；仍不能达成一致意见的，报公司环境保护工作领导小组裁决。

事故调查报告应当包括下列内容：

（1）事故发生单位概况。

（2）事故发生经过和事故救援情况。

（3）事故造成的环境污染程度和直接经济损失。

（4）事故发生的原因和事故性质。

（5）事故责任的认定以及对事故责任者的处理建议。

（6）事故防范和整改措施。

（三）责任划分

在完成事故调查后，应根据事故所发生原因，按有关人员的职责、分工，追究其所负的责任。

根据事故调查所确认的事实及造成事故的原因，进行事故责任分析，确定事故责任者。直接责任者：对事故发生有直接关系的人；主要责任者：对事故发生起主要作用的人；领导责任者：对事故发生负有领导责任的人；直接管理责任：对事故发生有直接管理关系的人；监督管理责任：对事故发生有监督管理关系的人。

确定事故责任者的原则是：

（1）因设计上的错误和缺陷而发生的事故，由设计者负主要责任。

（2）因施工、安装和检修上的错误或缺陷而发生的事故，由施工、安装和检修者负主要责任。

（3）因工艺条件或技术操作上的错误或缺陷而发生的事故，由工艺条件或技术操作的确定者负主要责任。

（4）因发布的指令、命令、决定违反国家环境保护法规或公司有关制度的规定，违章指挥或蛮干造成环境污染事件的，由指挥者负主要责任。

（5）已发生污染事故未及时采取有效措施致使污染事故扩大或者类似事故重复发生的，由相关领导负主要责任。

（6）因缺少规章制度、员工无章可循而发生的事故，由生产组织者负主要责任。

（7）因违反规定或操作错误而造成的事故，由操作者负主要责任。

（8）对员工不按规定进行环保教育和技术教育，未经考试合格就分配至污染防治操作岗位造成环境污染事件，由管理者负主要责任。

（9）因随便拆除环保设施而造成的事故由拆除者或决定拆除者负主要责任。

（10）对于已发现的重大事故隐患，单位能解决但未及时解决而造成的事故，由单位主管领导负主要责任；单位无力解决且已呈报有关部门，未及时解决而造成的事故，由贻误部门负责。

（11）环保设施不齐全，设备失修或超负荷运行造成环境污染事件的，由管理者负主要责任。

（12）新建、改建、扩建以及技术改造项目不执行环保"三同时"规定；对重大环境事故隐患不及时整改或整改不力而造成事故的，由管理者负主要责任。

（四）事故结案及处理

事故发生后，应开展事故调查，对事故责任者进行处理，拟定并落实了改进措施，该起事故应予以结案。

事故结案的审批权限如下：

（1）三级及以上环境污染事件由环境保护部门报环境保护工作领导小组审批结案。

（2）四级及以下环境污染事件由事故单位向环境保护部门申请结案。

（3）涉及政府主管部门调查处理的污染事故，由政府主管部门审批结案。

事故调查组提出的事故处理意见和防范措施，由事故单位负责落实，环境保护部门负责监督。

（五）事故分类

环境污染事件是指由于污染物排放或者自然灾害、生产安全事故等因素，导致污染物或者放射性物质等有毒有害物质进入大气、水体、土壤等环境介质，突然造成或者可能造成环境质量下降，危及公众身体健康和财产安全，或者造成生态环境破坏，或者造成重大社会影响，需要采取紧急措施予以应对的事件。

凡属下列情况之一者为责任性环境污染事件：

（1）在作业施工过程中，因没有防治污染设施，造成环境污染。

（2）擅自闲置和拆除环保设施，造成环境污染。

（3）因责任心不强，管理不善，违反操作规程导致环境污染。

（4）偷排、乱排废气、废渣、废水而造成环境污染。

（5）未严格执行"三同时"制度，造成环境污染。

（6）由于其他违法行为造成的环境污染。

而非责任事故是指因不可抗力造成的事故。

公司环境污染事件按照严重程度分为一级环境污染事件、二级环境污染事件、三级环境污染事件、四级环境污染事件等四个等级。

凡符合下列情形之一的，为公司一级环境污染事件：

（1）因环境污染直接导致人员发生死亡或5人以上中毒、重伤的。

（2）因环境污染造成直接经济损失200万元以上的（含行政处罚造成的经济损失）。

（3）因环境污染，对环境造成严重危害，构成"污染环境罪"的。

（4）放射源丢失、被盗或失控的。

（5）因环境污染，造成当地停水或群众转移，使当地经济、社会的正常活动受到严重影响的。

凡符合下列情形之一的，为二级环境污染事件：

（1）环境污染直接导致3人以上5人以下中毒或重伤的。

（2）因环境污染造成直接经济损失100万元以上200万元以下的（含行政处罚造成的经济损失）。

（3）一年内因环保违法行为，受到3次及以上环保行政处罚的。

（4）一年内因环保问题，受到2次及以上被依法责令停产、停建整改的。

凡符合下列情形之一的，为三级环境污染事件：

（1）因环境污染直接导致人员发生1人以上3人以下中毒或重伤的。

（2）因环境污染造成直接经济损失50万元以上100万元以下的（含行政处罚造成的经济损失）。

（3）因环保违法行为，一年内连续2次被依法处以环保行政处罚的。

（4）因环保问题，被依法责令停产、停建整改的。

凡符合下列情形之一的，为四级环境污染事件：

（1）因环境污染造成直接经济损失10万元以上50万元以下的（含行政处罚造成的经济损失）。

（2）因环保违法行为，被依法处以环保行政处罚，事故超出公司分级情况，按照国家突发环境事件分级标准执行。

六、环境风险排查治理制度

为了消除环境风险，规范作业人员行为，保证各类环保设施稳定运行，实现各类污染物稳定达标排放的目的，制定本制度。本制度适用于公司所属各单位和在施工项目的相关方。

（1）环境保护部门负责环境风险的排查、治理工作，按闭环管控要求对环境风险进行整改落实，并建立整改台账，负责检查公司环境保护管理体系建设及运行情况、主要负责人环保履责情况、环保设施维护及运行情况。

（2）按要求组织开展环境风险综合检查、日常检查、专项检查、季节性检查以及重点时段检查。

（3）对排查出的环境风险制定整改方案，组织整改，落实防护措施。一般环境风险由公司（车间和班组）负责人或者有关人员组织整改。

（4）对政府部门排查出的环境风险，要制定整改措施，组织实施，并将隐患情况、整改情况、复核验收情况报公司环境保护部门。

（5）按要求建立健全隐患排查治理档案。定期记录环境风险排查治理报表。

（6）环保检查内容如表5-1所示。

表5-1 环保检查内容

检查事项	检查内容
查组织领导	检查各级领导是否履职，领导是否在环保管控过程中留下痕迹，查环保管理体系是否建立健全
查管理制度	检查各项环保规章制度在生产活动中是否得到了贯彻执行
查环境风险	检查各类证照及环保"三同时"办理情况，"三废"处置情况，污染物排放情况、环保设施运行情况，各类环境风险源控制情况等内容
查环保设施及环境应急处置措施	检查各类环保设施是否正常运行，环保设施运行、维护台账是否齐全，各类环保标识标牌是否悬挂到位；各单位环境应急设施是否齐全，应急物资是否按预案配置，检查应急设施及物资是否完好
查作业环境	检查厂区环境是否干净整洁，厂区内有无乱堆乱放、跑冒滴漏现象的发生

（7）环保检查前制定检查方案，检查计划表，明确检查内容、检查重要事项，参与检查人员内部分工明确；检查过程中要实事求是，检查不走过场，客观反映存在的环境风险；发现的环境风险以书面形式反馈给生产车间、班组，按照"五落实"要求限期整改。

（8）环保检查的频次要求如表5-2所示。

表5-2 环保检查的频次要求

检查方式		检查频次	负责组织人员
综合检查	公司级	每月不少于1次	董事长，应由公司领导参与
	车间级	每周不少于1次	分管车间领导、车间主任，应由环保管理部门人员参与
	班组级	每班不少于1次	由班组长组织
专项检查	环境保护专项检查	每年不少于2次	分管设备、环保业务领导，应有设备管理部门、环保管理部门参加
	危险废物管理	每年不少于2次，可与单位综合大检查合并开展	分管副总，应有环保管理部门及危险废物所在部门参与
	环保设施运行维护	每年不少于2次，可与单位综合大检查合并开展	分管领导，应有设备管理部门、环保管理部门参加
季节性检查	冬季	每季度不少于1次，可与单位综合大检查合并开展	每次必须有公司主要负责人或分管领导带队
	夏季		
重大活动及节假日前检查		重大活动及节假日前开展，可与单位综合大检查合并开展	每次有公司主要负责人或分管领导带队
其他检查	事故类环保检查	根据需要开展	必须有分管领导或环保管理部门组织
	专家诊断性检查		

（9）环境风险排查治理档案要包含：检查相关文件、检查表、环境风险整改材料、罚款或考核记录、环境风险整改台账、突出环境风险治理方案及治理情况评估报告等。

七、环境监测与信息管理制度

为规范环境污染物监测工作，自觉履行法定义务，根据《环境保护法》《国家重点监控企业自行监测及信息公开办法（试行）》《国家重点监控企业污染源监督性监测及信息公开办法（试行）》《企业事业单位环境信息公开办法》等法律法规规定，制定本制度。本制度适用于公司所属各单位和在施工项目的相关方。

（1）环境保护部门负责公司环境监测方案编制，自行监测开展和环境信息公开工作。

（2）环境保护部门要按季度收集环境监测达标情况，建立公司环境监测台账，并依据《企业环境报告书编制导则》(HJ 617—2011)要求及时完成公司半年度和年度环境报告的编制工作。

（3）应按照《国家重点监控企业污染源监督性监测及信息公开办法（试行）》规定范围、自行监测方案、频次要求开展自行监测工作。

（4）自行监测工作开展情况及监测结果向社会公众公开，公开内容应包括：基础信息、自行监测方案、自行监测结果（全部监测点位、监测时间、污染物种类及浓度、标准限值、达标情况、超标倍数、污染物排放方式及排放去向）、未开展自行监测的原因。

（5）可通过网站、报纸、广播、电视等方式公开自行监测信息。同时，应当在省级或地市级环境保护主管部门统一组织建立的公布平台上公开自行监测信息，并至少保存一年。

（6）公开时限按照相关法律法规要求执行。

（7）配合政府部门对本单位污染源监督性监测工作，监测工作完成后及时跟踪监测结果。

（8）依据《企业环境报告书编制导则》和所需编制环境年报材料的要求，及时上报各类环境信息。

（9）按照信息管理审批程序要求对外报送各类环境信息。

八、生态保护管理制度

为保护和改善生态环境，促进矿山持续健康发展，推进公司"绿色矿山"建设，根据《中华人民共和国自然保护区条例》《矿山地质环境保护规定》、绿色矿山建设标准等规定，制定本制度。本制度适用于公司所属各单位和在施工项目的相关方。

（1）环境保护部门协助推进公司生态保护工作，负责矿山水土保持、矿山治理复垦、尾矿库闭库、污染土壤治理、绿色矿山建设工作，并按公司生态保护相关方案实施。

（2）生产技术部负责水土保持、矿山治理复垦、尾矿库闭库工作的实施和绿色矿山建设工作。

（3）在水土流失重点预防区和重点治理区进行资源开发或项目建设，公司必须编制建设项目水土保持方案，并按照有关规定报有关行政主管部门审查同意。

（4）编制水土保持方案项目中的水土保持设施，必须与主体工程同时设计、同时施工、同时投产使用；项目竣工验收，必须验收水土保持设施；水土保持设施未经验收或者验收不合格的，项目不得投产使用。

（5）积极采用尾砂、废石内排回填技术等措施对在生产活动中排弃的剥离表土、尾矿、废渣等固废进行综合利用；不能综合利用，确需废弃的，必须堆放在水土保持方案确定的专门存放地。

（6）建设、开采矿产资源对征用或者使用林地、草地的，应当按照林业管理部门的要求，办理审批手续，并交纳植被恢复费。

（7）对露天采场、废石场、尾矿库等永久性坡面进行稳定化处理，修建平缓边坡，消除危石，种植植被，防止水土流失和滑坡。

（8）废石场、尾矿库等固废堆场服务期满后，必须负责组织编制并审核尾矿库闭库、矿山治理复垦方案，报请所在地县级以上环境保护行政主管部门核准后按方案组织实施。

（9）新建、改建、扩建项目的土壤和地下水环境现状调查中发现项目用地污染物含量超过国家或者地方有关建设用地土壤污染风险管控标准的，土地使用权人或者污染责任人需参照《污染地块土壤环境管理办法》有关规定开展详细调查、风险评估、风险管控、治理与修复等活动。

（10）突发环境事件造成或者可能造成土壤和地下水污染的，应急处置结束后，立即组织开展环境影响和损害评估工作，评估认为需要开展治理与修复的，制定并落实污染土壤和地下水治理与修复方案。

（11）按照国家、行业各省《绿色矿山建设标准》要求，实施绿色矿山建设工作。

（12）生态保护管理开展不力，构成犯罪的，依法移送司法机关追究相关责任人的责任。

第二节　环境保护措施

一、粉尘防治措施

露天矿山和土石方工程综合防尘的主要措施是凿岩粉尘控制、爆破粉尘控制、运输粉尘控制等。

（1）凿岩粉尘控制。凿岩粉尘控制技术分为干式防尘和湿式防尘技术：

1）干式防尘是指牙轮钻和潜孔钻机采用干式捕尘系统，压尘气排出的孔内粉经集尘罩收集，粗颗粒沉降后的含尘气流进入旋风除尘器作初级净化，布袋除尘器作末级净化。

2）湿式防尘技术是指通过喷雾风水混合器将水分散成极细水雾，经钎杆进入孔底，补给粉尘形成泥浆。风机的风流将排出的泥浆吹向孔口一侧，并沉积该处。泥浆干燥后呈胶结状，避免粉尘二次飞扬。

（2）爆破粉尘控制。爆破粉尘控制主要采用湿式措施，包括爆破前洒水和注水、水封爆破等方式。在爆破作业前，向预爆破矿体或表面洒水，在预爆区打钻孔，通过这些钻孔向矿体实行高压注水，效果明显。

（3）运输除尘控制。露天矿山运输过程中车辆扬尘是露天矿场的主要尘源，运输防尘的主要措施有如下几个方面：

1）装车前向矿岩洒水，在卸矿处设喷雾装置降抑尘。

2）加强道路维护，减少车辆运输过程中撒矿。

3）矿区主要运输道路采用沥青或混凝土路面。

4）采用机械化洒水车经常向路面洒水，或向水中添湿润剂以提高防尘效果。还可用洒水车喷洒抑尘剂降尘，抑尘剂的主要成分为吸潮剂和高分子黏结剂，既可吸潮形成防尘层，还可改善路面质量。

此外，在排土场、完成开采的平台进行植树或种草，减少裸露区域，减少粉尘来源。

对破碎站、砂石骨料生产线等设备进行封闭，采用喷雾降尘措施，减少降尘。

二、废水防治设施

（1）建立污水处理设施，不具备条件的区域应设置污水收集装置，定期运送到相应的污水处理场进行处理，不得随意排放。

（2）充分利用选矿废水和尾矿库废水，避免或减少废水外排。

（3）矿山采选的各类废水排放应达到 GB 8978、GB 20426、GB 25465、GB 25466、GB 25467、GB 25468、GB 26451、GB 28661 等标准要求，矿区水环境质量应符合 GB 3838、GB/T 14848 标准要求。

（4）可能产生酸性废水的采矿废石堆场、临时料场等场地的矿山，应采取有效隔离和覆盖措施，减少降水入渗，并采用沉淀法、石灰中和法、微生物法、膜分离法等方法处理矿区酸性废水。

（5）露天采场内的季节性和临时性积水应在采取沉淀、过滤等措施去除污染物后重复利用。

（6）厂区生产废水与清洁下水、雨水应实现彻底分流，减少污水来源。

（7）存放可溶性剧毒废渣的场所，应当采取防水、防渗漏、防流失的措施。

（8）禁止在江河、湖泊、运河、渠道、水库最高水位线以下的滩地和岸坡堆放、存贮固体废弃物和其他污染物。

三、固体废物处理措施

（1）一般工业固体废物生产、销售、使用不能对环境造成污染或产生二次污染。

（2）工业固体废物的综合利用情况应进行评估，其要点为综合利用的工业固体废物种类、数量、方式、去向、综合利用产品、次生废弃物等方面进行评估。

（3）对暂时不利用或不能利用的，应建设符合环境保护标准的贮存、处置场所。

（4）收集、贮存、运输、利用、处置固体废物，应采取防扬散、防流失、防渗漏或其他防止环境污染的措施。

（5）对终止使用的工业固体废物贮存场所应按照环保规定进行生态恢复。覆盖土壤，栽种旱快柳、刺槐、白榆、草木樨等永久性植物，起到固定作用。

（6）涉及尾矿、矸石、废石等矿业固体废物贮存设施停止使用后，应按照国家环境保护规定进行封场。

（7）不溶性固废可采用覆盖法，喷水后覆盖石灰、泥土、草根、树皮等，防止受水冲刷、被风吹扬而污染环境。

（8）研发新工艺，利用尾矿砂等固废制作新型建筑材料。

四、危险废物管理措施

（1）危险废物要严格执行申报登记制度。危险废物由公司环境保护部门向政府环境保护行政主管部门申报登记。

（2）危险废物产生单位对危险废物的容器、包装物以及收集、贮存危险废物的设施、场所，必须设置危险废物识别标志，做到符合《危险废物贮存污染控制标准》要求。

（3）危险废物产生单位每月向公司环境保护部门报送本月危险废物台账。

（4）环境保护部门负责编制公司危险废物转移计划，转移计划的内容包括危险废物的种类、编号、产生量、转移去向和数量等内容。每年根据公司危险废物转移计划进行危险废物的出厂转移，并建立危险废物出厂转移台账。

（5）环境保护部门负责公司危险废物转移处置工作，并对危险废物接收单位的危险废物经营资质证书等资料进行审核，与政府环保网该单位备案资质资料进行核对，确保真实，做到合法合规转移处置。

（6）危险废物处置部门必须要求运输单位具有危险废物运输资质，运输工具应符合危险废物运输技术规范要求和设有明显的安全警示标志，并配备必要的应急防护设备。装运危险废物时，应检查其包装及所附标签、标识，并按照危险废物装运的技术规范要求装载。

（7）禁止将危险废物转移或委托给无危险废物经营许可证或合法环保手续的单位进行处置。

（8）危险废物在厂内贮存时间不得超过一年。

五、工业废油处理措施

（1）设置专用工业废油品储存库，收集、储存各单位产生的废油。

（2）将生产过程中产生的工业废油品全部回收至专用油桶中，并及时移交库房储存，并建立管理台账。

（3）工业废油品在运输过程、装卸过程中要做好防护，确保在运输过程中工业废油品不外泄。

（4）储存库内配备相应数量的消防设备（消防栓、灭火器、消防铲、消防桶、消防沙），库内及四周应有防渗漏设备或措施。

（5）建立库管员管理制度，做好出入库登记，出入库时间、数量、出库部门、用途等信息。

（6）在储存库明显位置悬挂安全警示标志，贮存设施应经常保持清洁完整，不得污染土壤。

（7）严禁将毒性化学物质掺入工业废油品中，严禁将性质相抵触的废油品及废液混存。

（8）工业废油品的处置必须报政府主管部门批准后，出售给有资质的工业废油品回收单位，严禁私自向无资质单位出售工业废油品。

六、地质灾害防护措施

（1）矿山开采进行自上而下分阶梯化开采，并定期清理边坡危岩和浮石，修正过大的边坡角，防止出现崩塌、滑坡等地质灾害。

（2）使用边坡实时监测技术，建立边坡、排土场、尾矿库动态监测系统，发现异常移位，及时处置。

（3）尾矿库和排土场堆积过程中，严格落实技术规程要求，做好安全防护设施；排土场要进行削坡压脚，并使其充分沉降，防止滑坡引发地质灾害。

（4）排土场工作面做成2%的反坡以防止雨水汇集冲刷，在其顶部设置截洪沟和排水沟以及时将地表水通过排水沟等排出，并应保证排洪沟畅通减轻或消除水的危害。

（5）通过改变采场边坡、排土场的滑坡体外形，降低边坡滑坡区域分层高度和增加分层个数等措施，并适当设置安全平台，放缓坡脚，使其坡脚小于渣土自然堆积角以及降低堆积高度等措施。

（6）对危险性较高的坡体应尽量采用降低边坡高度和放缓坡脚、消坡减载等措施来实现永久性改变边坡岩土体内应力状态。

第六章 安全生产事故应急预案

第一节 综合应急预案

一、总则

（一）目的

规范企业安全生产事故应急管理，完善应急工作机制；预防生产安全事故发生；当发生生产安全事故时，能迅速有效地控制和处置可能发生或已经发生的事故，最大限度地减少事故灾难造成的人员伤亡和财产损失。

（二）编制依据

《中华人民共和国安全生产法》（2014 年 8 月 30 日修订，2014 年 12 月 1 日施行）。

《中华人民共和国建筑法》（2019 年 4 月 23 日修订，2019 年 4 月 23 日施行）。

《中华人民共和国矿山安全法》（2009 年 8 月 27 日修订，2009 年 8 月 27 日施行）。

《中华人民共和国突发事件应对法》（中华人民共和国主席令第 69 号，2007 年 11 月 1 日施行）。

《中华人民共和国职业病防治法》（中华人民共和国主席令第 60 号，2016 年 9 月 1 日施行）。

《中华人民共和国消防法》（中华人民共和国主席令第 6 号，2009 年 5 月 1 日施行）。

《中华人民共和国环境保护法》（中华人民共和国主席令第 9 号，2015 年 1 月 1 日施行）。

《建设工程安全生产管理条例》（国务院令第 393 号，2004 年 2 月 1 日施行）。

《生产安全事故应急条例》（国务院令 708 号，2019 年 4 月 1 日施行）。

《中华人民共和国特种设备安全法》（中华人民共和国主席令第 4 号，2014 年 1 月 1 日施行）。

《安全生产许可证条例》（2014 年 7 月 29 日修订，2014 年 7 月 29 日施行）。

《民用爆炸物品安全管理条例》（2014 年 7 月 9 日修订，2014 年 7 月 9 日施行）。

《关于特大安全事故行政责任追究的规定》（国务院令第 302 号，2001 年 4 月 21 日施行）。

《尾矿库安全监督管理规定》（2015 年 5 月 26 日修订，2015 年 7 月 1 日施行）。

《生产经营单位生产安全事故应急预案编制导则》（GB/T 29639—2013）。

《民爆行业生产安全事故应急预案及编制导则》（工业和信息化部编制，2010 年 10 月 19 日施行）。

《生产安全事故应急预案管理办法》(2016 年 6 月 3 日修订，2016 年 7 月 1 日施行)。

《生产经营单位生产安全事故应急预案评审指南（试行）》(安监总厅应急 ［2009］73 号)。

《危险化学品重大危险源辨识》(GB 18218—2018)。

《企业职工伤亡事故分类》(GB 6441—1986)。

《金属非金属矿山安全规程》(GB 16423—2006)。

《爆破安全规程》(GB 6722—2014)。

《民用爆炸物品生产、销售企业安全管理规程》(GB 28263—2012)。

《民用爆炸物品工程设计安全标准》(GB 50089—2018)。

《民用爆炸物品重大危险源辨识》(WJ/T 9093—2018)。

《金属非金属矿山排土场安全生产规则》(AQ 2005—2005)。

《煤炭工业设计露天矿设计规范》(GB 50197—2015)。

其他相关的法律法规（包括地方性法规)。

（三）适用范围

本预案适用于企业所有部门和单位（包括分包单位）紧急情况时设施、设备、组织、服务和必要的通讯联络以及各类紧急情况，也适用于各单位周边地区参与应急救援的政府机构，紧急时给各企业提供援助的部门、组织、承包商和设备供应商。主要用于矿山、大型土石方工程生产安全事故。

（四）应急预案体系

应急预案体系分三级，如图 6-1 所示。

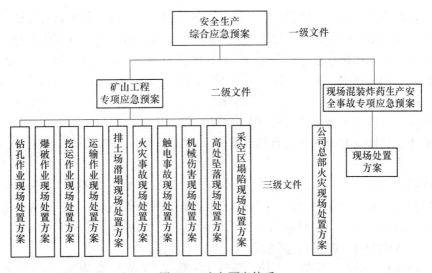

图 6-1　应急预案体系

（五）应急工作原则

（1）预防为主。贯彻落实"安全第一、预防为主、综合治理"的方针，坚持事故应急与预防工作结合；做好预防、预测、预警和预报工作，以及风险评估、应急物资准备、预案演练工作。

（2）响应迅速。应急总指挥接警后，应迅速对事故的性质做出正确判断，下达启动相应级别的应急响应的指令，组织各应急小组成员赶赴事故现场。

（3）统一指挥。各应急小组应服从总指挥的安排，在组长的带领下履行本小组的职责，保证整个救援过程规范有序、配合协调、高效运作。

（4）分级负责、区域为主。生产单位（项目部或地面站，下同）、企业总部、社会救援机构按救援能力分级负责救援相应的生产安全事故。救援人员、设备、物资应以生产单位和生产单位所在地的社会救援机构为主。

（5）企业自救和社会救援相结合。发生生产安全事故时，生产单位和企业总部应立即根据事故性质及危害程度启动相应的应急预案，当事故超过生产单位和企业的处理能力时，应及时请求社会救援机构支援。

（6）以人为本。事故现场救援工作，既要尽最大能力、以最快速度抢救受伤人员，又要采取合理、科学、先进的救援措施，保证救援人员的安全，防止事故扩大；依照"先救人后救物，先救重伤者后救轻伤者"的救援原则，在专业医院条件相当情况下，就近送伤员救治。

二、危险性分析

（一）企业概况

企业经营业务范围、从业人数、安全管理人员、施工区域分布等基本信息。

（二）危险源与风险分析

基于企业经营业务范围，结合企业历年来已完工项目、在建工程项目的实况，进行了危险源的辨识。矿山及大型土石方工程重点危险源有：爆破作业现场；采装作业现场；施工运输线路；排土场；燃油储存库房；设备维修厂；民爆器材产、运、储站场线等。根据风险隐患存在的特点，评估在施工生产过程中可能发生的安全事故有：高处坠落事故、触电事故、坍塌事故、电、气焊伤害事故、车辆火灾事故、运输安全事故、火灾、爆炸事故、炸药爆炸事故、机械伤害事故、中毒事故、地质灾害事故等。

水文地质、气候等原因引发的自然灾害有：山洪暴发、山体滑坡、泥石流；大风、暴雨、冰雪、雷击等。

事故风险类别有：火灾；物体打击（指落物、滚石、破裂、崩块、碰伤，但不包括爆炸等引起的物体打击）；机械伤害（包括铰、压、撞、颠覆等）；触电（包括雷击）；淹溺；灼烫；高处坠落（包括由高处落地和由平地坠入地坑）；坍塌；炸药爆炸（指生产、运输、储藏、使用过程中的意外爆炸）；其他爆炸；中毒和窒息。

主要危险品有：炸药、雷管、乙炔、氧气、液化气、汽油、柴油等。

事故危害程度：人员伤亡；机械设备损毁；建（构）筑物破坏；自然环境恶化等。

三、组织机构及职责

企业应成立内部应急机构，并绘制《公司总部应急疏散图》和《公司总部应急设备分布示意图》在显著位置常年悬挂张贴。将《企业内部应急机构人员名单及联系电话表》及与应急相关的《外部联系电话表》常年张贴在固定位置。《企业内部应急机构人员名单及联系电话表》样例如图 6-2 所示；《外部联系电话表》样例如图 6-3 所示。

企业 24 小时应急电话				
应急指挥部地址				
企业应急救援指挥部				
组别	职务	姓名	固定电话	手机
总指挥	总经理			
副总指挥	副总经理			
技术组组长				
抢险组组长				
善后组组长				
后勤保障组组长				
通讯组长				
安全保卫组组长				

图 6-2 企业内部应急机构人员名单及联系电话表样例

序 号	单 位 名 称	电 话
1	消防	119
2	公安	110
3	交通	122
4	医疗	120
5	最近医院	××××××
6	属地派出所	××××××
7	属地安监部门	××××××
8	属地行业主管部门	××××××
9	业主单位	××××××

图 6-3 外部联系电话表样例

（一）应急组织体系

应急组织体系如图 6-4 所示。

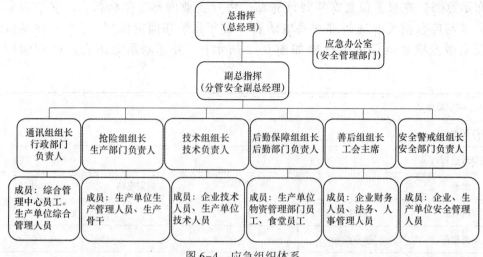

图 6-4　应急组织体系

(二) 指挥机构及职责

1. 应急救援指挥部的组成及职责

总指挥：企业负责人（董事长、总经理）

副总指挥：安全生产直接负责人（企业分管安全生产副总经理，总指挥因故不能履职时，副总指挥依序代行职责）

成员：各应急小组组长

职责：

（1）负责安全生产事故的应急领导和决策工作。

（2）落实国家和地方政府相关应急管理政策，审批企业应急管理规划和应急预案。

（3）统一协调应急状态下的各种资源。

（4）确定安全生产应急处置的指导方案。

（5）带领或指派应急救援指挥部人员和专家组成员，赶赴现场处理安全生产事故。

（6）及时准确向上级单位和政府主管部门报告事故情况。

（7）组织公司应急预案演练，并根据演练发现的问题，组织对《应急预案》进行补充、完善。

总指挥职责：负责组织制定公司生产安全事故应急救援预案，指挥本企业的应急救援。发生重大事故时，发布和解除应急救援指令；组织指挥应急队伍实施救援行动；向上级汇报和友邻单位通报事故情况，必要时向有关单位发出救援请求；组织内部事故调查组或配合政府调查组开展事故调查，总结应急救援经验教训等。

副总指挥职责：协助总指挥负责应急救援的具体指挥工作，总指挥不在时，行使总指挥职责。

2. 应急办公室组成及职责

负责人：安全部门负责人

成员：专职安全管理人员

应急办公室职责：

（1）负责公司平时的应急准备。

（2）负责接收企业所属生产单位的事故报告。

（3）接到事故报警后，及时向应急指挥部总指挥（副总指挥）报告，协助总指挥（副总指挥）对事故的应急响应做出正确判断。

（4）组织联络应急状态下各职能部门的沟通协调。

（5）根据公司应急指挥部的授权对外发布消息，保持与外界的沟通渠道，正确引导公众舆论。

3. 应急救援组职责

（1）通讯组职责是负责与各应急小组及对外有关部门（包括事发当地医疗、应急救援机构等）的通讯联络和情况通报。

（2）抢险组职责是组织实施抢险行动方案，协调有关部门的抢险行动；组织指挥对受伤者的医疗救护；及时向指挥部报告抢险进展情况。

（3）安全警戒组职责是负责事故现场的警戒和现场车辆疏通，阻止无关人员进入现场，维持治安秩序，负责保护抢险人员的人身安全和事故现场的保护。

（4）后勤保障组职责是负责调集抢险器材、设备并组织伤亡人员的运送；解决参加抢险救援工作人员的食宿问题。

（5）善后组职责是负责做好遇难者家属的安抚工作，协调落实遇难者家属抚恤金和受伤人员住院费问题；做好其他善后事宜。

（6）技术组职责是负责对事故现场的保护，排查并提出即时处理方案；查明事故原因，确定事件的性质，提出应对措施，如确定为责任事故，提出对事故责任人的处理意见。

四、预防与预警

（一）危险源监控

危险源监控如表6-1所示。

表6-1 危险源监控

危险因素	潜在作业系统(作业工序、场所)	防 范 措 施
放炮	爆破作业区爆破器材制作、携带、装填、起爆、盲炮处理等	1. 在爆破范围内设置可靠的警戒信号或警戒人员； 2. 爆破后，爆破员按规定的等待时间后进入爆破地点，确认有无盲炮； 3. 加强爆破员的业务培训和安全教育，持证上岗，避免人为失误，严格按安全操作规程作业，严格执行民用爆炸物品安全管理制度； 4. 凿岩作业未完成，爆破作业人员未进入装药操作程序，禁止领用携带爆破器材到凿岩爆破工作场地； 5. 爆破作业人员进入装药工作程序，非爆破作业人员撤离，警戒岗哨实施警戒； 6. 合理设计起爆方式，避免产生盲炮； 7. 严禁在残眼上打眼，处理盲炮时严禁硬拉； 8. 严格按设计作业，避免出现装药量过大等现象； 9. 杜绝爆破器材的存放、携带、制作环节违章

危险因素	潜在作业系统(作业工序、场所)	防 范 措 施
车辆伤害	矿渣、矿石装运运输	1. 制定岗位安全操作规程； 2. 加强安全教育培训与管理； 3. 完善夜间照明； 4. 按照规定对车辆检测检验、维修保养
高处坠落	上下台阶作业，大型设备上下车	1. 加强对作业人员的安全教育培训； 2. 按照规定对设备设施检测检验； 3. 设置安全标志
物体打击	爆破碎石、松动岩石下落，地面石子飞溅等可能引起物体打击事故	1. 采场放炮后有专人清理险石，防止掉落伤人； 2. 严格按照要求佩戴安全帽； 3. 及时清理路边掉落的石块； 4. 设置安全标志
机械伤害	空压机、发电机等机械传动、转动（部位）	1. 危险部件的周围应设置安全防护装置； 2. 转动、传动部位应设置防护罩、板、网等固定、半固定防护装置； 3. 加强安全教育与日常监督管理工作，提高员工的安全意识，正确穿戴好劳动防护用品； 4. 严格贯彻执行安全操作规程； 5. 加强现场管理
触电	变配电室、输电线路、机电设备、电力开关（电器维护、机电作业）	1. 电工持证上岗； 2. 有电危害装置、设施设置安全警示、栅隔； 3. 接地、绝缘、漏电保护； 4. 使用安全电压； 5. 过载保护； 6. 杜绝带电体裸露
火灾	机修间、生活区等	1. 制定详细的防火制度； 2. 配备消防器材； 3. 发现起火，应立即撤离人员并组织灭火
坍塌	排土场、尾矿库	1. 制定排土场、尾矿库管理制度； 2. 设置专人管理排土场、尾矿库； 3. 定期检测排土场位移、尾矿库坝体压力、浸水线等参数
粉尘危害	凿岩、爆破、装矿装岩	1. 湿式凿岩，装岩装矿前对爆堆喷水洒水； 2. 接触粉尘岗位人员使用防尘口罩
中毒和窒息	冬季宿舍取暖	1. 员工宿舍安装通风、换气设备； 2. 禁止使用燃煤直接取暖
火药爆炸	民爆器材的生产	1. 生产过程中严格执行各种规章制度； 2. 严禁超时、超能力、超员、超量组织生产； 3. 保证各种安全设施的有效性

为了有效遏制重大事故的发生，必须从防止隐患和激发条件产生入手，对可能产生较多人员伤亡和较大财产损失的危险点进行全面监控，严密监视其安全状态，以及向事故临界状态转化的各种参数的变化趋势，及时发出预警信息或应急指令，把事故隐患消灭在萌芽状态，需要采取以下预防措施：

（1）建立健全本单位危险源安全管理规章制度，落实危险源安全管理和监控责任，制定危险源安全管理与监控的实施方案。

（2）保证危险源安全管理与监控所必需的资金投入。

（3）贯彻执行国家、地区、行业的技术标准，推动技术进步，不断改进管理手段，提高监控管理水平，提高危险源的安全稳定性。

（4）加强职工安全教育和培训，增强安全意识，严禁违规作业。

（5）在危险源现场设置明显的安全警示标志，并加强危险源的监控和有关设备、设施的安全管理。

（6）对危险源的工艺参数危险物质进行定期的检测，对重要的设备、设施进行经常性的检测、检验，并做好检测、检验记录。

（7）在生产、储存过程中可能引起火灾、爆炸及毒害的部位，应充分设置温度、压力、液位等检测仪表、报警（声、光）和安全连锁装置等设施。

（8）将危险源可能发生事故的应急措施信息告知相关单位和人员。

（二）预警行动

（1）在作业过程、对危险源监控监测、日常或专项安全检查中、发现危险源异动升级或可能发生事故的征兆，应立即做出预警，任何首先发现事故苗头的人员都有义务和权利通知现场所有人员停止作业，撤离到安全地方。

（2）当危险可能危及相邻施工队伍或其他施工单位时，应通过对讲机、打对方施工人员手机或大声呼叫、拉警报等方式通知相邻施工人员撤离。

（3）在组织人员撤离过程中，现场安全或生产管理负责人应同时向本单位的负责人报告，单位负责人通知相关救援人员做好应急救援准备工作。

（4）若事故苗头得不到控制，事故发生，则根据事故严重程度启动相应级别的应急预案；若事故苗头得到控制，应进一步做好有效的防范措施，在确保安全后方可重新开工。

（三）信息报告与处置

（1）报告程序：

事故现场人员→生产单位安全部门→生产单位负责人→企业安全部门→企业分管安全副总经理→企业负责人→外部机构

（2）现场报警方式：事故现场人员可采用对讲机或手机向现场安全负责人报告，紧急时可直接向生产单位应急总指挥（生产单位负责人）报告。

（3）生产单位（项目部或地面站，下同）应急总指挥接到报告后，根据事故级别，按公司的《生产安全事故及职业病报告和调查处理制度》规定时间向公司接警人员报告，公司接警人员接警后，按事故性质及时向公司应急总指挥或副总指挥报告。

（4）发生一般事故及以上安全生产事故，生产单位负责人及相关人员接到事故报告后必须按公司的《生产安全事故及职业病报告和调查处理制度》规定上报。公司生产安全事故应急接警人和电话：××，13×××××××××。

（5）事故报告必须简明扼要，主要内容：发生事故生产单位、事故发生的时间、地点、人员伤亡情况及财产损失情况，报告人姓名和联系电话。

（6）对外求助电话包括：当地公安（110）、急救中心（120）、火警（119）、行业主管部门等。

五、应急响应

（一）响应分级

根据事故的可控性、严重程度、救援难度、影响范围以及生产单位的救援能力将生产安全事故响应分为如下三个级别：

Ⅰ级：事故发生已造成 3 人以上重伤或 1 人以上死亡。

Ⅱ级：事故发生已造成 3 人以上轻伤、或 3 人以下重伤。

Ⅲ级：事故发生造成 3 人以下轻伤。

说明：本条款的"以上"含本数，"以下"不含本数。

（二）响应程序

1. 事故应急响应

（1）发生响应级别为Ⅲ级的生产安全事故时，由当班的现场生产管理负责人负责组织人员救护，将受伤人员及时就近送往医院治疗，并及时向生产单位负责人报告。救援过程中，必要时请应急总指挥到现场协调、指挥救援工作。

（2）发生响应级别为Ⅱ级的生产安全事故时：

1）生产单位负责人接报警后应立即启动本单位的应急预案，由生产单位应急总指挥统一指挥，各救援小组各司其职、安全、高效地开展救援工作。

2）在应急救援人员未到达事故现场之前，现场人员有义务在保证安全的条件下，组织自救互救。

3）若救援难度超出本单位救援能力，应尽快扩大救援级别，请业主、相邻单位、社会救援机构支援。

（3）发生响应级别为Ⅰ级的生产安全事故时：

1）生产单位负责人应立即报请当地县级以上安全管理部门启动相应级别《应急预案》，由社会救援机构赶赴现场组织救援；并同时报告公司总部安全管理部门。

2）在社会救援机构未到达之前，生产单位应急总指挥应组织本单位救援人员在保证安全的情况下进行自救。社会救援机构到达后，由社会救援机构的总指挥负责统一救援指挥工作，生产单位救援人员服从安排，配合救援。

3）公司总部接警后，立即启动公司的《综合应急预案》，公司的应急总指挥组织各应急小组成员、专家赶赴事故现场，配合当地的社会救援机构、相关政府部门进行救援工作和善后工作。

2. 现场保护

第一时间进入事故现场的人员，必须负责事故现场的保护。因抢救伤员、防止事故扩大以及疏通交通等原因，需要移动现场物件时，必须做出标识，并拍照、详细记录和绘制事故现场图，妥善保存现场重要痕迹、物证等。

（三）应急结束

事故现场得以控制，环境符合有关标准，导致次生、衍生事故隐患消除后，进入临时应急恢复阶段，现场指挥部组织清理现场、清点人员和撤离。经现场确认，由现场总指挥批准，应急状态结束，结束救援工作，并予以公告。

事故发生后的应急抢救流程如图6-5所示。

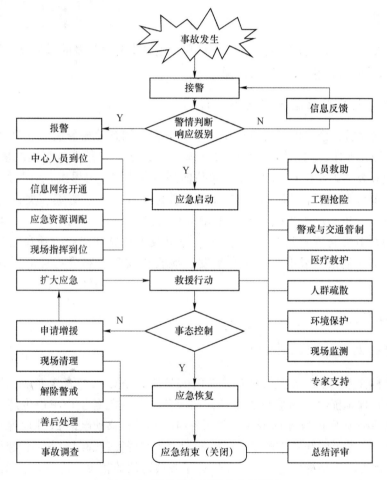

图6-5　事故发生后应急抢救流程

六、信息发布

应急指挥部总指挥或授权现场指挥负责与上级主管政府部门沟通事故具体情况，协助上级主管政府部门及时做好向新闻媒体通报事故信息的准备，事故信息由上级主管政府部门统一向外发布。

七、后期处置

(一) 善后处置

公司安全生产事故应急指挥部善后组负责组织善后处置工作，包括遇难人员亲属的安置、补偿，外援物资补偿，救援费用的支付，灾后重建，污染物收集、清理与处理等事项。尽快恢复正常秩序，消除事故后果和影响，安抚受害和受影响人员，确保社会稳定。应急救援工作结束后，参加救援的部门和单位应认真核对参加应急救援人数，清点救援装备、器材；核算救灾发生的费用，整理应急救援记录、图纸，编写救援报告。公司应组织发生事故生产单位及公司相关部门认真分析事故原因，深刻吸取事故教训，在恢复生产过程中制定并落实安全措施，防止事故再次发生。

(二) 保险

事故灾难发生后，公司指示发生事故生产单位通知保险机构及时派员开展相关的保险受理和赔付工作，同时公司派专人协同办理。

(三) 事故调查与应急工作总结和评估

应急响应结束后，公司根据《生产安全事故报告和调查处理条例》(中华人民共和国国务院令第493号) 规定，向上级或地方政府和安全管理部门事故调查组提供事故调查材料，配合调查 (响应级别为Ⅱ级的事故由生产单位向公司事故调查组提供)。同时，公司应组织发生事故生产单位及相关部门收集、整理应急救援工作记录、方案、文件等资料，组织人员对应急救援过程和应急救援保障等工作进行总结和评估 (响应级别为Ⅲ级的事故应由公司事故调查组提交事故调查处理报告)，提出改进意见和建议，并在应急响应结束一个月内，将总结评估报告报上级公司及事发当地安全监督局和公司总部所在地安全监督部门。

八、保障措施

(一) 通讯与信息保障

公司领导和各生产单位负责人及有关部门人员的联系方式 (有线电话、移动电话、电脑网络系统等) 保证能够随时取得联系；公司应急办公室与各生产单位生产、安全部门指定值班人员电话必须保证24小时畅通；公司各应急小组长移动电话24小时保持畅通。公司和各生产单位应急办公室与各生产单位属地安全生产监督管理部门，各工程建设单位安全监督管理部门，地方救援指挥中心，与公司签订了救援协议的相关机构建立畅通的应急救援指挥通讯信息系统，确保应急通讯、信息网络的畅通。

(二) 应急队伍保障

(1) 公司安全生产事故应急指挥部所属各应急小组人员。
(2) 各生产单位应急分队人员。
(3) 协议专业救援组织人员、医疗机构人员等。

（4）公司及生产单位每年为兼职应急救援人员缴纳人身保险金，保障救援人员的切身利益。

（5）矿山企业必须建立专业救援队伍或与专业救护队签订救护协议。

（三）应急物资装备保障

1. 应急救援物资、装备保障

（1）生产单位施工机械设备：挖掘机、装载机、洒水车、通勤车、手持式电动切割机、气割工器具及材料、生产指挥车、排水设备等。

（2）劳动保护用品、人工挖掘、装运工具、灭火器材等。

（3）医疗急救箱、救护担架等。

（4）其他施工机具材料等必要救灾装备和物资的储备。

（5）协议专业救援组织的应急救援物资、装备。协议医疗机构应急救援的医药医疗器械等。

2. 紧急调用救援物资、装备

在应急救援中，发生事故生产单位储备的资源不能满足救援需求，及时向当地地方政府求助，保证救援的顺利进行。

（三）经费保障

公司及生产单位设立专项安全生产费用账户，保证事故应急救援必要的资金准备。

（四）其他保障

各生产单位可设立由总工程师任组长的应急救援技术组，公司设立事故应急救援专家组，为应急救援提供技术支持。

九、培训与演练

（一）培训

（1）公司本部及各生产单位人力资源部门制定应急培训计划，根据受训人员和工作岗位的不同，确定培训内容，组织开展救援与自救、互救知识的培训。

（2）培训内容：鉴别异常情况并及时上报的能力与意识；如何正确处理各种事故；自救与互救能力；各种救援器材和工具使用知识；与上下级联系的方法和各种信号的含义；工作岗位存在哪些风险；防护用具的使用和自制简单防护用具；紧急状态下如何行动；公司及各生产单位的应急预案等。

（3）对各应急功能组人员培训与其相对应的救援职能的内容，提高其应急知识和操作技能。

（4）公司本部及各生产单位应根据工程属地政府监督部门及工程建设单位的要求，参加由其组织的应急培训与演练。

（二）演练

公司安全生产事故应急指挥部每年至少组织一次事故应急救援指挥系统启动模拟演练；生产单位应急救援指挥部每半年至少组织一次本级应急救援指挥系统启动模拟演练；演练应编制计划，记录演练过程，结束后应进行总结评比，不断改进应急措施，提高应急水平。

1. 成立演练策划小组

演练策划小组是演练的组织领导机构，是演练准备与实施的指挥部门，对演练实施全面控制，其主要职责如下：

（1）确定演练目的、原则、规模、参演的人员；确定演练的性质与方法；选定演练的地点和时间，规定演练的时间尺度和公众参与的程度。

（2）确定演练实施计划、情景设计与处置方案。

（3）检查和指导演练的准备与实施，解决准备与实施过程中所发生的重大问题。

（4）组织演练总结与评价。

2. 演练方案

根据制定的演练方案，由演练策划小组组织相关部门按职能分工做好相关演练物资器材和人员准备工作。演练情景设计过程中，应考虑以下注意事项：

（1）应将演练参与人员、公众的安全放在首位。

（2）编写人员必须熟悉演练地点及周围各种有关情况。

（3）设计情景时应结合实际情况，具有一定的真实性。

（4）情景事件的时间尺度最好与真实事故的时间尺度相一致。

（5）设计演练情景时应详细说明气象条件。

（6）应慎重考虑公众卷入的问题，避免引起公众恐慌。

（7）应考虑通讯故障问题。

十、奖惩

（1）对在应急救援工作中有突出贡献的单位和个人由公司或所在生产单位给予表彰和奖励。

（2）在应急救援工作中受伤、致残或者死亡的人员，按照国家有关规定给予医疗、抚恤。

（3）对不服从指挥部调遣、临阵脱逃、谎报情况的人员，按照有关规定给予行政处分或经济处罚，构成犯罪的，依法追究其刑事责任。

十一、附则

（一）预案备案

应急预案经评审或者论证后，由公司主要负责人（一般指总经理）签署公布，并及时发放到本单位有关部门、岗位和相关应急救援队伍。事故风险可能影响周边其他单位、人员的，生产经营单位应当将有关事故风险的性质、影响范围和应急防范措施告知周边的其他单位和人员。

应急预案，经公司主要负责人（一般指总经理）签署公布之日起20个工作日内，按照分级属地原则，向安全生产监督管理部门和有关部门进行告知性备案，并抄送公司总部。

（二）维护和更新

预案所依据的法律法规、所涉及的机构和人员发生重大改变，或在执行中发现存在重大缺陷时，由预案组织编制部门及时组织修订。公司安全生产委员会每年组织对本预案评审，并及时根据评审结论决定是否修订。修订后的预案要按要求进行备案。

（三）制订与解释

公司安全管理部门组织相关人员负责预案的制订和解释。

（四）预案实施时间

预案自发布之日起施行。

第二节　矿山工程生产安全事故专项应急预案

一、危险性分析

（一）本类工程项目概况

首先了解本企业所属生产单位的分布情况。

（二）事故类型和危害程度分析

矿山工程生产安全事故类型和危险程度分析如表6-2所示。

表6-2　矿山工程生产安全事故类型和危险程度分析

序号	危险源	事故类型	危害程度	容易发生事故季节
1	钻机翻倒	机械伤害	轻伤、重伤、死亡	
2	钻机运行时造成的伤害	机械伤害	轻伤、重伤	
3	钻机空气压缩罐爆炸	爆炸	重伤、死亡	
4	钻机风管伤人	物体打击	轻伤、重伤、死亡	
5	爆破器材运输过程意外爆炸	火药爆炸	重伤、死亡	
6	施工现场爆破器材临时发放点意外爆炸、雷击爆炸	火药爆炸	群死群伤	
7	装药过程发生的早爆、雷击引起爆炸	放炮	群死群伤	
8	爆破飞石	放炮	轻伤、重伤、死亡	
9	盲炮处理不当引起爆炸	放炮	重伤、死亡	

序号	危　险　源	事故类型	危害程度	容易发生事故季节
10	挖掘（油炮）机翻倒、转臂伤人	机械伤害	轻伤、重伤、死亡	
11	交通、运输车辆翻倒、车辆相撞	车辆损坏	轻伤、重伤、死亡	
12	山体滑坡、落石、排土场滑坡、尾矿库溃坝	物体打击、坍塌	轻伤、重伤、死亡	
13	爆破器材库意外爆炸	火药爆炸	群死群伤	
14	采空区塌陷	坍塌	群死群伤	
15	高温区装药作业	放炮	群死群伤	
16	爆破器材库、油库、物资仓库、机修工场、员工宿舍、办公室火灾	火灾、中毒和窒息	轻伤、重伤、死亡	
17	机修工场气瓶爆炸	爆炸	重伤、死亡	
18	机修工场砂轮机	机械伤害、物体打击	轻伤、重伤、死亡	
19	维修车辆、设备	机械伤害、物体打击	轻伤、重伤、死亡	
20	高处坠落	高处坠落	轻伤、重伤、死亡	
21	触电	触电	轻伤、重伤、死亡	
22	煤气中毒	中毒和窒息	群死群伤	
23	食物中毒	中毒和窒息	群死群伤	
24	台风造成建筑物倒塌	坍塌	群死群伤	每年的6—10月
25	暴风雪造成建筑物倒塌	坍塌	群死群伤	北方地区冬季

二、应急处置原则

（1）预防为主。贯彻落实"安全第一、预防为主、综合治理"的方针，坚持事故应急与预防工作结合；做好预防、预测、预警和预报工作，以及风险评估、应急物资准备、预案演练工作。

（2）响应迅速。应急总指挥接警后，应迅速对事故的性质做出正确判断，下达启动相应级别的应急响应，组织各应急小组成员赶赴事故现场。

（3）统一指挥。各应急小组应服从总指挥的安排，在组长的带领下履行本小组的职责，保证整个救援过程规范有序、配合协调、高效运作。

（4）分级负责，单位自救和社会救援相结合。发生生产安全事故时，本项目部按响应级别分工启动相应级别的应急救援预案，当事故超过本单位的救援能力时，应果断请求公司总部和社会救援机构启动相应的《应急预案》，争取最佳的抢救时机，同时，在公司总部和社会救援队伍未到达事故现场之前，生产单位必须积极开展救援。

（5）以人为本。事故现场救援工作，既要尽最大能力、以最快速度抢救受伤人员，又要采取合理、科学、先进的救援措施，保证救援人员的安全，防止事故扩大；依照"先救人后救物，先救重伤者后救轻伤者"的救援原则，在专业医院条件相当情况下，就近送伤员救治。

三、组织机构及职责

（一）应急组织体系

矿山工程生产安全事故应急组织体系如图 6-6 所示。

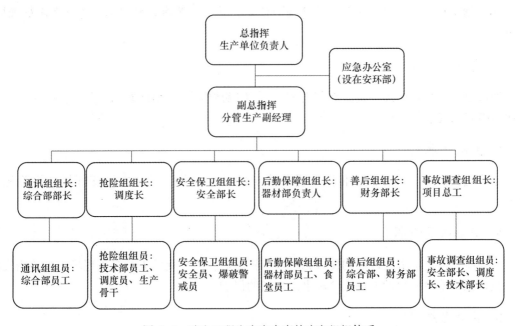

图 6-6 矿山工程生产安全事故应急组织体系

（二）指挥机构及职责

1. 应急救援指挥部职责

（1）负责本生产单位安全生产事故的应急领导和决策工作。

（2）落实国家和地方政府相关应急管理政策，审定并批复公司应急管理规划和应急预案。

（3）统一协调应急状态下的各种资源。

（4）确定安全生产应急处置的指导方案。

（5）及时准确向上级单位和政府主管部门报告事故情况。

（6）组织本生产单位的《应急预案》演练，并根据演练过程发现的问题，组织对《应急预案》进行补充、完善。

2. 应急指挥部办公室成员及职责

负责人：安环部长

成员：专职安全员

职责：

（1）负责本生产单位应急物资准备，并定期检查，保证能有效使用。

（2）设立24小时接听本生产单位生产安全事故报警电话（联系人：×××，联系电话：13××××××××××）。

（3）接到事故报警后，及时向本生产单位的应急总指挥（副总指挥）报告。

（4）协助应急总指挥向上级报告事故情况。

（5）组织联络应急状态下各职能部门的沟通协调。

（6）协助生产单位负责人组织实施应急演练，并根据演练效果对本应急预案进行维护、完善。

3. 通讯组职责

通讯组负责与各应急小组、外部有关部门（包括事发当地医疗、应急救援机构等）的通讯联络和情况通报。

4. 抢险组职责

抢险组负责事故的排险、抢险和受伤人员的救护工作，及时向指挥部报告抢险进展情况。

5. 安全保卫组职责

安全保卫组负责事故现场的警戒和现场车辆疏通，阻止无关人员进入现场，维持治安秩序，负责保护抢险人员的人身安全和事故现场的保护。

6. 后勤保障组职责

后勤保障组负责调集抢险器材、设备；负责组织伤亡人员的运送，解决全体参加抢险救援工作人员的食宿问题。

7. 善后组职责

善后组负责做好对受伤或遇难者家属的安抚工作，妥善安排受伤人员的陪护工作，协调落实遇难者家属抚恤金和受伤人员住院费；做好其他善后事宜。

8. 事故调查组职责

事故调查组负责对事故现场的保护，排查并提出即时处理方案；查明事故原因，确定事件的性质，提出应对措施，如确定为责任事故，提出对事故责任人的处理意见。

注：当事故进入由社会救援机构或公司负责指挥救援时，上述应急人员必须服从总指挥的安排，继续积极参加救援和善后工作。

四、预防与预警

（一）危险源监控

危险源的监控方法、方式及预防措施包括以下内容。

（1）在工程开工前应进行危险源辨识，建立危险源清单，制定控制措施，对主要危险源应指定监控责任人。

（2）对主要危险源应定期检查掌握其动态，评估、分析、判断其危险程度及所采取的措施是否得当、有效。

（3）每班开工前，作业人员必须对作业现场施工环境、所使用的生产机具认真进行检查，作业过程中也应随时观察环境的变化及施工机具的运行情况，发现安全隐患应停止作业，等隐患完全排除后才能开始作业。

（4）现场生产管理人员、安全员负责检查、监督现场的安全措施是否落实、及时制止违章指挥、违章作业行为，发现安全隐患及时妥善处理。

（5）爆破器材库安装闭路监控系统，每天 24 小时对库区动态进行监控。

（6）定期对高边坡、高位排土场沉降情况测量，根据测量数据、现场观察所掌握情况，对高边坡的稳定状态做出正确判断，发现异常立即采取有效控制措施。

（7）高温区钻完孔及准备装药前，必须检测炮孔温度，超过安全温度不得进行装药爆破作业，应采取有效降温措施。

（8）对原采空区应探明采空区的分布情况，并设置观测点，发现沉降、下陷迹象，立即通知人员、设备撤离。

（9）加强施工人员专业知识的培训，提高技术素质，严禁违章作业、违章指挥。

（二）预警行动

（1）在作业过程、对危险源监控监测、日常或专项安全检查中、发现危险源异动升级或可能发生事故的征兆，应立即做出预警，任何首先发现事故苗头的人员都有义务和权利通知现场所有人员停止作业，撤离到安全地方。

（2）当危险可能危及相邻施工队伍或其他施工单位时，应通过对讲机、打对方施工人员手机，或大声呼叫、拉警报等方式通知相邻施工人员撤离。

（3）在组织人员撤离过程中，现场安全员或生产管理负责人应同时向本单位的负责人报告，生产单位负责人通知相关救援人员做好应急救援准备工作。

（4）若事故苗头得不到控制，事故发生，则根据事故严重程度启动相应级别的应急预案；若事故苗头得到控制，应进一步做好有效的防范措施，在确保安全后方可重新开工。

五、信息报告程序

（一）信息报告程序

（1）报告程序：

事故现场人员→生产单位安全管理部门→生产单位负责人→企业安全管理部门→企业安全生产直接负责人→企业负责人→外部机构

（2）现场报警方式：事故现场人员采用对讲机或手机向现场安全负责人报告，紧急时可直接向生产单位负责人报告。

（3）逐级上报。生产单位负责人接到报告后应立即向企业 24 小时接警人员报告，紧急时可直接向企业负责人报告。发生重伤及以上的生产安全事故在向企业报告后，应向所在地县级政府安全监督管理部门和建筑行业主管部门报告。

（二）事故报告内容

事故发生的时间、部位、人员伤亡情况及设备损坏情况，报告人姓名和联系电话。

六、应急处置

(一) 响应分级

根据事故的可控性、严重程度、救援难度、影响范围以及本项目部的救援能力将生产安全事故响应分为如下三个级别：

Ⅰ级：事故发生已造成 3 人以上重伤或 1 人以上死亡。

Ⅱ级：事故发生已造成 3 人以上轻伤或 3 人以下重伤。

Ⅲ级：事故发生造成 3 人以下轻伤。

说明：本条款的"以上"含本数，"以下"不含本数。

(二) 响应程序

针对上述三个级别的响应对应的响应程序为：

(1) 发生响应级别为Ⅲ级的生产安全事故时，由当班的现场生产管理负责人负责组织人员救护，将受伤人员及时就近送往医院治疗，并及时向应急总指挥（生产单位负责人）报告。救援过程中，必要时请应急总指挥到现场协调、指挥救援工作。

(2) 发生响应级别为Ⅱ级的生产安全事故时：

1) 生产单位应急总指挥接报警后应立即启动本应急预案，救援工作在应急总指挥的领导下，各救援小组各司其职、安全、高效地开展救援工作。

2) 在应急救援人员未到达事故现场之前，现场人员有义务在保证安全的条件下，组织自救互救。

3) 若救援难度超出本单位救援能力，应尽快扩大救援级别，请业主、相邻单位、社会救援机构支援。

(3) 发生响应级别为Ⅰ级的生产安全事故时：

1) 生产单位应急总指挥接到报告后，应立即报请当地县级以上安全管理部门启动相应级别《应急预案》，由社会救援机构赶赴现场组织救援，同时报告公司安全管理部门。

2) 在社会救援机构未到达之前，生产单位应急总指挥应组织本单位救援人员进行自救。社会救援机构到达后，由社会救援机构的总指挥负责统一指挥救援工作，生产单位救援人员服从安排，积极配合救援。

3) 公司总部接警后，立即启动公司的《综合应急预案》，公司的应急总指挥组织各应急小组成员、专家赶赴事故现场，配合当地的社会救援机构、相关政府部门进行救援工作和善后工作。

(三) 处置措施

1. 现场保护

第一时间进入事故现场的人员，必须负责事故现场的保护。因抢救伤员、防止事故扩大以及疏通交通等原因，需要移动现场物件时，必须做出标识，并拍照、详细记录和绘制事故现场图，妥善保存现场重要痕迹、物证等。

2. 飞石、滚石、高处坠落、物体打击事故应急措施

（1）发生生产安全事故时，应对受伤者就地进行抢救。并根据受伤人数、伤势轻重选择由生产单位应急车辆直接送医院，或是呼叫120协助救护。

（2）如伤员发生休克，应先处理休克，让伤员安静、保暖、平卧、少动，并将下肢抬高约20°左右。遇呼吸、心跳停止者，应立即进行人工呼吸、胸外心脏挤压，尽快送医院进行抢救。

（3）出现颅脑损伤，必须维持呼吸道通畅。昏迷者应平卧，面部转向一侧，以防舌根下坠或分泌物、呕吐物吸入，发生喉阻塞。遇有凹陷骨折，严重的颅骶骨及严重的脑损伤症状出现，创伤处用消毒的纱布或清洁布等覆盖伤口，用绷带或布条包扎后及时送就近有条件的医院治疗。

（4）发现伤者手足骨折，不要盲目搬运伤者。应在骨折部位用夹板把受伤位置临时固定，使断端不再移位或刺伤肌肉、神经或血管。固定方法：以固定骨折处上、下关节为原则，可就地取材，用木板、竹头等。无材料的情况下，上肢可固定在身侧，下肢与腱侧下肢缚在一起。

（5）遇有创伤性出血的伤员，应迅速包扎止血，使伤员保持在头低脚高的卧位，并注意保暖。

一般伤口小的止血法：先用生理盐水（0.9%NaCl溶液）冲洗伤口，涂上红药水，然后盖上消毒纱布，用绷带较紧地包扎。

加压包扎止血法：用纱布、棉花等做软垫，放在伤口上再包扎，来增强压力而达到止血。

止血带止血法：选择弹性好的橡皮管、橡皮带或三角巾、毛巾、带状布条等，上肢出血结扎在上臂1/2处（靠近心脏位置），下肢出血者扎在大腿上1/3处（靠近心脏位置）。结扎时，在止血带和皮肤之间垫上消毒纱布棉垫。每隔25~40min放松一次，每次放松0.5~1min。

3. 机械、车辆翻倒、滑坡、滚石事故应急措施

（1）当发生边坡滑坡、滚石伤害事故时，在场人员应立即报告现场负责人，组织人员抢救，并打120请求协助救援。

（2）若是滚石、滑坡事故，抢救前应判断滚石、滑坡是否稳定，是否对抢救构成威胁，在确认威胁不大情况下实施抢救。

（3）若是机械、车辆翻倒，应组织足够人员或机械撬开机械救出伤员。

（4）当人工无法移动机械、石块时，现场负责人直接或通过生产单位负责人联系吊车赶赴现场支援。

（5）抢救时应注意不要挖、铲、撬以免伤及被压埋的伤员。

（6）遇呼吸、心跳停止者，应立即进行人工呼吸、胸外心脏按压，处于休克状态的伤员要让其安静、保暖、平卧、少动，并将下肢抬高20°左右。

（7）出现颅脑损伤，必须维持呼吸道通畅。昏迷者应平卧，面部转向一侧，以防舌根下坠或分泌物、呕吐物吸入，发生喉阻塞。有骨折者，应初步固定后再搬运。遇有凹陷骨折，严重的颅骶骨及严重的脑损伤症状出现，创伤处用消毒的纱布或清洁布等覆盖伤口，用绷带或布条包扎。

4. 触电安全事故应急措施

触电急救的要点是动作迅速，救护得法，重点贯彻"迅速、就地、准确、坚持"的触电急救八字方针。首先要尽快使触电者脱离电源，然后根据触电者的具体症状进行对症施救。

触电者脱离电源的基本方法有：

（1）迅速切断电源。

（2）用干燥的绝缘棒、竹竿将电源线从触电者身上拨离。

（3）救护人可戴上绝缘手套或在手上包缠干燥的衣服、围巾、帽子等绝缘物品拖曳触电者，使之脱离电源。

（4）如果触电者由于痉挛手指紧握导线或者导线缠绕在身上，救护可先用干燥的木板塞进触电者身下，使其与地绝缘来隔离入地电流，然后采取其他办法把电源切断。

（5）在使触电者脱离电源时必须注意：在未采取绝缘措施前，救护人不得直接接触触电者的皮肤和潮湿的衣服，以防救护者自身触电。在拉拽触电者脱离电源的过程中，救护人宜用单手操作，这样对救护人比较安全。

（6）当触电者位于高位时，应采取措施预防触电者在脱离电源后坠地摔伤。

（7）触电者已失去知觉，但尚有呼吸的抢救措施，应使其舒适地平卧着，解开衣服以利呼吸，四周不要围人，保持空气流通，若发现呼吸困难，或心跳停止等假死时，应立即按心肺复苏法就地抢救，可口对口的人工呼吸，可胸外心脏按压。

（8）当触电者伤势较重时，应立即拨打120或当地就近医院电话求助。

5. 火灾事故应急措施

（1）火灾发生初期的5~7min，是扑救的最佳时机，现场人员应及时把握时机，尽快把火扑灭，有电源的要以最快的速度切断电源。

（2）在扑救火灾的同时拨打119电话报警。

（3）在火灾现场，应立即指挥一部分员工搬离火场的可燃物，避免火灾区域扩大，一部分人指挥现场人员疏散。

（4）在火势很大，现场无法灭火时，应立即指挥员工撤离火场，以防火灾伤亡事故的发生。

（5）发生人员伤亡时，要组织抢救，同时拨打120及当地医院电话求助。

（6）组织有关人员对事故区域进行保护，以便查找原因。

6. 发生意外爆炸应急措施

（1）现场人员应立即组织抢救，并通知生产单位负责人，组织生产单位应急力量进行救护。

（2）现场爆破工程师或其他技术人员首先应检查现场是否仍有再爆炸的危险，有危险时应首先排除，同时对伤员应进行抢救、包扎，并打电话120呼叫救护车，救助同时应保护好现场。

（3）若爆炸引起火灾，现场人员应打119电话呼叫消防车，并在现场负责人的指挥下用灭火器、水等先行灭火。

7. 煤气中毒应急措施

（1）进入室内抢救中毒者时，禁止开、关室内所有电源开关和使用电话。

（2）抢救煤气中毒人员时，应将中毒人员抬到新鲜空气流通的地方，并解开其衣领、裤带，放低头部使其头向后仰。

（3）中毒严重时，应立即打120请求协助急救。在等待救护车到来之前，可对中毒者施行人工呼吸。

8. 食物中毒应急措施

（1）催吐。如果服用时间在1~2h内，可使用催吐的方法。立即取食盐20g加开水200mL溶化，冷却后一次喝下，如果不吐，可多喝几次，迅速促进呕吐。亦可用鲜生姜100g捣碎取汁用200mL温水冲服。有的患者还可用筷子、手指或鹅毛等刺激咽喉，引发呕吐。

（2）导泻。如果病人服用食物时间较长，一般已超过2~3h，而且精神较好，则可服用些泻药，促使中毒食物尽快排出体外。

（3）解毒。如果是吃了变质的鱼、虾、蟹等引起的食物中毒，可取食醋100mL加水200mL，稀释后一次服下。

（4）如果经上述急救，症状未见好转，或中毒较重者，应尽快送医院治疗。

（5）送中毒者去医院抢救时，应同时带上怀疑引起中毒的食物样品，以便能迅速分析出中毒原因，对症下药。

9. 应急结束

在现场救援结束、危险因素排除后，Ⅲ级应急响应事故由当班的生产现场管理负责人宣布应急处置结束；Ⅱ级应急响应事故由生产单位应急总指挥宣布应急处置结束；Ⅰ级应急响应事故由公司上报工程建设单位及当地政府和安全监督局批准，现场应急处置工作结束，应急救援队伍撤离现场。

七、其他保障

（一）通讯与信息保障

（1）生产单位的应急通讯网络以手提电话为主（施工现场也可以用对讲机），生产单位领导、安全部门负责人配备报警专用手机，并保持24小时畅通；各应急小组组长必须保持手机24小时开通。当班作业班组长、现场管理人员必须保持手机开通。

（2）如上班时间，生产单位也可采用公司的自动化办公系统（OA）或发电子邮件、传真等方式报告。无论采取哪种通讯方式，事故报告以快捷、方便为原则。

（3）生产单位应掌握工程建设单位（业主）、所在地县级以上安监局、签订救援协议的医疗救护机构的应急联系电话，并保证应急时能随时使用。

（二）应急救援物资、装备保障

（1）应急时，总指挥有权调用施工现场的挖掘机、装载机、车辆（包括生产指挥车、后勤用车）等施工机械。

（2）生产单位和分包施工单位的修理厂内的手持式电动切割机、焊（割）机具、钢材等可作为应急备用装备、物资。

（3）不同规格的钢丝绳及扣环 4 套、铁锹和风镐各 5 把、医疗急救箱一个（配备药棉、纱布、绑带、胶布、酒精、碘酒、剪刀等）、担架一副，油库、民用爆破器材库、日用品库、材料库、修理厂、宿舍、办公室、食堂、施工机械、车辆等按规定数量配备适用、有效的灭火器材。配备对讲机 10 部、防电胶鞋、胶手套、纱手套若干。

（4）在应急救援中，如生产单位的机械设备、物资不能满足救援需求时，应就近向业主、相邻单位借用，保证救援的顺利进行。

（三）救援队伍保障

（1）生产单位的全体管理人员、生产骨干均为应急队伍成员，全体施工人员都有义务参加救援工作。发生事故时，参加救援人员给予一定的经济补助。

（2）与当地应急救援队、医疗机构签订协助救援协议。

（四）经费保障

生产单位设立专项安全生产费用账户，保证事故应急救援必要的资金准备。

（五）技术支持与保障

生产单位设立由项目总工程师任组长的应急救援技术组，为应急救援提供技术支持。

第三节　混装炸药生产安全事故专项应急预案

一、危险性分析

（一）混装炸药生产系统概况

必须保证随时掌握混装炸药生产系统的类型、分布区域等基本信息。

（二）事故类型和危害程度分析

对混装炸药生产安全事故类型和危害程度进行分析，包括原材料危险物质的有害因素的辨识、其他危险有害因素辨识以及风险分析，如表 6-3～表 6-5 所示。

表 6-3　原材料危险物质的有害因素的辨识

危险物质	理 化 特 性	危险、有害特性
多孔粒状硝酸铵	1. 白色颗粒，无肉眼可见杂质；物理状态灰白色粒状混合物，水分不大于 0.3%，装药密度 0.80～0.90g/cm³，爆速 2120～3000m/s，爆热 3726～5233kJ/kg，爆温 2179～2676℃，比容 965～970L/kg，威力 320～330mL，铅柱压缩值 5～8mm，感度（撞击感度）0（标准状态），临界直径大于 50mm，极限直径很大；	1. 强氧化剂，能助长燃烧火势并引起着火，与可燃物粉末混合可能发生激烈反应而爆炸；各种有机杂质均能显著增加硝酸铵的爆炸敏感性，将其加热熔化，温度升高到 302℃分解就急剧加速，放出有毒气体，甚至爆炸； 2. 毒性危害：本品对呼吸道、眼睛、皮肤有刺激性，吸入粉尘时会出现恶心、呕吐、头痛，甚至意识丧失、呼吸困难等症状，大量接触可引起高铁血红蛋白血症、口服过量可致死；火灾时往往会产生有毒的氧化氮气体，吸入会中毒。

续表6-3

危险物质	理 化 特 性	危险、有害特性
多孔粒状硝酸铵	2. 通常的装药情况不能使它达到最佳爆轰状态，热安定性较一般的铵油炸药好，耐候性较强，有毒气体量接近或略高于2号岩石铵梯炸药，一氧化碳不高于0.641mg/g，氧化氮不高于0.159mg/g，吸湿性较小，抗水性较好，贮存期小于3个月；使用装填方法药卷装填，现场炮孔装填，包装方式大包装，一般不超过50kg；小于25kg的包装用塑料袋并扎口；大于25kg的包装用内衬塑料袋的人造纤维袋或麻袋	3. 应急处理：发生火灾时，使用灭火器及水进行灭火，禁止使用沙、土进行灭火；不得将油脂、木炭或其他可燃物带入库区，以防引起全部猛烈爆炸； 　4. 储运注意事项：储存于干燥通风库房中，与有机物、酸类等严加隔离，防止引起爆炸；应避免与金属性粉末、油类、有机物质、木屑等易燃、易爆的物质混合储运；硝酸铵不能和石灰氮、草木灰等碱性肥料混合储运，避免阳光直射

表6-4　其他危险有害因素辨识

序号	工序名称	作业内容	存在危险因素
储存	危险原材料	原材料、储存库	1. 在储存中遇高温、摩擦或撞击时极易氧化燃烧甚至爆炸； 2. 不同性质的危险原材料如一起储存，药剂与包装材料不相容，药剂中混有杂质等都可能发生化学反应，产生热量，极易引起燃烧爆炸； 3. 管理缺失造成危险品丢失或被盗
运输	危险品运输	危险原材料、半成品运输	1. 危险原材料在装卸过程中因碰撞、摩擦、剧烈震动等易造成燃烧爆炸事故； 2. 在运输过程中因路面不平、车辆不合格等，都可能导致燃烧爆炸事故的发生
雷电	直接雷击	所有危险品生产、储存工（库）房	1. 独立避雷针（或带式避雷针）高度不够，达不到应有的保护范围； 2. 引入线选型不当，截面积不足或接地不符合规范要求，会使建筑物遭雷击
	感应雷击	所有危险品生产、储存工（库）房	感应雷是雷电放电时，在附近导体上产生静电感应和电磁感应，并在导体上产生大量的静电积累和感应电动势，极易产生电火花、过热等，若建筑物的金属网、设备、导体接地不良，后果严重
	雷电波入侵	所有危险品生产、储存工（库）房	雷击时，在输电线路、供水、供气（汽）管路上产生冲击电压，并沿管路传播，若侵入危险品生产、储存室内，会造成危险品燃烧、爆炸。这主要是由于进入室内的管线没有按规范要求接地造成的
机械伤害	有设备场所	在运输、安装、调试、使用、维修作业时	由于操作人员误操作，易造成夹伤、压伤等事故
高处坠落	高位台、楼梯等	维修、安装设备、管路、灯具、电线等操作场所	1. 高位平台没有护栏，梯子或护栏损坏、设计不合理、不牢固等，造成跌落； 2. 人员不按要求违章操作，造成跌落
触电	有电气场所	在运输、安装、调试、使用、维修作业时	电气设备接零、接地不符合规定，绝缘下降，设备清洗、湿度大等导致机壳带电，造成触电或电击事故

表 6-5　风险分析

事故类型	危害方式	造成原因
燃烧	1. 火焰直接作用、热对流、热辐射、热传导可对人员造成直接伤害或中毒； 2. 使建筑物结构强度降低，甚至倒塌、破坏； 3. 可能造成燃烧转爆轰的更大的二次危害	1. 人的不安全行为：操作失误，违章操作，紧急处理措施不当； 2. 工艺与控制：使用的药剂在一定的外界能量作用下会发生燃烧、爆炸； 3. 电气、防静电、防雷：在生产中，电气、防静电、防雷的设施或设备选型或安装不当，或维护保养不合格、不及时；存在缺陷而引发燃烧、爆炸事故的危险； 4. 储存、运输：储存物质、运输车辆不合格、储存条件不合格；搬运过程摩擦、撞击等违章操作；交通事故；违章携带火种或通讯设备进入危险区域，危险品混入不容物质；发生丢盗事件，危险品流入社会造成对社会危害
爆炸	爆炸产生的爆轰产物、飞散物、地震波、冲击波，严重地对人员、建筑物可造成瞬间的破坏、损毁，其特点是杀伤范围很大，破坏严重	
火灾	炸药成品、半成品、废品或某些原材料，因受热分解自燃或因撞击摩擦、明火等原因被点燃，形成火灾	如扑救及时（自动喷淋或手工扑救）、数量较少，且处于分散、敞开状态，一般不会爆炸，只要应急措施正确、有力，一般均能奏效
火灾并引起爆炸	粒状硝酸铵与柴油如突然起火，不会立即爆炸，而是经过短暂的由弱到强的燃烧，最终爆炸	应急指挥人员一定要准确把握该"短暂"时间，实施有效的灭火、救助、疏散措施。但是，必须高度注视火场变化，应在大火无法扑灭，爆炸、倒塌即将发生之前，果断下令迅速撤离现场所有人员。这是防止救火中群死群伤的关键环节
爆炸并引起殉爆和火灾	粒状硝酸铵与柴油如突然起火、爆炸，会引起周围爆炸物殉爆，继而引起火灾	这类事故最易造成群死群伤
急性中毒	民爆产品及部分原材料受热后能分解及火灾、燃烧（或爆炸）的产物中均含有大量氮的氧化物和一氧化碳等有毒气体，能造成人员中毒	民爆产品及部分原材料受热后能分解及火灾、燃烧（或爆炸）的产物中均含有大量氮的氧化物和一氧化碳等有毒气体，能造成人员中毒

二、应急处置原则

（1）预防为主。贯彻落实"安全第一、预防为主、综合治理"的方针，坚持事故应急与预防工作结合；做好预防、预测、预警和预报工作，以及风险评估、应急物资准备、预案演练工作。

（2）响应迅速。应急总指挥接警后，应迅速对事故的性质做出正确判断，下达启动相应级别的应急响应，组织各应急小组成员赶赴事故现场。

（3）统一指挥。各应急小组应服从总指挥的安排，在组长的带领下履行本小组的职责，保证整个救援过程规范有序、配合协调、高效运作。

（4）分级负责，单位自救和社会救援相结合。发生生产安全事故时，本生产单位按响应级别分工启动相应级别的应急救援预案，当事故超过本单位的救援能力时，应果断请求公司总部和社会救援机构启动相应的《应急预案》，争取最佳的抢救时机，同时，在公司总部和社会救援队伍未到达事故现场之前，生产单位必须积极开展救援。

（5）以人为本。事故现场救援工作，既要尽最大能力、以最快速度抢救受伤人员，又要采取合理、科学、先进的救援措施，保证救援人员的安全，防止事故扩大；依照"先救人后救物，先救重伤者后救轻伤者"的救援原则，在专业医院条件相当情况下，就近送伤员救治。

三、组织机构及职责

（一）应急组织体系

现场应急组织体系如图6-7所示。

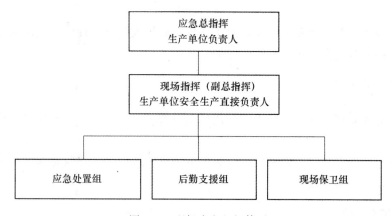

图6-7　现场应急组织体系

（二）指挥机构及职责

成立事故应急指挥领导小组，由总指挥（生产单位负责人）、副总指挥（生产单位安全生产直接负责人）、应急处置组、后勤支援组、现场保卫组成。

1. 应急指挥领导小组职责

（1）负责本单位安全生产事故的应急领导和决策工作。

（2）落实国家和地方政府相关应急管理政策，审定并批复公司应急管理规划和应急预案。

（3）统一协调应急状态下的各种资源。

（4）确定安全生产应急处置的指导方案。

（5）及时准确向上级单位和政府主管部门报告事故情况。

（6）组织本单位的《应急预案》演练，并根据演练过程发现的问题，组织对《应急预案》进行补充、完善。

2. 总指挥（副总指挥）

（1）负责生产单位安全生产事故的应急领导和决策工作。

（2）落实国家和地方政府相关应急管理政策，执行应急预案。

（3）统一协调应急状态下的各种资源。

（4）确定安全生产应急处置的指导方案。

（5）及时准确向公司和政府主管部门报告事故情况。

（6）组织生产单位的《应急预案》演练，并根据演练过程发现的问题，写成报告报公司，公司将对《应急预案》进行补充、完善。

3. 应急处置组职责

负责事故的排险、抢险和受伤人员的救护工作，及时向指挥部报告抢险进展情况。及时赶到现场，根据事故实际情况，组织人员疏散与抢救。

4. 现场保卫组职责

负责事故现场的警戒和车辆疏通，阻止非抢险救援人员进入现场，维持治安秩序，负责保护抢险人员的人身安全和事故现场的保护。

5. 后勤支援组职责

负责调集抢险器材、设备；负责组织伤亡人员的运送，解决全体参加抢险救援工作人员的食宿问题。

注：当事故进入由社会救援机构或公司负责指挥救援时，上述应急人员必须服从总指挥的安排，继续积极参加救援和善后工作。

四、预防与预警

（一）危险源监控

1. 技术性预防和管理措施

（1）监控预防。重大危险源的监控，监控方式以技术监控为主，人工监控为辅。凡能够采用仪器、仪表等技术监控措施的重大危险源，需建立完善的技术监控手段，全天候掌握和控制重大危险源运行参数，保证重大危险源的安全稳定运行；也可制定可靠的人工监控方式，定期检查确认，及时发现和解决出现的问题和隐患。

根据危险源的特征确定主要监控的方法、参数、指标，加强对有关信息的收集、风险分析和动态监测预测，并如实做好记录。一旦出现事故征兆或发生事故时，要及时报告，及早处置。

（2）管理措施。为了能够及时发现火灾、爆炸隐患，除采取安全防护设施、自动监控设施外，在主要关键工序安装有 24 小时不间断视频监控系统，库区安排值班人员进行全天候不间断监控值班，确保及时发现安全隐患和警情，及时采取适当的措施处置；同时还设置了 24 小时值班报警电话，以便值班人员、现场作业人员及时向应急指挥部报警。

2. 预防监控措施

预防监控措施如表 6-6 和表 6-7 所示。

表 6-6　原材料的危险有害因素监控措施

危险物质	防 护 措 施
硝酸铵	1. 储存场所干燥通风，专仓专管； 2. 应避免与有机物、酸类、金属粉末、木屑等易燃、易爆物质混运、混存； 3. 防止阳光直射，轻装轻卸，防止包装破损

表 6-7　其他危险有害因素监控措施

序号	工序名称	预 防 措 施
储存	危险原材料、成品	1. 严格遵守《危险品库房管理制度》和《危险品押运运输管理制度》，防止火灾、摩擦或撞击现象的发生； 2. 严禁将不相容的物质一起存放，按《不同品种民用爆破器材同库存放表》执行； 3. 严格执行公司《安全保卫制度》，加强库区巡逻和出入库登记
运输	危险品运输	1.《危险品押运运输管理制度》，防止火灾、摩擦或撞击现象的发生； 2. 对专用运输车辆和通道进行维护保养，保持车辆良好和道路平整
雷电	直接雷击 感应雷击 雷电波入侵	1. 按规范对建筑物和安全设施执行"三同时"管理制度； 2. 经常检查关键设备，发现异常及时处理； 3. 按安全操作规程操作； 4. 按期检测相关设备
机械伤害	有设备场所	严格按《安全操作规程》进行操作
高处坠落	高位平台、楼梯等	按要求设计护栏，并经常维护，确保护栏牢固、可靠
触电	有电气场所	定期检测设备接地，经常检查使用情况，发现异常及时处理
粉尘危害	产生粉尘较大的作业场所	1. 按要求穿戴好劳保防护用品； 2. 定期检查除尘、防泄漏、降噪等装置，确保有效； 3. 误食入、吸入或接触到毒、腐蚀物，严重时及时就医
毒物危害	理化室	
腐蚀危害	酸碱场所	
噪声危害	机房场所	

（二）预警行动

1. 预报

生产单位通过以下途径获取预报信息，加强对危险源的预防性管理：

（1）政府通过新闻媒体公开发布的气象灾害预警信息。

（2）地方安全监管部门向生产单位告知的预报信息。

（3）经风险评估得出可能发生事故的发展趋势报告。

（4）现场监控及现场巡查发现的预警信息。

2. 预警

按照发生事故的严重程度以及所需调动的资源从小到大分别为：三级预警（现场级）、二级预警（公司级）和一级预警（政府级）。

（1）三级预警：事故现场处于可控状态，未波及其他现场时做出三级预警，由各生产单位做好防范处理措施，遏止事态，防止事态蔓延。

（2）二级预警：事故已经超出现场的控制处置能力，事故影响范围向生产单位其他区域扩散，但尚处于本公司内部可控状态，未波及地面站周边单位、社区时做出二级预警。由公司协调做好防范处理，有效遏止事态，防止事态蔓延和扩大。

（3）一级预警：当事故有进一步扩大、发展趋势时，或者发生的事故已经超过本公司事故应急救援能力，有人员伤亡时，或者事故已经影响到企业周边单位、社区时需要做出的预警，由公司应急指挥部报请政府及有关部门支援。

五、信息报告程序

（一）信息报告程序

1. 报告程序

事故现场人员→生产单位安全管理部门→生产单位负责人→企业安全管理部门→企业安全生产直接负责人→企业负责人→外部机构

2. 现场报警方式

（1）事故发生后，其发现者或目击者应立即报告生产单位负责人，生产单位负责人按事故报告程序报公司，同时地面站应采取一切办法切断事故源。

（2）事故信息接收和通报程序：公司接警人接到报警后，根据事故发生地点、种类、强度和事故可能的危害方向，在掌握基本事故情况后，立即报告公司应急指挥部。

发生事故在事发后应于1小时内向市人民政府安全生产监督管理部门、各级民爆安全监管部门及有关部门报告。

3. 逐级上报

根据事故中伤亡人员情况和可能造成的损失，由公司总指挥在规定时间内分别向当地政府、经济和信息化局、安全生产监督管理局和上级主管部门等单位报告。

（二）事故报告内容

（1）将要发生或已发生事故的危险目标名称。

（2）通报人的姓名和电话号码。

（3）事故危险化学物质名称，该物质是否为极度危险物质。

（4）事故时间或预期持续时间。

（5）实际事故损失，是否会产生单位外效应。

（6）事故发生的介质。

（7）气象条件，包括风向、风速和预期单位外效应。

（8）应急行动级别。

六、应急处置

（一）响应分级

按照发生事故的性质、严重程度、可控性、影响范围等因素分为内部（初步）响应和外部（扩大）响应两级。

（1）初步响应：现场处置方案、专项预案所定义的事故发生，达不到扩大应急的，分别由事故发生单位应急指挥部协调指挥。

（2）扩大响应：综合预案所定义的突发事件发生，影响范围在迅速扩大，需采取立即行动保护和撤离现场人员，或动用全公司应急力量的还不能处置，需要地方政府应急支援的事故，应急指挥部立即上报当地安监部门，由当地政府启动应急预案，公司应急指挥部配合当地有关部门组织实施救援。

（二）响应程序

生产安全事故应急响应程序可参照图6-5的流程执行。

（三）处置措施

1. 爆炸物品火灾扑救方法

（1）应迅速判断和查明物质发生爆炸的可能性和危险性，紧紧抓住爆炸之前的有利时机，采取一切可能的措施，全力制止爆炸的发生。

（2）不能用沙土盖压，以免增强爆炸物品爆炸时的威力。

（3）如果有疏散可能，人身安全上确有可靠保障，应迅速组织力量及时疏散着火区域周围的爆炸物品，使着火区周围形成一个隔离带。

（4）灭火人员应积极采取自我保护措施，尽量利用现场的地形、防爆土堤作为掩蔽体或尽量采用卧姿等低姿射水，消防车不要停靠离爆炸物品太近的水源。

（5）灭火人员发现有发生爆炸的危险时，应立即向现场指挥报告，现场指挥应迅速做出准确判断，确有发生爆炸征兆或危险时，应立即下达撤退命令。灭火人员看到或听到撤退信号后，应迅速撤至安全地带，来不及撤退时，应就地卧倒。

2. 爆炸物品火灾事故应急处置措施

（1）现场管制：除必要的现场人员、抢险救灾人员外，其他无关人员必须立即撤离警戒区。

（2）物料：当发生火灾时，在岗位自我扑救的同时移走周围物料到安全区域，或将火焰控制在较少范围内。

（3）扑灭火灾：消防人员必须在有防爆掩蔽处操作。用大量水灭火。遇大火、药量又较大时切勿轻易接近。禁止用砂土压盖。

3. 扑救易燃液体（柴油）火灾的处置措施

（1）首先应切断火势蔓延的途径，冷却和疏散受火势威胁的压力及密闭容器内可燃物，控制燃烧范围，并积极抢救受伤和被困人员。如有液体流淌时，应筑堤（或用围油栏）拦截飘散流淌的易燃液体或挖沟导流。

（2）小面积液体火灾，一般可用雾状水扑灭。用泡沫、干粉、二氧化碳更有效。

（3）在扑救火灾的同时，要用冷水冷却罐壁。

4. 火灾、爆炸事故后引起人员中毒的处置措施

（1）迅速将中毒患者移至空气新鲜处，松解衣扣和腰带，清除口腔异物，维护呼吸道畅通，注意保暖。

（2）在搬运过程中要沉着、冷静，不要强拖硬拉，防止造成骨折；如果已有骨折或外伤，则要注意包扎和固定。

（3）污染的衣着要立即脱掉，皮肤污染时，要及早用清水或解毒液（根据毒物性质选择中和解毒的溶液）冲洗，应注意头发、手足、指甲及皮肤皱褶处彻底冲洗。

（4）在急救药箱取用适当的急救药品就地进行抢救。

（5）化学物质进入眼内，立即翻开上下眼睑，用大量的自来水或生理盐水冲洗污染眼，至少15min。冲洗时应将眼睑翻开，用缓缓流水把眼结膜囊内的化学物质全部冲洗掉，冲洗时要转动眼球。洗后立即将患者送医院进行检查和进一步处理。

5. 火灾、爆炸事故后引起人员窒息的处置措施

火灾、爆炸事故后引起人员窒息的处置措施有心脏复苏术。

（1）心前区叩击术。发现心脏停止跳动后，立即用拳头叩击心前区（拳头力量不要太猛），可连续叩击3~5次，然后观察心脏是否起搏，若心脏恢复则表示成功，心跳不恢复应改为胸外心脏挤压术。

（2）胸外心脏挤压术。通常按压胸骨下端而间接的压迫心脏，使血液建立有效的循环。具体操作如下：患者仰卧于硬板床或地板上，施救者在患者一侧或跨骑在患者身上，面向患者头部用一手掌的根部置于患者胸骨下段，另一手掌交叉置于手背上，双手用冲击式有节律地向脊背方向垂直下压，压下约3~5cm，每分钟冲击十多次。挤压时不要用力过猛，以免造成骨折。在进行胸外心脏挤压术时必须密切配合进行口对口人工呼吸。

6. 解除警戒、善后处理

当事故现场及周围的危险得到消除，进入临时应急恢复阶段，现场指挥部要组织现场清理、人员清点和撤离。经过现场各应急小组人员检查确认，由应急指挥部批准，宣布应急状态结束，结束救援工作。

应急结束后，应急指挥部应认真分析事故原因，制定防范措施，落实安全生产责任制，防止类似事故发生。

七、保障措施

（一）应急物资装备保障

应急救援物资与装备应设立台账，专人保管、维护，定期检查，确保应急救援物资与装备齐全、完好、有效。

应急处置所需的物资与装备数量、品种、管理和维护、使用等规定具体见附件地面站现场应急物资清单。

（二）救援队伍保障

生产单位的全体管理人员、生产骨干均为应急队伍成员，全体施工人员都有义务参加救援工作，发生事故时，参加救援人员给予一定的经济补助。

（三）经费保障

生产单位设立专项安全生产费用账户，保证事故应急救援必要的资金准备。

（四）技术支持与保障

地面站设立由技术负责人任组长的应急救援技术组，在公司技术组的领导下为应急救援提供技术支持。

第四节 现场应急处置方案

一、钻孔作业安全事故现场应急处置方案

（一）事故特征

钻孔作业安全事故特征如表6-8所示。

表6-8 事故特征

序号	可能发生的事故类型	事故发生的区域、地点或装置名称	事故可能发生的季节	造成的危害程度	事故前可能出现的征兆	预 防 措 施
1	爆炸	空气压缩机	全年均可能发生	多人受伤或死亡，设备损毁	空气压缩机工作压力或温度急剧增高	1. 保持冷却系统正常运行；2. 使用合格的润滑油；3. 经常清洗油水分离器，排放油水分离器、储气罐、冷却器中的润滑油；4. 杜绝汽缸内窜入机油；5. 对滤风器、管路、风包、冷却器和管网水垢定期清洗；6. 吸入干净的冷空气；7. 尽量少补充冷却水，做到冷却水循环使用不外流；8. 定期检修整定安全保护装置，对一级排气安全阀定期卸下进行整定检验

序号	可能发生的事故类型	事故发生的区域、地点或装置名称	事故可能发生的季节	造成的危害程度	事故前可能出现的征兆	预 防 措 施
2	物体打击（输风管接头脱节甩打）	输风管	全年均可能发生	1~2 人受伤或死亡	无	1. 风管接头应绑扎牢固；2. 风管老化、破损应及时更换；3. 禁止风压超过设备规定的工作压力
3	钻机翻倒砸压	陡坡、高坎、边坡	全年均可能发生	多人受伤或死亡	无	1. 在高坎、边坡等临边处进行钻孔作业时，设备停放位置距离边坡线应有一定安全距离；2. 在陡坡或高低不平工作面作业时，设备应停放平稳后才开始作业

（二）组织与职责

钻孔作业的现场组织与职责如表 6-9 所示。

表 6-9 组织与职责

姓名	职 务	应急救援职务	应急救援职责	联系电话
×××	生产单位负责人	总指挥	负责本单位安全生产事故的应急指挥、组织、协调工作，以及生产单位救援方案的决策工作。及时向公司总部及当地政府安监部门报告事故情况，并根据事故严重程度、发展态势决定是否扩大事故救援级别，请求协助救援	×××××
×××	项目生产副经理	副总指挥	当生产单位负责人外出不在时，履行救援总指挥职责，当生产单位负责人在生产单位时，协助做好救援指挥、组织工作	×××××
×××	调度长	抢险组组长	负责现场抢险组织工作	×××××
×××	各施工队队长	抢险组副组长	协助抢险组组长组织本施工队人员做好现场抢险工作	×××××
×××	安全部部长	安全保卫组组长	负责现场保护工作	×××××
×××	综合部部长	通讯联络组组长	负责与各应急小组、外部有关部门（包括事发当地医疗、应急救援机构等）的通讯联络和情况通报	×××××
所有施工作业人员		服从统一指挥，积极参加救援工作		

（三）应急处置

钻孔作业的现场应急处置如表 6-10 所示。

表 6-10　应急处置

序号	事故类型	处置程序		备注
1	险肇事故	作业人员发现险情时，应立即停止设备运行，停止作业，呼叫现场作业人员及附近可能受到危险威胁的人员迅速撤离，时间许可时，可将设备转移至安全处 ↓ 排险：1. 设备运行异常→检修；2. 人员违章操作→批评教育；3. 环境存在隐患→报告本施工队队长或生产单位调度长，由其组织安排人员排险 ↓ 生产单位生产管理部门、安全管理部门、施工队三方人员确认安全，方可继续施工		
2	设备翻倒（落），非伤亡	报警：作业人员、目击者→施工现场负责人或安全员→安全部部长→生产单位应急总指挥 ↓ 生产单位应急总指挥接警后，应迅速组织各救援小组成员赶赴事故现场，根据现场情况制定抢险方案 ↓ 安全保卫组现场取证，同时向设备投保单位报告，落实对方是否前来现场取证、确认 ↓ 抢险组按抢险方案将翻倒、被埋设备抢救出来，拖至安全处 ↓ 排除安全隐患，经事故调查组对现场检查确认安全后，生产单位应急总指挥下令恢复生产		报告内容要简明扼要，讲明事故地点及危害程度
3	轻伤	当发生人员受轻伤时，应立即停止设备运行，停止作业 ↓		
		报警：作业人员或目击者→现场施工负责人或安全员→安全部部长→生产单位应急总指挥	自救：受伤者能自行走动的，尽快离开危险区域，不能走动的，现场作业人员、目击者应尽快帮助其脱离危险，并将其扶送至安全处	报警与自救同步进行
		↓ 用干净的布条、绑带为受伤者包扎伤口止血，以最快方式送伤者就近医院治疗 ↓		
		如同时发生设备翻落，按上述"设备翻倒（落）"程序进行抢险	救援结束后，进行事故取证、调查，排除安全隐患，经事故调查组对现场检查确认安全后，生产单位应急总指挥下令恢复生产	

续表 6-10

序号	事故类型	处　置　程　序	备　注
4	重伤死亡事故	事故造成人员重伤或死亡时，应立即按下述程序报警： 作业人员、目击者→安全部部长→生产单位应急 总指挥 → 公司应急办公室24小时接警人 　　　　→ 工程所在地县级以上安监局	报警内容应简明扼要，讲明发生事故的时间、地点及伤亡情况
		↓	
		重伤3人以下 ｜ 发生重伤3人以上、死亡事故 启动生产单位应急预案 ｜ 请求当地政府应急救援机构协助； 公司总部启动相应级别应急预案	
		↓　　　　　　↓	
		生产单位应急总指挥迅速组织各应急小组赶赴事故现场，履行各自职责开展救援工作； 　抢救受伤人员，尽快使受伤者脱离险境，送医院治疗。必要时打120或协议救护队、协议救援医院电话，请求派员协助抢救 ｜ 在当地救援机构未到达之前积极开展自救，当地救援机构到达后由其组织指挥救援工作。公司及生产单位救援人员服从指挥，积极配合	通讯联络组应派人到对方熟悉的地方接应外部救援人员，并保持通讯联系
		↓	
		救援结束后，注意保护好现场，清点人数，积极配合有关部门的调查处理工作，做好伤亡人员的善后处理。调查处理完毕后，经有关部门同意，立即组织人员进行现场清理，尽快恢复生产	

（四）注意事项

（1）救援人员应正确戴好劳动防护用品。

（2）遵守"先人后物，先伤者后尸体，先重伤后轻伤"的救援原则。

（3）在可能再次发生滑塌、设备倾倒危险处进行救险时，应先排险后抢救受伤人员，避免造成事故进一步扩大。救援人员在抢险过程中应注意保护自己的安全。

（4）在抢救被掩埋人员时，应防止所使用的工（器）具对被埋者造成二次伤害。

（5）受伤人员出现肢体骨折时，应尽量保持受伤的体位，由医务人员对伤肢进行固定，并在其指导下采用正确的方式进行抬运，防止因救助不当导致伤情进一步加重。

（6）受伤人员出现呼吸、心跳停止症状后，必须立即进行心脏按压或人工呼吸。

（7）常用的救治处置方法：

1）出血的处置方法：当伤口渗血，用消毒纱布或用干净布盖住伤口，然后进行包扎，若包扎后仍有较多渗血，可再加绷带，适当加压止血或用布带等止血；伤口出血呈喷射状或鲜血涌出时立即用清洁手指压迫出血点上方（近心端）使血流中断，并将出血肢体抬高或举高，以减少出血量。有条件用止血带止血后再送医院。

2）骨折处置方法：肢体骨折可用夹板或木棍、竹竿等将断骨上、下方关节固定，也可利用伤员身体进行固定，避免骨折部位移动，以减少疼痛，防止伤势恶化；开放性骨折，伴有大出血者应先止血，固定，并用干净布片覆盖伤口，然后速送医院救治，切勿将外露的断骨推回伤口内；疑有颈椎损伤，在使伤员平卧后，用沙土袋（或其他替代物）放在头部两侧使颈部固定不动，以免引起截瘫；腰椎骨折应将伤员平卧在平硬木板上，并将椎躯干及二侧下肢一同进行固定预防瘫痪，搬动时应数人合作，保持平稳，不能扭曲；在搬运和转送过程中，颈部和躯干不能前屈或扭转，而应使脊柱伸直，绝对禁止一个抬肩一个抬腿的搬法，以免发生或加重截瘫。

3）颅脑外伤：应使伤员采取平卧位，保持气管通畅，若有呕吐，扶好头部和身体同时侧转防窒息；耳鼻有液体流出时，不要用棉花堵塞，只可轻轻拭去，以利降低颅内压力；颅脑外伤，病情复杂多变，禁止给予饮食，应立送医院救治；搬动伤员时，应使伤员平躺在担架上，腰部束在担架上，防止跌下；平地搬走时，伤员头部在后，上、下坡时头部在上。

4）穿透伤及内伤：如有腹腔脏器脱出，可用干毛巾、软布料或搪瓷碗加以保护；及时去除伤员身上的用具和口袋中的硬物；禁止将穿透物拔除，应立即将伤员连同穿透物一起送往医院处置。

（8）在做好事故紧急救助的同时，应注意保护事故现场，对相关信息和证据进行收集和整理，做好事故调查工作。

（9）及时补充、维修在本次救援中消耗、损坏的应急救援器具、物资。

说明：机械伤害和设备着火分别见《机械伤害现场处置方案》和《火灾事故现场处置方案》。

二、爆破作业安全事故现场应急处置方案

（一）事故特征

爆破作业安全事故特征如表6-11所示。

表6-11 事故特征

序号	可能发生的事故类型	事故发生的区域、地点或装置名称	事故可能发生的季节	造成的危害程度	事故前可能出现的征兆	预防措施
1	爆破器材搬运过程发生爆炸	运输炸药车辆，爆破器材临时发放点	全年均可能发生	群死群伤车毁人亡	无	1. 雷管、炸药分别搬运、分开摆放；2. 运载爆破器材的炸药车必须慢速行驶，严格遵守交通规则；3. 严格遵守民用爆破器材搬运、储存、发放的各项规章制度及法律、法规
2	雷击引起爆炸	爆破器材临时发放点。爆破作业工作面	春、夏季	群死群伤	无	1. 雷雨天气禁止爆破作业；2. 如爆破作业过程中雷雨来临，应立即停止作业，人员撤离
3	早爆	爆破作业工作面	全年均可能发生	群死群伤	无	1. 爆破作业必须由持证爆破员执行；2. 严禁带手机、对讲机、火种等进入爆破作业现场；3. 严格遵守起爆体加工、装药、连网、清场、警戒、起爆等作业安全操作规程，以及相关的安全管理制度

续表 6-11

序号	可能发生的事故类型	事故发生的区域、地点或装置名称	事故可能发生的季节	造成的危害程度	事故前可能出现的征兆	预 防 措 施
4	盲炮引起爆炸	爆堆	全年均可能发生	群死群伤设备损毁	无	1. 使用优质的爆破器材和正确的起爆网路，起爆前认真检查网路是否存在漏连接；2. 爆后认真检查是否存在盲炮；3. 发现盲炮必须由有经验的爆破员处理，并严格遵守盲炮处理安全操作规程；4. 爆堆挖运过程中发现盲炮或疑似盲炮，必须立即停止作业，通知爆破队队长安排有经验爆破员进行处理
5	高温区引起早爆	爆破作业工作面	全年均可能发生	群死群伤设备损毁	无	1. 装药前必须严格对炮孔测温，孔内温度超过 60℃ 时，必须采取降温措施使孔内温度降至 60℃ 以下方可装药；2. 严格遵守高温区爆破安全作业规程
6	爆破飞石	工地及周围	全年均可能发生	人员伤亡设备损毁	无	1. 爆破设计、施工必须严格遵守规程要求，禁止装药量超过设计要求；2. 装药前必须认真核对抵抗线，如抵抗线减小，则必须相应减少装药量；3. 起爆前必须严格做好清场、警戒工作

（二）组织与职责

爆破作业安全事故现场组织与职责如表 6-12 所示。

表 6-12　组织与职责

姓名	职　务	应急救援职务	应急救援职责	联系电话
×××	生产单位负责人	总指挥	负责本单位安全生产事故的应急指挥、组织、协调工作，以及生产单位救援方案的决策工作。及时向公司总部及当地政府安监部门报告事故情况，并根据事故严重程度、发展态势决定是否扩大事故救援级别，请求协助救援	×××××
×××	项目生产副经理	副总指挥	当生产单位负责人外出不在生产单位时，履行救援总指挥职责，当生产单位负责人在生产单位时，协助做好救援指挥、组织工作	×××××
×××	调度长	抢险组组长	负责现场抢险组织工作	×××××
×××	各施工队队长	抢险组副组长	协助抢险组组长组织本施工队人员做好现场抢险工作	×××××
×××	安全部部长	安全保卫组组长	负责现场保护工作	×××××
×××	综合部部长	通讯联络组组长	负责与各应急小组、外部有关部门（包括事发当地医疗、应急救援机构等）的通讯联络和情况通报	×××××
所有施工作业人员			服从统一指挥，积极参加救援工作	

（三）应急处置

爆破作业安全事故现场的应急处置如表6-13所示。

表6-13 应急处置

事故类型	处 置 程 序				备 注
爆炸事故	报警: 作业人员或目击者→安全部部长→生产单位应急 总指挥——→公司应急办公室24小时接警人 　　　　——→工程所在地县级以上安监局				发生爆炸事故,必须立即向公司总部报告
	↓				
	项目部应急总指挥迅速组织各应急小组赶赴事故现场,履行各自职责开展救援工作				
	↓				
	各施工队长、职能部门负责人立即清点本单位人数。并按爆炸危害程度,组织人员在可能遭受危害的范围内搜索伤亡人员,以确认遇险人数及确定救援级别。安全保卫组织做好现场警戒,禁止无关人员进入事故现场				
	↓				
	无人员伤亡和失踪	人员轻伤	3人以下重伤	3人以上重伤、死亡	
	↓	↓	↓	↓	
	制定排险方案,抢救被埋、损毁设备	立即用干净的布条、绑带为受伤者包扎伤口止血,以最快方式送伤者就近医院治疗	抢救受伤人员,尽快使受伤者脱离险境,送医院治疗,必要时打120或协议救护队、协议救援医院电话,请求派员协助抢救	请求当地政府应急救援机构协助;公司总部启动相应级别应急预案; 　在当地救援机构未到达之前积极开展自救,当地救援机构到达后由其组织指挥救援工作。公司及生产单位救援人员服从指挥,积极配合	通讯联络组应派人到对方熟悉的地方接应外部救援人员,并保持通讯联系
	↓				
	救援结束后,注意保护好现场,清点人数,积极配合有关部门的调查处理工作,并做好伤亡人员的善后处理。调查处理完毕后,经有关部门同意,立即组织人员进行现场清理,尽快恢复生产				

（四）注意事项

（1）救援人员应正确戴好劳动防护用品。

（2）遵守"先人后物,先伤者后尸体,先重伤后轻伤"的救援原则。

（3）在存在危险部位进行救险时,应先排险后抢救受伤人员,避免造成事故进一步扩大;救援人员在抢险过程中应注意保护自己的安全。

（4）在抢救被掩埋人员时,应防止所使用的工（器）具对被埋者造成二次伤害。

（5）受伤人员出现肢体骨折时,应尽量保持受伤的体位,由医务人员对伤肢进行固定,并在其指导下采用正确的方式进行抬运，防止因救助不当导致伤情进一步加重。

（6）受伤人员出现呼吸、心跳停止症状后，必须立即进行心脏按压或人工呼吸。

（7）常用的救治处置方法包括：

1）出血的处置方法：伤口渗血，用消毒纱布或用干净布盖住伤口，然后进行包扎。若包扎后仍有较多渗血，可再加绷带，适当加压止血或用布带等止血；伤口出血呈喷射状或鲜血涌出时立即用清洁手指压迫出血点上方（近心端）使血流中断，并将出血肢体抬高或举高，以减少出血量。有条件用止血带止血后再送医院。

2）骨折处置方法：肢体骨折可用夹板或木棍、竹竿等将断骨上、下方关节固定，也可利用伤员身体进行固定，避免骨折部位移动，以减少疼痛，防止伤势恶化；开放性骨折，伴有大出血者应先止血，固定，并用干净布片覆盖伤口，然后速送医院救治，切勿将外露的断骨推回伤口内；疑有颈椎损伤，在使伤员平卧后，用沙土袋（或其他替代物）放在头部两侧使颈部固定不动，以免引起截瘫；腰椎骨折应将伤员平卧在平硬木板上，并将椎躯干及二侧下肢一同进行固定预防瘫痪。搬动时应数人合作，保持平稳，不能扭曲；在搬运和转送过程中，颈部和躯干不能前屈或扭转，而应使脊柱伸直，绝对禁止一个抬肩一个抬腿的搬法，以免发生或加重截瘫。

3）颅脑外伤：应使伤员采取平卧位，保持气管通畅，若有呕吐，扶好头部和身体同时侧转防窒息；耳鼻有液体流出时，不要用棉花堵塞，只可轻轻拭去，以利降低颅内压力；颅脑外伤，病情复杂多变，禁止给予饮食，应立送医院诊治；搬动伤员时，应使伤员平躺在担架上，腰部束在担架上，防止跌下。平地搬走时，伤员头部在后，上楼、下楼、下坡时头部在上。

4）穿透伤及内伤：如有腹腔脏器脱出，可用干毛巾、软布料或搪瓷碗加以保护；及时去除伤员身上的用具和口袋中的硬物；禁止将穿透物拔除，应立即将伤员连同穿透物一起送往医院处置；在做好事故紧急救助的同时，应注意保护事故现场，对相关信息和证据进行收集和整理，做好事故调查工作。

（8）及时补充、维修在本次救援中消耗、损坏的应急救援器具、物资。

三、挖装作业安全事故现场应急处置方案

（一）事故特征

挖装作业安全事故特征如表6-14所示。

表6-14　事故特征

序号	可能发生的事故类型	事故发生的区域、地点或装置名称	事故可能发生的季节	造成的危害程度	事故前可能出现的征兆	预 防 措 施
1	滚石、滑坡	爆堆或边坡	全年均可能发生	人员伤亡设备损毁	大块石头滚落前，可能出现小块砂石流动现象	1. 挖装设备、运输车辆进入挖运作业区前，应事先检查作业区的爆堆、边坡是否稳定、排除浮动危石后才开始作业；2. 作业过程应随时排除掌子面上的危石
2	物体打击（石块从挖斗坠落）	挖装设备与运载车辆	全年均可能发生	人员伤亡设备损毁	无	禁止装载设备抓斗从待装渣（矿石）的车辆驾驶室上方越过

（二）组织与职责

挖装作业安全事故现场的组织与职责如表6-15所示。

表6-15 组织与职责

姓名	职务	应急救援职务	应急救援职责	联系电话
×××	生产单位负责人	总指挥	负责本单位安全生产事故的应急指挥、组织、协调工作，以及生产单位救援方案的决策工作。及时向公司总部及当地政府安监部门报告事故情况，并根据事故严重程度、发展态势决定是否扩大事故救援级别，请求协助救援	×××××
×××	项目生产副经理	副总指挥	当生产单位负责人外出不在生产单位时，履行救援总指挥职责，当生产单位负责人在生产单位时，协助做好救援指挥、组织工作	×××××
×××	调度长	抢险组组长	负责现场抢险组织工作	×××××
×××	各施工队队长	抢险组副组长	协助抢险组组长组织本施工队人员做好现场抢险工作	×××××
×××	安全部部长	安全保卫组组长	负责现场保护工作	×××××
×××	综合部部长	通讯联络组组长	负责与各应急小组、外部有关部门（包括事发当地医疗、应急救援机构等）的通讯联络和情况通报	×××××
所有施工作业人员		服从统一指挥，积极参加救援工作		

（三）应急处置

挖装作业安全事故现场的应急处置如表6-16所示。

表6-16 应急处置

序号	事故类型	处置程序	备注
1	险肇事故	作业人员在挖装过程如发觉出现边坡坍塌、滚石等危险迹象时 ↓ 立即停止挖装作业，可连续按挖装设备上的喇叭引起现场人员注意，或大声呼叫，或用对讲机（手机）通知周围可能受到危险威胁的人员迅速撤离，时间许可时，可将设备转移至安全处 ↓ 报告施工队长或调度长，由其组织、安排人员排除险情 ↓ 经现场生产管理人员和安全员共同确认安全后，恢复生产	
2	设备翻倒（落），非伤亡	报警： 司机或目击者→施工现场负责人或安全员→安全部部长→生产单位应急总指挥	报警内容应简明扼要，讲明事故地点及危害程度

序号	事故类型	处　置　程　序		备　注
		↓		
2	设备翻倒（落），非伤亡	生产单位应急总指挥接警后，应迅速组织各救援小组成员赶赴事故现场，根据现场情况制定抢险方案		
		↓		
		安全保卫组现场取证。同时向设备投保单位报告，落实对方是否前来现场取证、确认		
		↓		
		抢险组按抢险方案将翻倒、被埋设备抢救出来，拖至安全处		
		↓		
		排除安全隐患，经事故调查组对现场检查确认安全后，生产单位应急总指挥下令恢复生产		
3	轻伤	当发生人员受轻伤时，应立即停止设备运行，停止作业		
		↓		
		报警：作业人员或目击者→现场施工负责人或安全员→安全部部长→生产单位应急总指挥	自救：受伤者能自行走动的，尽快离开危险区域，不能走动的，现场其他作业人员及目击者应尽快协助，并帮助其脱离危险，并将其扶送至安全处	报警与自救同步进行
		↓		
		用干净的布条、绑带为受伤者包扎伤口止血，以最快方式送伤者就近医院治疗		
		↓		
		如同时发生设备翻落，按上述"设备翻倒（落）"程序进行抢险	救援结束后，进行事故取证、调查，排除安全隐患，经事故调查组对现场检查确认安全后，生产单位应急总指挥下令恢复生产	
4	重伤死亡事故	事故造成人员重伤或死亡时，应立即按下述程序报警：作业人员、目击者→安全部部长→生产单位应急总指挥——→公司应急办公室24小时接警人——→工程所在地县级以上安监局		报警内容应简明扼要，讲明发生事故的时间、地点及伤亡情况
		↓		
		重伤3人以下	发生重伤3人以上、死亡事故	
		启动生产单位应急预案	请求当地政府应急救援机构协助；公司总部启动相应级别应急预案	
		↓	↓	

序号	事故类型	处 置 程 序		备 注
4	重伤死亡事故	生产单位应急总指挥迅速组织各应急小组赶赴事故现场,履行各自职责开展救援工作; 抢救受伤人员,尽快使受伤者脱离险境,送医院治疗。必要时打 120 或协议救护队、协议救援医院电话,请求派员协助抢救	在当地救援机构未到达之前积极开展自救,当地救援机构到达后由其组织指挥救援工作。公司及生产单位救援人员服从指挥,积极配合	通讯联络组应派人到对方熟悉的地方接应外部救援人员,并保持通讯联系
		↓		
		救援结束后,注意保护好现场,清点人数,积极配合有关部门的调查处理工作,并做好伤亡人员的善后处理。调查处理完毕后,经有关部门同意,立即组织人员进行现场清理,尽快恢复生产		

(四) 注意事项

(1) 救援人员应正确戴好劳动防护用品。

(2) 遵守 "先人后物,先伤者后尸体,先重伤后轻伤" 的救援原则。

(3) 在可能再次发生滑塌、设备倾倒危险处进行救险时,应先排险后抢救受伤人员,避免造成事故进一步扩大。救援人员在抢险过程中应注意保护自己的安全。

(4) 在抢救被掩埋人员时,应防止所使用的工 (器) 具对被埋者造成二次伤害。

(5) 如果肢体仍被卡在设备内,不可用倒转设备的方法取出肢体,妥善的方法是拆除设备部件,无法拆除时拨打当地 119 请求社会救援。

(6) 受伤人员出现肢体骨折时,应尽量保持受伤的体位,由医务人员对伤肢进行固定,并在其指导下采用正确的方式进行抬运,防止因救助不当导致伤情进一步加重。

(7) 受伤人员出现呼吸、心跳停止症状后,必须立即进行心脏按压或人工呼吸。

(8) 常用的救治处置方法:

1) 出血的处置方法:伤口渗血,用消毒纱布或用干净布盖住伤口,然后进行包扎,若包扎后扔有较多渗血,可再加绷带,适当加压止血或用布带等止血;伤口出血呈喷射状或鲜血涌出时立即用清洁手指压迫出血点上方 (近心端) 使血流中断,并将出血肢体抬高或举高,以减少出血量,有条件用止血带止血后再送医院。

2) 骨折处置方法:肢体骨折可用夹板或木棍、竹竿等将断骨上、下方关节固定,也可利用伤员身体进行固定,避免骨折部位移动,以减少疼痛,防止伤势恶化;开放性骨折,伴有大出血者应先止血,固定,并用干净布片覆盖伤口,然后速送医院救治,切勿将外露的断骨推回伤口内;疑有颈椎损伤,在使伤员平卧后,用沙土袋 (或其他替代物) 放在头部两侧使颈部固定不动,以免引起截瘫;腰椎骨折应将伤员平卧在平硬木板上,并将椎躯干及二侧下肢一同进行固定预防瘫痪。搬动时应数人合作,保持平稳,不能扭曲;在搬运和转送过程中,颈部和躯干不能前屈或扭转,而应使脊柱伸直,绝对禁止一个抬肩一个抬腿的搬法,以免发生或加重截瘫。

3) 颅脑外伤:应使伤员采取平卧位,保持气管通畅,若有呕吐,扶好头部和身体同时侧转防窒息；耳鼻有液体流出时，不要用棉花堵塞，只可轻轻拭去，以利降低颅内压力；颅脑外伤，病情复杂多变，禁止给予饮食，应立送医院诊治；搬动伤员时，应使伤员平躺在担架上，腰部束在担架上，防止跌下。平地搬走时，伤员头部在后，上楼、下楼、下坡时头部在上。

4）穿透伤及内伤：如有腹腔脏器脱出，可用干毛巾、软布料或搪瓷碗加以保护；及时去除伤员身上的用具和口袋中的硬物；禁止将穿透物拔除，应立即将伤员连同穿透物一起送往医院处置。

（9）在做好事故紧急救助的同时，应注意保护事故现场，对相关信息和证据进行收集和整理，做好事故调查工作。

（10）及时补充、维修在本次救援中消耗、损坏的应急救援器具、物资。

说明：机械伤害和设备着火分别见《机械伤害现场处置方案》和《火灾事故现场处置方案》。

四、运输作业安全事故现场应急处置方案

（一）事故特征

运输作业安全事故特征如表6-17所示。

表6-17　事故特征

序号	可能发生的事故类型	事故发生的区域、地点或装置名称	事故可能发生的季节	造成的危害程度	事故前可能出现的征兆	预防措施
1	车辆相撞	工地施工运输道路、排土场	全年均可能发生	车辆损毁人员伤亡	无	1. 禁止无证驾驶，严禁酒后开车；2. 遵守交通规则及生产单位有关工地上运输车辆的安全管理规定，严禁超速、超载；3. 定期对车辆进行维修保养及做好"点检"工作，禁止车辆带故障行驶；4. 工地运输道路临边和排土场、堆矿石场临边必须修筑符合规范要求的挡土墙；5. 车辆在排土场、堆矿石场排渣（矿石）时，必须服从管理人员指挥，按管理规定、操作要求进行排放；6. 因雾、粉尘、照明等因素使驾驶员视距小于30m或遇暴雨、大雪、大风等恶劣天气时，应停止作业
2	翻车、坠落	工地施工运输道路、排土场	全年均可能发生	车辆损毁人员伤亡	无	
3	车辆撞到行人	工地施工运输道路、排土场	全年均可能发生	人员伤亡	无	
4	大块石块从车箱上坠落	工地施工运输道路、排土场	全年均可能发生	人员伤亡	无	1. 运渣（矿石）的车辆不得满；2. 车辆上部禁止装大块石块或矿石；3. 经过崎岖路面或遇上行人时应减速行驶或停车避让

（二）组织与职责

运输作业安全事故现场组织与职责如表6-18所示。

表 6-18 组织与职责

姓名	职 务	应急救援职务	应急救援职责	联系电话
×××	生产单位负责人	总指挥	负责本单位安全生产事故的应急指挥、组织、协调工作，以及生产单位救援方案的决策工作。及时向公司总部及当地政府安监部门报告事故情况，并根据事故严重程度、发展态势决定是否扩大事故救援级别，请求协助救援	×××××
×××	项目生产副经理	副总指挥	当生产单位负责人外出不在项目部时，履行救援总指挥职责，当生产单位负责人在生产单位时，协助做好救援指挥、组织工作	×××××
×××	调度长	抢险组组长	负责现场抢险组织工作	×××××
×××	各施工队队长	抢险组副组长	协助抢险组组长组织本施工队人员做好现场抢险工作	×××××
×××	安全部部长	安全保卫组组长	负责现场保护工作	×××××
×××	综合部部长	通讯联络组组长	负责与各应急小组、外部有关部门（包括事发当地医疗、应急救援机构等）的通讯联络和情况通报	×××××
现场施工人员			服从统一指挥，积极参加救援工作	

（三）应急处置

运输作业安全事故应急处置如表 6-19 所示。

表 6-19 应急处置

序号	事故类型	处 置 程 序	备 注
1	非伤亡事故	如果事故只是造成车辆损毁，没有人伤亡，按下面程序报警： 司机或目击者→施工现场负责人或安全员→安全部部长→生产单位应急总指挥	报警内容应简明扼要，讲明发生事故地点及危害程度
		↓	
		生产单位应急总指挥接警后，应迅速组织各救援小组成员赶赴事故现场，根据现场情况制定抢险方案	
		↓	
		安全保卫组现场取证，同时向车辆投保单位报告，落实对方是否前来现场取证、确认	
		↓	
		抢险组组织人员、设备将翻倒、撞坏的车辆拖离事故现场	
		↓	
		排除安全隐患，经事故调查组对现场检查确认安全后，生产单位应急总指挥下令恢复生产	

序号	事故类型	处 置 程 序		备 注
2	轻伤	当发生车辆相撞、翻倒、坠落、撞人事故后，只是造成人员轻伤时		
		↓		
		报警：作业人员或目击者→现场施工负责人或安全员→安全部部长→项目部应急总指挥	自救：受伤者能自行走动的，尽快离开危险区域，不能走动的，现场其他作业人员、目击者应尽快协助，并帮助其脱离危险，并将其扶送至安全处	1. 报告与自救同步进行；2. 报告内容要求简明扼要
		↓		
		用干净的布条、绑带为受伤者包扎伤口止血，以最快方式送伤者就近医院治疗		
		如同时发生车辆翻落、坠落按上述"非伤亡事故"程序进行抢险	救援结束后，进行事故取证、调查，排除安全隐患，经事故调查组对现场检查确认安全后，生产单位应急总指挥下令恢复生产	
3	重伤死亡事故	事故造成人员重伤或死亡时，应立即按下述程序报警： 作业人员、目击者→安全部部长→生产单位应急 总指挥　→公司应急办公室24小时接警人 　　　　→工程所在地县级以上安监局		报警内容应简明扼要，讲明发生事故的时间、地点及伤亡情况
		↓		
		重伤 3 人以下	发生重伤 3 人以上、死亡事故	
		启动生产单位应急预案	请求当地政府应急救援机构协助；公司总部启动相应级别应急预案	
		↓	↓	
		生产单位应急总指挥迅速组织各应急小组赶赴事故现场，履行各自职责开展救援工作； 抢救受伤人员，尽快使受伤者脱离险境，送医院治疗。必要时打 120 或协议救护队、协议救援医院电话，请求派员协助抢救	在当地救援机构未到达之前积极开展自救，当地救援机构到达后由其组织指挥救援工作。公司及生产单位救援人员服从指挥，积极配合	通讯联络组应派人到对方熟悉的地方接应外部救援人员，并保持通讯联系
		↓		
		救援结束后，注意保护好现场，清点人数，积极配合有关部门的调查处理工作，并做好伤亡人员的善后处理。调查处理完毕后，经有关部门同意，立即组织人员进行现场清理，尽快恢复生产		

（四）注意事项

（1）救援人员应正确戴好劳动防护用品。

（2）遵守"先人后物，先伤者后尸体，先重伤后轻伤"的救援原则。

（3）在可能再次发生滑塌、设备倾倒危险处进行救险时，应先排险后抢救受伤人员，避免造成事故进一步扩大。救援人员在抢险过程中应注意保护自己的安全。

（4）在抢救被掩埋人员时，应防止所使用的工（器）具对被埋者造成二次伤害。

（5）发生断手、断指等严重情况时，对伤者伤口要进行包扎止血、止痛、进行半握拳状的功能固定。对断手、断指应用消毒或清洁敷料包好，忌将断指浸入酒精等消毒液中，以防细胞坏死。将包好的断手、断指放在无泄漏的塑料袋内，扎紧袋口，在袋周围放些冰块，或用冰棍代替，速将伤者送医院抢救。

（6）如果受伤者身体被卡在车内，妥善的方法是撬开或拆除卡压在伤者身上的部件，无法撬开或拆除时拨打当地119请求社会救援。

（7）受伤人员出现肢体骨折时，应尽量保持受伤的体位，由医务人员对伤肢进行固定，并在其指导下采用正确的方式进行抬运，防止因救助不当导致伤情进一步加重。

（8）受伤人员出现呼吸、心跳停止症状后，必须立即进行心脏按压或人工呼吸。

（9）常用的救治处置方法：

1）出血的处置方法：伤口渗血，用消毒纱布或用干净布盖住伤口，然后进行包扎；若包扎后仍有较多渗血，可再加绷带，适当加压止血或用布带等止血；伤口出血呈喷射状或鲜血涌出时立即用清洁手指压迫出血点上方（近心端）使血流中断，并将出血肢体抬高或举高，以减少出血量。有条件用止血带止血后再送医院。

2）骨折处置方法：肢体骨折可用夹板或木棍、竹竿等将断骨上、下方关节固定，也可利用伤员身体进行固定，避免骨折部位移动，以减少疼痛，防止伤势恶化；开放性骨折，伴有大出血者应先止血，固定，并用干净布片覆盖伤口，然后速送医院救治，切勿将外露的断骨推回伤口内；疑有颈椎损伤，在使伤员平卧后，用沙土袋（或其他替代物）放在头部两侧使颈部固定不动，以免引起截瘫；腰椎骨折应将伤员平卧在平硬木板上，并将椎躯干及二侧下肢一同进行固定预防瘫痪，搬动时应数人合作，保持平稳，不能扭曲；在搬运和转送过程中，颈部和躯干不能前屈或扭转，而应使脊柱伸直，绝对禁止一个抬肩一个抬腿的搬法，以免发生或加重截瘫。

3）颅脑外伤：应使伤员采取平卧位，保持气管通畅，若有呕吐，扶好头部和身体同时侧转防窒息；耳鼻有液体流出时，不要用棉花堵塞，只可轻轻拭去，以利降低颅内压力；颅脑外伤，病情复杂多变，禁止给予饮食，应立送医院诊治；搬动伤员时，应使伤员平躺在担架上，腰部束在担架上，防止跌下；平地搬走时，伤员头部在后，上楼、下楼、下坡时头部在上。

4）穿透伤及内伤：如有腹腔脏器脱出，可用干毛巾、软布料或搪瓷碗加以保护；及时去除伤员身上的用具和口袋中的硬物；禁止将穿透物拔除，应立即将伤员连同穿透物一起送往医院处置。

（10）在做好事故紧急救助的同时，应注意保护事故现场，对相关信息和证据进行收集和整理，做好事故调查工作。

（11）及时补充、维修在本次救援中消耗、损坏的应急救援器具、物资。

说明：设备着火见《火灾事故现场处置方案》。

五、排土场滑塌、尾矿库溃坝事故现场应急处置方案

（一）事故特征

排土场滑塌、尾矿库溃坝事故特征如表6-20所示。

表 6-20　事故特征

可能发生的事故类型	事故发生的区域、地点或装置名称	事故可能发生的季节	造成的危害程度	事故前可能出现的征兆	预防措施
滑坡坍塌	排土场	全年均可能发生，但雨季期间多发	可能造成在排土场内作业的车辆坠毁人员被埋，多人受伤、死亡	工作面沉降严重、出现裂缝，底部明显凸起	1. 依照设计要求进行排土施工；2. 安排专职人员管理排土场，并负责排土场监视及险情预报、预警工作；3. 对排土场的沉降情况进行观察、监测，并根据掌握数据分析、判断其稳定性；4. 保持排土场的排水系统畅通；5. 因雾、粉尘、照明等因素使驾驶员视距小于30m或遇暴雨、大雪、大风等恶劣天气时，应停止排土作业；6. 大雨过后，应先检查排土场，确认稳定后方可进行排土作业

（二）组织与职责

排土场滑塌、尾矿库溃坝事故现场的组织与职责如表6-21所示。

表 6-21　组织与职责

姓名	职务	应急救援职务	应急救援职责	联系电话
×××	生产单位负责人	总指挥	负责本单位安全生产事故的应急指挥、组织、协调工作，以及生产单位救援方案的决策工作。及时向公司总部及当地政府安监部门报告事故情况，并根据事故严重程度、发展态势决定是否扩大事故救援级别，请求协助救援	×××××
×××	项目生产副经理	副总指挥	当生产单位负责人外出不在生产单位时，履行救援总指挥职责，当生产单位负责人在生产单位时，协助做好救援指挥、组织工作	×××××
×××	调度长	抢险组组长	负责现场抢险组织工作	×××××
×××	各施工队队长	抢险组副组长	协助抢险组组长组织本施工队人员做好现场抢险工作	×××××
×××	安全部部长	安全保卫组组长	负责现场保护工作	×××××

姓名	职　务	应急救援职务	应急救援职责	联系电话
×××	综合部部长	通讯联络组组长	负责与各应急小组、外部有关部门（包括事发当地医疗、应急救援机构等）的通讯联络和情况通报	×××××
现场施工人员			服从统一指挥，积极参加救援工作	

（三）应急处置

排土场滑塌、尾矿库溃坝事故的应急处置如表6-22所示。

表6-22　应急处置

序号	事故类型	处　置　程　序	备　注
1	险肇事故	当排土场出现滑塌险情时，在场任何人都有义务以最快捷的方式（如呼叫、连续按车上喇叭等）通知场内人员、车辆迅速撤离 ↓ 临时关闭排土场，在排土场进出口处拉上警戒绳或其他禁止车辆、人员进入的警示标志 ↓ 报告：作业人员→现场负责人或安全员→生产单位应急总指挥 ↓ 在排土场停止滑塌后，生产单位应急总指挥组织技术、安全、生产管理部门人员进行安全评估，确认安全后恢复排土作业	
2	非伤亡事故	如果排土场滑塌后只是造成车辆、设备一同滑落、被掩埋、损毁，现场目击者按下面程序报告：现场人员→施工现场负责人或安全员→生产单位应急总指挥 ↓ 生产单位应急总指挥及各救援小组成员赶赴事故现场，根据现场情况制定抢险方案 ↓ 安全保卫组现场取证，同时向设备投保单位报告，落实对方是否前来现场取证、确认 ↓ 经项目应急总指挥组织技术、安全、生产等部门人员进行安全评估确认排土场已稳定，抢险组组织力量将坠落、被埋的车辆抢救出来 ↓ 排除安全隐患，经事故调查组对现场检查确认安全，应急总指挥下令恢复排土作业	

序号	事故类型	处　置　程　序		备　注
3	轻伤	当排土场滑坡造成人员轻伤时		
		↓		
		报警：作业人员或目击者→现场施工负责人或安全员→安全部部长→生产单位应急总指挥	自救：受伤者能自行走动的，尽快离开危险区域，不能走动的，现场其他作业人员、目击者应尽快协助，并帮助其脱离危险，并将其扶送至安全处	1. 报告与自救同步进行；2. 报告内容要求简明扼要
		↓		
		用干净的布条、绑带为受伤者包扎伤口止血，以最快方式送伤者就近医院治疗		
		↓		
		如同时发生车辆翻落、坠落，按上述"非伤亡事故"程序进行抢险	救援结束后，进行事故取证、调查，排除安全隐患，经事故调查组对现场检查确认安全后，生产单位应急总指挥下令恢复生产	
4	重伤死亡事故	事故造成人员重伤或死亡时，应立即按下述程序报警：作业人员、目击者→安全部部长→生产单位应急 总指挥——→公司应急办公室24小时接警人 ——→工程所在地县级以上安监局		报警内容应简明扼要，讲明发生事故的时间、地点及伤亡情况
		↓		
		重伤3人以下	发生重伤3人以上、死亡事故	
		启动生产单位应急预案	请求当地政府应急救援机构协助；公司总部启动相应级别应急预案	
		↓		
		生产单位应急总指挥迅速组织各应急小组赶赴事故现场，履行各自职责开展救援工作； 　　抢救受伤人员，尽快使受伤者脱离险境，送医院治疗。必要时打120或协议救护队、协议救援医院电话，请求派员协助抢救	在当地救援机构未到达之前积极开展自救，当地救援机构到达后由其组织指挥救援工作。公司及生产单位救援人员服从指挥，积极配合	通讯联络组应派人到对方熟悉的地方接应外部救援人员，并保持通讯联系
		↓		
		救援结束后，注意保护好现场，清点人数，积极配合有关部门的调查处理工作，并做好伤亡人员的善后处理。调查处理完毕后，经有关部门同意，立即组织人员进行现场清理，尽快恢复生产		

（四）注意事项

（1）救援人员应正确戴好劳动防护用品。

（2）遵守"先人后物，先伤者后尸体，先重伤后轻伤"的救援原则。

（3）在可能再次发生滑塌、设备倾倒危险处进行救险时，应先排险后抢救受伤人员，避免造成事故进一步扩大。救援人员在抢险过程中应注意保护自己的安全。

（4）在抢救被掩埋人员时，应防止所使用的工（器）具对被埋者造成二次伤害。

（5）如果受伤者身体被卡在车内，妥善的方法是撬开或拆除卡压在伤者身上的部件，无法撬开或拆除时拨打当地119请求社会救援。

（6）受伤人员出现肢体骨折时，应尽量保持受伤的体位，由医务人员对伤肢进行固定，并在其指导下采用正确的方式进行抬运，防止因救助不当导致伤情进一步加重。

（7）受伤人员出现呼吸、心跳停止症状后，必须立即进行心脏按压或人工呼吸。

（8）常用的救治处置方法：

1）出血的处置方法：伤口渗血，用消毒纱布或用干净布盖住伤口，然后进行包扎。若包扎后仍有较多渗血，可再加绷带，适当加压止血或用布带等止血；伤口出血呈喷射状或鲜血涌出时立即用清洁手指压迫出血点上方（近心端）使血流中断，并将出血肢体抬高或举高，以减少出血量。有条件用止血带止血后再送医院。

2）骨折处置方法：肢体骨折可用夹板或木棍、竹竿等将断骨上、下方关节固定，也可利用伤员身体进行固定，避免骨折部位移动，以减少疼痛，防止伤势恶化；开放性骨折，伴有大出血者应先止血，固定，并用干净布片覆盖伤口，然后速送医院救治，切勿将外露的断骨推回伤口内；疑有颈椎损伤，在使伤员平卧后，用沙土袋（或其他替代物）放在头部两侧使颈部固定不动，以免引起截瘫；腰椎骨折应将伤员平卧在平硬木板上，并将椎躯干及二侧下肢一同进行固定预防瘫痪。搬动时应数人合作，保持平稳，不能扭曲；在搬运和转送过程中，颈部和躯干不能前屈或扭转，而应使脊柱伸直，绝对禁止一个抬肩一个抬腿的搬法，以免发生或加重截瘫。

3）颅脑外伤：应使伤员采取平卧位，保持气管通畅，若有呕吐，扶好头部和身体同时侧转防窒息；耳鼻有液体流出时，不要用棉花堵塞，只可轻轻拭去，以利降低颅内压力；颅脑外伤，病情复杂多变，禁止给予饮食，应立送医院诊治；搬动伤员时，应使伤员平躺在担架上，腰部束在担架上，防止跌下。平地搬走时，伤员头部在后，上楼、下楼、下坡时头部在上。

4）穿透伤及内伤：如有腹腔脏器脱出，可用干毛巾、软布料或搪瓷碗加以保护；及时去除伤员身上的用具和口袋中的硬物；禁止将穿透物拔除，应立即将伤员连同穿透物一起送往医院处置。

（9）在做好事故紧急救助的同时，应注意保护事故现场，对相关信息和证据进行收集和整理，做好事故调查工作。

（10）及时补充、维修在本次救援中消耗、损坏的应急救援器具、物资。

六、露天矿山及大型土石方工程施工火灾事故现场处置方案

（一）事故特征

露天矿山及大型土石方工程施工火灾事故特征如表6-23所示。

表 6-23　事故特征

序号	事故发生的区域、地点或装置名称	事故可能发生的季节	造成的危害程度	事故前可能出现的征兆	预 防 措 施
1	油库	一年四季均可能发生，秋冬季多发	人员伤亡财产损失	烟气、异味、响声、噪声	1. 制定消防保卫方案，建立健全各项消防安全制度，操作规程，并严格遵守执行；2. 生产、生活用的民爆器材、油漆、油料、燃料等易燃易爆物品，应按有关安全规定设置储存库房或场地，不得在施工现场、生活区和办公区内存放；3. 严禁任何单位和个人在施工现场或生活区、办公区设置机械设备维护油浸清洗间；机械设备换装润滑等油料时，废旧油料应妥善收集处理，如有泄漏，应及时清理干净。不得在施工现场、生活区、办公区进行易燃易爆物品的混合调配；4. 爆破器材库、油库应安装避雷针；5. 严禁在民爆器材库、油库、易燃、易爆物品库内吸烟及在其附近动火；库房墙体外围 5m 范围内的草木及其他杂物必须清除干净，库区内不得存放煤或木料；6. 易燃易爆物品必须集中保管，不准私自存放；禁止任意燃纸、燃放烟花鞭炮；7. 民爆器材库、油库、易燃、易爆物品库、修理工场、宿舍、食堂、办公室严禁乱拉乱接电线；禁止使用电炉、酒精（油气）炉和煤炉等明火炉用于取暖或作其他用途；8. 民爆器材库、油库、易燃、易爆物品库、加油车、修理工场、宿舍、食堂、办公室等必须配备足够有效的灭火设施、材料、器具，并规定专人负责检查、维护和管理；9. 汽车（包括加油车）进入爆破器材库、油库、易燃、易爆物品库必须熄火，禁止开启手机、对讲机等通讯工具；10. 加油车在施工现场为车辆、施工机械设备加油时，周围半径 30m 范围内禁止明火作业（如电焊、气割等）、吸烟，爆破作业现场 50m 范围内，禁止加油车进入；11. 爆破器材库、油库、易燃、易爆物品库因维修、改造需动火时，必须按规定提前到生产单位安全部门办理动火手续，经批准同意并在专职安全员监护下方可动火作业，动火作业人员必须持上岗证，并按要求对作业区域易燃易爆物品进行清理，对有可能飞溅下落火花的孔洞采取措施进行封堵，并在现场配备灭火器材，作业完毕，要认真检查，确无火源隐患，方可离去；12. 禁止将充电器放在床头上充电、躺在床上吸烟，乱丢烟头；13. 经常检修设备、车辆的电气线路，防止短路、过热引起设备自燃；14. 冬季启动设备严禁用明火烤油路
2	爆破器材				
3	氧气瓶、乙炔瓶库				
4	润滑油、油脂库				
5	材料库				
6	日用品库				
7	员工宿舍				
8	办公室				
9	食堂				
10	修理厂				
11	焊接、切割作业				
12	施工设备、车辆				

（二）组织与职责

火灾事故现场的组织与职责如表 6-24 所示。

表 6-24 组织与职责

姓名	职 务	应急救援职务	应急救援职责	联系电话
×××	生产单位负责人	总指挥	负责本单位安全生产事故的应急指挥、组织、协调工作，以及生产单位救援方案的决策工作。及时向公司总部及当地政府安监部门报告事故情况，并根据事故严重程度、发展态势决定是否扩大事故救援级别，请求协助救援	×××××
×××	项目生产副经理	副总指挥	当生产单位负责人外出不在生产单位时，履行救援总指挥职责，当生产单位负责人在生产单位时，协助做好救援指挥、组织工作	×××××
×××	调度长	抢险组组长	负责现场抢险组织工作	×××××
×××	各施工队队长	抢险组副组长	协助抢险组组长组织本施工队人员做好现场抢险工作	×××××
×××	安全部部长	安全保卫组组长	负责现场保护工作	×××××
×××	综合部部长	通讯联络组组长	负责与各应急小组、外部有关部门（包括事发当地医疗、应急救援机构等）的通讯联络和情况通报	×××××
现场施工人员			服从统一指挥，积极参加救援工作	

（三）应急处置

露天矿山及大型土石方工程施工火灾事故现场的应急处置如表 6-25 所示。

表 6-25 应急处置

序号	事故类型	处 置 程 序	备 注
1	火情	报警：发现火灾事故征兆，如电源线产生火花，某个部位有烟气、异味等，现场人员或目击者报告生产单位应急总指挥。如是宿舍着火，应大声呼叫，唤醒其他员工。所有员工应熟悉报警程序 ↓ 现场人员进行自救、灭火、防止火情扩大 ↓ 应急总指挥接报告，立即到达事故现场了解情况，组织人员进行自救灭火 ↓ 火情已被扑灭，做好现场保护及取证工作，待事故调查结束后，经同意，做好事故现场的清理工作	按规定时间向公司应急办公室24小时接警人报告
2	火灾	如火势蔓延扩大，应急总指挥应通知各救援小组快速集结，快速反应，履行各自职责投入灭火行动。并及时向公司应急办公室24小时接警人报告 ↓ 应急总指挥安排通讯联络组向公安消防机构报火警（119），如有人员受伤，应同时拨打120或协议救护队、协议救援医院电话，请求派员协助抢救。联络组派人到明显处接应消防车辆 ↓	报火警要讲明着火场所、火势情况；请医疗救护应讲明受伤人数、受伤情况

序号	事故类型	处　置　程　序		备　注
2	火灾	各灭火小组在消防人员到达事故现场之前，应继续根据不同类型的火灾，采取不同的灭火方法，加强冷却，撤离周围易燃可燃物品等办法控制火势	疏散组应通知引导各部位人员尽快疏散，尽量通知到应撤离火灾现场的所有人员。在烟雾弥漫中，要用湿毛巾掩鼻，低头弯腰逃离火场	
		↓		
		消防人员到达事故现场后，听从指挥积极配合专业消防人员完成灭火任务		
		↓		
		灭火结束后，注意保护好现场，清点人数，积极配合有关部门的调查处理工作，并做好伤亡人员的善后处理。调查处理完毕后，经有关部门同意，立即组织人员进行现场清理，尽快恢复生产		
3	电气设备着火	电线、电气设施着火，应首先切断供电线路及电气设备电源		
		↓		
		灭火：电气设备着火，灭火人员应充分利用现有的消防设施，装备器材进行灭火。扑救电气火灾，可选用干粉灭火器、二氧化碳灭火器，不得使用水、泡沫灭火器灭火。着火事故现场由熟悉带电设备的技术人员负责灭火指挥或组织消防灭火组进行扑灭电气火灾		
		↓		
		及时疏散事故现场有关人员及抢救疏散着火周围的物资		
		↓		
		公安消防到达后，协同配合公安消防队灭火抢险		
		↓		
		灭火结束后，注意保护好现场，清点人数，积极配合有关部门的调查处理工作，并做好伤亡人员的善后处理。调查处理完毕后，经有关部门同意，立即组织人员进行现场清理，尽快恢复生产		
4	施工设备车辆着火	发现设备着火时，应立即停机		
		↓		
		迅速用设备上配备的灭火器灭火		
		↓		
		火势扩大时，作业人员应尽快调用其他设备或附近的灭火器材，包括利用现场挖装设备、铁铲等器具用泥沙掩埋隔绝空气法灭火		
		↓		
		当火势没法控制时，救援人员及周围人员必须迅速撤离至安全处，防止设备上的油箱发生爆炸造成伤害		
		救援结束后，进行事故取证、调查，排除安全隐患，经事故调查组对现场检查确认安全后，生产单位应急总指挥下令恢复生产		

序号	事故类型	处 置 程 序	备 注
5	民用爆炸物品着火	发现设备着火时，应立即撤离现场	
		↓	
		发现火情人员立即报告项目负责人	
		↓	
		项目负责人应立即通知矿山业主、附近施工单位、当地公安机关，按照现场民用爆炸物品的量确定爆炸影响范围，并组织人员设置警戒线	
		待炸药燃烧完毕或发生爆炸后半小时组织人员清理现场，进行事故取证、调查，排除安全隐患，经事故调查组对现场检查确认安全后，生产单位应急总指挥下令恢复生产	

（四）注意事项

（1）灭火人员应是经过训练的人员，灭火时，应使用正确的灭火器材。

（2）在有可能形成有毒或窒息性气体的火灾时，应佩戴隔绝式氧气呼吸器或采取其他措施，以防救援灭火人员中毒。救援人员在抢险过程中应注意保护自己的安全。

（3）扑救电气设备着火时，灭火人员应穿绝缘鞋，戴绝缘手套、防毒面具等措施加强自我保护。

（4）进行自救灭火，疏导人员、抢救物资、抢救伤员等，救援行动时，应注意自身安全，无能力自救时各组人员应尽快撤离火灾现场。

（5）火灾现场应急总指挥应随时保持与各小组的通讯联络，根据情况可互相调配人员。

（6）被救人员衣服着火时，可就地翻滚，用水或毯子、被褥等物覆盖措施灭火，伤处的衣、裤、袜应剪开脱去，不可硬行撕拉，伤处用消毒纱布或干净棉布覆盖，并立即送往医院救治。

（7）对烧伤面积较大的伤员要注意呼吸，心跳的变化，必要时进行心脏复苏。

（8）对有骨折出血的伤员，应作相应的包扎，固定处理，搬运伤员时，以不压迫伤面和不引起呼吸困难为原则。

（9）尽快将伤员送往附近医院进行抢救救治。

（10）抢救受伤严重或在进行抢救伤员的同时，应及时拨打急救中心电话（120），由医务人员进行现场抢救伤员的工作，并派人接应急救车辆。

七、露天矿山及大型土石方工程施工触电事故现场处置方案

（一）事故特征

露天矿山及大型土石方工程施工触电事故特征如表 6-26 所示。

表 6-26　事故特征

序号	事故发生的区域、地点或装置名称	事故可能发生的季节	造成的危害程度	事故前可能出现的征兆	预　防　措　施
1	施工现场	全年均可发生，但潮湿天气时易发	1. 当流经人体电流大于 10mA 时，人体将会产生危险的病理生理效应，并随着电流的增大、时间的增长将会产生心室纤维性颤动，乃至人体窒息（"假死"状态），在瞬间或在 3min 内就夺去人的生命；2. 当人体触电时，人体与带电体接触不良部分发生的电弧灼伤、电烙印，由于被电流熔化和蒸发的金属微粒等侵入人体皮肤引起的皮肤金属化。这些伤害会给人体留下伤痕，严重时也可能致死	无	1. 用电设备及用电装置按照国家有关规范进行设计、安装及使用；2. 非电工人员严禁安装、接拆电气用电设备及用电装置；3. 严格对不同的环境下的安全电压进行检查；4. 带电体之间、带电体与地面之间、带电体与其他设施之间、工作人员与带电体之间必须保持足够的安全距离，进行隔离防护；5. 在有触电危险的处所设置醒目的文字或图形标志；6. 设备的金属外壳采用保护接地措施；7. 供电系统正确采用接地系统，工作零线和保护零线区分开；8. 用电线路设两级漏电保护；9. 漏电保护装置必须定期进行检查
2	修理厂				
3	仓库				
4	办公室				
5	宿舍				
6	食堂				

（二）组织与职责

露天矿山及大型土石方工程施工触电事故现场的组织与职责如表 6-27 所示。

表 6-27　组织与职责

姓名	职　务	应急救援职务	应急救援职责	联系电话
×××	生产单位负责人	总指挥	负责本单位安全生产事故的应急指挥、组织、协调工作，以及生产单位救援方案的决策工作。及时向公司总部及当地政府安监部门报告事故情况，并根据事故严重程度、发展态势决定是否扩大事故救援级别，请求协助救援	×××××
×××	项目生产副经理	副总指挥	当生产单位负责人外出不在生产单位时，履行救援总指挥职责，当生产单位负责人在生产单位时，协助做好救援指挥、组织工作	×××××
×××	调度长	抢险组组长	负责现场抢险组织工作	×××××
×××	各施工队队长	抢险组副组长	协助抢险组组长组织本施工队人员做好现场抢险工作	×××××
×××	安全部部长	安全保卫组组长	负责现场保护工作	×××××
×××	综合部部长	通讯联络组组长	负责与各应急小组、外部有关部门（包括事发当地医疗、应急救援机构等）的通讯联络和情况通报	×××××
现场施工人员			服从统一指挥，积极参加救援工作	

（三）应急处置

露天矿山及大型土石方工程施工触电事故现场的应急处置如表 6-28 所示。

表 6-28　应急处置

序号	事故类型	处置程序		备注
1	低压触电事故	脱离电源： 　方法：1. 立即拉掉开关、拔出插销，切断电源；2. 如电源开关距离太远，用有绝缘把的钳子或用木柄的斧子断开电源线；3. 用木板等绝缘物插入触电者身下，以隔断流经人体的电流；4. 用干燥的衣服、手套、绳索、木板等绝缘物作为工具，拉开触电者及挑开电线使触电者脱离电源	报警： 　现场目击者→安全部部长→生产单位应急总指挥	使触电者脱离电源与报警应同时进行
		↓		
		应急总指挥迅速组织救援人员赶赴事故现场，并安排通讯联络组打 120 或协议救护队、协议救援医院电话，请求派员协助抢救。联络组应派人到对方熟悉的地方接应前来协助抢救人员，并保持通讯联系		
		↓		
		现场急救： 　1. 当触电者脱离电源后，应根据触电者的具体情况，迅速采取对症救护； 　2. 触电者伤势不重，应使触电者安静休息，不要走动，严密观察，等待医生前来诊治或送往医院； 　3. 触电者失去知觉，但心脏跳动和呼吸还存在，应使触电者舒适、安静地平卧，周围不要围人，使空气流通，解开他的衣服以利呼吸，等待医生救治或送往医院； 　4. 触电者呼吸困难或发生痉挛，应准备心跳或呼吸停止后立即做进一步的抢救； 　5. 如果触电者伤势严重，呼吸及心脏停止，应立即施行人工呼吸和胸外挤压，等待医生诊治或送往医院，在等待医生或送往医院途中，不能终止急救		
		↓		
		抢救工作结束后： 　现场保护、取证→事故调查→隐患整改→调查组对隐患整改验收合格→恢复生产		
2	高压触电事故	脱离电源： 　方法：1. 立即通知有关部门停电；2. 戴上绝缘手套，穿上绝缘鞋用相应电压等级的绝缘工具拉开开关；3. 抛掷一端可靠接地的裸金属线使线路接地，迫使保护装置动作，断开电源	报警： 　现场目击者→安全部部长→生产单位应急总指挥	使触电者脱离电源与报警应同时进行
		↓		
		应急总指挥迅速组织救援人员赶赴事故现场，并安排通讯联络组打 120 或协议救护队、协议救援医院电话，请求派员协助抢救。联络组应派人到对方熟悉的地方接应前来协助抢救人员，并保持通讯联系		
		↓		
		现场急救（与低压触电事故相同）		
		↓		
		抢救工作结束后： 　现场保护、取证→事故调查→隐患整改→调查组对隐患整改验收合格→恢复生产		

（四）注意事项

（1）上述使触电者脱离电源的办法，应根据具体情况，以快为原则，选择采用。

（2）救护人不可直接用手或其他金属及潮湿的构件作为救护工具，而必须使用适当的绝缘工具。救护人要用一只手操作，以防自己触电。

（3）防止触电者脱离电源后可能的摔伤。特别是当触电者在高处的情况下，应考虑防摔措施。即使触电者在平地，也要注意触电者倒下的方向，注意摔倒。

（4）如事故发生在夜间，应迅速解决临时照明，以利于抢救，并避免扩大事故。

（5）救护方法：

1）触电者神志清醒，但有些心慌、四肢发麻、全身无力或触电者在触电过程中曾一度昏迷，但已清醒过来。应使触电者安静休息、不要走动、严密观察，必要时送医院诊治。

2）触电者已经失去知觉，但心脏还在跳动，还有呼吸，应使触电者在空气清新的地方舒适、安静地平躺，解开妨碍呼吸的衣扣、腰带。如遇天冷要注意保持体温，并迅速请医生到现场诊治。

3）如果触电者失去知觉，呼吸停止，但心脏还在跳动，应立即进行口对口（鼻）人工呼吸，并及时请医生到现场抢救。

4）如果触电者呼吸和心脏跳动完全停止，应立即进行口对口（鼻）人工呼吸和胸外心脏按压急救，并迅速请医生到现场。应当注意，急救要尽快进行，即使送往医院的途中也应持续进行。

（6）抢救过程中注意事项：

1）在进行人工呼吸和急救前，应迅速将触电者衣扣、领带、腰带等解开，清除口腔内假牙、异物、黏液等，保持呼吸道畅通。

2）不要使触电者直接躺在潮湿或冰冷地面上急救。

3）人工呼吸和急救应连续进行，换人时节奏要一致。如果触电者有微弱自主呼吸时，人工呼吸还要继续进行，但应和触电者的自主呼吸节奏一致，直到呼吸正常为止。

4）对触电者的抢救要坚持进行。发现瞳孔放大、身体僵硬应经医生诊断，确认死亡方可停止抢救。

（7）救援过程应注意保护现场。

（8）在做好事故紧急救助的同时，应注意保护事故现场，对相关信息和证据进行收集和整理，做好事故调查工作。

八、机械伤害事故现场处置方案

（一）事故特征

机械伤害事故特征如表 6-29 所示。

（二）组织与职责

机械伤害事故现场处置组织与职责如表 6-30 所示。

表 6-29 事故特征

事故发生的区域、地点或装置名称	事故可能发生季节	造成的危害程度	事故前可能出现的征兆	预防措施
施工现场的钻机、电铲、挖掘设备、油炮机；修理厂的砂轮机、空压机、切割机等	全年均可能发生	机械伤害主要是绞、碾、碰、割、戳、切等，一般造成单个人员肢体受伤甚至死亡	无	1. 设备操作人员必须经过培训，特种设备操作人员必须持证上岗，熟悉设备安全操作规程，并严格遵守；2. 严禁拆除设备上的安全防护装置；3. 正确使用个人劳动防护用品；4. 做好设备的维修保养，及时更换残旧、破损的零部件，严禁设备带故障使用

表 6-30 组织与职责

姓名	职务	应急救援职务	应急救援职责	联系电话
×××	生产单位负责人	总指挥	负责本单位安全生产事故的应急指挥、组织、协调工作，以及生产单位救援方案的决策工作。及时向企业总部及当地政府安监部门报告事故情况，并根据事故严重程度、发展态势决定是否扩大事故救援级别，请求协助救援	×××××
×××	项目生产副经理	副总指挥	当生产单位负责人外出不在生产单位时，履行救援总指挥职责，当生产单位负责人在生产单位时，协助做好救援指挥、组织工作	×××××
×××	生产部门负责人	抢险组组长	负责现场抢险组织工作	×××××
×××	分包单位负责人	抢险组副组长	协助抢险组组长组织本施工队人员做好现场抢险工作	×××××
×××	安全部部长	安全保卫组组长	负责现场保护工作	×××××
×××	综合部部长	通讯联络组组长	负责与各应急小组、外部有关部门（包括事发当地医疗、应急救援机构等）的通讯联络和情况通报	×××××
现场施工人员			服从统一指挥，积极参加救援工作	

（三）应急处置

机械伤害事故现场应急处置参见表 6-31 所示。

表 6-31 应急处置

序号	事故类型	处置程序	备注
1	险肇事故	作业人员发现险情时，应立即停止设备运行，停止作业，呼叫现场作业人员及附近可能受到危险威胁的人员迅速撤离，时间许可时，可将设备转移至安全处	
		↓	

序号	事故类型	处　置　程　序	备　注
1	险肇事故	排险：1. 设备运行异常→检修；2. 人员违章操作→批评教育；3. 环境存在隐患→报告本施工队队长或生产单位调度长，由其组织安排人员排险　　　↓　　　生产单位生产管理部门、安全管理部门、施工队三方人员确认安全，方可继续施工	
2	轻伤	当发生人员受轻伤时，应立即停止设备运行，停止作业　　　↓　　　报警：作业人员或目击者→现场施工负责人或安全员→安全部部长→生产单位应急总指挥　｜　自救：受伤者能自行走动的，尽快离开危险区域，不能动的，现场其他作业人员、目击者应尽快协助帮助其脱离危险，并将其扶送至安全处　　　↓　　　用干净的布条、绑带为受伤者包扎伤口止血，以最快方式送伤者就近医院治疗　　　↓　　　救援结束后，进行事故取证、调查，排除安全隐患，经事故调查组对现场检查确认安全后，生产单位应急总指挥下令恢复生产	报警与自救同步进行
3	重伤事故	事故造成人员重伤或死亡时，应立即按下述程序报警：作业人员、目击者→安全部部长→生产单位应急总指挥—→公司应急办公室24小时接警人—→工程所在地县级以上安监局　　　↓　　　重伤　　　↓　　　启动生产单位应急预案：生产单位应急总指挥迅速组织各应急小组赶赴事故现场，履行各自职责开展救援工作。抢救受伤人员，尽快使受伤者脱离险境，送医院治疗。必要时打 120 或协议救护队、协议救援医院电话，请求派员协助抢救　　　↓　　　救援结束后，注意保护好现场，积极配合有关部门的调查处理工作，并做好伤亡人员的善后处理。调查处理完毕后，经有关部门同意，立即组织人员进行现场清理，尽快恢复生产	报警内容应简明扼要，讲明发生事故的时间、地点及伤亡情况　　通讯联络组应派人到对方熟悉的地方接应外部救援人员，并保持通讯联系
4	死亡事故	发生死亡事故，报工程所在地县级以上安监局，由其负责事故的调查处理。调查处理完毕后，经有关部门同意，立即组织人员进行现场清理，尽快恢复生产	

（四）注意事项

（1）救援人员应正确使用劳动防护用品，救援人员应注意保护自己安全，避免事故扩大。

（2）人员受外伤时，由项目现场医护人员进行包扎、止血等措施，防止受伤人员流血过多造成死亡事故发生。创伤出血者迅速包扎止血，送往医院救治。

（3）发生断手、断指等严重情况时，对伤者伤口要进行包扎止血、止痛、进行半握拳状的功能固定。对断手、断指应用消毒或清洁敷料包好，忌将断指浸入酒精等消毒液中，以防细胞变质。将包好的断手、断指放在无泄漏的塑料袋内，扎紧好袋口，在袋周围放些冰块，或用冰棍代替，速将伤者送医院抢救。

（4）肢体卷入设备内，必须立即切断电源，如果肢体仍被卡在设备内，不可用倒转设备的方法取出肢体，妥善的方法是拆除设备部件，无法拆除时拨打当地119请求社会救援。

（5）发生头皮撕裂伤可采取以下急救措施：及时对伤者进行抢救，采取止痛及其他对症措施；用生理盐水冲洗有伤部位，涂红汞后用消毒大纱布块、消毒棉花紧紧包扎，压迫止血；使用抗生素，注射抗破伤风血清，预防伤口感染；送医院进一步治疗。

（6）受伤人员出现肢体骨折时，应尽量保持受伤的体位，由医务人员对伤肢进行固定，并在其指导下采用正确的方式进行抬运，防止因救助方法不当导致伤情进一步加重。

（7）受伤人员出现呼吸、心跳停止症状时，必须立即进行心脏按压或人工呼吸。

（8）常用的救治处置方法：

1）出血的处置方法：伤口渗血，用消毒纱布或用干净布盖住伤口，然后进行包扎。若包扎后仍有较多渗血，可再加绷带，适当加压止血或用布带等止血；伤口出血呈喷射状或鲜血涌出时立即用清洁手指压迫出血点上方（近心端）使血流中断，并将出血肢体抬高或举高，以减少出血量。有条件用止血带止血后再送医院。

2）骨折处置方法：肢体骨折可用夹板或木棍、竹竿等将断骨上、下方关节固定，也可利用伤员身体进行固定，避免骨折部位移动，以减少疼痛，防止伤势恶化；开放性骨折，伴有大出血者应先止血，固定，并用干净布片覆盖伤口，然后速送医院救治，切勿将外露的断骨推回伤口内；疑有颈椎损伤，在使伤员平卧后，用沙土袋（或其他替代物）放在头部两侧使颈部固定不动，以免引起截瘫；腰椎骨折应将伤员平卧在平硬木板上，并将脊椎躯干及二侧下肢一同进行固定预防瘫痪。搬动时应数人合作，保持平稳，不能扭曲；在搬运和转送过程中，颈部和躯干不能前屈或扭转，而应使脊柱伸直，绝对禁止一个抬肩一个抬腿的搬法，以免发生或加重截瘫。

3）颅脑外伤：应使伤员采取平卧位，保持气管通畅，若有呕吐，扶好头部和身体同时侧转防窒息；耳鼻有液体流出时，不要用棉花堵塞，只可轻轻拭去，以利降低颅内压力；颅脑外伤，病情复杂多变，禁止给予饮食，应立送医院诊治；搬动伤员时，应使伤员平躺在担架上，腰部束在担架上，防止跌下。平地搬走时，伤员头部在后，上楼、下楼、下坡时头部在上。

4）透伤及内伤：如有腹腔脏器脱出，可用干毛巾、软布料或搪瓷碗加以保护；及时去除伤员身上的用具和口袋中的硬物；禁止将穿透物拔除，应立即将伤员连同穿透物一起送往医院处置。

（9）在做好事故紧急救助的同时，应注意保护事故现场，对相关信息和证据进行收集和整理，做好事故调查工作。

（10）及时补充、维修在本次救援中消耗、损坏的应急救援器具、物资。

九、高处坠落事故现场处置方案

(一) 事故特征

高处坠落事故的特征如表 6-32 所示。

表 6-32　事故特征

序号	事故发生的区域、地点或装置名称	事故可能发生的季节	造成的危害程度	事故前可能出现的征兆	预防措施
1	拆除工程中的洞口 (预留口、通道口、楼梯口、电梯口、阳台口)、临边、脚手架	全年均可能发生	轻者造成皮外伤；重者造成骨折、内伤、颅脑外伤；严重者造成终身瘫痪、死亡	无	1. 拆除工程中的洞口、临边、矿山工程和土石方工程、隧道工程的高边坡等处必须设置牢固的护栏及安全警示标志；2. 脚手架必须安装牢固并经验收合格后才能使用；3. 在临边、洞口及坠落高度2m以上高处作业的人员必须正确系好安全带；4. 严格遵守高处作业安全规程；5. 六级以上大风、暴雨、暴雪等恶劣气候时，禁止露天高处作业
2	电杆上、设备上、构架上、梯子	全年均可能发生		无	
3	高边坡	全年均可能发生		无	

(二) 组织与职责

高处坠落事故现场组织与职责如表 6-33 所示。

表 6-33　组织与职责

姓名	职务	应急救援职务	应急救援职责	联系电话
×××	生产单位负责人	总指挥	负责本单位安全生产事故的应急指挥、组织、协调工作，以及生产单位救援方案的决策工作。及时向公司总部及当地政府安监部门报告事故情况，并根据事故严重程度、发展态势决定是否扩大事故救援级别，请求协助救援	×××××
×××	项目生产副经理	副总指挥	当生产单位负责人外出不在生产单位时，履行救援总指挥职责，当生产单位负责人在生产单位时，协助做好救援指挥、组织工作	×××××
×××	调度长	抢险组组长	负责现场抢险组织工作	×××××
×××	各施工队队长	抢险组副组长	协助抢险组组长组织本施工队人员做好现场抢险工作	×××××
×××	安全部部长	安全保卫组组长	负责现场保护工作	×××××
×××	综合部部长	通讯联络组组长	负责与各应急小组、外部有关部门（包括事发当地医疗、应急救援机构等）的通讯联络和情况通报	×××××
现场施工人员			服从统一指挥，积极参加救援工作	

（三）应急处置

发生高处坠落事故的现场应急处置如表6-34所示。

表6-34　应急处置

序号	事故类型	处　置　程　序		备　注
1	轻伤	当发生人员受轻伤时，应立即停止设备运行，停止作业		
		报警：作业人员或目击者→现场施工负责人或安全员→安全部部长→生产单位应急总指挥	自救：受伤者能自行走动的，尽快离开危险区域，不能走动的，现场其他作业人员、目击者应尽快帮助其脱离危险，并将其扶送至安全处	报警与自救同步进行
		用干净的布条、绑带为受伤者包扎伤口止血，以最快方式送伤者就近送医院治疗		
		救援结束后，进行事故取证、调查，排除安全隐患，经事故调查组对现场检查确认安全后，生产单位应急总指挥下令恢复生产		
2	重伤事故	事故造成人员重伤或死亡时，应立即按下述程序报警：作业人员、目击者→安全部部长→生产单位应急 总指挥──→公司应急办公室24小时接警人 　　　　──→工程所在地县级以上安监局		报警内容应简明扼要，讲明发生事故的时间、地点及伤亡情况
		重伤		
		启动生产单位应急预案： 　生产单位应急总指挥迅速组织各应急小组赶赴事故现场，履行各自职责开展救援工作。抢救受伤人员，尽快使受伤者脱离险境，送医院治疗； 　必要时打120或协议救护队、协议救援医院电话，请求派员协助抢救		通讯联络组应派人到对方熟悉的地方接应外部救援人员，并保持通讯联系
		救援结束后，注意保护好现场，积极配合有关部门的调查处理工作，并做好伤亡人员的善后处理。调查处理完毕后，经有关部门同意，立即组织人员进行现场清理，尽快恢复生产		
4	死亡事故	发生死亡事故，报工程所在地县级以上安监局，由其负责事故的调查处理。调查处理完毕后，经有关部门同意，立即组织人员进行现场清理，尽快恢复生产		

（四）注意事项

（1）救援人员应正确戴好劳动防护用品。

（2）在存在危险部位进行救险时，应先排险后抢救受伤人员，避免造成事故进一步扩大。

（3）救援人员在抢险过程中应注意保护自己的安全。

（4）受伤人员出现肢体骨折时，应尽量保持受伤的体位，由现场医务人员对伤肢进行固定，并在其指导下采用正确的方式进行抬运，防止因救助方法不当导致伤情进一步加重。

（5）受伤人员出现呼吸、心跳停止症状后，必须立即进行心脏按压或人工呼吸。

（6）在做好事故紧急救助的同时，应注意保护事故现场，对相关信息和证据进行收集和整理，做好事故调查工作。

（7）常用的救治处置方法：

1）出血的处置方法：伤口渗血，用消毒纱布或用干净布盖住伤口，然后进行包扎。若包扎后仍有较多渗血，可再加绷带，适当加压止血或用布带等止血；伤口出血呈喷射状或鲜血涌出时立即用清洁手指压迫出血点上方（近心端）使血流中断，并将出血肢体抬高或举高，以减少出血量。有条件用止血带止血后再送医院。

2）骨折处置方法：肢体骨折可用夹板或木棍、竹竿等将断骨上、下方关节固定，也可利用伤员身体进行固定，避免骨折部位移动，以减少疼痛，防止伤势恶化；开放性骨折，伴有大出血者应先止血，固定，并用干净布片覆盖伤口，然后速送医院救治，切勿将外露的断骨推回伤口内；疑有颈椎损伤，在使伤员平卧后，用沙土袋（或其他替代物）放在头部两侧使颈部固定不动，以免引起截瘫；腰椎骨折应将伤员平卧在平硬木板上，并将椎躯干及二侧下肢一同进行固定预防瘫痪。搬动时应数人合作，保持平稳，不能扭曲；在搬运和转送过程中，颈部和躯干不能前屈或扭转，而应使脊柱伸直，绝对禁止一个抬肩一个抬腿的搬法，以免发生或加重截瘫。

3）颅脑外伤：应使伤员采取平卧位，保持气管通畅，若有呕吐，扶好头部和身体同时侧转防窒息；耳鼻有液体流出时，不要用棉花堵塞，只可轻轻拭去，以利降低颅内压力；颅脑外伤，病情复杂多变，禁止给予饮食，应立送医院诊治；搬动伤员时，应使伤员平躺在担架上，腰部束在担架上，防止跌下。平地搬走时，伤员头部在后，上楼、下楼、下坡时头部在上。

4）透伤及内伤：如有腹腔脏器脱出，可用干毛巾、软布料或搪瓷碗加以保护；及时去除伤员身上的用具和口袋中的硬物；禁止将穿透物拔除，应立即将伤员连同穿透物一起送往医院处置。

（8）及时补充、维修在本次救援中消耗、损坏的应急救援器具、物资。

十、采空区塌陷事故现场应急处置方案

（一）事故特征

采空区塌陷事故的特征如表6-35所示。

表 6-35 事故特征

可能发生的事故类型	事故发生的区域、地点或装置名称	事故可能发生的季节	造成的危害程度	事故前可能出现的征兆	预防措施
滑坡坍塌	采场	全年均可能发生	可能造成在采空区上部作业的车辆坠毁人员被埋，多人受伤、死亡	工作面沉降严重、出现裂缝，底部明显凸起	1. 业主提供的地质资料中的安全区域施工；2. 靠近采空区区域作业要先进行探测；3. 探测采空区要严格履行设计、审核、批准、交底等程序；4. 进行探测时，附近的人员设备必须撤离到安全区域

（二）组织与职责

发生采空区塌陷事故现场组织与职责如表 6-36 所示。

表 6-36 组织与职责

姓名	职务	应急救援职务	应急救援职责	联系电话
×××	生产单位负责人	总指挥	负责本单位安全生产事故的应急指挥、组织、协调工作、以及生产单位救援方案的决策工作。及时向公司总部及当地政府安监部门报告事故情况，并根据事故严重程度、发展态势决定是否扩大事故救援级别，请求协助救援	×××××
×××	项目生产副经理	副总指挥	当生产单位负责人外出不在生产单位时，履行救援总指挥职责，当生产单位负责人在生产单位时，协助做好救援指挥、组织工作	×××××
×××	调度长	抢险组组长	负责现场抢险组织工作	×××××
×××	各施工队队长	抢险组副组长	协助抢险组组长组织本施工队人员做好现场抢险工作	×××××
×××	安全部部长	安全保卫组组长	负责现场保护工作	×××××
×××	综合部部长	通讯联络组组长	负责与各应急小组、外部有关部门（包括事发当地医疗、应急救援机构等）的通讯联络和情况通报	×××××
现场施工人员			服从统一指挥，积极参加救援工作	

（三）应急处置

发生采空区塌陷事故现场应急处置如表 6-37 所示。

表 6-37 应急处置

序号	事故类型	处置程序		备注
1	险肇事故	当采空区出现塌陷险情时，在场任何人都有义务以最快捷的方式（如呼叫、连续按车上喇叭等）通知场内人员、车辆迅速撤离		
		↓		
		临时关闭该施工区域，在该施工区域进出口处拉上警戒绳或其他禁止车辆、人员进入的警示标志		
		↓		
		报告：作业人员→现场负责人或安全员→生产单位应急总指挥→业主		
		↓		
		在排土场停止滑塌后，生产单位应急总指挥组织技术、安全、生产管理部门人员进行安全评估，确认安全后恢复排土作业		
2	非伤亡事故	如果采空区塌陷后只是造成车辆、设备一同滑落、被掩埋，损毁，现场目击者按下面程序报告：现场人员→施工现场负责人或安全员→生产单位应急总指挥		
		↓		
		生产单位应急总指挥及各救援小组成员赶赴事故现场，根据现场情况制定抢险方案		
		↓		
		安全保卫组现场取证，同时向设备投保单位报告，落实对方是否前来现场取证、确认		
		↓		
		经项目应急总指挥组织技术、安全、生产等部门人员进行安全评估确认排土场已稳定，抢险组抢险组织力量将坠落、被埋的车辆抢救出来		
		↓		
		排除安全隐患，经事故调查组对现场检查确认安全，应急总指挥下令恢复排土作业		
3	轻伤	当采空区塌陷造成人员轻伤时		
		↓		
		报警：作业人员或目击者→现场施工负责人或安全员→安全部部长→生产单位应急总指挥	自救：受伤者能自行走动的，尽快离开危险区域，不能走动的，现场其他作业人员、目击者应尽快协助帮助其脱离危险，并将其扶送至安全处	1. 报告与自救同步进行；2. 报告内容要求简明扼要
		↓		
		用干净的布条、绑带为受伤者包扎伤口止血，以最快方式送伤者就近医院治疗		
		↓		
		如同时发生车辆翻落、坠落按上述"非伤亡事故"程序进行抢险	救援结束后，进行事故取证、调查，排除安全隐患，经事故调查组对现场检查确认安全后，生产单位应急总指挥下令恢复生产	

序号	事故类型	处 置 程 序		备 注
4	重伤死亡事故	事故造成人员重伤或死亡时，应立即按下述程序报警： 作业人员、目击者→安全部部长→生产单位应急 总指挥　→公司应急办公室24小时接警人 　　　　→工程所在地县级以上安监局		报警内容应简明扼要，讲明发生事故的时间、地点及伤亡情况
		↓		
		重伤 3 人以下	发生重伤 3 人以上、死亡事故	
		启动生产单位应急预案	请求当地政府应急救援机构协助； 公司总部启动相应级别应急预案	
		↓	↓	
		生产单位应急总指挥迅速组织各应急小组赶赴事故现场，履行各自职责开展救援工作； 　抢救受伤人员，尽快使受伤者脱离险境，送医院治疗。必要时打 120 或协议救护队、协议救援医院电话，请求派员协助抢救	在当地救援机构未到达之前积极开展自救，当地救援机构到达后由其组织指挥救援工作。公司及生产单位救援人员服从指挥，积极配合	通讯联络组应派人到对方熟悉的地方接应外部救援人员，并保持通讯联系
		↓	↓	
		救援结束后，注意保护好现场，清点人数，积极配合有关部门的调查处理工作，并做好伤亡人员的善后处理。调查处理完毕后，经有关部门同意，立即组织人员进行现场清理，尽快恢复生产		

（四）注意事项

（1）救援人员应正确戴好劳动防护用品。

（2）遵守"先人后物，先伤者后尸体，先重伤后轻伤"的救援原则。

（3）在可能再次发生塌陷、设备倾倒危险处进行救险时，应先排险后抢救受伤人员，避免造成事故进一步扩大。救援人员在抢险过程中应注意保护自己的安全。

（4）在抢救被掩埋人员时，应防止所使用的工（器）具对被埋者造成二次伤害。

（5）如果受伤者身体被卡在车内，妥善的方法是撬开或拆除卡压在伤者身上的部件，无法撬开或拆除时拨打当地 119 请求社会救援。

（6）受伤人员出现肢体骨折时，应尽量保持受伤的体位，由医务人员对伤肢进行固定，并在其指导下采用正确的方式进行抬运，防止因救助不当导致伤情进一步加重。

（7）受伤人员出现呼吸、心跳停止症状后，必须立即进行心脏按压或人工呼吸。

（8）常用的救治处置方法：

1）出血的处置方法：伤口渗血，用消毒纱布或用干净布盖住伤口，然后进行包扎。若包扎后仍有较多渗血，可再加绷带，适当加压止血或用布带等止血；伤口出血呈喷射状或鲜血涌出时立即用清洁手指压迫出血点上方（近心端）使血流中断，并将出血肢体抬高或举高，以减少出血量。有条件用止血带止血后再送医院。

2）骨折处置方法：肢体骨折可用夹板或木棍、竹竿等将断骨上、下方关节固定，也可利用伤员身体进行固定，避免骨折部位移动，以减少疼痛，防止伤势恶化；开放性骨折，伴有大出血者应先止血，固定，并用干净布片覆盖伤口，然后速送医院救治，切勿将外露的断骨推回伤口内；疑有颈椎损伤，在使伤员平卧后，用沙土袋（或其他替代物）放在头部两侧使颈部固定不动，以免引起截瘫；腰椎骨折应将伤员平卧在平硬木板上，并将椎躯干及二侧下肢一同进行固定预防瘫痪。搬动时应数人合作，保持平稳，不能扭曲；在搬运和转送过程中，颈部和躯干不能前屈或扭转，而应使脊柱伸直，绝对禁止一个抬肩一个抬腿的搬法，以免发生或加重截瘫。

3）颅脑外伤：应使伤员采取平卧位，保持气管通畅，若有呕吐，扶好头部和身体同时侧转防窒息；耳鼻有液体流出时，不要用棉花堵塞，只可轻轻拭去，以利降低颅内压力；颅脑外伤，病情复杂多变，禁止给予饮食，应立送医院诊治；搬动伤员时，应使伤员平躺在担架上，腰部束在担架上，防止跌下。平地搬走时，伤员头部在后，上楼、下楼、下坡时头部在上。

4）透伤及内伤：如有腹腔脏器脱出，可用干毛巾、软布料或搪瓷碗加以保护；及时去除伤员身上的用具和口袋中的硬物；禁止将穿透物拔除，应立即将伤员连同穿透物一起送往医院处置。

（9）在做好事故紧急救助的同时，应注意保护事故现场，对相关信息和证据进行收集和整理，做好事故调查工作。

（10）及时补充、维修在本次救援中消耗、损坏的应急救援器具、物资。

十一、硝酸铵仓库安全事故现场处置方案

发生硝酸铵仓库安全事故时现场处置如表6-38所示。

表6-38　硝酸铵仓库事故处置

事故特征	危险性分析	1. 硝酸铵库为1.4级危险等级，硝酸铵库储存的硝酸铵属于爆炸品，都有可能因外界条件触发引起火灾和爆炸； 2. 在贮存过程中超过临界温度； 3. 受热、接触明火、摩擦、震动撞击； 4. 静电、雷电等的因素而造成火灾或爆炸事故
	可能发生的事故类型	可能发生的事故类型：火灾、爆炸、腐蚀，存在的危险因素： 1. 没按规定穿戴好劳保用品； 2. 采用发火材质的工具； 3. 没按安全操作规程操作，没做到轻拿轻放； 4. 防静电、防雷设备不合格，措施不到位； 5. 有火种、热源、高温等因素影响
	发生事故的区域、地点	仓库、上料工序
	可能发生的季节和造成的危害程度	敏感季节：夏季、冬季 发生事故可能性：极小
	事故前可能出现的事故征兆	1. 包装物破裂； 2. 有异味或冒烟现象； 3. 储存温度超过规定要求

应急管理机构与职责	现场应急小组与职责	总指挥：现场应急小组组长 总指挥职责：负责组织应急抢险工作，组织力量进行抢险 成员：应急小组成员 成员职责：做好事故报警、抢险及事故处置工作，按组长的指令参与抢险救灾工作
应急处置	事故应急处置程序	1. 发生异常情况（超过储存温度要求，消防水源出现问题，报警设施发生问题、包装物破裂等）时，岗位人员按操作规程立即采取措施； 2. 若出现轻度（异常响声、冒烟），第一发现险情人员，对门卫值班室发出报警，同时向班长报告，现场应急小组对出现的险情做出判断后采取相应的措施； 3. 出现明火或爆炸时，第一发现险情人员先和岗位操作人员采取相应措施予以处理。当事故不受控制而引发火灾或爆炸时，发现者大声呼叫，立即组织人员向安全通道疏散，向应急指挥部报告； 4. 事故应急小组到达前，由现场应急小组组长统一指挥，各成员履行各自职责，综合应急预案启动后，现场应急指挥由指挥部统一指挥
	现场应急处置措施	1. 打开窗门，切断物料，开启消防水源灭火； 2. 除必要的操作人员、抢险救灾人员外，其他无关人员必须立即撤离警戒区之外； 3. 当发生火灾时，人身安全上确有可靠保障，应迅速组织力量及时疏散着火区域周围的爆炸物品，使着火区周围形成一个隔离带； 4. 发现冒火时用大量的水进行灭火降温； 5. 现场应急小组应迅速判断和查明物质发生爆炸的可能性和危险性，采取一切可能的措施，全力制止爆炸的发生； 6. 当火情已失去控制，现场人员必须从安全通道立即撤离至工房外，尽量利用现场的地形作为掩蔽体或尽量采用卧姿等低姿射水，消防车不要停靠离爆炸物品太近的水源； 7. 灭火人员发现有发生爆炸的危险时，应立即向现场指挥报告，现场指挥应迅速做出准确判断，确有发生爆炸征兆或危险时，应立即下达撤退命令。灭火人员看到或听到撤退信号后，应迅速撤至安全地带，来不及撤退时，应就地卧倒
注意事项		1. 佩戴个人防护器具方面的注意事项：发生危险物品火灾时，戴好口罩，不得靠近火源，远距离用水喷射。 2. 消防水管、消防水带使用注意事项：使用消防栓灭火至少三人，两人握水枪，一人开阀，必须防止水枪与水带、水带与阀门脱开，造成高压水伤人。 3. 采取救援措施方面的注意事项：所有抢险救援人员必须处在上风口，避免吸入有害气体造成中毒，现场禁止使用明火。 4. 现场自救、互救注意事项： （1）在烟雾大、视线不清的情况下，应尽量躬身弯腰、低着头快速撤退。应用水浸湿毛巾、衣物或向身上淋水等办法降温；用随身物件遮挡头面部，防止高温烟气的刺激； （2）当衣物着火时应迅速脱去；或就地卧倒打滚压灭、或用各种物体扑盖灭火，最有效是用大量的水灭火。切忌站立喊叫或奔跑呼救，以防头面部及呼吸道吸入火焰损伤； （3）若被热力烧伤后应立即用冷水或冰水湿敷或浸泡伤区，可以减轻烧伤创面深度并有明显止痛效果。在寒冷环境中进行冷疗时须注意伤病员保暖和防冻； （4）发生有害气体中毒事故时，应设法利用一切通风设施排除有害气体，如一时无法排除有害气体，则应设置岗哨，阻止无呼吸自救器的人员进入中毒区域，以防事故扩大；

注意事项	（5）若发生人员烫伤时，先用凉水把伤处冲洗干净，然后把伤处放入凉水浸泡半小时。一般来说，浸泡时间越早，水温越低（不能低于 5℃，以免冻伤），效果越好。但伤处已经起泡并破了的，不可浸泡，以防感染。 　　5. 现场应急处置能力确认和人员安全防护注意事项：事故发生后，现场应急小组组长要勇敢承担起现场救人和救灾的职责；救人和救灾前先确认自己的能力和现场情况能否满足对他人施救和对现场抢救的需要。 　　6. 应急救援结束后注意事项：应急救援结束后，应立即对灾区进行一次彻底检查，杜绝火源，并对人员进行一次全面清点，做好救援结束后的善后和安抚工作。 　　7. 其他注意事项： 　　（1）事故控制后，认真检查现场，消除危害，防止二次事故的发生； 　　（2）保护好现场，由地面站负责人组织相关技术人员进行事故分析； 　　（3）各应急小组应及时向现场指挥部报告抢险工作进展情况，由现场指挥请报总指挥后，做出撤离现场、结束抢险工作的决定

十二、危险原材料及产品装卸、运输过程安全事故现场处置方案

当发生危险原材料及产品装卸、运输过程安全事故现场事故时，其处置方案如表 6-39
所示。

表 6-39　危险原材料及产品装卸、运输过程安全事故处置

	危险性分析	1. 危险原材料装卸和运输过程中有可能因超过临界温度； 2. 受热、接触明火、摩擦、震动撞击； 3. 静电、雷电等的因素而造成火灾或爆炸事故
事故特征	可能发生的事故类型	可能发生事故类型包括：火灾、爆炸，存在的危险因素： 1. 没按规定穿戴好劳保用品； 2. 没有按交通规则进行运输，因交通事故而撞击到雷管和炸药； 3. 没按安全操作规程操作，没做到轻拿轻放； 4. 运输车辆不符合要求； 5. 有火种、热源、高温、射频等因素影响
	发生事故的区域、地点	装卸、运输途中
	可能发生的季节和造成的危害程度	敏感季节：常年 发生事故可能性：较小
	事故前可能出现的事故征兆	1. 包装物破裂； 2. 有异味或冒烟现象； 3. 各种安全装置、安全设施报警
应急管理机构与职责	现场应急小组与职责	组长：混装车司机 职责：负责事故现场和地面站的通讯联络，负责当地相关部门的报警与信息传递，组织力量进行初期抢险 组员：押运员和装卸人员 职责：做好事故报警、抢险及事故处置工作，按组长的指令参与抢险救灾工作

应急处置	事故应急处置程序	1. 发生异常情况（超过储存温度要求，消防器材出现问题，报警设施发生问题、包装物破裂等）时，岗位人员按操作规程立即采取措施； 2. 若出现轻度（异常响声、冒烟），第一发现险情人员，对当地110发出报警，同时向地面站报告，现场应急小组对出现的险情做出判断后采取相应的措施； 3. 出现明火或爆炸时，第一发现险情人员先和岗位操作人员采取相应措施予以处理，当事故不受控制而引发火灾或爆炸时，发现者大声呼叫，立即组织人员向安全通道疏散，并报告应急指挥部
	现场应急处置措施	运输过程出现火灾时： 1. 打开车门，利用消防水源灭火； 2. 将危险品车辆驶离密集人员，大声呼叫，组织人员疏散； 3. 当发生火灾时，人身安全上确有可靠保障，应迅速组织力量及时疏散着火区域周围的爆炸物品，使周围形成一个隔离带； 4. 当火情已失去控制，现场人员必须立即撤离至安全距离外，尽量利用现场的地形、地物、掩蔽体，采用卧姿等低姿射水，消防车不要停靠离爆炸物品太近的水源。来不及撤退时，应就地卧倒； 5. 当出现交通事故，运输的产品没有受到影响时，应保护好产品，组织人员疏散，出现车辆油路、电器着火时： 1. 现场应急小组应立即使用灭火器进行灭火； 2. 其他措施同"运输过程出现火灾时"的措施
其他		运输、装卸过程中应根据事故的类别和大小，视情况报告事故发生地的当地公安、消防、医疗、安监、经信等部门

十三、储存、运输过程中发生爆炸物品丢失、被盗事件的现场处置方案

爆炸物品在储存、运输的过程中发生了丢失或被盗事件时的现场处置如表6-40所示。

表6-40　储存、运输过程中发生爆炸物品选择、被盗事件的处置

事故特征	危险性分析	爆炸物品在储存、运输过程中若发生丢失、被盗，会造成潜在的危及社会治安的事件
	可能发生的事故类型	可能发生的事故类型：危及社会安全，存在的危险因素： 1. 没按规定对危险品进行管理； 2. 遇不可抗拒的外来因素
	发生事故的区域、地点	储存、运输过程中
	可能发生的季节和造成的危害程度	敏感季节：常年 发生事故可能性：较小
	事故前可能出现的征兆	管理制度不完善

应急管理机构与职责	现场应急小组与职责	1. 储存过程中发生丢失、被盗： 组长：安全员 职责：负责事故现场和地面站的通讯联络，负责仓库辖区所在地派出所的报警与信息传递，组织人员保护好现场 2. 运输过程中发生丢失、被盗： 组长：该运输车司机 职责：负责事故现场的通讯联络，负责事故发生地派出所的报警与信息传递，组织人员保护好现场
应急处置	事故应急处置程序	1. 储存时发生被盗、抢劫事故： （1）如果犯罪分子正在实施盗窃或抢劫，事故现场人员首先要用对讲机或手机实现内部联络，以便及时报警，现场当班警卫人员要利用安全防范工具，坚决机智地与犯罪分子做斗争，保护人民生命和财产的安全，同时要有人迅速拨打"110"报警，并及时拨打地面站站长电话和领导小组成员电话，领导小组成员在接到事故报告后要迅速赶赴现场，同时迅速启动预案； （2）遇犯罪分子已实施盗窃而未发现犯罪分子作案，首先要严格保护事故现场，及时打电话向总指挥报告情况，同时拨打"110"电话报警，协助公安机关破案，及时追回已丢失、被抢的民用爆炸物品，防止爆炸事故的发生，清点被抢被盗数量 2. 装药车运输时如发生被盗、抢劫事故： （1）如果装药车运输时发生被盗、抢劫事故，事故现场人员应及时拨打"110"报警，同时利用安全防范工具，控制事态发展； （2）遇犯罪分子已实施盗窃而未发现犯罪分子作案，首先要严格保护好事故现场，及时打电话向总指挥报告情况，同时拨打"110"电话报警，协助公安机关破案，及时追回已丢失、被抢的民用爆炸物品，防止爆炸事故的发生，清点被抢被盗数量

十四、混装炸药地面站发生触电事故现场处置方案

混装炸药地面站发生触电事故现场处置方案如表 6-41 所示。

表 6-41　混装炸药地面站发生触电事故现场处置

事故特征	危险性分析	地面站有 220V、380V 电压，电工或操作人员在生产、维修时可能因各种原因造成触电事故
	可能发生的事故类型	存在的危险因素： 1. 未按安全操作规程，操作不当； 2. 管理不善造成； 3. 设备陈旧、损坏
	发生事故的区域、地点	用电场所
	可能发生的季节和造成的危害程度	1. 敏感季节：雷雨季节； 2. 发生事故可能性：很小
	事故前可能出现的事故征兆	1. 设备漏电； 2. 有异味或冒烟现象

应急管理机构与职责	现场应急小组与职责	组长：事故现场负责人 组长职责：负责组织本岗位的应急抢险工作，负责事故现场通讯联络和车间的信息传递，组织力量进行初期抢险 成员：班组员 成员职责：协助组长做好事故报警工作及抢险及事故处置工作，按组长的指令参与抢险救灾工作
应急处置	事故应急处置程序	1. 当岗位人员发生异常情况，岗位人员除按操作规程立即采取紧急措施外，必须立即组长报告； 2. 当出现触电事故时，立即通知无关人员及时撤离至安全地点，关闭电源并把事故的详细情况向车间主任报告，并保护好现场； 3. 出现伤亡情况时，立即救人，视伤情严重情况，及时采取救治措施，送医院进行救治
	现场应急处置措施	1. 现场出现触电时，发现者按以下方法脱离电源： （1）立即拉掉开关、拔出插销，切断电源； （2）如电源开关距离太远，用有绝缘把的钳子或用木柄的斧子断开电源线； （3）用木板等绝缘物插入触电者身下，以隔断流经人体的电流； （4）用干燥的衣服、手套、绳索、木板、木桥等绝缘物作为工具，拉开触电者及挑开电线使触电者脱离电源 2. 异常情况处理必须在安全的条件下进行，对于从未出现过的情况，马上停止生产，保护好现场，报负责人处理 3. 出现伤亡情况时，立即救人，视伤情严重情况，及时采取救治措施，送医院进行救治 4. 现场急救方法： （1）当触电者脱离电源后，应根据触电者的具体情况，迅速采取对症救护； （2）触电者伤势不重，应使触电者安静休息，不要走动，严密观察并请医生前来诊治或送往医院； （3）触电者失去知觉，但心脏跳动和呼吸还存在，应使触电者舒适、安静地平卧，周围不要围人，使空气流通，解开他的衣服以利于呼吸。同时，要速请医生救治或送往医院； （4）触电者呼吸困难或发生痉挛，应准备心跳或呼吸停止后立即做进一步的抢救； （5）如果触电者伤势严重，呼吸及心脏停止，应立即施行人工呼吸和胸外挤压，并速请医生诊治或送往医院。在送往医院途中，不能终止急救
注意事项		1. 救护人不可直接用手或其他金属及潮湿的构件作为救护工具，而必须使用适当的绝缘工具，救护人要用一只手操作，以防自己触电。 2. 防止触电者脱离电源后可能的摔伤，特别是当触电者在高处的情况下，应考虑防摔措施，即使触电者在平地，也要注意触电者倒下的方向，注意防摔。 3. 如事故发生在夜间，应迅速解决临时照明，以利于抢救，并避免扩大事故。 4. 参与抢险的人员必须穿戴绝缘靴和绝缘手套，只是辅助手段，应尽量避免带电作业。 5. 非电气作业人员禁止参加电气作业抢险和电气区域的作业。 6. 应急救援结束后注意事项：应急救援结束后，应立即对灾区进行一次彻底检查，并对人员进行一次全面清点，做好救援结束后的善后和安抚工作。 7. 其他注意事项： （1）事故控制后，认真检查现场，消除危害，防止二次事故的发生； （2）保护好现场，由组长组织相关技术人员进行事故分析； （3）各应急小组及有关部门、单位、专业组应及时向现场指挥部报告抢险工作进展情况，由现场指挥报请总指挥后，做出撤离现场、结束抢险工作的决定

十五、混装车现场作业安全事故现场应急处置方案

混装车现场作业安全事故现场应急处置方案如表 6-42 所示。

表 6-42　混装车现场作业安全事故现场应急处置

事故特征	危险性分析	在现场进行混装作业时，操作人员在生产、维修时可能因各种原因造成火灾甚至爆炸事故
	可能发生的事故类型	存在的危险因素： 1. 因未按安全操作规程，操作不当； 2. 管理不善造成； 3. 设备陈旧、损坏
	发生事故的区域、地点	混装过程中、爆破现场
	可能发生的季节和造成的危害程度	敏感季节：随时 发生事故可能性：很小
	事故前可能出现的事故征兆	1. 设备漏电； 2. 事故发生前可能出现异响、异味，有烟冒出
应急管理机构与职责	现场应急小组与职责	组长：现场带班领导 组长职责：现场带班领导接到报告后负责指挥人员扑灭火灾及现场自救 副组长：混装车司机、炮区爆破班长 副组长职责：混装车驾驶员负责发出警报，并同押运员一起对初期火灾进行扑救；爆破班长组组织爆破员协助扑救火灾、组织人员撤离 成员：班组员工 成员职责：押运员协助混装车驾驶员灭火；爆破员协助搬离车辆附近的爆破器材，事故发生时的警戒、疏散
应急处置	事故应急处置程序	发生事故时混装车司机及立刻通知现场带班领导和爆破队（班）长，由带班领导通知各相关部门，启动应急预案
	现场应急处置措施	1. 火灾初起时，混装车司机立即停止底螺旋转动、关闭发动机、断开电源总闸，并和押运员使用车载灭火器对火灾部位进行灭火。垂直螺旋或顶螺旋发生火灾时，打开垂直螺旋观察窗，清除垂直螺旋中的硝酸铵，防止火灾向硝酸铵料仓蔓延；同时爆破员迅速搬离混装车附近的爆破器材至安全部位。向附近的车辆人员进行预警、疏散，警戒；现场带班领导调动附近作业洒水车到现场对火灾进行扑救； 2. 火灾失去控制后，带班领导下达疏散命令，命令混装车开到低洼的地势范围内，混装车司机逃生；扩大疏散半径，将事故的危害降到最低点； 3. 事故发生后，及时上报上级民爆行业安全生产监管部门和相关部门
注意事项		1. 佩戴个人防护器具方面的注意事项：进入施工现场混装车司机、押运员及爆破员应按照要求正确的"两穿一戴"； 2. 使用抢险救援器材方面的注意事项：使用灭火器时，应在上风方向、对准火焰的根部进行喷射； 3. 采取救援对策或措施方面的注意事项：事故处理应严格按本应急预案规定程序进行操作，严禁随意改动，如确需改动，必须经专业领导同意后方可； 4. 现场应急处置能力确认和人员安全防护等事项：所有工作人员应熟练掌握防毒设备的穿戴和灭火器材及其他设备的使用方法，消防设备配备齐全，所有工作人员应爱护和保护消防设施和器材，发现问题，及时进行整改维修； 5. 应急救援结束后的注意事项：在确定各项应急救援工作结束时，由指挥长宣布应急救援工作结束，撤除所有伤员、救护人员，清点人员后，留有专人组织巡视事故现场遗留隐患问题； 6. 其他需要特别警示的事项：消防水车或洒水车不可以对油类火灾进行灭火，可以对硝酸铵进行中和降温

十六、交通运输安全事故现场应急处置方案

交通运输安全事故现场应急处置方案如表 6-43 所示。

表 6-43　交通运输安全事故现场应急处置

事故特征	危险性分析	在运输原材料过程中，因为客观或主观原因可能发生交通运输事故
	可能发生的事故类型	存在的危险因素： 1. 因未按安全操作规程，操作不当； 2. 管理不善造成； 3. 设备故障
	发生事故的区域、地点	混装过程中、爆破现场、运输途中
	可能发生的季节和造成的危害程度	敏感季节：随时 发生事故可能性：中
	事故前可能出现的事故征兆	1. 设备故障； 2. 事故发生前可能出现道路不畅、矿区道路较为坎坷等
应急管理机构与职责	现场应急小组与职责	组长：现场带班领导 组长职责：现场带班领导接到报告后负责指挥人员扑灭火灾及现场自救 副组长：混装车司机、炮区爆破班长 副组长职责：混装车驾驶员负责发出警报，并同押运员一起对初期火灾进行扑救；爆破班长组组织爆破员协助扑救火灾、组织人员撤离 成员：班组员工 成员职责：押运员协助混装车驾驶员灭火；爆破员协助搬离车辆附近的爆破器材，事故发生时的警戒、疏散
应急处置	事故应急处置程序	发生事故时混装车司机及立刻通知现场带班领导，由带班领导通知各相关部门，启动应急预案
	现场应急处置措施	1. 向当地消防和公安部门报警时，必须明确告知运输的危险品名称及数量； 2. 领导小组成员立即赶往出事故现场； 3. 发生火灾时，应采取疏散和戒严措施； 4. 确认有无伤亡，视情况迅速拦截车辆送往附近医院； 5. 领导小组组长会同领导小组成员调查事故情况，写出事故报告； 6. 现场所有人员听从总指挥或消防队的安排，采用自救手段，迅速疏散撤离，受伤人员要迅速实施医疗救助等事宜
注意事项		1. 佩戴个人防护器具方面的注意事项：进入施工现场混装车司机、押运员及爆破员应按照要求正确的"两穿一戴"； 2. 使用抢险救援器材方面的注意事项：使用灭火器时，应在上风方向、对准火焰的根部进行喷射； 3. 采取救援对策或措施方面的注意事项：事故处理应严格按本应急预案规定程序进行操作，严禁随意改动，如确需改动，必须经专业领导同意后方可； 4. 现场应急处置能力确认和人员安全防护等事项：所有工作人员应熟练掌握防毒设备的穿戴和灭火器材及其他设备的使用方法，消防设备配备齐全，所有工作人员应爱护和保护消防设施和器材，发现问题，及时进行整改维修； 5. 应急救援结束后的注意事项：在确定各项应急救援工作结束时，由指挥长宣布应急救援工作结束，撤除所有伤员、救护人员，清点人员后，留有专人组织巡视事故现场遗留隐患问题； 6. 其他需要特别警示的事项：消防水车或洒水车不可以对油类火灾进行灭火，可以对硝酸铵进行中和降温

十七、监控系统故障现场处置方案

当监控系统出现故障必须立即处置，其方案如表6-44所示。

表6-44 监控系统故障现场处置

事故特征	危险性分析	触电、灼伤、机械伤害
	可能发生的事故类型	可能发生的主要故障类型： 1. 上传数据不准确； 2. 系统不工作； 3. 系统工作但装药系统故障
	发生事故的区域、地点	混装过程中、爆破现场、上传数据中、地面站监控室
	可能发生的季节和造成的危害程度	敏感季节：随时 发生事故可能性：中
应急管理机构与职责	现场应急小组与职责	组长：事故现场负责人 组长职责：负责组织本岗位的应急抢险工作，负责事故现场通讯联络和车间的信息传递，组织力量进行初期抢险 成员：班组员 成员职责：协助组长做好事故报警工作以及抢险和事故处置工作，按组长的指令参与抢险救灾工作
应急处置	事故应急处置程序	事故最早发现者迅速在第一时间报告，并关闭总阀、切断总电源等。接到报警后，应迅速查明事故原因
	现场应急处置措施	1. 现场出现触电时，发现者按以下方法脱离电源： （1）立即拉掉开关、拔出插销，切断电源； （2）如电源开关距离太远，用有绝缘把的钳子或用木柄的斧子断开电源线； （3）用木板等绝缘物插入触电者身下，以隔断流经人体的电流； （4）用干燥的衣服、手套、绳索、木板、木桥等绝缘物作为工具，拉开触电者及挑开电线使触电者脱离电源 2. 异常情况处理必须在安全的条件下进行，对于从未出现过的情况，马上停止生产，保护好现场，报负责人处理 3. 现场急救方法： （1）当触电者脱离电源后，应根据触电者的具体情况，迅速采取对症救护； （2）触电者伤势不重，应使触电者安静休息，不要走动，严密观察并请医生前来诊治或送往医院； （3）触电者失去知觉，但心脏跳动和呼吸还存在，应使触电者舒适、安静地平卧，周围不要围人，使空气流通，解开他的衣服以利于呼吸。同时，要速请医生救治或送往医院； （4）触电者呼吸困难、稀少或发生痉挛，应准备心跳或呼吸停止后立即做进一步的抢救； （5）如果触电者伤势严重，呼吸及心脏停止，应立即施行人工呼吸和胸外挤压，并速请医生诊治或送往医院，在送往医院途中，不能终止急救
注意事项		佩戴个人防护器具方面的注意事项：进入施工现场混装车司机、押运员及爆破员应按照要求正确的"两穿一戴"

十八、公司总部火灾事故现场处置方案

（一）事故特征

公司总部发生火灾事故其特征见表6-45。

表6-45 公司总部火灾事故现场处置

序号	事故发生的区域、地点或装置名称	事故可能发生的季节	造成的危害程度	事故前可能出现的征兆	预防措施
1	办公室	一年四季均可能发生，秋冬季多发	人员伤亡财产损失	烟气、异味、响声、噪声	1. 按制度对消防器材进行检查，保证其有效性； 2. 对员工进行高层火灾灭火、逃生知识

（二）应急处置措施

（1）险情发现者就近取用灭火器材进行灭火，同时呼叫周围人员进行共同施救（应急设备分布见附件二）。

（2）灾情不可控制时，行政管理部门立即报告物业管理处，总部职能部门立即组织本部门人员从安全出口撤离至紧急集合点，并清点人数。

（三）注意事项

（1）灭火人员应是经过训练的人员，灭火时，应使用正确的灭火器材。

（2）在有可能形成有毒或窒息性气体的火灾时，应佩戴隔绝式氧气呼吸器或采取其他措施，以防救援灭火人员中毒。救援人员在抢险过程中应注意保护自己的安全。

（3）扑救电气设备着火时，灭火人员应穿绝缘鞋、戴绝缘手套，防毒面具等措施加强自我保护。

（4）进行自救灭火，疏导人员、抢救物资、抢救伤员等，救援行动时，应注意自身安全，无能力自救时各组人员应尽快撤离火灾现场。

（5）火灾现场应急总指挥应随时保持与各小组的通讯联络，根据情况可互相调配人员。

（6）被救人员衣服着火时，可就地翻滚，用水或毯子、被褥等物覆盖措施灭火，伤处的衣、裤、袜应剪开脱去，不可硬行撕拉，伤处用消毒纱布或干净棉布覆盖，并立即送往医院救治。

（7）对烧伤面积较大的伤员要注意呼吸，心跳的变化，必要时进行心脏复苏。

（8）对有骨折出血的伤员，应作相应的包扎，固定处理，搬运伤员时，以不压迫创伤面和不引起呼吸困难为原则。

（9）尽快将伤员送往附近医院进行抢救救治。

（10）抢救受伤严重或在进行抢救伤员的同时，应及时拨打急救中心电话（120），由医务人员进行现场抢救伤员的工作，并派人接应急救车辆。

附　录

附录一　露天矿山和大型土石方工程安全检查评分表

序号	考核项目	检查方法与内容	评分标准（企业可根据自身情况确定各分项的具体分值）	标准分	扣减分	实得分	扣分原因
	1	目标职责		50			
1.1	安全方针和目标	1. 根据本单位安全实际，制定年度安全目标，明确目标责任的制定，分解和考核等环节内容； 2. 按照公司和部门在生产经营中的职能，制定安全指标，实施计划和考核办法； 3. 定期对安全目标和指标实施完成情况进行评估和考核，并及时调整； 4. 充分传达安全生产方针和目标	1. 没有公司批准的，文件化的年度安全目标，不得分； 2. 年度安全目标，指标不明确的，扣5分； 3. 没有进行安全目标分解的，扣5分； 4. 没有安全目标考核内容或考核缺项的，扣3分； 5. 没有安全考核实施计划的，扣5分； 6. 没有安全考核办法的，扣5分； 7. 没有定期对安全目标和指标实施情况进行评估和考核的，扣5分； 8. 目标指标没有及时调整的，扣3分； 9. 没有定期对目标对指标完成的情况进行系统分析，扣5分；没有提出改进措施，扣2分	15			
1.2	机构设置	1. 按规定设置安全、职业卫生管理机构，配备相应人员，并按规定配备有经验的安全管理人员； 2. 根据实际建立安全管理网络，并定期召开安全专题会，相关单位应设置专职或兼职安全管理人员，履行安全管理职责	1. 没有设立安全、环保、消防、职业健康领导小组文件的，不得分； 2. 未设立安全环保及职业卫生管理机构或专职人员的，扣5分； 3. 领导小组成员发生变化，未及时更新的，扣5分； 4. 无安全环保负责人任命文件的，扣3分； 5. 没有定期召开安全生产会议的，扣3分/次； 6. 专职安全管理人员没有进行业务分工的，扣5分； 7. 没有建立健全安全管理网络的，扣5分	15			
1.3	工作职责	1. 公司主要负责人应按照安全生产法律法规赋予的职责，全面负责安全工作，履行安全责任和义务； 2. 公司领导应按照各自安全、职业健康相关职责，发挥其在安全工作中的重要性	1. 公司主要负责人没有履行安全责任和义务的，扣5分； 2. 公司批准的纸质版的安全生产责任制的，不得分； 3. 无安全生产责任制学习记录，扣3分/项； 4. 员工不了解本岗位安全责任制的，扣2分/人； 5. 安全生产责任制内容与岗位不相符的，扣3分/项；	20			

序号	考核项目	检查方法与内容	评分标准（企业可根据自身情况确定各分项的具体分值）	标准分	扣减分	实得分	扣分原因
1.3	工作职责	3. 建立健全安全责任制，明确各部门和各岗位的安全职责，并对适宜性、落实情况进行评价和考核； 4. 做到按照安全职责，全员参与安全管理工作	6. 未对责任制落实情况进行评价和考核的，扣5分； 7. 没有实现全员参与安全工作的，扣3分	20			
2	法规制度			80			
2.1	法律法规	1. 建立识别和获取适用的安全生产法律法规、标准规范的制度，确定获取安全生产法律法规的渠道、方式，及时识别和获取适用的安全生产法律法规、标准规范，建立法律法规、标准清单和文本数据库； 2. 将适用的安全生产法律法规、标准规范及时传达给从业人员； 3. 遵守安全生产法律法规、标准规范，将相关要求及时转化为本单位的规章制度，并严格落实	1. 未建立识别和获取适用的安全生产法律法规、标准规范制度，扣5分； 2. 未明确法律法规、标准规范主管部门的，扣1分； 3. 未建立法律法规、标准清单和文本数据库的，扣10分； 4. 未将适用的安全生产法律法规、标准规范及时传达给相关人员的，扣2分； 5. 违反法律法规、标准规范的，扣2分/处； 6. 没有及时更新，并修改与其相关的规章制度，扣2分	20			
2.2	规章制度	1. 建立健全安全生产责任制，并发放到相关工作岗位，规范和从业人员的作业行为，并逐级签订； 2. 明确主要负责人、分管负责人、安全生产管理人员、各职能部门与岗位的安全职责，并进行相关权限培训； 3. 建立健全安全规章制度； 4. 领导现场值带班资料（记录、台账）； 5. 责任制及重要制度是否上墙； 6. 检查安全分析记录及分析各工作落实情况	1. 安全规章制度没有经过项目经理签发，扣5分； 2. 安全规章制度至少应包含下列内容：安全责任制度、安全培训教育制度、安全技术交底制度、安全文明施工管理、设备设施管理、危险品管理、消防安全管理、安全生产费用投入保障制度、班前安全活动管理、安全生产例会制度、交接班制度、隐患排查治理、现场安全用电、劳动防护用品使用管理、职业卫生及危害因素防治管理、应急管理、生产安全事件及职业病管理、领导带班、危险源辨识和风险预控管理、车辆使用管理、文件和档案管理、安全奖惩管理等。缺一项扣3分； 3. 没有公司批准的纸质版安全管理工作实施细则的，扣5分； 4. 安全管理工作实施细则没有发放到相关工作岗位的，扣3分/项； 5. 安全管理工作实施细则缺项的，扣2分/项； 6. 无安全管理工作实施细则培训学习记录，扣2分/项； 7. 与相关部门安全管理协议的，扣3分/项； 8. 不执行领导带班制度的，扣3分； 9. 没有按照带班计划执行，带班空岗的，扣2分/次	15			

续附录一

序号	考核项目	检查方法与内容	评分标准（企业可根据自身情况确定各分项的具体分值）	标准分	扣减分	实得分	扣分原因
2.3	岗位安全操作规程、安全技术交底	1. 根据生产特点和岗位风险，编制齐全、适用的岗位安全操作规程。编制成册下发至相关部门和岗位，并进行上墙； 2. 在新技术、新材料、新工艺、新设备投产或使用前，组织编制新的操作规程，保证其适用性。 3. 施工组织设计时，安全技术交底措施，发放到相关岗位并组织人员培训学习； 4. 分部分项工程或危险性较大的作业活动应当编制专项措施并进行安全技术交底	1. 岗位安全操作规程应包括：爆破作业（装药、起爆、盲炮处理）、高处作业、穿孔作业等活动的安全操作规程、钻孔机、挖掘（油炮）机、装载机、推土机、平路机、自卸车、砂轮机等设备的安全操作规程；电工、电焊工、气焊工、汽车修理工、钻机操作工、架子工等工种的操作规程。缺项，扣5分/项； 2. 施工工艺及安全措施不明确与实际不符的，扣3分/项； 3. 现场不按施工组织设计施工的，扣3分/处； 4. 每缺少安全技术交底记录的，扣2分/项； 5. 安全技术交底内容与实际不符的，扣2分/项； 6. 现场抽查安全规程回答不正确的，扣1分/人次，不合、不回答的，扣2分/人次； 7. 采用"四新"技术未编制新的操作规程或规程不适用的，扣2分	30			
2.4	文档管理	1. 安全记录管理：（1）严格执行文件和记录管理制度，确保安全规章制度和操作规程编制、使用、评审、修订的效力。（2）建立主要安全管理过程、活动、检查的安全记录，并加强对安全记录的有效管理。 2. 评估：每年至少对安全生产法律法规、标准规范、规章制度、操作规程的适用性和执行情况进行检查评审； 3. 修订：根据安全检查反馈的问题、自评结果、评审情况、安全事故案例等，征求相关人员意见，对规章制度和操作规程进行修订，确保其有效性和适用性，保证每个岗位使用最新有效版本	1. 没有建立安全管理台账的，扣15分；安全管理台账不全，扣3分/项；（三级安全教育和培训台账；安全检查台账；隐患整改台账；"三违"行为台账；事件的台账；应急管理台账；生产会议台账等） 2. 未根据规章制度和规程的执行情况反馈，对安全管理规章制度和操作规程进行修订的，扣3分； 3. 无文件、记录编号管理办法，未对文件进行归档，扣3分； 4. 文件归档、收发没有记录，没有目录清单，扣3分； 5. 文件能及时准确贯彻到相关人员，并有相应记录。未按要求，扣3分	15			

续附录一

序号	考核项目	检查方法与内容	评分标准（企业可根据自身情况确定各分项的具体分值）	标准分	扣减分	实得分	扣分原因
3	教育培训			70			
3.1	教育培训管理	1. 明确安全培训主管部门，定期根据培训需求，制定实施安全教育培训计划，提供相应资源保证； 2. 做好安全教育培训档案，建立培训档案和员工个人教育培训档案，并对培训效果进行评估和改进； 3. 未经培训，考核不合格的人员，不得上岗作业； 4. 岗位员工必须熟知以下内容：安全生产方针；岗位安全操作规程；现场应急处置程序；工作场所特定的安全要求；事故、事件报告程序；岗位职责；岗位特定风险；相关的法律法规要求；个体防护用品配备和使用； 5. 安全教育培训计划包括：目标、大纲、教材、时间、内容、考核方式等； 6. 当本单位不具备相应技术和管理能力时，可委托有相应资质的安全生产培训机构进行培训	1. 未明确安全教育培训主管部门的，扣5分； 2. 未建立员工三级安全教育及日常培训档案的，扣3分；档案不齐，1分/人； 3. 员工未经安全培训或培训考核不合格，安排岗的，扣3分/人次； 4. 无年度及月度培训计划的，扣3分； 5. 培训课时未满足要求的或无培训课时记录的，扣3分； 6. 未对培训效果进行评估和改进的，扣2分； 7. 培训没有课件、记录，扣2分/次； 8. 没有为培训活动提供充足的师资、经费、场地等扣5分； 9. 没有鼓励员工积极参加培训学习的激励机制，扣3分	25			
3.2	管理人员和专职安全员教育培训	1. 主要负责人和安全管理人员，应具备从事本单位生产经营活动相适应的安全生产知识和管理能力； 2. 法律法规要求对其安全生产知识和管理能力进行考核的，须经考核合格后方可任职	1. 主要负责人、安全管理人员无有效资格证，扣5分/人； 2. 无年度及月度培训计划的，扣2分； 3. 管理层应接受以下培训：事故调查分析；相关法律法规；应急管理；职业卫生管理；风险控制技术；沟通技巧；危险源辨识、风险评价和紧急医疗救治。每缺一项扣0.5分； 4. 重要岗位应接受以下培训：岗位潜在风险、应急处置方法、危险源辨识、操作程序与作业指导书	10			

续附录一

序号	考核项目	检查方法与内容	评分标准（企业可根据自身情况确定各分项的具体分值）	标准分	扣减分	实得分	扣分原因
3.3	特种作业人员教育培训	1. 从事特种作业、特种设备作业的人员应取得相应作业操作证书，方可上岗作业，并定期复审； 2. 根据项目部实际情况，检查爆破工、电工、钻机工、卡车司机等的资格证书	主要负责人、安全管理人员、特种作业人员的资格证无效或无资格证，扣 5 分/人	15			
3.4	其他人员教育培训	1. 对从业人员进行安全技能培训，使其熟悉有关安全规章制度和安全操作规程，经过考核合格； 2. 新入职人员在上岗前应经过三级安全教育，安全培训时间和内容应符合国家和地方政府有关规定； 3. 在"四新"投入使用前，应对有关从业人员进行专门的安全教育和培训； 4. 员工转岗、离岗半年以上重新上岗者，应进行班组安全教育，经考核合格后，方可上岗工作； 5. 对劳务分包单位的从业人员进行安全教育培训，并保存安全教育培训记录； 6. 对外来检查、参观、学习等人员进行有关安全规定、可能接触到的危险和有害因素、应急须知等教育，并保存安全教育培训记录； 7. 培训学时要求：新上岗从业人员安全培训的时间不少于 72 学时；从业人员每年接受再培训的时间不少于 20 学时	1. 培训课时未满足要求的或无培训课时记录的，扣 2 分； 2. 员工能力不符合岗位标准要求的，扣 2 分/人； 3. 新入职人员上岗前未经过三级安全教育培训或培训内容不符合规定的，扣 2 分/人； 4. 无"四新"安全培训记录，扣 2 分； 5. 转岗、离岗半年以上重新上岗者无培训记录（转岗或离岗一年以上复岗人员须接受班组级考试），考试合格方能上岗），扣 2 分； 6. 年度再教育没有考试卷、培训时同未经培训内容不够或培训内容不符合规定上岗的，扣 2 分/人次； 7. 未对分包单位的人员进行专门安全教育培训的，扣 3 分/人次； 8. 未对外来检查、参观、学习等人员进行相关知识培训教育，并保存培训记录的，扣 2 分； 9. 由于未安全培训的原因导致事件、事故发生，扣 10 分/次	20			

续附录一

序号	考核项目	检查方法与内容	评分标准（企业可根据自身情况确定各分项的具体分值）	标准分	扣减分	实得分	扣分原因
4			运行控制	490			
4.1	作业现场（安全设施）	1. 施工作业现场安全设施装表；（现场检查） 2. 安全警示标志情况（现场检查）； 3. 除尘、降尘措施实施情况（洒水降尘、钻机除尘装置）； 4. 紧急避险场设施（现场检查）	1. 采场边坡的安全挡土墙不连续或缺失，扣20分； 2. 采场边坡存在不稳固危险、有浮动危石，扣10分； 3. 正在施工的平台、高坎处未设置带反光条的安全警示标志或修筑临时挡土墙，扣10分； 4. 未对采场的高边坡的稳固情况进行每周至少一次的监测、根据测量数据分析其是否稳定，扣10分； 5. 没有在工地入口处设置安全警示标志、提示作业人员佩戴劳保用品，禁止无关人员入内等安全标语，扣10分； 6. 施工现场没有在主干道或需要设置限速标志的位置设置限速标志、安全警示标志不足，扣5分； 7. 安全警示标志、标语没有按照公司要求设置的，扣2分/处，不清晰、不完整，扣5分； 8. 存在无关人员、车辆进入施工现场现象，有禁止进入采区的摩托车、电动车等进入施工现场，扣10分； 9. 没有安排洒水车在采场、施工道路、排土场进行洒水降尘，或洒水不足导致尘土飞扬，扣10分； 10. 长距离下坡区域没有设置紧急避险区，扣10分；	50			
4.2	作业现场	1. 运输道路情况（坡度、宽度、安全设施情况）缺项减20分； 2. 排土场情况（现场检查、查阅监控记录）缺项减20分； 3. 作业平台情况（现场检查）缺项、减20分；	1. 施工道路不平坦、未及时清理运渣车辆掉下的石头，扣5分； 2. 施工道路边坡没有修筑连续不断的安全挡土墙、或其高度不小于自卸车最大轮胎直径的2/5～3/5、底部宽度不小于3m、完全没有修筑安全挡土墙或挡土墙不符合规定均扣20分； 3. 施工道路边坡有浮石、危石、扣10分； 4. 夜间作业、施工道路边坡没有设置夜光灯或夜间反光标志、扣20分； 5. 运输线路坡度、宽度不满足设计和工艺要求，扣20分； 6. 主运输线路没有按要求设置护栏、挡车墙、警示标志等，扣20分；具备条件的应设置分车道；	60			

序号	考核项目	检查方法与内容	评分标准（企业可根据自身情况确定各分项的具体分值）	标准分	扣减分	实得分	扣分原因
4.2	作业现场	1. 运输道路情况（坡度、宽度、安全设施情况）缺项减20分； 2. 排土场情况（现场检查，查阅监控记录）缺项减20分； 3. 作业平台情况（现场检查）缺项，减20分；	7. 排土场边坡是否修筑连续不断的安全挡土墙，且其高度不小于自卸车轮胎直径的2/5~3/5，顶部和底部宽度分别不小于自卸车轮胎直径的1/3和1.3倍，完全没有修筑安全挡土墙或挡土墙不符合规定均扣20分； 8. 排土场工作面向坡顶方向没有反坡或坡度不足3%~5%，扣10分； 9. 排土场工作面存在裂缝、坑洼不平、积水等现象，扣10分； 10. 没有安排专人指挥车辆倒车排土，扣10分； 11. 指挥车辆倒车排土人员未使用执红、绿旗正确指挥，扣5分； 12. 指挥车辆倒车排土人员未身穿反光背心，离岗，扣10分； 13. 指挥车辆倒车排土人员脱岗、离岗，扣10分； 14. 排土场夜间作业没有灯光照明或未在边坡处安装夜光警示灯，扣20分； 15. 高段位排土每周至少一次沉降测量，且根据测量数据分析其是否稳定，没有则扣10分； 16. 台阶超过设计高度，挖掘机最大挖掘高度的1.2倍，扣10分	60			
4.3	钻孔作业	1. 钻孔设备（潜孔钻、牙轮钻等）灭火器； 2. 设备的检查情况； 3. 钻机停放和作业时是否安全； 4. 钻危险作业，上下平行作业是否有人监护； 5. 作业人员按规定正确穿戴劳动防护用品； 6. 移动潜孔钻机时，将机架放下保持平衡； 7. 其他违章行为	1. 钻机设备没有配备灭火器，或灭火器设备失效，扣5分； 2. 钻机设备没有"三检"记录，扣3分/台； 3. 穿孔设备在采装设备回转半径内作业，扣5分； 4. 钻机作业角度与台阶坡顶线的夹角小于45°，扣3分； 5. 钻孔深度、孔排距、角度不符合设计要求，扣5分； 6. 钻机在上部作业，对下方有影响，且无人监护的，扣3分； 7. 钻机移动试，没有将钻架放下扣2分，操作人员坐在钻机上扣5分； 8. 作业人员不正确佩戴劳动保用品，扣2分/人； 9. 在危险区域作业，无人监护，扣5分； 10. 作业人员在危险区域休息，扣2分； 11. 钻机设备距离挖机或爆破作业现场过近，存在危险，扣5分； 12. 钻机设备加油，在20m范围内抽烟的，扣5分； 13. 钻孔打好后，没有及时将孔口岩粉清除，做好护孔的，扣5分； 14. 其他"三违"行为，扣3分/人	50			

续附录一

序号	考核项目	检查方法与内容	评分标准（企业可根据自身情况确定各分项的具体分值）	标准分	扣减分	实得分	扣分原因
4.4	爆破器材临时存放	1. 爆破器材在现场需临时堆放应设置临时存放点； 2. 存放点是否有安全警戒范围，并设置警示标志； 3. 雷管炸药要分开摆放，保持足够距离； 4. 雷管使用前应存放在雷管箱并上锁； 5. 炸药、雷管是否有采取遮阳措施； 6. 现场发放雷管、炸药应认真登记； 7. 剩余的炸药、导爆索、雷管等爆炸物器材应及时退库、带回办公生活区，禁止带回办公生活区； 8. 爆破器材台账应清晰、准确，账卡物一致；	1. 未设置爆破器材临时存放点，扣10分； 2. 临时存放点未设置安全警示标志，扣10分； 3. 存在坐在爆破器材上休息的现象，扣5分； 4. 现场雷管、炸药存在乱扔乱丢乱放现象，扣5分； 5. 同时搬运雷管和炸药，扣10分； 6. 现场雷管、炸药发放记录不清楚，扣10分； 7. 现场存放爆破器材没有采取遮阳措施，扣10分； 8. 雷管箱未上锁，扣10分； 9. 无专人看守爆破器材，或看守人员脱岗、串岗、睡岗，不得分； 10. 雷管、炸药乱丢乱放，扣5分； 11. 雷管、爆破器材台账不签名、涂改、不准确等，扣5分； 12. 剩余的炸药、导爆索、雷管等爆炸器材应及时退库、带回办公生活区，扣40分； 13. 爆破器材违规过夜存放，扣40分；	40			
4.5	爆破作业	1. 爆破作业手续审批情况； 2. 爆破资料保存的完整性，包括每次爆破的设计、图、支底、检查、评价记录； 3. 参与设计的编制，审核，批准人员持证情况； 4. 爆破作业现场安全警戒情况； 5. 爆破警戒人员持证上岗，并遵守安全操作规程； 6. 爆破警戒人员物品佩戴与警戒情况； 7. 爆后由爆破员对爆堆进行认真检查；	1. 爆破作业未进行审批，扣10分/次； 2. 爆破设计、审核、批准人员不具备资质，扣10分/次； 3. 搬运爆破器材不轻拿轻放的，故意摔打、抛掷爆破器材，扣10分； 4. 炸药与雷管同车装载的，扣50分； 5. 在爆破作业范围或爆破器材存放点20m以内出现火源的，扣20分； 6. 爆破作业人员无证上岗，无证作业扣5分/人； 7. 作业过程中应遵守安全操作规程现象，无证作业人员持证上岗，扣10分/人次； 8. 爆破作业时，警戒人员擅自解除警戒，口哨等物品不齐全，每人扣5分； 9. 总指挥未解除警戒，警戒员擅自解除警戒，警戒旗、口哨等物品不齐全，每人扣10分/人； 10. 爆后对爆堆不认真检查，扣20分，爆后检查记录不全，扣5分； 11. 盲炮处理未编制处理方案，未遵守操作规程，扣30分； 12. 雷电、大雨、大雾等劣天气，夜间进行爆破作业，扣30分； 13. 作业人员酒后上班或精神状况不好，扣5分/人；	100			

序号	考核项目	检查方法与内容	评分标准（企业可根据自身情况确定各分项的具体分值）	标准分	扣减分	实得分	扣分原因
4.5	爆破作业	8. 盲炮处理遵守操作规程; 9. 劳动纪律执行情况; 10. 禁止上下平台上平行爆区（不互相影响的除外）同时起爆; 11. 是否存在其他"三违"行为	14. 爆破区域未做警戒，无警示牌，或无专人看守，扣10分; 15. 涉爆人员不熟悉岗位危险源，扣5分/人; 16. 上下平台平行爆区同时起爆，扣10分; 17. 存在人员与爆破器材混装载现象，扣10分; 18. 其他"三违"行为，扣10分/人; 19. 安全措施在现场执行不到位，扣20分/项; 20. 危险性较大的爆破作业，没有制定专项方案，扣10分; 21. 安全交底不认真不仔细，未说明当班安全注意事项，扣5分; 22. 采空区、火区相关爆破，违反相关爆破规定的，10分/处;	100			
4.6	采装平整作业	1. 作业人员的工作状态，有无"三违"行为; 2. 机械设备的安全装置情况和检查保养情况; 3. 作业人员的安全操作规程的执行情况; 4. 机械设备的安全操作规程的执行情况; 5. 文明施工情况	1. 进入施工现场作业人员没有正确使用劳动防护用品，扣10分/人; 2. 进入施工现场作业人员酒后上班，扣20分/人; 3. 是否存在边坡的临时休息，边坡下方等危险区休息，扣5分; 4. 非人员运输车辆搭载其他人员，扣10分/次; 5. 机械设备没有配备灭火器或灭火器失效扣5分/车; 6. 挖装设备（挖掘机、装载机）司机每班未执行车辆"三检"制度，没认真对车辆状况进行检查，扣3分/班; 7. 机械设备驾驶室内放置妨碍驾驶的物件和工具，或者坐车无关人，扣5分/次; 8. 挖掘机（油炮机）在同一坡面上下交叉作业或同一水平工作面距离小于两部挖掘机旋转半径之和，未采取安全措施，扣10分; 9. 汽车司机中途离开驾驶室，挖机铲斗从汽车驾驶室上方感过扣5分; 10. 机械设备停止作业时没有停放在安全位置，扣5分; 11. 存在人员在挖掘机（油炮机）摇臂旋转半径范围内站立或通过的，扣10分/人; 12. 设备加油时，20m范围内有大块石头在上面吸烟，或者在靠近高压电源处加油，扣5分; 13. 存在装得太满或者大块石头未打碎现象，每超载1人扣10分; 14. 上下班交通车存在超载现象，扣5分/车次; 15. 是否有"三违"行为？是，每人次扣10分	60			

续附录一

序号	考核项目	检查方法与内容	评分标准（企业可根据自身情况确定各分项的具体分值）	标准分	扣减分	实得分	扣分原因
4.7	运输作业	1. 作业人员的工作状态，有无"三违"行为； 2. 机械设备的安全装置保养情况和检查执行情况； 3. 作业人员的安全操作规程的执行情况； 4. 机械设备的安全操作规程的执行情况； 5. 文明施工情况； 6. 项目部安全管理规定执行情况	1. 司机酒后驾车、疲劳驾驶、危险驾驶，扣30分/人； 2. 司机下车不正确戴好安全帽，扣10分/人； 3. 自卸车未配备有效的灭火器，扣5分/车； 4. 自卸车司机每班是否执行车辆"三检"制度，没有对车辆状况进行检查，做好记录，扣3分/车； 5. 自卸车不按指定线路行驶，超过两侧边帮（具体速度根据项目部规定），违规超速车，扣10分/车； 6. 自卸车在运输过程中发生故障，未经许可在道路上随意卸料，停车维修没有设置安全警示标志，坡道停车没有采取驻车措施，夜间停车没有打开危险警示灯，扣5分/车； 7. 自卸车排土场卸料时不服从管理人员指挥，扣10分； 8. 车辆加油时不熄火，半径20m范围内吸烟，或者在靠近高压电源处加油，扣5分； 9. 自卸车行车时举大箱，扣10分； 10. 上下班交通车存在超载现象，扣10分/车； 11. 驾驶员离开驾驶室，没有采取制动，扣10分/车； 12. 倒车不向后观察，不鸣笛的，高速长距离倒车，扣10分/车； 13. 两车行车同距小于20m，停车时间距小于5m，扣5分/次； 14. 存在其他"三违"行为，扣10分/人	50			
4.8	设备管理	1. 设备的制度管理情况（查阅相关制度）； 2. 设备使用维修保养记录（查阅相关记录）； 3. 危险品运输设备的安全设施情况（现场查看）	1. 是否制定设备（包括应急救援器材）安装（拆除）、使用、维修、保养、改造和报废制度？否，扣20分； 2. 未对进场设备（包括自有、新购、分包方设备）验收，扣10分； 3. 没有建立设备管理台账，扣10分； 4. 没有制定设备保养、维修计划，扣10分； 5. 租赁设备在租赁合同中没有约定双方的安全管理职责，扣20分； 6. 设备维修、保养记录没有保留，扣10分； 7. 加油车、炸药车的安全防护设施，警示标志不完整，扣10分； 8. 加油车、炸药车、洒水车、推土机、装载机、平路机等设备没有配备灭火器或灭火器已失效，扣5分/台	30			

续附录一

序号	考核项目	检查方法与内容	评分标准（企业可根据自身情况配备定各分项的具体分值）	标准分	扣减分	实得分	扣分原因
4.8	设备管理	1. 质量检测、安全检测等计量仪器的使用情况，缺项减10分； 2. 项目部车辆管理情况（查看制度、询问、查阅记录）； 3. 特种设备管理情况，缺项减20分	1. 未按有关规定配备相应的质量、安全检测计量仪器，扣10分； 2. 配备的质量、安全检测计量仪器是无生产许可证和产品合格证，或证件不全，扣5分； 3. 质量、安全检测计量仪器未按要求定期送具备检测资质的机构进行校验合格后才使用，扣5分； 4. 公务车辆没有管理制度，扣10分，未指定专人管理，扣10分； 5. 存在无证驾驶的现象，扣20分； 6. 特种设备未按规定配备管理要求或专人管理，扣10分； 7. 特种设备未按规定检测合格后才投入使用，扣10分；	50			
5	场所管理			150			
5.1	油库	1. 油库的管理制度和操作规程（现场查看、询问）； 2. 油库的安全警示标志（现场查看）； 3. 消防器材、安全设施的状况； 4. 库房的安全用电情况（查看）； 5. 库管员对安全知识的掌握情况（询问、演示）	1. 油库值班室没有张贴管理制度、库管员职责，没有张挂扣20分，模糊不清扣10分； 2. 没有在明显处设置严禁烟火、禁止无关人员进入库内等安全警示及标志，报警电话，扣20分，残缺、模糊不清扣10分； 3. 地上式油罐未安装避雷针，扣20分，有安装，但没有经有资质检验机构验收（或定期检验）合格扣10分； 4. 油库应配备灭火器、砂池、消防桶（箱）、消防斧等消防器材目保管完好，完全没有配备或全部失效扣30分，单项缺失或配置不足，每项扣10分； 5. 库管员有离岗、脱岗现象，扣20分； 6. 油库内有吸烟、使用通讯工具的现象，扣20分； 7. 油库内堆放易燃、易爆物品、动用明火、乱拉电源、电线破损、使用电炉等超负荷用电等现象，扣20分； 8. 库内及值班室整洁、卫生，否则扣5分； 9. …… 10. 库管员不会使用灭火器材或不熟悉操作规程，扣5分；	40			

续附录一

序号	考核项目	检查方法与内容	评分标准（企业可根据自身情况确定各分项的具体分值）	标准分	扣减分	实得分	扣分原因
5.2	爆破器材仓库	1. 查看炸药库的制度建设情况（查看制度）； 2. 查看炸药库的安全设施（现场检查）； 3. 检查安全制度的执行情况（查看纪录、询问、检查）； 4. 检查库房内库存物品存储情况（现场检查）； 5. 检查库房内爆破器材出入库台账等记录； 6. 检查有无"三违"行为	1. 爆破器材库未经当地公安机关检验合格后投入使用，扣60分； 2. 爆破器材库值班室未张挂爆破器材库管理制度、库管员职责，扣20分，模糊不清扣10分； 3. 未在明显处设置严禁烟火、禁止无关人员进入等警示标志及紧急联系电话，扣20分，残缺、模糊不清扣10分； 4. 未安装避雷针扣20分，有安装、但没有经有资质检验机构验收（或定期检验）合格扣10分； 5. 安防系统、监控系统未开启，扣10分； 6. 存放炸药、雷管室内未装温湿度计，或未有效使用，扣5分； 7. 没有配置灭火器、砂池（箱）、消防桶、铁锹、消防等消防器材，或单项没有配置或配置不足，每项扣10分； 8. 炸药室、雷管室应实施双锁制，且钥匙由2名库管员分别保管。没有双锁或雷管室钥匙没有分别保管扣20分； 9. 炸药（包括导爆索）与雷管没有分库存放，未分库存放扣60分； 10. 炸药、雷管堆放不符合下述规定：炸药堆放高度不超过1.6m，与墙的距离保持在0.2～0.4m之间，堆垛之间保留0.6m通道；雷管箱摆放在木架上并严禁堆放，其总高度不应超过1.6m，与墙的距离保持在0.2～0.4m之间。每一项不符合要求扣10分； 11. 炸药室、雷管室内未装设电气、灯具，扣10分； 12. 库管员有离岗、脱岗现象，扣20分； 13. 有无关人员进入库内，每人扣10分； 14. 相关人员进出库内，未进行登记，每人次扣5分； 15. 相关人员进出库没有将香烟、打火机、火柴、对讲机、手机等放在值班室内临时保管，每人次扣10分； 16. 爆破器材领用审批手续不齐全，发现一张领用爆破器材单没有签名手续不齐扣10分； 17. 爆破器材出入库记录账目清晰混乱，账物不相符扣30分； 18. 爆破器材出入库账中相关人员签名不齐全扣10分； 19. 爆破器材出入库账目有涂改痕迹的，每处扣5分； 20. 库管人员在值班室内使用电炉、动用明火，扣30分； 21. 库内和值班室内物品摆放混乱，有易燃杂物存在，扣10分	60			

续附录一

序号	考核项目	检查方法与内容	评分标准（企业可根据自身情况确定各分项的具体分值）	标准分	扣减分	实得分	扣分原因
5.3	修理工场	1. 安全操作规程（现场检查、询问）； 2. 安全用火、用电（现场检查）； 3. 乙炔、氧气等危险品管理（现场检查）； 4. 消防器材情况（现场检查）； 5. 有无人员违章行为（现场检查）； 6. 文明卫生情况（现场检查）	1. 未在修理工场明显位置张挂《焊工操作规程》《气焊工操作规程》《砂轮机安全操作规程》《汽车轮胎更换安全操作规程》等相关规程，扣20分，张贴但残旧、模糊扣5分； 2. 配电箱存在私拉乱接电线、电线破损、无安装漏电开关、无设置开关箱或开关箱破损等用电不安全现象，扣20分； 3. 检修车辆时，车厢升起后没有支起支撑架，扣20分； 4. 氧气瓶、乙炔瓶没有遮阳防晒措施且相距不足5m扣10分，相距5m以上但没有遮阳防晒措施扣5分，有遮阳防晒措施但相距不够5m扣3分； 5. 乙炔瓶没有安装回火阀，扣5分； 6. 氧气瓶、乙炔瓶存放处离火源不足10m，扣20分； 7. 氧气瓶、乙炔瓶没有竖立摆放，扣5分； 8. 氧气瓶和乙炔瓶的存在粘染油脂或物品的现象，扣5分； 9. 搬运气瓶时是否存在放在地上滚动的现象？是，扣5分； 10. 未配置灭火器、工具，配置不足或失效，扣5分； 11. 场内设备、工具、材料等摆放不整齐，堵塞通道，扣5分。 12. 作业人员未按要求穿戴安全防护用品，每人扣10分； 13. 作业人员有违章操作行为，每人次扣10分； 14. 垃圾杂物是否及时清理，保持场内整洁、卫生，扣5分	50			
	6　选矿厂			260			
6.1	厂区道路和安全标志	查看厂区现场	1. 厂区出入口的数量应少于2个。如只有一个或出入口锁闭、不畅通，扣10分； 2. 主要人流出入口应与主要货流出入口分开设置，不分开设置或不按分开设置使用扣5分； 3. 安全警示牌应设在合理、醒目处，内容正确、清晰，否则扣5分	20			

序号	考核项目	检查方法与内容	评分标准（企业可根据自身情况确定各分项的具体分值）	标准分	扣减分	实得分	扣分原因
6.2	选矿厂现场	查看现场	1. 人员进入停止运转的设备内部或上部，事前应用操作牌换电源牌，切断电源，锁上电源开关，挂上"有人作业，严禁合闸"的标志牌，并设专人监护；否则扣20分； 2. 浮选机进浆管、回砂管、排矿管和闸阀等，应保持完好、畅通和灵活，发现堵塞、磨损应及时处理，否则扣20分； 3. 配药间应单独设置，并应设通风装置。人工破碎固体药剂时，正面不得有人，否则扣10分； 4. 浓缩机的溢流槽外沿高出地面至少0.4m，否则应在靠近道路边地段设置安全栏杆，达不到要求扣5分； 5. 带式输送机运送的物料，温度不应超过120℃，检查发现超过120℃扣5分； 6. 破碎设备周围应留有足够的操作和维修空间，不符合要求扣5分； 7. 对于人员可及范围内的旋转和传动部件，应配置防护装置，没有防护装置扣10分； 8. 破碎设备上所用的电气设备应有接地故障保护装置，没有接地故障保护装置扣20分； 9. 磨机传动装置转动部分应配备防护罩，在旋转件周围应设置防护栏杆，否则扣10分； 10. 磨机应提供配套的成套低压电控装置，否则扣10分； 11. 浮选机槽体，给矿中间槽等焊接部位不应有渗漏现象，否则扣5分； 12. 浮选机的润滑油路应畅通，并不得漏油，否则扣5分； 13. 输送机防雨罩应密封严密，采用阻燃型材料制成，用手动工具应能自由拆卸或组装，其观察窗应设在能方便观察到物料运行情况的位置，不符合要求扣5分； 14. 输送机的外缘避免有锐利的边缘，当锐利边缘时其人员接近部位应加防护，否则扣5分； 15. 输送机旁或有关作业室内严禁积存易燃、易爆材料及一切油污件和煤粉等，否则扣10分； 16. 输送机安装带后不允许动用火，电焊加工机架，特殊需时要采取必要的防范措施，否则扣20分	80			

序号	考核项目	检查方法与内容	评分标准（企业可根据自身情况确定各分项的具体分值）	标准分	扣减分	实得分	扣分原因
6.3	供配电系统	1. 查看现场； 2. 查看记录	1. 配电室屋顶承重构件的耐火等级不应低于二级，其他部分不应低于三级。当配电室与其他场所毗邻时，门的耐火等级应按两者中耐火等级高的确定，不符合规定扣 20 分； 2. 变压器室、配电室、电容器室的门应向外开启。相邻配电室之间有门时，此门应能双向开启。不符合规定扣 10 分； 3. 变压器室、配电室、电容器室等应设置防止雨、雪和蛇、鼠类小动物从采光窗、通风窗、门、电缆沟等进入室内的设施。完全没有设施的扣 20 分，不全或失效每一项只扣 5 分； 4. 长度大于 7m 的配电室应设两个出口，并宜布置在配电室的两端。当变电所内的配电室长度大于 60m 时，宜增加一个出口。不符合要求，每一小项只扣 5 分； 5. 变电所的电缆夹层、电缆沟和电缆室，应采取防水、排水措施。设有防水、排水措施的扣 10 分； 6. 高、低压配电室、变压器室、电容器室、控制室内，不应有与其无关的管道和线路通过，否则扣 10 分； 7. 用电产品的绝缘应符合相关标准规定，否则扣 20 分； 8. 用电产品以及发电气线路周围应留有足够的安全通道和工作空间，且不应堆放易燃、易爆和腐蚀性物品，否则扣 20 分； 9. 保护接地线应采用焊接、压接、螺栓连接或其他方法可靠连接，严禁缠绕或钩挂。电缆（线）中的绿、黄双色线在任何情况下只能用作保护接地线，否则扣 20 分	80			
6.4	消防系统	查看现场	1. 厂房内不宜设置地沟，必须设置时，其盖板应严密，否则扣 20 分； 2. 厂房的安全出口应分散设置，相邻 2 个安全出口最近边缘之间的水平距离不应小于 5.0m。不符合规定扣 20 分； 3. 厂房内严禁设置员工宿舍，不符合规定扣 20 分，否则扣 20 分； 4. 供消防车取水的天然水源和消防水池，应设置消防车道，无设消防车道扣 15 分；	50			

序号	考核项目	检查方法与内容	评分标准（企业可根据自身情况确定各分项的具体分值）	标准分	扣减分	实得分	扣分原因
6.4	消防系统	查看现场	5. 消防车道的宽度不应小于3.5m，道路上空遇有管架、栈桥等障碍物时，其净高不应小于4m。不符合规定扣20分；6. 灭火器应设置在明显和便于取用的地点，且不得影响安全疏散，否则扣10分	50			
6.5	钢结构设施	查看现场	1. 固定式钢斜梯与地面的倾角应在30°~75°之间，不符合规定扣10分；2. 在同一梯段内，踏步高与踏步宽应保持一致；梯高不宜大于5m，单梯段的梯高不宜大于6m，梯级数宜不大于16，不符合规定扣10分；3. 顶部踏板的上表面应与平台平面保持一致，不符合规定扣10分；4. 距上方相邻地板地面1.2m及以上的平台、通道或工作面应设置防护栏杆，没有设置防护栏杆扣10分；5. 防护栏杆及钢平台应采用焊接连接，如采用其他连接扣10分	30			
7	尾矿库			240			
7.1	地面安全设施	1. 查看现场；2. 查记录	1. 尾矿库应设置值班室，应急救援物资库、通讯和照明设施、上库道路等不存在安全隐患。检查发现安全隐患，每一小项扣5分；2. 有危害性的不良地质作用（滑坡、断层、溶洞等）的库区应按设计要求进行治理；3. 尾矿库内严禁违章爆破、采石、建筑、开垦、放牧等，禁止违章排入外来尾矿、废石、废水和其他废弃物。检查每发现一小项扣10分；4. 在库区周边及库区应按要求设立安全警示标志和安全用语。无安全警示标志和安全用语，缺失或不清晰扣5分；5. 尾矿库上坝道路应符合《安全专篇》设计要求，不符合设计要求扣20分；6. 尾矿库上、下游及动正等安全措施符合《安全专篇》的要求。不符合设计要求扣20分	50			

续附录一

序号	考核项目	检查方法与内容	评分标准（企业可根据自身情况确定各分项的具体分值）	标准分	扣减分	实得分	扣分原因
7.2	尾矿库坝体	1. 查看现场； 2. 查记录； 3. 询问	1. 初期坝上下游坡比应满足规程要求，同时不陡于设计规定的坡度。不符合要求扣20分； 2. 坝下渗水量正常，水质清澈，无浑水渗出。检查发现问题，每一小项扣5分； 3. 堆积坡比符合设计要求，不应陡于设计规定。不符合设计要求扣20分； 4. 下游坡面无严重冲沟、裂缝、塌坑和滑坡等不良现象。检查发现存在隐患，每年一小项扣10分； 5. 堆积坝下游坡面上宜用土石覆盖或用其他方式植被绿化，并可结合排渗设施每隔6~10m高差设置排水沟。不符合要求扣除10分； 6. 尾矿堆积坝下游坡与两岸山坡结合处应设置截水沟，还不到设计要求扣20分； 7. 严格按设计要求控制坝体渗润线埋深，上下游坡比应设计要求。不符合要求扣20分； 8. 副坝坝高、坝型	50			
7.3	放矿筑坝	1. 查看现场； 2. 查记录； 3. 询问	1. 上游式筑坝法，应于坝前均匀放矿，维持坝体均匀上升，不得任意在库后段或一侧岸坡放矿。不符合要求，每一小项扣5分； 2. 坝体较长时应采用分段交替作业，使坝体均匀上升，应避免滩面出现侧坡、扇形坡或细粒坡矿大量集中沉积于某端或某侧，否则扣10分； 3. 每期干坝堆筑完毕，应进行质量检查，检查记录需经主管技术人员签字后归存档案，否则扣10分	30			

序号	考核项目	检查方法与内容	评分标准（企业可根据自身情况确定各分项的具体分值）	标准分	扣减分	实得分	扣分原因
7.4	排洪防汛系统	1. 查看现场； 2. 查记录； 3. 询问	1. 防洪标准应满足规程和设计中有关不同等别尾矿库防洪标准的要求。不符合标准扣30分； 2. 排洪系统现状能否满足设计要求的泄水能力，构筑物有无变形、位移、损毁、淤堵。检查发现存在隐患，扣20分； 3. 在排水构筑物上或尾矿库内适当地点，应设置醒目的水位标尺，标明正常运行水位和警戒水位。没有标明正常运行水位和警戒水位扣10分； 4. 汛期前应对排洪设施进行检查、维修和疏浚，确保排洪设施畅通。根据确定的排洪底坎高程，将排洪底坎以上1.5倍调洪高度内的挡板全部打开，清除排洪口前水面前浮物。没有按要求执行扣20分； 5. 洪水过后应对排洪构筑物进行全面认真的检查与清理，发现问题及时修复，同时，采取措施降低库水位，防止连续降雨后发生垮坝事故。没有按要求执行扣20分	60			
7.5	排渗设施及在线监测系统检查	1. 查看现场； 2. 查记录	1. 排渗设施正常（排渗效果及排水水质符合要求），检查发现异常扣5分； 2. 观测项目（内、外部坝体位移、浸润线、库水位、干滩长度、安全超高、降雨量、库区影像）应齐全完整。检查发现不齐全完整，每一小项扣5分； 3. 观测设施应按设计要求施工，观测点数量、位置、编号等与设计要求一致。不符合设计要求，每一小项扣5分； 4. 保证数据资料的实时性和有效性，各数据监测是否无缝结合，并提出资料分析报告。应专门进行资料的实时性和有效性、单项或多项对比报警功能正常。不符合要求每小项扣5分； 5. 监测报告和整编资料，应按档案管理规定，及时存档，否则扣20分	50			

续附录一

序号	考核项目	检查方法与内容	评分标准（企业可根据自身情况确定各分项的具体分值）	标准分	扣减分	实得分	扣分原因
8		过程控制		225			
8.1	生产技术管理	1. 工程开工报告、施工组织设计； 2. 工程的施工组织设计或分部工程的专项施工方案； 3. 施工措施的审批、交底、落实情况； 4. 技术管理和生产管理相关记录的保存； 5. 生产技术相关的工程图纸、方案、评价报告、专家审查意见等要进行保存	1. 工程未报当地公安机关及行政主管部门批准后才开工，扣15分； 2. 未编制《施工组织设计》或审批手续不齐全，扣10分； 3. 《施工组织设计》没有编制施工安全、职业健康的措施和管理规定，扣10分； 4. 《施工组织设计》中的安全措施不切合本工程的实际，扣10分； 5. 关键的分部、分项工程未编制施工方案，或编制、审批手续不全，每项扣10分； 6. 关键的分部、分项工程施工方案应向施工人员（包括管理人员和作业人员）进行技术交底，未交底，每部分扣10分； 7. 未根据不同季节制定相应的施工安全措施并发放，扣10分； 8. 需要进行评价的设计或分部分项工程未进行安全评价，扣10分； 9. 生产管理部门《施工日志》记录不全，少记一班，扣5分； 10. 《施工日志》在安排生产时，未提出安全生产要求，扣5分； 11. 《施工日志》记录内容不完整，签名，日期是有缺漏，扣3分；	50			
8.2	安全会议	1. 安全生产会议制度； 2. 安全生产会议记录或纪要	1. 没有安全生产会议制度，扣5分； 2. 未按规定每周召开一次安全生产例会，少开一次扣5分； 3. 项目负责人没有主持召开安全生产例会，缺席一次扣5分；特殊情况请假例外； 4. 安全生产例会未形成会议纪要并发放，每欠扣3分； 5. 会议形成的决议没有得到落实，扣5分； 6. 安全分析会不符合会议要求的，会议要求没有执行的，扣2分/次	20			

续附录一

序号	考核项目	检查方法与内容	评分标准（企业可根据自身情况确定各分项的具体分值）	标准分	扣减分	实得分	扣分原因
8.3	安全投入	1. 查阅安全投入保障制度； 2. 检查安全投入计划的有效性； 3. 查阅提取、使用安全费用的记录台账，安全投入人是否符合规定； 4. 检查安全投入计划落实情况； 5. 检查库房、发放台账，考察项目部是否按公司规定发放和管理劳保用品； 6. 检查工作现场人员使用劳保用品的情况； 7. 购买意外伤害保险或工伤保险情况	1. 没有安全投入保障制度，扣10分；保障制度不健全，扣3分； 2. 无安全投入计划，扣10分；计划无编制、审核、批准，扣5分； 3. 安全投入计划审批不符合规定的，扣5分； 4. 无安全投入计划实记录的，扣10分； 5. 安全物资、劳动防护用品入库时没有进行检查、验收、验收，填写验收单，保留相应的合格证，发现一批次没有保留，扣10分； 6. 安全物资、劳动防护用品生产厂家"生产许可证、产品合格证、鉴定报告、劳动安全标志"保存不齐全，扣5分； 7. 没有按照公司种类要求发放劳保用品，扣5分； 8. 未设立劳保用品发放台账扣5分； 9. 劳保用品穿戴不正确或不正确穿戴的，扣3分/人次； 10. 全员购买意外伤害保险或工伤保险情况，每少一人购买意外保险扣5分； 11. 职业病防治法宣传周、安全生产月、国家消防日等要组织或活动没有进行宣传或组织活动的，扣3分/次	30			
8.4	班组建设	1. 查阅班组安全活动管理制度（安全标准化示范班组管理实施细则），明确召开班组安全会议的要求和内容； 2. 抽查员工掌握本岗位安全职责、安全操作规程、危险有害因素及其预防控制措施、自救互救及应急处置情况； 3. 查阅班组安全学习、安全检查等安全工作记录	1. 无班组安全活动管理制度的，扣5分； 2. 班组安全会议要求和内容不明确的，扣5分/处； 3. 抽查员工掌握不岗位安全职责、安全操作规程、危险有害因素及其预防控制措施、自救互救及应急处置情况情况，回答不正确的，扣2分/人，拒绝回答的，扣5分/人； 4. 未建立班组活动工作记录的，扣10分，不健全扣5分； 5. 班组活动没有安全员参加，少一人扣1分； 6. 开展班组活动没有主管领导参加的，扣5分/班组； 7. 班组没有兼职安全员的，扣5分/班组； 8. 班组没有进行月度测评的，扣5分； 9. 项目对班组活动开展情况进行检查、调整优化的，扣5分	30			

续附录一

序号	考核项目	检查方法与内容	评分标准（企业可根据自身情况确定各分项的具体分值）	标准分	扣减分	实得分	扣分原因
8.5	承包商、供应商管理	1. 查阅承包商、供应商管理制度; 2. 查阅合格承包商、供应商的名录和档案; 3. 查阅承包商、供应商资质和条件; 4. 查阅项目部和承包商、供应商的安全管理协议	1. 未建立承包商、供应商管理制度的，扣10分; 2. 承包商、供应商的名录和档案不健全的，扣5分; 3. 将项目委托给不具备相应资质或条件的承包商，不得分; 4. 与承包商没有安全管理协议（未明确规定双方的安全责任和义务）的，扣10分; 5. 分包单位没有按规定配备专兼职安全员，扣10分	30			
8.6	职业健康	1. 检查健康体检情况; 2. 员工健康档案及检查资料; 3. 人员用工情况	1. 未建立员工健康监护档案的，扣5分; 2. 员工健康监护档案不全的，扣2分/人次; 3. 没有按公司下发的《关于从业人员职业健康管理规定》，组织员工进行职业健康体检（入职、离职）的。每少一人扣10分; 4. 录用体检不合格（包括职业禁忌证）员工的，不得分; 5. 员工的体检报告单其本人没有签名确认，扣5分/人; 6. 聘用童工，扣除10分/人; 7. 安排未成年工从事过重、有毒有害作业的，扣10分; 8. 没有在项目部或施工现场显眼设置设置职业危害告知牌，扣10分; 9. 没有对职业危害因素进行检测，扣10分	50			
8.7	人员进离场管理	1. 人员入场登记情况; 2. 项目部对人员变动（包括分包员工）的掌握情况	1. 员工（包括分包单位员工）进场后应按规定填写《员工信息登记表》，没有填写的，每人扣5分，填写不完整，每人扣3分; 2. 员工（包括分包单位员工）进离场要进行登记相关信息，没有扣5分，不全扣3分; 3. 员工（包括分包单位员工）离场时没有退回工作证（上岗证）、安全帽、工作服，每人扣5分	15			

续附录一

序号	考核项目	检查方法与内容	评分标准（企业可根据自身情况确定各分项的具体分值）	标准分	扣减分	实得分	扣分原因
9	风险预控			160			
9.1	安全检查	1. 安全检查保障制度； 2. 日常巡查、例行检查、专业检查、综合检查的开展形式和执行情况； 3. 安全检查发现问题的解决、反馈情况； 4. 相关记录的保存情况	1. 无安全检查制度，扣5分；制度没有明确实施相关检查的责任部门、人员及其职责，扣3分；没有明确需进行检查的节假日，扣3分； 2. 项目负责人以及相关人员没有按照要求参加安全检查，扣10分； 3. 安全检查情况没有形成书面通报并下发，扣5分； 4. 检查发现的问题未及时给安全责任部门下发整改通知、限期整改，扣5分/次； 5. 安全检查记录没有存档形成台账，扣5分；未定期分析检查记录、找出检查发现问题的规律性，扣3分； 6. 上级要求整改的安全隐患（问题）未按时整改，每项扣10分； 7. 由于安全检查的原因导致安全事件、事故发生的，扣10分； 8. 检查发现重大问题，没有立即报告并采取措施，扣5分； 9. 每月安全生产大检查少于一次，扣15分； 10. 专兼职安全员应每班对施工现场进行监督检查，并将检查情况记录在《施工安全日志》，每少记一天扣5分；内容不完整、清晰、签名不符合要求，扣3分； 11. 没有定期对三违行为进行统计分析，扣3分。	50			
9.2	隐患排查	1. 检查事故隐患排查治理工作。隐患排查治理记录、监控、治理、销账，报告的闭环管理； 2. 检查各部门、岗位、场所、设备设施的隐患排查治理标准、范围、要求和培训情况； 3. 事故隐患的等级划分进行签记，建立事故隐患信息档案，并按照职责分工实施监控治理	1. 无隐患排查记录，未建立事故隐患信息档案的，不得分； 2. 未按规定对隐患（填写隐患整改五定表）的，扣2分/项； 3. 发现重大安全隐患未及时上报的，扣15分/处； 4. 存在一般安全隐患未整改的，扣5分/项； 5. 未及时复查验收或事故隐患审查弄虚作假的，扣5分/项； 6. 隐患排查治理要求和培训不符合要求的，扣2分/项	15			
9.3	隐患治理	1. 重大隐患应编制治理方案； 2. 重大隐患治理方案应包括措施、人员、时限和要求。重大隐患在治理前应采取临时控制措施并制定应急预案； 3. 隐患治理措施包括：工程技术措施、管理措施、教育措施、防护措施和应急措施； 4. 治理完成后，应对治理情况进行验收和销账	1. 重大隐患治理无治理方案的，不得分； 2. 重大隐患治理方案缺项的，扣3分/项； 3. 重大隐患治理措施缺项的，扣3分/项； 4. 治理完成后，未对治理情况进行验收和销账的，扣2分/项	15			

序号	考核项目	检查方法与内容	评分标准（企业可根据自身情况确定各分项的具体分值）	标准分	扣减分	实得分	扣分原因
9.4	隐患信息报送	1. 定期对事故隐患排查治理情况进行统计分析，及时向员工进行通报； 2. 按照公司的要求定期报送隐患排查治理情况	1. 未定期对事故隐患排查治理情况进行统计分析，及时向员工进行通报的，扣3分； 2. 未及时录入隐患排查资料的，扣2分	5			
9.5	危险源辨识	1. 查阅危险源辨识制度； 2. 查阅危险源辨识情况	1. 没有危险源辨识管理制度的，扣5分； 2. 未进行危险源辨识的，不得分； 3. 危险源辨识流程不符合要求，内容不全的，扣5分； 4. 危险源辨识照搬照抄，不符合项目部实际的，扣10分；	20			
9.6	风险评价	1. 查阅风险评价管理制度，应包括风险评价的目的、范围、频次、准则和工作程序等； 2. 应选定合适风险评价方法，定期和及时对作业活动和设备设施进行危险源和有害因素识别及风险评价	1. 无风险评价管理制度或未进行风险评价的，不得分； 2. 有新工艺、新设备、新材料时，未及时更新危险源识别和风险评价的，扣5分；为特定项目制定安全措施前，执行高任务的，未进行风险评价的，扣5分/次	10			
9.7	风险控制	1. 查阅风险控制的技术、管理、教育、个体防护等措施； 2. 查阅不可接受的风险情况； 3. 查阅风险评价的结果、措施的宣传、培训情况	1. 无控制措施的，不得分； 2. 未确定不可接受风险的，扣2分； 3. 重点危险源没有张贴公示在明显位置，无培训记录的，扣5分； 4. 未对危险源辨识进行培训、学习，扣10分	15			
9.8	危险源管理	1. 现场查阅危险源、主要危险源登记建档情况及危险源备案情况； 2. 查阅危险源安全管理制度	1. 未建立危险源安全管理制度的，扣5分； 2. 未按规定进行危险源登记建档及备案的，扣2分； 3. 对危险源管理手续作假的，扣3分/项； 4. 预控措施没有进行落实，5分/项	20			
9.9	预测预控	监测重点危险源的安全状况及发展趋势，预控措施有没有起到作用，根据监测情况及时调整预控措施	1. 抽查重点危险源责任人对管理措施掌握情况，不清楚扣3分/人； 2. 没有对重点危险源进行监控监测的，扣5分/人	10			

续附录一

序号	考核项目	检查方法与内容	评分标准（企业可根据自身情况确定各分项的具体分值）	标准分	扣减分	实得分	扣分原因
10			应急救援	55			
10.1	应急机构和队伍	1. 安全应急管理机构。检查项目部的应急救援组织名单及联系方式；2. 大型项目应设置兼职应急救援队伍，或与应急救援队伍签订服务协议	1. 未建立兼职救援组织，或没有签订救护协议的，不得分；2. 未设置兼职应急救员，扣5分，未对项目部人员进行紧急医疗救治进行培训，扣5分，急救员名单未在本单位张贴、公布，扣3分	5			
10.2	应急预案	1. 查阅生产安全事故综合、专项应急预案及对危险性较大的重点岗位的现场处置方案构成安全应急预案体系；2. 应急预案评审、修订和完善	1. 无应急综合、专项应急救援预案，现场处置方案的，不得分；2. 应急救援预案不完整，内容不符合实际，现场处置方案不健全的，扣2分/项；3. 应急救援预案未培训（无专项培训记录）的，扣5分；4. 未根据演练情况对应急救援预案进行补充或更新的，扣10分	20			
10.3	应急设施、装备、物资	应急设施、应急装备、储备应急物资	1. 未配备救援设备、器材的，不得分；2. 救援设备、器材不全（实际配备与预案要求不一致）的，扣10分；3. 应急物资挪作他用，扣10分；4. 没有急救箱的扣5分，兼职急救员没掌握急救知识的，扣10分	20			
10.4	应急演练	1. 生产安全事故应急演练、评估，根据评估结果，修订、完善应急预案，改进应急管理工作；2. 检查演练记录资料（预案每半年演练一次）	1. 未按计划演练的，不得分；2. 对演练未进行评价的，扣2分	10			
11			文明卫生	140			
11.1	办公及生活区的选址	1. 办公生活区的选址是否安全；2. 办公生活区的环境是否对员工不利	1. 办公、生活临时设施与作业区距离小于安全距离，扣10分；2. 办公、生活临时设施设置在高压线、沟边、崖边、河流边、强风口处，或高墙下以及可能发生有倒塌危险的民房、厂房、仓车内，泥石流等灾害地带和山洪可能冲击到的区域，扣10分；3. 办公生活区周围存在生命危害大，存在安全隐患的，扣10分；4. 办公生活区周围粉尘浓度大，强噪音等，影响员工健康，扣20分；5. 使用易燃材料搭建办公生活用房，扣5分；6. 项目部内生活垃圾处理不及时，扣10分；7. 厕所卫生环境差，扣10分	30			

续附录一

序号	考核项目	检查方法与内容	评分标准（企业可根据自身情况确定各分项的具体分值）	标准分	扣减分	实得分	扣分原因
11.2	施工现场	1. 施工现场垃圾的处理情况； 2. 员工"两容一戴"； 3. 项目部的场容场貌； 4. 施工作业现场标语、安全警示牌情况；	1. 施工现场存在乱扔饭盒、饮料瓶、旧轮胎、废弃油罐、带油的布或纸皮等现象，扣10分； 2. 是否存在施工现场戏闹、打架现象； 3. 员工衣帽穿戴不整齐，扣1分/人； 4. 五牌一图设置不齐全、不规范，扣5分； 5. 施工现场安全警示标志有残旧破损情况，歪斜没有及时更换或扶正，扣5分	20			
11.3	办公区	1. 办公室内用电情况； 2. 办公区消防设施； 3. 办公区取暖设施和卫生情况	1. 办公室物品混乱，卫生差，扣5分； 2. 电线存在乱拉乱接、老化破损，使用电炉等现象，扣10分； 3. 灭火器完全没有配置或全部过期或配置不足或部分过期失效，扣10分； 4. 冬季生煤炉取暖，没有采取有效防止煤气中毒措施，扣10分	20			
11.4	生活区	1. 生活区安全用电情况（每个电热水器必须装漏电开关）； 2. 消防设施情况； 3. 宿舍内卫生情况； 4. 生活作息情况； 5. 项目部纪律执行情况	1. 厨房、宿舍、浴室无独立漏电保护装置；主供电系统无接地，配电箱内系统标识等不完整清楚，宿舍内使用大功率用电器等现象，扣10分； 2. 灭火器完全没有配置或全部过期失效，配置不足或部分过期失效，扣3分； 3. 存在床头使用电插座、充电器，扣5分； 4. 存在人员躺在床上吸烟或乱扔烟头现象，扣5分； 5. 冬季生煤炉取暖，无采取有效防止煤气中毒措施，扣10分； 6. 宿舍内存在乱倒剩饭、菜渣，乱丢垃圾、杂物等现象，扣5分； 7. 存在无关人员留宿现象，扣10分； 8. 有赌博现象，每人次扣10分； 9. 存在酗酒、吵闹现象，每人次扣5分； 10. 在考核时段内发生斗殴事件，斗殴人员，每人次扣10分	30			

续附录一

序号	考核项目	检查方法与内容	评分标准（企业可根据自身情况确定各分项的具体分值）	标准分	扣减分	实得分	扣分原因
11.5	食堂	1. 食堂用火用电情况； 2. 防虫、灭蝇、防鼠工作情况； 3. 食品卫生情况	1. 食堂存在电线乱拉乱接、用电线路老化、用电器具破损等现象，扣10分； 2. 灭火器完全没有配置或配置过期失效或全部过期或部分过期失效，扣5分，配置不足或部分过期失效，扣3分； 3. 使用过期、变质食物，扣10分； 4. 未设置防鼠、灭蝇措施，扣3分； 5. 公用餐具的刀具、粘板没有进行消毒处理，扣5分； 6. 切生熟食没有分开，生熟食物未分开存放，扣5分； 7. 每餐食物未留样，扣5分； 8. 发生食物中毒或重大重大传染病事件，每次扣40分； 9. 食堂内未做到干净卫生，扣5分； 10. 生活垃圾处理不及时，扣5分	40			
12.1	事故事件管理	1. 事故档案和事故管理台账； 2. 事故调查笔录和事故追查记录； 3. "四不放过"原则； 4. 事故事件统计分析	事故查处	50			
			1. 无险肇事件登记表的，扣3分；漏登记事件（事故事件登记表）的，扣2分/起； 2. 无事故档案和事故管理台账（事故事件登记表）的，扣5分； 3. 调查时无事故调查笔录的，扣5分/起；无事故追查记录会记的，每起事故扣5分/起； 4. 无事故事件统计分析的，扣2分； 5. 没有在规定时间内按照"事故四不放过"进行处理的，每起事故扣20分	20			
12.2	事故报告	查阅事件报告程序、相关记录及有关证据	1. 无事故事件报告程序的，扣3分； 2. 无相关记录的，扣2分/项； 3. 无相关证据（现场照片、录像）的，扣2分/起	15			

序号	考核项目	检查方法与内容	评分标准（企业可根据自身情况确定各分项的具体分值）	标准分	扣减分	实得分	扣分原因
12.3	事故调查	1. 检查事故调查组成，职责权限说明等； 2. 查阅事故调查情况（事故发生的时间、经过，人员伤亡情况、直接经济损失、预估间接经济损失、直接原因、间接原因、事故性质、事故责任，整改措施和处理建议等）	1. 事故调查组成员不符合规定的，扣3分/起； 2. 事故调查组的职责和权限不明确的，扣3分/起； 3. 缺少事故调查报告的，扣3分/份； 4. 事故调查报告书缺项或填写不规范，扣2分/份； 5. 事故原因未查明的，扣2分； 6. 没有制定针对性措施，或措施不具体的，扣2分； 7. 事故责任人未处理或未按规定处理的，扣2分； 8. 按照"四不放过"原则，员工未受到教育培训的，扣2分/人次	15			
13			持续改进	30			
13.1	绩效评定	1. 查阅安全标准化的运行情况自评报告； 2. 查阅项目部安全绩效考核情况	1. 安全工作目标未实现，指标未完成的，不得分； 2. 发生事故后，未全面查找安全管理系统中的缺陷的，不得分； 3. 项目部绩效考核不符合规定的，扣3分/项； 4. 未对安全标准化的运行情况进行自评的，扣3分/次	15			
13.2	持续改进	应根据安全标准化的自评结果，对安全目标、指标、规章制度、实施细则、操作规程等进行修改完善，持续改进，不断提高安全绩效	未对安全目标、指标、规章制度、实施细则、操作规程等进行修改完善的，扣3分/项	15			
			合 计	2000			

附录二　危险源辨识与评价、危险有害因素安全管控表

附录2-1　施工管理

活动	危险源/危险因素	风险类型	造成后果	事故类型	可能性	频率	严重度	风险值	风险等级	管理对象	主要责任人	直接管理人员	主要监管部门	主要监管人员	控制措施
施工人员上下班	翻车、撞车	人	人员伤亡、财产损失	人身、设备事故	1	6	7	42	一般危险	施工人员	交通车司机	施工队长	安全部	安全员	1. 司机应持证驾驶；2. 遵守交通规则；3. 严禁超载、超速行驶；4. 禁止酒后驾驶；5. 进入工地应慢速行驶；6. 大雾、大风雪天气，能见度低于30m时，停止车辆后禁止出车；7. 冬天路面结冰采取防滑措施禁止车辆；8. 人员在工地行走时应注意来往车辆；9. 车况良好、刹车有效
人员、车辆在工地上行走、行驶	边坡滚石、坠落	环境	人员伤亡、财产损失	人身、设备事故	1	6	7	42	一般危险	施工人员	钻孔班长	施工队长	安全部	安全员	1. 在边坡处设置警示标志；2. 工地施工道路外侧应修筑规范的挡土墙；3. 及时排除边坡浮石；4. 人员不得在边坡下休息；5. 设备不得停留在边坡顶或靠近坡顶边缘；6. 经过边坡时，应注意边坡滚石，不在边坡一侧行走；7. 进入工地必须正确戴好安全帽，禁止人员抄近路从边坡爬行
	路面结冰	环境	人员伤亡	人身	1	1	7	7	稍有危险	操作工	钻孔班长	施工队长	安全部	安全员	1. 气温零度以下时，停止施工道路洒水；2. 由装载机及时清除路面结冰；3. 在路面撒煤灰或碎砂石
	路面遗留石块	环境	人员伤亡	人身	1	1	7	7	稍有危险	操作工	钻孔班长	施工队长	安全部	安全员	1. 要及时清除道路遗留石块；2. 教育员工在工地行走时注意观察路面情况

附录2-2　钻孔作业

作业活动	危险源/危险因素	风险类型	造成后果	风险评估					管理对象	主要责任人	直接管理人员	主要监管部门	主要监管人员	控制措施
				可能性	频率	严重度	风险值	风险等级						
移动钻机	钻机翻倒	设备	人员伤亡 财产损失 设备事故	1	6	3	18	一般危险	操作工	钻孔班长	施工队长	安全部	安全员	1. 在不平坦地面上驱动钻机时要小心，以防钻机翻车；2. 到达工作面后，应将空压站在发顶安全处停车；3. 操作者应站在发顶安全处操作；4. 钻机移位时，要调整滑架和钻臂，保持机体平衡
	在边坡拖风管引起浮石	人	人员伤亡 人身事故	1	3	3	9	稍有危险	操作工	钻孔班长	施工队长	安全部	安全员	在边坡拖风管时应通知下方人员离开，并安排人员监视，禁止人员、车辆靠近
	机械伤害	人	人员伤亡 人身事故	1	3	7	21	稍有危险	操作工	钻孔班长	施工队长	安全部	安全员	1. 遵守安全操作规程；2. 操作时手、臂离开开动部位；3. 行走马达起动时，控制走行前进和后退的速度；4. 拖挂和举行立或行走时，不要在两机器之间停立或行走；5. 严禁拆除空压机皮带防护罩；6. 禁止拆除空压机皮带运行时进行检修
钻机操作	压力容器及管路爆炸	设备	人员伤亡 人身事故 设备事故 财产损失	0.5	6	15	45	一般危险	操作工	钻孔班长	施工队长	安全部	安全员	1. 贮气罐和输气管路每三年应作水压试验一次，试验压力为额定工作压力的150%。压力表每半年至少应校验一次，安全阀每年至少应校验一次；2. 贮气罐内最大压力不得超过铭牌规定，安全阀运应灵敏有效；3. 遵守安全操作规程，发现机器运行异常，应立即停机排查故障
	发动机烧毁	设备	人员伤亡 人身事故 设备事故 财产损失	0.5	6	15	45	一般危险	操作工	钻孔班长	施工队长	安全部	安全员	1. 经常检查发动机的电器线路；2. 冬季启动发动机时严禁用明火加热；3. 配备足够有效的灭火器

续附录 2-2

作业活动	危险源/危险因素	风险类型	造成后果	事故类型	风险评估				管理对象	主要责任人	直接管理人员	主要监管部门	主要监管人员	控制措施
					可能性	频率	严重度	风险值	风险等级						
钻孔	风管接头脱离离甩打	人	人员伤亡	人身事故	0.5	6	15	45	一般危险	操作工	钻孔班长	施工队长	安全部	安全员	1. 供风前, 一定要用安全绳将主风管与钻机捆为一体; 2. 风管接头应用铁丝捆绑紧固, 并经常检查
	滚石	环境	人员伤亡、财产损失	人身事故、设备事故	0.5	6	15	45	一般危险	操作工	钻孔班长	施工队长	安全部	安全员	1. 严禁在上方有浮石、危石有清坡危险的边坡下方钻孔; 2. 严禁在基础不稳固的大块石头上进行解小炮钻孔作业
	粉尘	环境	作业人员尘肺病	职业健康	6	6	3	106	显著危险	操作工	钻孔班长	施工队长	安全部	安全员	1. 采用湿式钻孔; 2. 操作时操作人员站在风向上方; 3. 作业时操作人员佩带防尘口罩; 4. 钻孔组织钻孔作业人员进行职业健康检查
	振动和噪声	环境	影响作业人员听觉神经	职业健康	3	6	3	54	一般危险	操作工	钻孔班长	施工队长	安全部	安全员	1. 使用低噪声空压机, 空压机应配备消声器, 并经常检查维护保持其有效使用; 2. 钻机经常保养维修, 减小机器运行噪声; 3. 空压机尽量放置在远离作业人员处

附录 2-3　爆破作业

作业活动	危险源/危险因素	风险类型	造成后果	事故类型	风险评估 可能性/频率	严重度	风险值	风险等级	管理对象	主要责任人	直接管理人员	主要监管部门	主要监管人员	控制措施
爆破器材运输、搬运	爆破器材爆炸	人	人员伤亡 财产损失	人身事故 设备事故	1 / 6	15	90	显著危险	爆破人员	爆破队长	项目副经理	安全部	安全员	1. 运送爆破器材应专车，专人负责，司机持证上岗；2. 搬运爆破器材人员应为持证爆破员，押运员；3. 雷管、炸药应分开搬运，电雷管胸线应在工地的雷管木制保管箱内；4. 送往工地的雷管木制保管箱内，电雷管胸线短路；5. 搬运爆破器材品应小心轻放；6. 严禁烟火，禁止使用手机，对讲机等通讯工具；7. 作业人员不得穿化纤衣服
爆破器材临时存放点	雷管或炸药爆炸	危险品	人员伤亡 财产损失	人身事故 设备事故	1 / 6	15	90	显著危险	爆破人员	爆破队长	项目副经理	安全部	安全员	1. 雷管、炸药分开摆放；2. 管装进木制保管箱内，电雷管脚线短路；3. 严禁烟火，对讲机等通讯工具；4. 作业人员不得穿化纤衣服
装药、堵塞、连网	早爆、雷击	人	人员伤亡	人身事故	1 / 6	15	90	显著危险	爆破人员	爆破队长	项目副经理	安全部	安全员	1. 爆破作业人员必须持爆破作业证上岗；2. 严格遵守爆破作业安全操作规程；3. 禁止使用金属炮棍，不准用炮棍直接冲击带雷管的起爆体；4. 禁止使用手机，对讲机等通讯工具；5. 严禁烟火，禁止使用手机；6. 作业人员不得穿化纤衣服；7. 雷雨天气来临时应停止爆破作业，所有人员撤到安全地点
	飞石	人	人员伤亡 财产损失	人身事故 设备事故	1 / 6	15	90	显著危险	爆破人员	爆破队长	项目副经理	安全部	安全员	1. 严格按照设计进行布孔、钻孔，并验收；2. 严格按照爆破设计控制装药量，保证堵塞质量，防止由于堵塞不合格而发生冲炮事故；3. 严格警戒，清场
爆破	炮烟中毒	人	人员伤亡	人身事故	1 / 6	7	42	一般危险	爆破人员	爆破队长	项目副经理	安全部	安全员	1. 严禁使用过期的炸药；防潮、过期变质炸药不得使用；2. 做好炸药的存置；3. 起爆点设置在爆破区域的上风向；4. 按照规程要求，待炮烟消散后检查人员才进场检查
盲炮处理	处理不当引起爆破	人	人员伤亡	人身事故	3 / 3	15	135	显著危险	爆破人员	爆破队长	项目副经理	安全部	安全员	1. 处理盲炮应由有经验的持证爆破员或爆破技术员负责；2. 制定盲炮处理方案经生产单位总工审批后严格执行；3. 严格处理盲炮执行盲炮安全操作规程

附录2-4　采装作业

作业内容	危险源/危险因素	风险类型	造成后果	事故类型	风险评估					管理对象	主要责任人	直接管理人员	主要监管部门	主要监管人员	控制措施
					可能性	频率	严重度	风险值	风险等级						
挖掘作业	挖掘机行驶或作业时失控	人	人员伤亡　财产损失	人身事故　设备事故	1	6	7	42	一般危险	挖掘机司机	现场管理员	施工队长	安全部	安全员	1. 操作人员持证上岗，严禁酒后上班; 2. 班前、班中、下班时应认真检查挖掘机（油炮机）操纵系统和制运系统; 3. 禁止挖掘机（油炮机）带故障作业，超速行驶; 4. 严格遵守安全操作规程
	挖掘机翻倒	设备	人员伤亡　财产损失	人身事故　设备事故	1	6	7	42	一般危险	挖掘机司机	现场管理员	施工队长	安全部	安全员	1. 挖掘机（油炮机）到达作业面时应停放在稳固才开始施工作业; 2. 靠近边坡作业，应注意高处的崩塌滚落，低处的积方滑落; 3. 挖掘机（油炮机）下班后应停放在安全稳固处，不得停放在靠近边坡边缘处
	挖掘机相碰	设备	财产损失	设备	1	6	3	18	稍有危险	挖掘机司机	现场管理员	施工队长	安全部	安全员	挖掘机（油炮机）在同一工作面作业时，前后相距应大于两台挖掘机（油炮机）旋转半径之和
	掌子面滑坡、滚石	环境	人员伤亡　财产损失	人身事故　设备事故	1	6	3	18	稍有危险	挖掘机司机	现场管理员	施工队长	安全部	安全员	1. 工作掌子面的高度一般不应超过机身高度的一倍半; 2. 作业前及作业过程中，应及时排除掌子面上的浮动石块; 3. 禁止将掌子面安排成屋檐形; 4. 禁止在上下工作面安排挖机、施工机械、人员垂直交叉作业
	挖掘机与装渣车相碰	设备	财产损失	设备	1	6	3	18	稍有危险	设备司机	现场管理员	施工队长	安全部	安全员	运渣车装载时，停放位置应在挖掘机机身回旋半径外，防止挖掘机身退与运渣车碰撞

续附录 2-4

作业内容	危险源/危险因素	风险类型	造成后果	事故类型	可能性	频率	严重度	风险值	风险等级	管理对象	主要责任人	直接管理人员	主要监管部门	主要监管人员	控制措施
挖掘作业	挖掘机摇臂伤人	设备	人员伤亡 财产损失	人身事故 设备事故	1	6	7	42	一般危险	施工人员	现场管理员	施工队长	安全部	安全员	1. 挖掘机（油炮机）作业时，旋转半径范围内禁止人员停留，通过；2. 挖掘机（油炮机）停止作业时，无论时间长短，均应将抓斗（锤头）放落至地面
装渣	石块掉落砸到驾驶室	人	人员伤亡 财产损失	人身事故 设备事故	1	6	7	42	一般危险	施工人员	现场管理员	施工队长	安全部	安全员	装渣时，禁止抓斗从驾驶室上方越过
挖掘作业	挖掘到盲炮引起爆炸	人	人员伤亡 财产损失	人身事故 设备事故	1	1	15	15	稍有危险	挖掘机司机	现场管理员	施工队长	安全部	安全员	1. 爆后认真检查，发现盲炮及时处理，当班未能处理应做好标记，安排人员看守，严禁进行挖运作业；2. 挖运时，发现盲炮或疑似盲炮，应立即停止作业，向现场安全员汇报，待爆破员到现场排除盲炮后，方可继续挖运作业，警戒；3. 排除盲炮时，要进行清场，警戒
加油等	挖掘机着火	人	人员伤亡 财产损失	人身事故 设备事故	1	0.5	15	7.5	稍有危险	挖掘机司机	现场管理员	施工队长	安全部	安全员	1. 经常检查挖掘机的电气线路；2. 加油时必须停车熄火，半径25m范围内严禁烟火；3. 冬季起动挖掘机不得用明火烤油箱，只能用专用加热器加热；4. 火区采装工作面必须低于60℃以下
检修挖掘机	机械伤害	设备	人员伤亡	人身事故	1	3	3	9	稍有危险	挖掘机司机	现场管理员	施工队长	安全部	安全员	1. 严禁在挖掘机运行时进行检修；2. 抓斗（锤头）必须放落至地面
挖装矿岩	粉尘	环境	作业人员尘肺病	职业健康	3	6	3	54	一般危险	挖掘机司机	现场管理员	施工队长	安全部	安全员	1. 操作者佩戴防尘口罩；2. 作业时操作人员站在风向上方；3. 洒水降尘；4. 定期组织操作人员进行职业健康检查

附录2-5　运输作业

作业活动	危险源/危险因素	风险类型 造成后果	事故类型	风险评估 可能性	频率	严重度	风险值	风险等级	管理对象	主要责任人	直接管理人员	主要监管部门	主要监管人员	控制措施
运渣车辆行驶	翻车、车辆碰撞	人 人员伤亡 财产损失	人身事故 设备事故	1	6	7	42	一般危险	施工人员	现场管理员	施工队长	安全部	安全员	1. 司机应持证驾驶；2. 遵守交通规则；3. 禁止酒后驾驶，严禁超载，超速行驶；4. 进入工地应慢速行驶；5. 冬天路面结冰打滑，无采取防滑措施禁止出车；6. 班前、班中、下班时应认真检查车辆方向系统、制动系统和轮胎，禁止车辆带故障行驶；7. 道路两边设置安全警示标牌；8. 施工道路和排土场挡土墙高度、宽度应修筑符合标准要求，并经常维护；9. 车厢内禁止装超大块石头，保持车辆行驶时平衡
	石块从车厢掉落	人 人员伤亡	人身事故	1	3	3	9	稍有危险	挖掘机司机	现场管理员	施工队长	安全部	安全员	1. 车厢装渣不得太满，上面不得装载大块石头；2. 保持施工路面平整，运渣（矿）车遇到行人或与小汽车会车时，应保持安全距离，慢速行驶
检修车辆	机械伤害	设备 财产损失	设备事故	1	3	3	9	稍有危险	挖掘机司机	现场管理员	施工队长	安全部	安全员	1. 检查车辆时，车辆必须停放在平稳处，不得停放在斜坡处，如急需在斜坡处检修时，用木块或石块将轮胎掩紧；2. 顶定车手制动，车厢检查车底盘时，必须拴好安全销，或用木块垫稳固
加油等	车辆着火	设备 财产损失	设备事故	1	3	3	9	稍有危险	挖掘机司机	现场管理员	施工队长	安全部	安全员	1. 经常检查车辆、挖掘机，挖掘机的电气线路；2. 加油时必须停车熄火，半径25m范围内严禁烟火；3. 冬季起动车辆，挖掘机不得用明火烤发动机，只能用专用加热器加热；4. 火区采装工作面必须低于60℃以下

附录2-6　排土作业

作业活动	危险源/危险因素	风险类型	造成后果	事故类型	风险评估					管理对象	主要责任人	直接管理人员	主要监管部门	主要监管人员	控制措施
					可能性	频率	严重度	风险值	风险等级						
运渣车进排土场卸渣	车辆相撞	人	人员伤亡 财产损失	人身事故 设备事故	1	6	15	90	显著危险	汽车司机	汽车司机	施工队长	安全部	安全员	1. 进入排土场车辆必须慢速行驶（8公里/小时）；2. 进行交规则，保持安全行车距离；4. 夜间有足够的照明；服从排土场管理人员指挥，在指定位置卸渣；5.
	翻车	人	人员伤亡 财产损失	人身事故 设备事故	1	6	15	90	显著危险	汽车司机	汽车司机	施工队长	安全部	安全员	排土场工作平台必须随时修整，保持平坦
	车辆翻落排土场	人	人员伤亡 财产损失	人身事故 设备事故	1	6	15	90	显著危险	汽车司机	汽车司机	施工队长	安全部	安全员	1. 排土场工作平台向坡顶线方向必须保持3%～5%的反坡；2. 安排人员在排土场指挥车辆倒车卸渣；3. 严禁快速冲撞安全挡土墙；4. 严禁装载机、推土机沿排土边缘平行行驶
	滑坡	环境	人员伤亡 财产损失	人身事故 设备事故	1	6	15	90	显著危险	汽车司机	排土场管理员	调度长	安全部	安全员	1. 排土场应安排专人管理、检查、维护；2. 排土场工作平台不得有积水、积雪，若有，必须及时清除；3. 每天检查排土场平台有无出现裂缝，如出现裂缝，必须立即填土，并随时监视裂缝扩展情况；4. 定期对排土场的沉降情况进行观测；5. 随时检查排土场是否出现故底现象
车辆卸渣	车辆翻落排土场	环境	人员伤亡 财产损失	人身事故 设备事故	1	6	15	90	显著危险	汽车司机	汽车司机	施工队长	安全部	安全员	1. 安排装载机或推土机及时维护排土场平台及安全挡墙，保持排土场安全挡墙高度、宽度、平台反坡符合标准要求；2. 安排人员在排土场指挥车辆倒车卸渣；3. 进场车辆减速行驶，服从指挥，严禁冲撞安全挡墙；4. 严禁装载机、推土机沿排土边缘平行行驶

附录2-7　尾矿库

作业活动	危险源/危险因素	风险类型	造成后果	事故类型	可能性	频率	严重度	风险值	风险等级	管理对象	主要责任人	直接管理人员	主要监管部门	主要监管人员	控制措施
尾矿库管理	尾矿堆积坝边坡过陡造成滑坡	环境	人员伤亡财产损失	人身事故	1	6	15	90	显著危险	技术人员	技术负责人	尾矿库负责人	安全部门	安全员	1.严格按规范设计、施工、验收,严禁为增加库容人为改陡坡比;2.制定合理放矿工艺并严格执行
	浸润线逸出,造成滑坡	环境	人员伤亡财产损失	人身事故	1	6	15	90	显著危险	尾矿库管理员	尾矿库管理员	尾矿库负责人	安全部门	安全员	1.合理设计尾矿库排渗设施,确保排水能力;2.排渗设施要严格按照设计施工,确保质量;3.做好坝体防渗排水管理工作;4.均匀分散放矿;5.做好库区水位控制和防洪度汛
	裂缝	环境	人员伤亡财产损失	人身事故	1	6	15	90	显著危险	尾矿库管理员	尾矿库管理员	尾矿库负责人	安全部门	安全员	严格按规范设计、施工、验收,确保坝身结构及断面尺寸设计合理,保证坝体施工质量差,保证坝身结构承载能力均衡
	滑坡	环境	人员伤亡财产损失	人身事故	1	6	15	90	显著危险	尾矿库管理员	尾矿库管理员	尾矿库负责人	安全部门	安全员	1.严格按规范设计、施工、验收,保证坝体质量;2.筑坝的材料必须是合格的材料
	坝外坡裸露冲沟	环境	人员伤亡财产损失	人身事故	1	6	15	90	显著危险	尾矿库管理员	尾矿库管理员	尾矿库负责人	安全部门	安全员	1.严格按规范设计、施工、验收,防止坝坡大陡;2.拦截地表水要彻底;3.坝坡植被覆盖
	排洪构筑物排洪能力不足	环境	人员伤亡财产损失	人身事故	1	6	15	90	显著危险	尾矿库管理员	尾矿库管理员	尾矿库负责人	安全部门	安全员	1.设计洪水标准应符合标准要求;2.严禁人为缩小泄洪洪道断面尺寸;3.防止排洪通道存在限制性"瓶颈"
	排洪构筑物堵塞	环境	人员伤亡财产损失	人身事故	1	6	15	90	显著危险	尾矿库管理员	尾矿库管理员	尾矿库负责人	安全部门	安全员	加强巡查,及时清除进水口杂物

续附录 2-7

作业活动	危险源/危险因素	风险类型	造成后果	事故类型	可能性	频率	严重度	风险值	风险等级	管理对象	主要责任人	直接管理人员	主要监管部门	主要监管人员	控制措施
					风险评估										
尾矿库管理	渗漏	环境	人员伤亡财产损失	人身事故	1	6	15	90	显著危险	尾矿库管理员	尾矿库管理员	尾矿库负责人	安全部门	安全员	1.严格按规范设计、施工、验收，保证坝体质量；2.加强管理，防止干滩裸露而开裂，尾矿放矿时防渗设施养护；3.加强对防渗设施养护、维修，出现问题后及时进行处理；4.防止下游出现沼泽化或形成管涌；5.禁止在坝后任意取土；6.防止白蚁、灌、蛇、鼠等动物在坝体打洞营集
	排洪构筑物错动、断裂、垮塌	环境	人员伤亡财产损失	人身事故	1	6	15	90	显著危险	尾矿库管理员	尾矿库管理员	尾矿库负责人	安全部门	安全员	1.严格按规范设计、施工、验收，保证坝体质量；2.加强监测管理，防止出现不均匀或集中荷载，造成地基不均匀沉陷
	干滩长度不够	环境	人员伤亡财产损失	人身事故	1	6	15	90	显著危险	尾矿库管理员	尾矿库管理员	尾矿库负责人	安全部门	安全员	1.加强管理，防止干滩坡度过小；2.保证滩顶高程一致；3.正确控制库水位
	安全超高不足	环境	人员伤亡财产损失	人身事故	1	6	15	90	显著危险	尾矿库管理员	尾矿库管理员	尾矿库负责人	安全部门	安全员	1.加强库区巡查和管理；2.正确放矿；3.坝前放矿要均匀；4.保证滩顶高程一致；5.排洪设施能力应足够
	库区渗漏、崩岸和泥石流	环境	人员伤亡财产损失	人身事故	1	6	15	90	显著危险	尾矿库管理员	尾矿库管理员	尾矿库负责人	安全部门	安全员	1.加强库区的巡查和管理，防止库区发生泥石流阻塞截洪沟，排洪系统造成水漫坝，对坝体冲刷甚至漫顶；2.落实措施，防止库区崩岸造成涌浪
	地震	环境	人员伤亡财产损失	人身事故							尾矿库管理员	尾矿库负责人			严格按规范设计、施工，保证质量，保证抗震能力
	淹溺	环境	人员伤亡财产损失	人身事故	1	3	15	45	一般危险	尾矿库管理员	尾矿库管理员	尾矿库负责人	安全部门	安全员	1.对巡库工和管理人员进行安全教育，在进行添加井盖板、封井，注意安全时，必须做好安全措施，防止坠人水中造成人员淹溺事故，设置警示标志，禁止无关人员靠近库区

附录 2-8　采空区作业

活动	危险源/危险因素	风险类型	造成后果	事故类型	风险评估					管理对象	主要责任人	直接管理人员	主要监管部门	主要监管人员	控制措施
					可能性	频率	严重度	风险值	风险等级						
采空区钻孔勘探	坍塌	环境	人员伤亡财产损失	人身事故设备事故	1	6	15	90	显著危险	操作工	管理员	施工队长	安全部门	安全员	1. 采空区钻孔勘探过程中，施工员应全程监控，专人观察周围岩层的动态，发现异常，立即撤离，在工作面上树立明显标志，禁止无关人员进入该区域；2. 设立警戒区域，在工作面上树立明显标志，禁止无关人员进入该区域
	透水	环境	人员伤亡财产损失	人身事故	3	6	3	54	一般危险	操作工	管理员	施工队长	安全部门	安全员	1. 查阅资料，了解水文地质情况；2. 钻孔过程中，发现有透水征兆时，马上停止钻孔，并报告上级，撤离人员和设备；3. 如出水口不大，在安全情况下，采取措施堵住出水点，防止事故继续扩大；4. 探明空区水源情况，放水完成后，才可继续空区的勘探钻孔
采空区上部平台作业	坍塌	环境	人员伤亡财产损失	人身事故设备事故	1	6	15	90	一般危险	操作工	管理员	施工队长	安全部门	安全员	1. 建立专门的采空区管理机构，管理制度和专项施工方案，避开地下空区，人员按划定的安全线路行走；2. 施工设备、人员按划定的安全线路行走；3. 采空区顶板要保证有足够安全厚度的围岩；4. 进人塌方区作业时，要遵循"有矿必探""边探边进"原则；5. 钻孔作业人员在按规定深度进行钻孔时，发现普遍存在松渣、卡钻、漏有空区等现象，应及时向采空区责任人报告，应立即停止采空区责任作业，撤离有采空区时，并向采空区责任人报告

续附录 2-8

活动	危险源/危险因素	风险类型	造成后果	事故类型	可能性	频率	严重度	风险值	风险等级	管理对象	主要责任人	直接管理人员	主要监管部门	主要监管人员	控制措施
							风险评估								
采空区钻孔	瓦斯爆炸	环境	人员伤亡财产损失	人身事故设备事故	3	6	3	54	一般危险	操作工	管理员	施工队长	安全部门	安全员	1. 靠近原巷道处钻孔时,应随时检测瓦斯浓度,如超标,应采取措施排放到安全浓度,防止钻孔引起瓦斯爆炸,必须对炮孔进行瓦斯深度检测
采空区爆破	飞石	环境	人员伤亡财产损失	人身事故设备事故	1	6	15	90	一般危险	操作工	管理员	施工队长	安全部门	安全员	1. 合理设计爆破参数,炮孔离空区的距离不能小于最小抵抗线;2. 加强装药质量控制,避免空药集聚在空区;3. 设计合理的起爆顺序
采空区挖装	坍塌	环境	人员伤亡财产损失	人身事故设备事故	1	6	15	90	一般危险	操作工	管理员	施工队长	安全部门	安全员	1. 采空区处理爆破后,观察爆堆形状是否正常,有无明显的拱起或塌回陷;2. 挖装前,清理塌陷区周边的浮石、松散岩石;3. 挖装时发现爆堆下还存有空区,立即取措施处理,并限制在空区区的挖装应由有经验的司机操作;4. 采空区同时作业的人数

附录 2-9　高温火区作业

作业活动	危险源/危险因素	风险类型	造成后果	事故类型	可能性	频率	严重度	风险值	风险等级	管理对象	主要责任人	直接管理人员	主要监管部门	主要监管人员	控制措施
							风险评估								
钻孔、挖装	高温引起设备着火	环境	财产损失人员伤亡	人身及设备事故	3	3	7	63	一般危险	挖掘机司机	现场管理员	施工队长	安全部门	安全员	1. 作业前认真检修设备,保证设备在高温区作业时,不得出现漏油现象;2. 设备进入高温区作业前,在工作面淋水降温;3. 作业现场配备灭火器;4. 现场安排专人监控,发现险情,立即撤离

续附录 2-9

作业活动	危险源/危险因素	风险类型	造成后果	事故类型	风险评估					管理对象	主要责任人	直接管理人员	主要监管部门	主要监管人员	控制措施
					可能性	频率	严重度	风险值	风险等级						
注水降温	水煤气爆炸	环境	人员伤亡	人身事故	3	3	7	63	一般危险	注水作业人员	现场管理员	施工队长	安全部门	安全员	1. 在高温区注水前，必须检测 CO 浓度，如超标，应采取措施排放降低浓度至规定要求，然后才开始注水；2. 先把水管铺到火区后，再开阀门；3. 注水时现场机械、施工机械靠近20m以外范围，禁止无关人员、车辆、施工机械靠近
	水蒸气诱和 CO 中毒	环境	人员伤亡	人身事故	3	3	7	63	一般危险	注水作业人员	现场管理员	施工队长	安全部门	安全员	1. 先把水管铺到火区后，人员移到 20m 以外，再开阀门；2. 注水作业人员应站在离注水点 20m 以外操作，并应站在上风向，不许站在下风向
现场施工	火灾	环境	人员伤亡	人身事故	1	3	7	21	一般危险	施工人员	钻孔班长	施工队长	安全部门	安全员	1. 在火区应处设置警示标志；2. 无关人员不得随意进入火区；3. 严禁在火区冒烟口处逗留、休息；4. 火区必须过注水降温至60℃后，方可安排人员、设备进入火区作业；5. 作业前认真检修设备，设备进入高温区时，不得出现漏油现象；6. 在火区施工，现场安排专人监控，发现险情，立即撤离
火区爆破	爆炸	环境	人员伤亡	人身事故	3	3	7	63	一般危险	注水作业人员	现场管理员	施工队长	安全部门	安全员	1. 制定火区爆破专项安全措施，并严格执行；2. 控制每次爆破的装药孔数不得超过 8 个，且装药起爆的间隔时间不得超过 3min；3. 装药前必须仔细检查各炮孔内温度，对于有明火及高温孔方可装药及高温必须使药降到炮孔内采(高于60℃)，必须经过灭火降温处理达到标准后采，否则严禁装药；4. 禁止炮孔内采用雷管起爆，应采用导爆索起爆；5. 炸药经过隔热加工后才可装入炮孔

附录2-10　台风雨区作业

作业活动	危险源/危险因素	风险类型	造成后果	事故类型	风险评估					管理对象	主要责任人	直接管理人员	主要监管部门	主要监管人员	控制措施
					可能性	频率	严重度	风险值	风险等级						
生产生活	物体打击	环境	财产损失 人员伤亡	人身及设备事故	3	3	7	63	一般危险	全体人员	现场管理员	单位负责人	安全部门	安全员	1. 成立"防台风领导小组"和应急抢险队伍，全面负责台风预防工作，确保防台风工作的有效开展；2. 制定台风预防应急预案；3. 台风天气停止生产作业，人员尽量不要外出；4. 加固各种生活、生产设施
	水灾	环境	人员伤亡 财产损失	人身事故 设备事故	3	3	7	63	一般危险	全体人员	现场管理员	单位负责人	安全部门	安全员	1. 台风雨来临前，保证排水系统顺畅；2. 生产、生活设施尽量不建在低洼地带；3. 施工设备停放在高处
	坍塌	环境	人员伤亡 财产损失	人身事故	3	3	7	63	一般危险	全体人员	现场管理员	单位负责人	安全部门	安全员	1. 台风雨来临前，检查边坡、排土场等安全情况；2. 人员、设备不停靠边坡行走
	山体滑坡、泥石流	环境	人员伤亡 财产损失	人身事故	1	3	7	21	一般危险	施工人员	钻孔班长	单位负责人	安全部门	安全员	1. 生产、生活设施修建在距离山坡、排土场等安全的地方；2. 在山体冲沟中不随意弃土、堆放垃圾；3. 暴雨时，人员、设备不停留在山沟中；4. 对不稳定的山体加强监测

附录 2-11 油库作业

作业活动	危险源/危险因素	风险类型	造成后果	事故类型	风险评估					管理对象	主要责任人	直接管理人员	主要监管部门	主要监管人员	控制措施
					可能性	频率	严重度	风险值	风险等级						
加油、卸油	带火种、吸烟引起火灾	人	人员伤亡 财产损失	人身事故 设备事故	1	6	7	42	一般危险	司机	管理员	器材部长	安全部门	安全员	1. 车辆进入库内加油时必须熄火；2. 任何人不得带火种进入库内，禁止在库内吸烟；3. 库区周围25m范围内严禁动用明火。在库内明显位置设置严禁烟火警示标志；4. 配备足够、有效的灭火器材
	使用手对、对讲机引起火灾	人	人员伤亡 财产损失	人身事故 设备事故	1	6	7	42	一般危险	司机	管理员	器材部长	安全部门	安全员	1. 禁止在库内使用手机，对讲机等通讯工具；2. 在库内明显位置设置警示标志；3. 配备足够、有效的灭火器材
管理	管理人员用电不当引起火灾	人	人员伤亡 财产损失	人身事故 设备事故	1	6	7	42	一般危险	管理员	管理员	器材部长	安全部门	安全员	1. 严禁在库内使用电炉；2. 禁止超负荷用电，确保用电线路完好无损；3. 经常检修用电线路，确保用电线路完好无损；4. 配备足够、有效的灭火器材
	管理人员用电不当、吸烟引起火灾	人	人员伤亡 财产损失	人身事故 设备事故	1	6	7	42	一般危险	管理员	管理员	器材部长	安全部门	安全员	1. 严禁在库内使用电炉；2. 禁止超负荷用电，确保用电线路完好无损；3. 经常检修用电线路，确保用电线路完好无损；5. 严禁在库内吸烟；5. 配备足够、有效的灭火器材
生产生活	雷击引起火灾	危险品	人员伤亡 财产损失	人身事故 设备事故	1	1	7	7	稍危险	管理员	管理员	器材部长	安全部门	安全员	1. 在库区附近设置避雷装置；2. 配备足够、有效的灭火器材

附录 2-12　维修作业

作业活动	危险源/危险因素	风险类型	造成后果	事故类型	风险评估 可能性	频率	严重度	风险值	风险等级	管理对象	主要责任人	直接管理人员	主要监管部门	主要监管人员	控制措施
拉接电源和使用用电设备	触电	设备	人员伤亡	人身事故	1	6	7	42	一般危险	修理工人	修理班长	施工队长	安全部门	安全员	1. 用电线路配备合格的漏电开关; 2. 拉接电源由持证电工负责,严禁无电工证人员私自拉接电源; 3. 检修电路时必须拉停电,4. 经常检修用电线路,保持用电线路完好无损
电焊、气割	火灾	人	人员伤亡	人身事故	1	6	7	42	一般危险	修理工人	修理班长	施工队长	安全部门	安全员	1. 动火作业前应清理周围20m范围内易燃物品,作业后应消灭火苗,方可离开; 2. 电焊工、气焊工必须遵守本工种安全操作规程,严格遵守"十不焊"规则; 3. 配备足够、有效的灭火器材
气割	气瓶着火引起爆炸	人	人员伤亡 财产损失	人身事故 设备事故	1	6	7	42	一般危险	修理工人	修理班长	施工队长	安全部门	安全员	1. 氧气瓶、乙炔瓶必须相距5m以上分开存放,严禁将氧气瓶、乙炔瓶(包括空瓶)混放在一起; 2. 氧气瓶、乙炔瓶距离煤炉等火源10m以上; 3. 正在使用的氧气瓶、乙炔瓶距5m以上,正在切割点距10m以上; 4. 露天作业时,禁止将乙瓶卧放在地上被烈日暴晒; 5. 氧气瓶严防沾染油脂; 6. 正在使用的乙炔瓶必须安装回火阀; 7. 严禁采取在地面滚动的方式搬动气瓶
修理设备、车辆	机械伤害	人	人员伤亡	人身事故	1	6	7	42	一般危险	修理工人	修理班长	施工队长	安全部门	安全员	1. 待修理的车辆、设备进厂后必须熄火、停机; 2. 车辆、设备必须停放稳固,或用垫木块垫稳; 3. 顶起车厢检修底盘时,必须垫好安全销
	高处坠落	人	人员伤亡	人身事故	1	6	7	42	一般危险	修理工人	修理班长	施工队长	安全部门	安全员	在坠落高度2m(含)以上高处作业时,必须设置好工作平台,系好安全带
打磨工具	砂轮爆裂	人	人员伤亡	人身事故	1	6	7	42	一般危险	修理工人	修理班长	施工队长	安全部门	安全员	严格遵守砂轮机安全操作规程

续附录2-12

作业活动	危险源/危险因素	风险类型	造成后果	事故类型	风险评估					管理对象	主要责任人	直接管理人员	主要监管部门	主要监管人员	控制措施
					可能性	频率	严重度	风险值	风险等级						
车辆轮胎充气	钢圈弹出伤人	人	人员伤亡	人身事故	1	6	7	42	一般危险	修理工人	修理班长	施工队长	安全部门	安全员	严格遵守轮胎工安全操作规程
搬运工具、工件、材料	砸伤、烫伤	人	人员伤亡	人身事故	1	6	1	6	稍有危险	修理工人	修理班长	施工队长	安全部门	安全员	1. 搬运工具、工件、工件、小心照应，小心工具、工件、材料时，人员应齐心协力；2. 刚焊（割）完工件带余热应待冷却后才搬运
人员在工场行走	被设备、工件、材料绊倒、跌倒	人	人员伤亡	人身事故	1	6	1	6	稍有危险	修理工人	修理班长	施工队长	安全部门	安全员	1. 工场内设备、工件、材料摆放整齐，通道畅通，管线不乱拖在地上；2. 冬季及时清除厂区道路积雪、结冰

附录2-13 办公区、生活区、

作业活动	危险源/危险因素	风险类型	造成后果	事故类型	风险评估					管理对象	主要责任人	直接管理人员	主要监管部门	主要监管人员	控制措施
					可能性	频率	严重度	风险值	风险等级						
接电、使用电气	触电	人	人员伤亡	人身事故	1	6	7	42	一般危险	员工	员工	单位负责人	安全部门	安全员	1. 用电线路配备合格的漏电开关；2. 拉接电源必须持证电工负责，严禁无电工证人员私自拉接电源；3. 禁止使用伪劣电器；4. 保持宿舍用电线路完好无损，电线不得拖地上，插座不得拉在床上
用火、吸烟等	火灾	人	人员伤亡、财产损失	人身事故	1	6	7	42	一般危险	员工	员工	单位负责人	安全部门	安全员	1. 禁止在宿舍使用电炉、酒精炉；2. 教育员工不得躺在床上吸烟、不乱丢烟头；3. 禁止将充电器、插座、电风扇放在床上使用；4. 禁止在宿舍超负荷使用电器
冬季取暖	煤气中毒	人	人员伤亡	人身事故	1	6	7	42	一般危险	员工	员工	单位负责人	安全部门	安全员	禁止采用煤炉取暖

附录 2-14 食堂

作业活动	危险源/危险因素	风险类型	造成后果	事故类型	风险评估					管理对象	主要责任人	直接管理人员	主要监管部门	主要监管人员	控 制 措 施
					可能性	频率	严重度	风险值	风险等级						
接电、使用电气	触电	人	人员伤亡	人身事故	1	6	7	42	一般危险	食堂员工	食堂主管	单位负责人	安全部门	安全员	1. 食堂用电线路配备合格的漏电开关；2. 拉接电源时由生产单位持证电工负责，严禁无电工证人员私自拉接电源；3. 禁止使用伪劣电器；4. 保持食堂用电线路完好无损，电线不拖地上；5. 配备足够有效的灭火器
用火	火灾	人	人员伤亡财产损失	人身事故	1	6	7	42	一般危险	食堂员工	食堂主管	单位负责人	安全部门	安全员	1. 食堂内不存放易燃、易爆物品；2. 配备足够有效的灭火器材；3. 禁止超负荷用电
	食物	食品	中毒	人身事故	1	6	7	42	一般危险	食堂员工	食堂主管	单位负责人	安全部门	安全员	1. 不采用过期、变质、有毒食物；2. 保持食堂干净卫生；3. 食堂设置防老鼠、苍蝇、蚊虫设施；4. 生熟食品应分砧板切；5. 水池要经常清洗、消毒，保持水质卫生，6. 碗筷用消毒柜消毒

参加评价人员签名：

审核：

批准：

年 月 日   年 月 日   年 月 日

附录三 相关法律法规、规章及标准

附录 3-1 法律法规清单

序号	类别	名　称
1	法律	中华人民共和国安全生产法
2	法律	中华人民共和国矿山安全法
3	法律	中华人民共和国职业病防治法
4	法律	中华人民共和国建筑法
5	法律	中华人民共和国消防法
6	法律	中华人民共和国产品质量法
7	法律	中华人民共和国道路交通安全法
8	法律	中华人民共和国妇女权益保护法
9	法律	中华人民共和国工会法
10	法律	中华人民共和国公司法
11	法律	中华人民共和国环境保护法
12	法律	中华人民共和国水污染防治法
13	法律	中华人民共和国固体废物污染环境防治法
14	法律	中华人民共和国海洋环境保护法
15	法律	中华人民共和国环境影响评估法
16	法律	中华人民共和国水法
17	法律	中华人民共和国节约能源法
18	法律	中华人民共和国大气污染防治法
19	法律	中华人民共和国环境保护税法
20	法律	中华人民共和国劳动合同法
21	法律	中华人民共和国社会保险法
22	法律	中华人民共和国食品安全法
23	法律	中华人民共和国突发事件应对法
24	法律	中华人民共和国未成年人保护法
25	法律	中华人民共和国特种设备安全法
26	法律	中华人民共和国刑法
27	行政法规	安全生产许可证条例
28	行政法规	生产安全事故报告和调查处理条例
29	行政法规	工伤保险条例（2010 修正）
30	行政法规	危险化学品安全管理条例
31	行政法规	禁止使用童工规定
32	行政法规	劳动保障监察条例
33	行政法规	女职工劳动保护特别规定
34	行政法规	尘肺病防治条例
35	行政法规	道路交通安全法实施条例
36	行政法规	生产安全事故应急条例

附录 3-2　部门规章清单

序号	类别	名　　称
1	部门规章	危险化学品建设项目安全监督管理办法
2	部门规章	危险性较大的分部分项工程安全管理规定（住房和城乡建设部令第37号）
3	部门规章	危险性较大的分部分项工程安全管理规定有关问题的通知（建办质〔2018〕31号）
4	部门规章	安全生产违法行为行政处罚办法
5	部门规章	工作场所职业卫生监督管理规定
6	部门规章	建设项目职业卫生"三同时"监督管理暂行办法
7	部门规章	生产安全事故信息报告和处置办法
8	部门规章	危险化学品重大危险源监督管理暂行规定
9	部门规章	用人单位职业健康监护监督管理办法
10	部门规章	职业病危害项目申报管理办法
11	部门规章	作业场所职业健康监督管理暂行规定
12	部门规章	安全评价通则 AQ 8001—2007
13	部门规章	安全验收评价导则 AQ 8003—2007
14	部门规章	安全预评价导则 AQ 8002—2007
15	部门规章	特种作业人员安全技术培训考核管理规定
16	部门规章	安全生产培训管理办法
17	部门规章	生产经营单位安全培训规定
18	部门规章	企业安全生产费用提取和使用管理办法
19	部门规章	仓库防火安全管理规则
20	部门规章	机关、团体、企业、事业单位消防安全管理规定
21	部门规章	社会消防安全教育培训规定
22	部门规章	电气安全管理规程
23	部门规章	劳动防护用品配备标准（试行）
24	部门规章	劳动监察程序规定
25	部门规章	女职工禁忌劳动范围的规定
26	部门规章	未成年工特殊保护规定
27	部门规章	防雷减灾管理办法
28	部门规章	企业劳动争议协商调解规定
29	部门规章	工业企业职工听力保护规范
30	部门规章	国家职业卫生标准管理办法
31	部门规章	职业病范围和职业病患者处理的规定
32	部门规章	职业病分类和目录
33	部门规章	职业病危害事故调查处理办法
34	部门规章	职业病危害因素分类目录
35	部门规章	职业病诊断与鉴定管理办法
36	部门规章	职业健康监护管理办法
37	部门规章	特种设备质量监督与安全监察规定

续附录 3-2

序号	类别	名　　称
38	部门规章	厂内机动车辆监督检验规程
39	部门规章	气瓶安全监察规程
40	部门规章	特种设备目录
41	部门规章	危险化学品名录
42	部门规章	工伤认定办法

附录 3-3　规范标准清单

序号	类别	名　　称
1	标准	质量管理体系要求（GB/T 19001—2016）
2	标准	环境管理体系　要求及使用指南（GB/T 24001—2016）
3	标准	工程建设施工企业质量管理规范（GB/T 50430—2017）
4	标准	职业健康安全管理体系　要求（GB/T 28001—2011）
5	标准	粉尘作业场所危害程度分级（GB 5817—2009）
6	标准	重大危险源辨识（GB 18218—2018）
7	标准	生产安全事故应急演练指南（AQ/T 9007—2011）
8	标准	企业安全文化建设导则（AQ/T 9004—2008）
9	标准	冶金等工贸企业安全生产标准化基本规范评分细则
10	标准	液化气体气瓶充装规定（GB 14193—2009）
11	标准	工业管路的基本识别色和识别符号（GB 7231—2003）
12	标准	企业职工伤亡事故分类标准（GB 6441—1986）
13	标准	企业职工伤亡事故经济损失统计标准（GB 6721—1986）
14	标准	灭火器箱（GA 139—2009）
15	标准	有毒作业分级（GB/T 12331—1990）
16	标准	消防安全标志　第一部分　标志（GB 13495.1—2015）
17	标准	消防安全标志设置要求（GB/T 15630—1995）
18	标准	生产过程安全卫生要求总则（GB 12801—2008）
19	标准	静电安全术语（GB/T 15463—2008）
20	标准	安全帽（GB 2811—2007）
21	标准	个体防护装备选用规范（GB/T 11651—2008）
22	标准	施工现场机械设备检查技术规程（JGJ 160—2008）
23	标准	施工现场临时用电安全技术规范（JGJ 46—2005）
24	标准	汽车运输、装卸危险货物作业规程（JT 618—2004）
25	标准	生产性粉尘作业危害程度分级检测规程（LD 84—1995）
26	标准	工业企业设计卫生标准（GBZ 1—2010）
27	标准	用人单位职业病防治指南（GBZ/T 225—2010）
28	标准	职业健康监护技术规范（GBZ 188—2007）
29	标准	工作场所有害因素职业接触限值　第1部分：化学有害因素（GBZ 2.1—2007）

序号	类别	名　称
30	标准	工作场所有害因素职业接触限值　第 2 部分：物理因素（GBZ 2.2—2007）
31	标准	工作场所物理因素测量　第 8 部分：噪声（GBZ/T 189.8—2007）
32	标准	工作场所空气有毒物质测定　钙及其他化合物（GBZ/T 160.6—2004）
33	标准	工作场所空气中有毒物质测定　锌及其化合物（GBZ/T 160.25—2004）
34	标准	工作场所职业病危害警示标识（GBZ 158—2003）
35	标准	生活饮用水卫生标准（GB 5749—2006）
36	标准	生产设备安全卫生设计总则（GB 5083—1999）
37	标准	气瓶颜色标志（GB 7144—2016）
38	标准	焊接与切割安全（GB 9448—1999）
39	标准	危险货物分类与品名编号（GB 6944—2005）
40	标准	危险货物品名表（GB 12268—2012）
41	标准	职业安全卫生术语（GB/T 15236—2008）
42	标准	用电安全导则（GB/T 13869—2017）
43	标准	消防词汇　第一部分：通用术语（GB/T 5907.1—2014）
44	标准	室内消防栓（GB 3445—2005）
45	标准	固定工业防护栏安全技术条件（GB 4053.3—2009）
46	标准	安全标志及其使用导则（GB 2894—2008）
47	标准	安全色（GB 2893—2008）
48	标准	工业用化学品　爆炸危险性的确定（GB/T 21848—2008）
49	标准	危险废物贮存污染控制标准（GB 18597—2001）
50	标准	粉尘防爆安全规程（GB 1577—2007）
51	标准	呼吸防护用品的选择，使用与维护（GB/T 18664—2002）
52	标准	个体防护装备术语（GB/T 12903—2008）
53	标准	职业安全卫生标准编写规定（GB/T 18841—2002）
54	标准	粉尘作业场所危害程度分级（GB/T 25817—2009）
55	标准	道路运输危险货物车辆标志（GB 13392—2005）
56	标准	电气安全术语（GB/T 4776—2008）
57	标准	标准电压（GB/T 156—2007）
58	标准	个人防护装备术语（GB/T 12903—2008）
59	标准	火灾分类（GB/T 4968—2008）
60	标准	生产过程危险和有害因素分类与代码（GB/T 13861—2009）
61	标准	危险货物包装标志（GB 190—2009）
62	标准	安全带（GB 6095—2009）
63	标准	安全色（GB 2893—2008）
64	标准	安全阀一般要求（GB 12241—2005）
65	标准	防静电服（GB 12014—2009）
66	标准	呼吸防护　自吸过滤式防毒面具（GB 2890—2009）

序号	类别	名　　称
67	标准	呼吸防护用品　自吸过滤式防颗粒物呼吸器（GB/T 2626—2006）
68	标准	职业眼面部防护　焊接防护　第一部分：焊接防护（GB/T 3609.1—2008）
69	标准	足部防护　电绝缘鞋（GB 12011—2009）
70	标准	消防软管卷盘（GB 15090—2005）
71	标准	室外消防栓（GB 4452—2011）
72	标准	消防水泵接合器（GB 3446—2013）
73	标准	液化石油气钢瓶（GB 5842—2006）
74	标准	爆炸性环境　设备通用要求（GB 3836.1—2010）
75	标准	爆破安全规程（GB 6722—2014）
76	标准	带式输送机安全规范（GB/T 14784—2013）
77	标准	干粉灭火器　第二部分：BC 干粉灭火器（GB 4066.1—2004）
78	标准	防止静电事故通用导则（GB 12158—2006）
79	标准	干粉灭火器　第二部分：ABC 干粉灭火器（GB 4066.2—2004）
80	标准	高处作业分级（GB/T 3608—2008）
81	标准	机动车安全运行技术条件（GB 7250—2012）
82	标准	机械安全　防护装置　固定式和活动式防护装置设计与制造一般要求（GB 8196—2003）
83	标准	手提式灭火器　第 1 部分：性能和结构要求（GB 4351.1—2005）
84	标准	手持式电动工具的安全　第 1 部分：通用要求（GB 3883.1—2008）
85	标准	手持式电动工具的安全　第 2 部分：电动砂轮机、抛光机和盘式砂光机的专用要求（GB 3883.3—2007）
86	标准	危险货物运输包装类别划分方法（GB/T 15098—2008）
87	标准	危险货物命名原则（GB/T 7694—2008）
88	标准	危险货物运输、爆炸品的认可和分项程序及配装要求（GB 14371—2013）
89	标准	危险货物运输、爆炸品的认可和分项试验方法（GB/T 14372—2013）
90	标准	小功率电动机的安全要求（GB 12350—2009）
91	标准	液化石油气钢瓶定期检验与评定（GB 8334—2011）
92	标准	交流电气装置的接地设计规范（GB/T 50065—2011）
93	标准	建筑设计防火规范（GB 50016—2014）
94	标准	建筑照明设计标准（GB 50034—2013）
95	标准	建筑灭火器配置验收及检查规范（GB 50444—2008
96	标准	固定的空气压缩机安全规则和操作规程（GB 10892—2005）
97	标准	建设工程施工现场供用电安全规范（GB 50194—2014）
98	标准	爆炸危险环境电力装置设计规范（GB 50058—2014）
99	标准	生产经营单位生产安全事故应急预案编制导则（GB/T 29639—2013）
100	标准	施工现场环境保护与卫生（JGJ 146—2013）
101	标准	建筑施工高处作业安全技术规范（JGJ 59—2011）

序号	类别	名　　称
102	标准	建筑施工安全检查标准（JGJ 80—2016）
103	标准	施工现场临时用电安全技术规范（JGJ 46—2005）
104	标准	作业场所职业卫生检查程序（AQ/T 4235—2014）
105	标准	生产安全事故应急演练评估规范（AQ/T 9009—2015）
106	标准	金属非金属矿山安全标准化规范导则（AQ/T 2050.1—2016）
107	标准	民用爆炸物品储存库治安防范要求（GA 837—2009）
108	标准	非煤矿山采矿术语标准（GB/T 51339—2018）
109	标准	民用爆破器材术语（GB/T 14659—2015）
110	标准	民用爆破器材分类与代码（WJ/T 9041—2004）
111	标准	铁矿山排土场复垦指南（YB/T 4486—2015）
112	标准	矿山生态环境保护与恢复技术治理规范（试行）(HJ 651—2013)
113	标准	露天煤矿安全设施设计编制导则（AQ 1098—2014）
114	标准	现场混装炸药生产安全管理规程（WJ 9072—2012）
115	标准	矿用混装炸药车安全要求（GB 25527—2010）
116	标准	工业炸药通用技术条件（GB 28286—2012）
117	标准	民用爆炸物品生产、销售企业安全管理规程（GB 28263—2012）
118	标准	民用爆炸物品工程设计安全标准（GB 50089—2018）
119	标准	现场混装炸药车地面辅助设施（JBT 8433—2006）